同济大学985三期“外国留学生预科教育模式探索与实践”项目规划教材

预科物理基础教程

总主编　许　涓

主　编　贾　飞

编　写　贾　飞　宋志怀　武荷岚

北京大学出版社

PEKING UNIVERSITY PRESS

图书在版编目(CIP)数据

预科物理基础教程/贾飞主编;贾飞,宋志怀,武荷岚编写.—北京:北京大学出版社,2014.12

ISBN 978-7-301-25192-8

Ⅰ.①预… Ⅱ.①贾… ②宋… ③武… Ⅲ.①物理学—高等学校—教材 Ⅳ.①O4

中国版本图书馆CIP数据核字(2014)第280339号

书　　名:**预科物理基础教程**
著作责任者:许　涓　总主编　贾　飞　主编　贾　飞　宋志怀　武荷岚　编写
责 任 编 辑:张弘泓
标 准 书 号:ISBN 978-7-301-25192-8/O·1044
出 版 发 行:北京大学出版社
地　　址:北京市海淀区成府路205号　100871
网　　址:http://www.pup.cn　　新浪官方微博:@北京大学出版社
电 子 信 箱:zpup@pup.cn
电　　话:邮购部62752015　发行部62750672　编辑部62753374　出版部62754962
印 刷 者:北京虎彩文化传播有限公司
经 销 者:新华书店
787毫米×1092毫米　16开本　23.75印张　380千字
2014年12月第1版　2022年6月第4次印刷
定　　价:72.00元

前　言

这是一套预科专业基础课教材，写给立志在中国各高校本科学习专业的世界各国学子。

仿佛还是昨天，中国的莘莘学子历尽艰辛，克服重重困难，苦寻机会留洋海外，到世界各发达国家去学习先进的科学技术与思想文化。今天，中国不但已成为世界重要的留学输出国，同时也已成为世界重要的留学目的地国。特别是近年来，我国出国留学人数与来华留学生人数迅速攀升，且已基本持平，形成了应有的良好的互动。这是每一个熟悉中国历史的人，不得不为之感叹的巨变！世纪更迭，中国的高等教育发生了翻天覆地的变化！

自 20 世纪改革开放以来，随着中国经济实力、国际影响力的提升，来自世界各国的留学生不仅数量屡创新高，教育层次也大大提升。最近几年，来华留学的学历生人数增幅明显，其中一部分是接受中国政府奖学金资助来华学习的。但是，大多数即将进入中国高校本科学习专业的学历生，在来华前没有汉语基础，数理化等专业基础知识与中国学生也存在一定的距离。由于同时存在着语言、文化与专业基础知识的障碍，来华后若只经过一段时间的汉语补习，就要与中国大学生同堂听课，这个困难是可想而知的。

为保证中国政府奖学金本科来华留学生教育质量、提高奖学金使用效益，中国教育部规定，自 2010 年起，凡来华攻读本科学历的中国政府奖学金生，须先进入国家留学基金委指定的大学预科班学习。预科班课程内容分为基础汉语、专业汉语、专业基础知识与中国文化四类，学习期限为 1～2 年。预科阶段考试成绩合格者方可进入专业院校学习。这一举措，大大促进了来华留学生预科教育的开展，为本科来华留学生在本国接受的中等教育终点与我国高等教育起点之间搭建了必需的坚实的桥梁。

同济大学是目前国家留学基金委制定的开展预科教育的七所大学之一，在接受预科教育任务后，学校领导高度重视，各职能部门通力协作，教学部门努力拼搏，高效率、高质量地完成了 2009 学年、2010 学年预科教育工作，受到教育部国际合作与交流司、国家留学基金委的表扬。在教育模式初步建构，教育成果初步显现的同时，使预科教育在实践与探索中得到科学的提升，打造预科教育品牌成为同济大学预科部的新目标。2011 年，同济大学预科部“外国留学生预科教育模式探索与实践”课题成功申报同济大学 985 重点建设项目，使充实教学大纲，更新课程设置，推动课程建设，优化教学模式，编写紧缺教材，增进同行交流等工作提上日程，紧锣密鼓，快马加鞭地开展起来。

作为“外国留学生预科教育模式探索与实践”课题的子课题之一，这套预科专业基础课教材即是在上述时代背景、国际教育背景、学科建设背景下应运而生的。同济大学预科部承担的是理工农医（中医除外）类和医学类预科生教育，按照教育部的规定，这两类学生预科学习期限仅为1年。时间紧、任务重；学生起点低，结业要求高成为预科教育中无法回避的矛盾，但同时又是必须解决的问题。同济大学预科部课程设置在第一学期主要强化汉语，第二学期在继续开设汉语课、专业汉语课的同时，增设数理化等专业基础课。面对只有4个多月汉语学习经历，汉语水平仍处在初级阶段的外国学生，要在课时极为有限的情况下，帮助学生克服语言障碍，从最简单的数理化概念、符号、知识引入，最终让他们听懂用汉语传授的、并能与大学课程接轨的数理化知识，无疑是一个巨大的挑战。这不仅需要一支特殊的师资队伍，也必然需要一套特殊的数理化教材。

活跃在同济大学预科部数理化专业基础课课堂上的老师们都来自同济大学理学部数理化系科，他们既有深厚的专业素养，丰富的教材编写经验，同时还拥有多年执教同济大学留学生新生院数理化课程的经历。走进预科课堂，面对特殊的教学对象，他们深感需要一套即接近学生水平，又指向专业需要的基础课教材。多位骨干教师急教学之所需，参考上课讲义，结合教学实践，开始着手编写适用于预科课堂的数理化教材。由于教学时间有限，教学容量巨大，老师们精心筛选教材内容，提炼重点难点，反复琢磨编写形式，各个章节逐渐成形，随后又在教学中试用打磨，反复修改，终成硕果。这是一套开篇起点低，各章跨度大，取舍合理，最终与高校数理化课程接轨，既传授数理化汉语，更传授数理化知识，“浅入深出”，特色鲜明的预科数理化教材。

我们相信这套教材的出版将为预科教育的宏伟大厦添砖加瓦；我们期待外国留学生预科教育能为中国高校输送优质人才；我们更渴望在21世纪的今天，中国高等教育能进入国际领域打造品牌，争创一流，为教育强国开创美好的未来。

本套教材在编写之初，参考了天津大学国际教育学院预科部数理化课程讲义，在此表示衷心的感谢！

本套教材得到同济大学985三期“外国留学生预科教育模式探索与实践”子课题的资助，感谢同济大学校领导和国际文化交流学院院领导的鼓励与支持！

许　涓

2011年8月

编写说明

物理是来华即将进入本科攻读理学、工学、农学、医学（中医药专业除外）专业的预科生的必修课。本教材是同济大学物理科学与工程学院为以上专业来华预科留学生编写的。教材包含了中国初中、高中物理教材的大部分内容，并结合大学物理的要求予以简化，旨在强化预科留学生在物理学习和日常生活中需要的物理汉语词汇，建立与中国大学物理学习的桥梁，同时对科技汉语的学习起到促进作用，为他们进入中国大学学习后继专业打下基础。

预科生的特点是汉语基础较弱，仅仅在中国接受过一个学期的汉语强化教学，同时物理基础差异较大，因此本教材对物理的基本知识进行了精简，汉语文字尽可能通俗易懂，尽量不以大段文字表述。为提高他们学习物理的兴趣，教材尽可能生活化，同时插入大量图片帮助其理解专业词汇和专业用语。并且设计了“读一读”部分，用拼音和英文同时标注物理生词，以减少其阅读和学习障碍。

本教材共分九章，内容包括力学、电磁学、热学、光学、原子物理等。在每一节中，基本分为“读一读”“说一说”“学一学”“想一想”“练一练”等环节，旨在帮助学生循序渐进掌握所学内容。教师可根据实际需要来选择教学内容。

同济大学国际交流学院许涓对数理化全套教材的编写范围、编写风格、编写体例做了定位与协调工作。本书力学部分（第一章至第八章）由同济大学物理科学与工程学院贾飞编写，热学（第九章，第十章）和光学部分（第十四章，第十五章）由同济大学物理科学与工程学院武荷岚编写，电磁学部分（第十一章至第十三章）由同济大学物理科学与工程学院宋志怀编写。同济大学物理学院王祖源、张睿对本书的编写提供素材并提出许多宝贵的意见。全书由贾飞统一编排和校对。

本教材可供在中国接受过一个学期汉语教育的预科生物理课堂使用，也可作为来华留学生学习物理的自学教材。

本书在成稿过程中得到了同济大学国际文化交流学院的各位领导的大力支持，在此表示衷心的感谢！

编者水平有限，本教材的缺点和错误在所难免。敬请各位同仁和广大读者批评指正。

编　者

2013 年 10 月于同济园

目　录

第一章　力
(Force)

你看得见吗?
你看不见，我也看不见
当水滴轻轻落下时，
我知道
那里有力。

你看得见吗?
你看不见，我也看不见
当帆船驶过湖面时
我知道
那里有力。

……

第一节　力的基本知识

(一) 力在哪里?

看一看

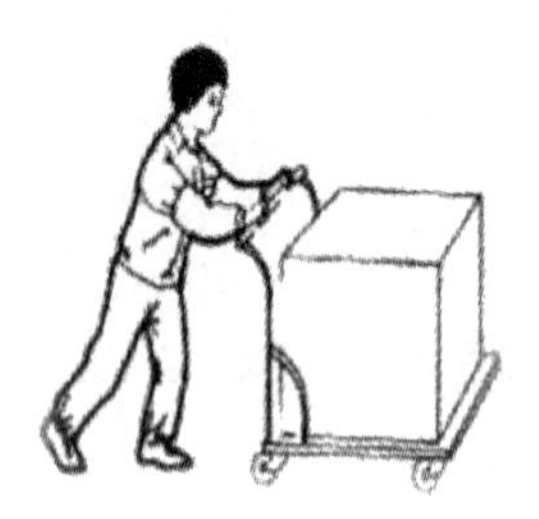

tuī chē
图 1.1-1　推车

lā tán huáng
图 1.1-2　拉弹簧

tí shuǐ tǒng
图 1.1-3　提水桶

zuò shā fā
图 1.1-4　坐沙发

做一做

bāi wàn zi
图 1.1-5　掰腕子

gǔ zhǎng
图 1.1-6　鼓掌

通过以上的活动，你感受到力的存在了吗？

读一读

力	lì	force
无形的	wúxíngde	invisible
无处不在	wú chù bú zài	everywhere

学一学

力，是无形的，力在我们的生活中无处不在。

动手动脑学物理

生活中还有哪些地方应用了力（见下图）？看一看，说一说。

（二）力的概念

读一读

旱冰鞋	hànbīngxié	roller skates

物体	wùtǐ	object
相互作用	xiānghù zuòyòng	interaction
受力物体	shòulì wùtǐ	forced object
施力物体	shīlì wùtǐ	exerting object
只有	zhǐyǒu	only
生命	shēngmìng	life
把……推倒	bǎ…tuīdǎo	push over

图 1.1-7　磁铁 (cí tiě) (magnet)

图 1.1-8　铁钉 (tiě dīng) (nail)

说一说

一个学生穿上旱冰鞋用力推墙，他会后退（如图 1.1-9），为什么？

学一学

图 1.1-9

力是物体与物体之间的相互作用。

一个物体受到力的作用，一定有另外一个物体施加这种作用，前者是受力物体，后者是施力物体。力的作用是相互的，受力物体和施力物体同时存在。只要有力发生，就一定有施力物体和受力物体，所以力是不可以脱离物体存在的。

动手动脑学物理

力的作用是相互的。

伸出手去，让一个同学打，你感到疼了吗？打你的同学也感到疼了吗？

坐在小船上，用力推另一只小船（如图 1.1-10）。能够把另一只小船推开而自己坐的船不动吗？

图 1.1-10

英文备注

lì shì wù tǐ yǔ wù tǐ zhījiān de xiāng hù zuòyòng

1. 力是物体与物体之间的相互作用。(Force is the interaction of material objects.)

lì bù kě yǐ tuō lí wù tǐ cúnzài

2. 力不可以脱离物体存在。(A force cannot exist independently of material bodies.)

（三）力的三要素

读一读

施加	shījiā	exert
体会	tǐhuì	experience
效果	xiàoguǒ	effect
位置	wèizhì	position
物理量	wùlǐliàng	physical quantity
大小	dàxiǎo	magnitude
弹簧秤	tánhuángchèng	spring scales, spring balance
测量	cèliáng	measure
单位	dānwèi	unit
牛顿	niúdùn	newton
方向	fāngxiàng	direction
作用点	zuòyòngdiǎn	the point of application
门轴	ménzhóu	door hinge
影响	yǐngxiǎng	influence
三要素	sān yàosù	three factors

做一做

1. 对桌子上的书，在同一位置同一方向，施加不同大小的力，体会施力产生的不同效果。

2. 对桌子上的书，用相同大小的力，在同一位置，向不同方向用力，体会施力产生的不同效果。

3. 用大小、方向均相同的力 F_1 和 F_2 推门（如图 1.1-11），推力作用到 B 点比作用到 A 点更易于把门推开。这说明什么？

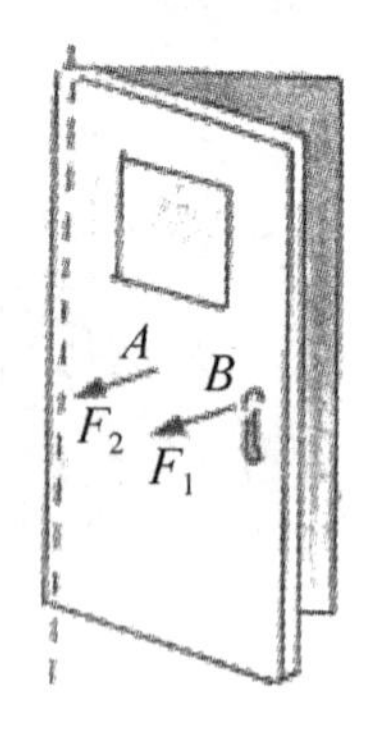

图 1.1-11

学一学

力是一个物理量，它具有大小和对应的单位。可以用弹簧秤来测量力的大小。物理学中，力的单位是牛［顿］，简称牛，符号是N。托起一个鸡蛋的力大约是 0.5 N。

物体受到的重力的方向竖直向下，空气中物体受到的浮力的方向是竖直向上的。这说明力是有方向的。力的方向不同，力的作用效果也不同。

开门的时候，用同样大小的力，力的作用点离门轴越远，开门越容易，这说明，力的作用点同样影响力的作用效果。

力的三要素包括：力的大小、力的方向、力的作用点。

动手动脑学物理

1. 如图 1.1-12 所示，用扳手拧螺母时，哪种效果好（填“A”或“B”），这说明力的作用效果跟力的有关。（　　）

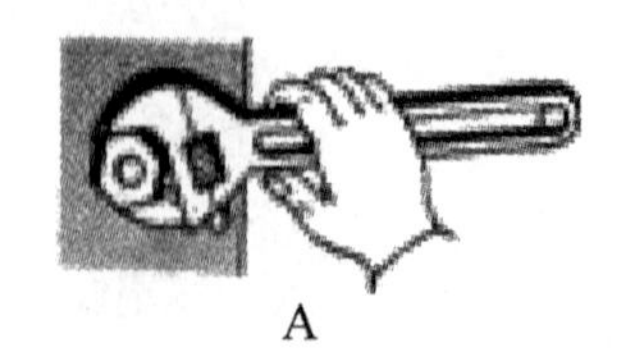
A

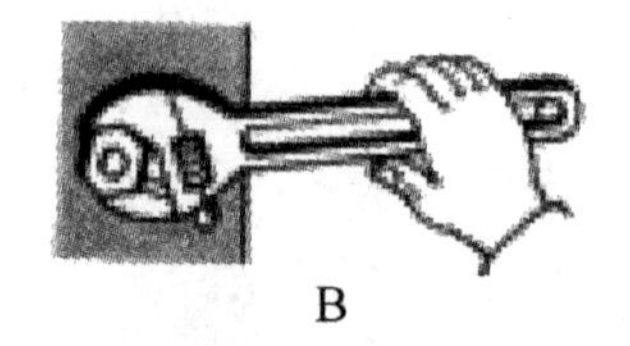
B

图 1.1-12　扳手拧螺母（bān shǒu nǐng luó mǔ）

2. 中国人吃饭时，用筷子夹菜，手握的位置高低不同，所需力的大小不同。这个现象说明了（　　）。

A. 力的作用效果跟力的大小有关
B. 力的作用效果跟力的作用点有关
C. 力的作用效果跟力的方向有关
D. 力的作用效果跟力的大小、方向、作用点都有关

3. 寻找“力的三要素”在生活中的例子。

（四）力的作用效果

读一读

静止	jìngzhǐ	motionless
运动	yùndòng	motion
改变	gǎibiàn	change
形状	xíngzhuàng	shape
速度	sùdù	velocity
状态	zhuàngtài	state
瘪	biě	sink down
捏	niē	hold between the fingers，pinch
爆	bào	explode，burst

看一看，做一做

图 1.1-13　力使静止的物体运动

图 1.1-14　力改变物体的运动方向

图 1.1-15　力改变物体的形状

学一学

力，可以使运动的物体静止，可以使静止的物体运动，也可以使物体速度的大小、方向发生改变。即，力可以改变物体的运动状态。

力，还可以改变物体的形状。

动手动脑学物理

1. 如图 1.1-16A、B 中的情景表示了力的作用效果，其中图______主要表示力能使物体的运动状态发生改变；图______主要表示力能使物体发生形变。(选填 A 或 B)

A

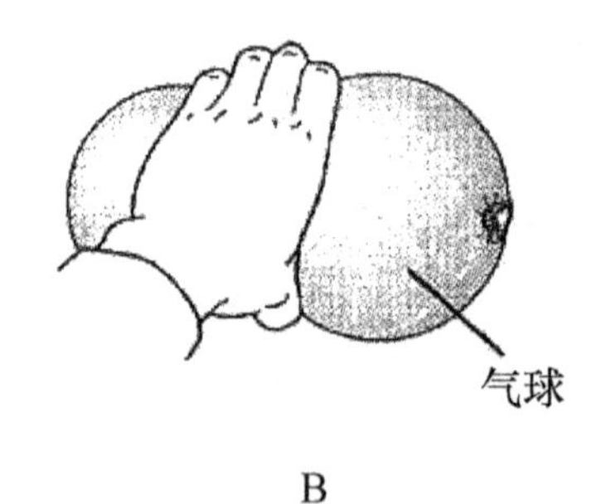

B

图 1.1-16

2. 根据力的作用效果可以感知力的存在。以下事例（如图 1.1-17）中可以说明力能改变物体运动状态的是（　　）。

压力使矿泉水瓶变瘪
A

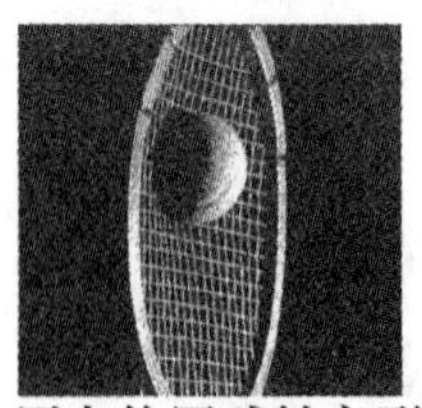

压力使网球拍变形
B

拉力使弹簧伸长
C

力把足球踢出去
D

图 1.1-17

（五）力的图示和示意图

力的图示

读一读

图示	túshì	diagram
线段	xiànduàn	segment
比例	bǐlì	proportion
标度	biāodù	scale
箭头	jiàntóu	arrow head
箭尾	jiànwěi	arrow tail

学一学

力的三要素决定力的作用效果，在物理学中可以形象准确地表示出力的三要素，方法就是：力的图示。

力用一根带箭头的线段来表示（如图 1.1-18 所示），线段按一定的比例（标度）画出，线段的长度代表力的大小，线段的指向代表力的方向。箭头或箭尾表示力的作用点，力的方向所沿的直线叫力的作用线，这种表示力的方法叫做力的图示。

例如，小车在水平方向所受到向左的 100 N 的力 F，如何表示这个力 F 呢？

首先，选标度，比如 1 cm 长表示 20 N 的大小。

其次，从力的作用点向左画一根带箭头的线段，线段的长度要是标度的 5 倍，表示 100 N，箭头表示力的方向。

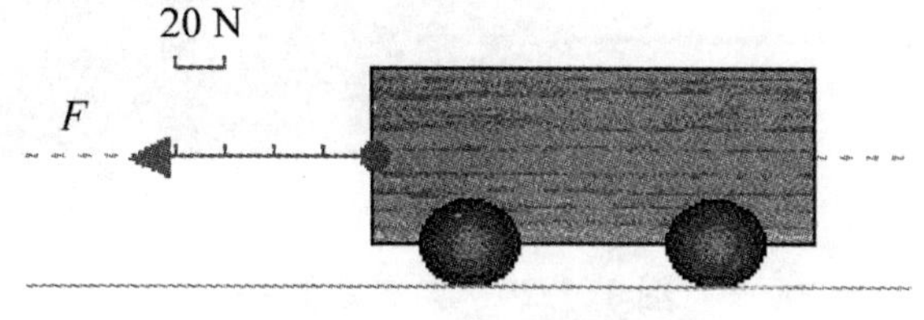

图 1.1-18　力的图示

动手动脑学物理

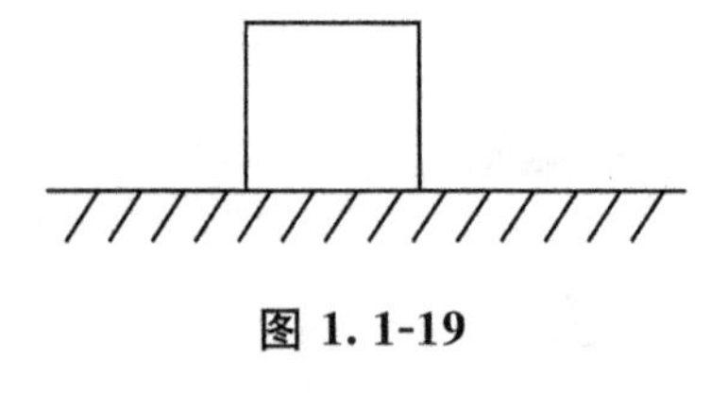

图 1.1-19

如图 1.1-19 所示，水平地面上放着一个物体，某人用与水平方向成 30°角，大小为 100 N 的力拉物体，画出此拉力的图示。

力的示意图

读一读

沿着	yánzhe	along
末端	mòduān	terminal
起点	qǐdiǎn	starting point
终点	zhōngdiǎn	terminal point
数值	shùzhí	numerical value，numerical number
表现	biǎoxiàn	express
示意图	shìyìtú	diagrammatic sketch

学一学

在物理学中通常用一根带箭头的线段表示力（如图 1.1-20 所示）：在受力物体上沿着力的方向画一条线段，在线段的末端画一个箭头表示力的方向，线段的起点或终点表示力的作用点。在同一图中，力越大，线段应该越长；有时还可以在力的示意图旁边用数值和单位标出力的大小。这样，用一根带箭头的线段就把力的大小、方向、作用点都表现出来了。

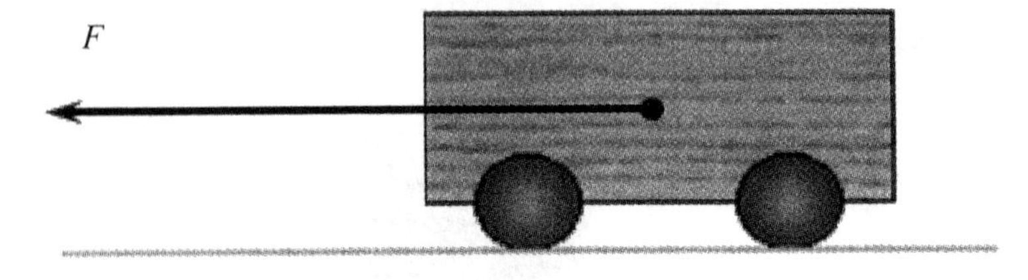

图 1.1-20 力的示意图

动手动脑学物理

1. 如图 1.1-21 所示，吊在天花板上的小球，画出小球所受拉力的示意图。
2. 画出如图 1.1-22 所示斜面上小球所受支持力的示意图。

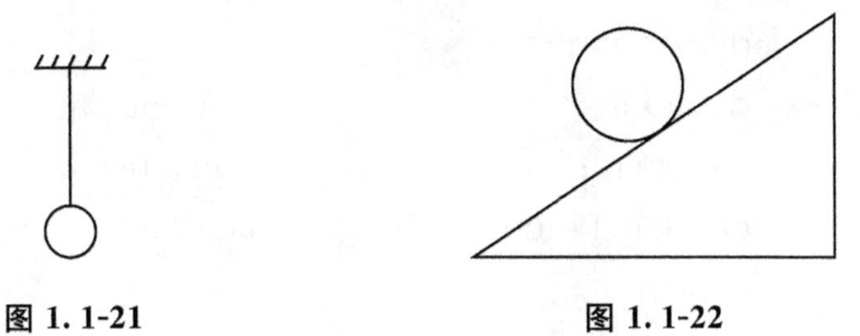

图 1.1-21　　　图 1.1-22

3. 如图 1.1-23 所示，小明用力推木箱，使木箱向右运动，画出推力的示意图。
4. 如图 1.1-24 所示，小球重 10 N，画出它对墙壁压力的示意图。

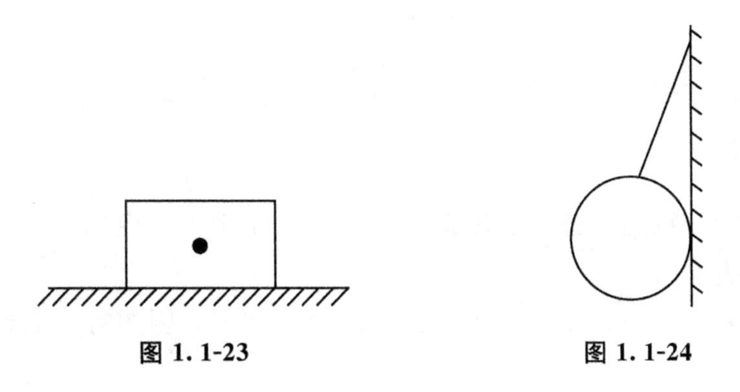

图 1.1-23　　　图 1.1-24

（六）力的分类

读一读

分类	fēnlèi	classification
拉力	lālì	pulling force
压力	yālì	stress
支持力	zhīchílì	supporting force
浮力	fúlì	floating force
动力	dònglì	motive force

阻力	zǔlì	dragging force
重力	zhònglì	gravity
弹力	tánlì	elastic force
摩擦力	mócālì	frictional force
分子力	fēnzǐlì	molecular force
电场力	diànchǎnglì	electric field force
电磁力	diàncílì	electromagnetic force
命名	mìngmíng	nominate, be named
按性质分	àn xìngzhì fēn	classified by the character
原因	yuányīn	reason
按效果分	àn xiàoguǒ fēn	classified by the effect
后果	hòuguǒ	result

学一学

按性质分　重力、弹力、摩擦力、分子间作用力、电场力、电磁力等。它们是力的产生原因。

按效果分　拉力、压力、支持力、浮力、动力、阻力等。它们是力作用在物体上引起的后果。

同一个力既可以按性质命名，也可以按效果命名。

性质相同的力，效果不一定相同。比如，支持力、压力，是同种性质的力，都属于弹力，产生的效果却不同。

作用效果相同的力，性质不一定相同。比如，像重力、拉力都可以作为动力或阻力，但却属于不同性质的力。

一节一练

一、选择题

1. 下面关于力的说法中，正确的是（　　）。

   A. 力是物体对物体的作用

   B. 只有直接接触的物体之间才有力的作用

   C. 如果一个物体是受力物体，那么它必定也是施力物体

D. 力是可以离开物体而独立存在的

2. 俗话说："一个巴掌拍不响"，这是因为（　　）。

A. 一个巴掌的力太小　　B. 力是物体对物体的作用

C. 人不会只有一个巴掌　　D. 一个物体也能产生力的作用

3. 下列关于力的说法中，正确的是（　　）。

A. 一个物体是施力物体，但不一定是受力物体

B. 两物体间发生力的作用时，施力物体受到的力小于受力物体受到的力

C. 只有相互接触的物体之间才能发生力的作用

D. 物体受到一个力的作用一定有另一个施力物体存在

4. 下面关于力的概念说法中，正确的是（　　）。

A. 接触物体之间一定有力的作用，不接触物体之间一定没有力的作用

B. 接触物体之间一定没有力的作用，不接触物体之间一定有力的作用

C. 接触物体之间可能有力的作用，不接触物体之间也可能有力的作用

D. 接触物体之间一定有力的作用，不接触物体之间也一定有力的作用

5. 下列不会影响力的作用效果的是（　　）。

A. 力的单位　　B. 力的大小

C. 力的方向　　D. 力的作用点

6. "疾风知劲草"，从某种意义上说明了力的作用效果跟下列哪些因素有关（　　）。

A. 力的大小　　B. 力的方向

C. 力的作用点　　D. 力的单位

7. 两个鸡蛋相碰，总是一个先破碎，下面说法中正确的是（　　）。

A. 只有未破的鸡蛋受力　　B. 只有破了的鸡蛋受力

C. 两只鸡蛋都受力　　D. 究竟哪只鸡蛋受力说不清楚

二、填空题

1. 用力捏气球，气球变瘪了；使劲用力捏气球，气球爆了。这个现象说明__________。

2. 一辆正在运动的玩具汽车，如果向前推，它会运动得更快，但若向后拉，它运动的速度就会慢下来，这说明力的__________能影响力的作用效果。

3. 人坐在沙发上，沙发会向下凹陷，这是力作用在沙发上产生的效果，但大人和小孩坐同样的沙发时，沙发的凹陷程度不同，这说明力的作用效果与力的__________有关。

4. 用木棒撬石头时，手握在木棒的末端比握在木棒的中间更容易把石头撬起来，这说明力的__________不同，力的作用效果不同。

5. 用手拍打墙，施力物体是__________，受力物体是__________。手感到很疼，这说明__________。

三、判断正误

（1）磁铁吸引铁钉，铁钉不会吸引磁铁。

（2）A 用力把 B 推倒，说明 A 对 B 有力的作用，B 对 A 没有力的作用。

（3）只有有生命或有动力的物体才会施力，无生命或无动力的物体不能施力，只能受力。

第二节 相互作用

（一）重 力

中国古书《列子》中有一篇《杞(qǐ)人忧(yōu)天》的寓言(yù yán)，讲的是大约公元前四百多年的一个故事。书中说，一个人看到所有的东西都向地面降落，担心天塌(tā)下来被砸(zá)死，急得茶饭不思，夜不能寐(mèi)。《列子》的作者指出了地球上的一切物体都要下落的事实，不过没有进一步思考为什么所有的东西都要落向地面。

一千多年以后，英国物理学家牛顿已经知道这些现象是地球的引力在起作用。但是，牛顿也“忧天”：地球引力的作用究竟能达到多远？是不是也在吸引天上的月亮呢？牛顿的“忧天”，导致了万有引力的伟大发现。

关于地球的引力，你有哪些遐(xiá)想？

重力的由来

看一看，做一做

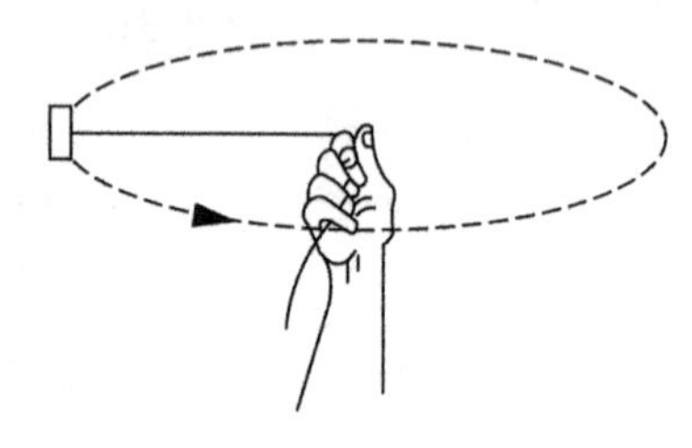

图 1.2-1 模拟引力

用一根细线拴住一块橡皮，甩起来，使橡皮绕手做圆周运动。这时，你会觉得橡皮需要用线拴住才不会跑掉。

读一读

细线	xìxiàn	filament
橡皮	xiàngpí	eraser

圆周运动	yuánzhōu yùndòng	circular motion
拴住	shuānzhù	tie down
万有引力	wànyǒu yǐnlì	gravitation
模拟	mónǐ	analog
地球	dìqiú	the earth
月亮	yuèliang	the moon
吸引	xīyǐn	attract
宇宙	yǔzhòu	the universe
天体	tiāntǐ	celestial body，heavenly body
灰尘	huīchén	dust

学一学

牛顿认为，地球和月亮之间存在互相吸引的力。地球吸引月亮的力，使月亮绕地球转动而不会跑掉，这个力跟地球吸引地面附近物体使物体下落的力，是同一种力（见图 1.2-2）。在这个基础上，牛顿精心研究了历史上很多科学家的研究成果，找到这样一个真理：

宇宙间任何两个物体，大到天体，小到灰尘之间，都存在相互吸引的力，这就是万有引力。

地球对地面附近物体的引力，使得吊灯把悬绳拉紧、台灯压着桌面、飞机投放的物资落向目的地……

由于地球的吸引而使物体受到的力，叫做重力。地球上的所有物体，都受到重力的作用。

图 1.2-2　人体由于重力而下落（从上而下拍摄的照片）

科学故事

苹果落地

一个偶然的事件往往能引发一位科学家思想的闪光。这是1666年夏末一个温暖的傍晚，在英格兰林肯州乌尔斯索普，一个腋下夹着一本书的年轻人走进他母亲家的花园里，坐在一棵树下，开始埋头读他的书。当他翻动书页时，他头顶的树枝中有样东西晃动起来。一只历史上最著名的苹果落了下来，打在23岁的牛顿的头上。恰巧在那天，牛顿正苦苦思索着一个问题：是什么力量使月球保持在环绕地球运行的轨道上，以及使行星保持在其环绕太阳运行的轨道上？为什么这只打中他脑袋的苹果会坠落到地上？正是从思考这一问题开始，他找到了这些的答案——万有引力理论。

动手动脑学物理

1. 关于物体所受的重力，以下说法中正确的是（　　）。
   A. 物体只有在地面静止时才受到重力的作用
   B. 物体在自由下落时所受的重力小于物体在静止时所受到的重力
   C. 物体在向上抛出时所受的重力大于物体在静止时所受到的重力
   D. 同一物体在同一地点，不论其运动状态如何，它所受到的重力都是一样大
2. 如果没有重力，下列描述中错误的是（　　）。
   A. 杯中的水倒不进嘴里　　B. 河里的水不能流动
   C. 玻璃杯子掉在水泥地上破碎了　　D. 大山压顶不弯腰
3. 一个苹果所受重力的施力物体是（　　），受力物体是（　　）。

重力的大小

读一读

质量	zhìliàng	mass

精确	jīngquè	accurate
两极	liǎngjí	the two poles
赤道	chìdào	the equator
恒定	héngdìng	constant

学一学

重力的大小可以用弹簧秤测出，物体静止时，对弹簧秤的拉力或压力，大小就等于物体所受到的重力。

在已知物体质量 m 的情况下，重力 G 的大小可以表示为

$$G=mg$$

其中，$g=9.8\,N/kg$，表示 1 kg 的物体受到的重力为 9.8 N。g 值在地球的不同位置取值不同，赤道上 g 值最小，而两极 g 值最大。在同一位置，离地面越高，g 值越小。一般，在地面附近不太大的范围内，可以认为 g 值是恒定的。

在要求不很精确的情况下，可取 $g=10\,N/kg$。

英文备注

zhí zài dì qiú de bù tóng wèi zhì qǔ zhí bù tóng chì dào shàng zhí zuì xiǎo ér liǎng jí zhí zuì dà zài tóng yí wèi zhì lí dì miàn yuè gāo zhí yuè xiǎo

g 值在地球的不同位置取值不同，赤道上 g 值最小，而两极 g 值最大。在同一位置，离地面越高，g 值越小。(The different positions on the earth cause the differences of the value of g with the minimum on the equator and maximum on the two poles of the earth. On the same position, the object near the earth has a larger g value.)

动手动脑学物理

1. 质量是 50 g 的鸡蛋，重是多少牛？(写出计算过程)
2. 一个物体重力大小不会发生变化的是（　　）。

   A. 把物体从地球两极地区移至赤道地区

   B. 把物体切去一部分

   C. 把一块橡皮泥由正方形捏成球形

D. 把一块木头由长方形削成球形

重力的方向

想一想，议一议

图 1.2-3 “下”在哪里？

地球上几个地方的苹果都可以向“下”落，但从地球外面看，几个苹果下落的方向显然不同（如图 1.2-3 所示）。那么，我们所说的“下”指的是什么方向？

读一读

竖直向下	shùzhí xiàngxià	vertically downward
悬挂	xuánguà	hang
检查	jiǎnchá	checkup
一致	yízhì	no difference
建筑工人	jiànzhù gōngrén	construction worker
砌砖	qì zhuān	brickwork

学一学

重力的方向　竖直向下。

用细线把物体悬挂起来（如图 1.2-4 所示），线的方向跟物体所受重力的方向一致，这个方向就是我们常说的“竖直向下”的方向。

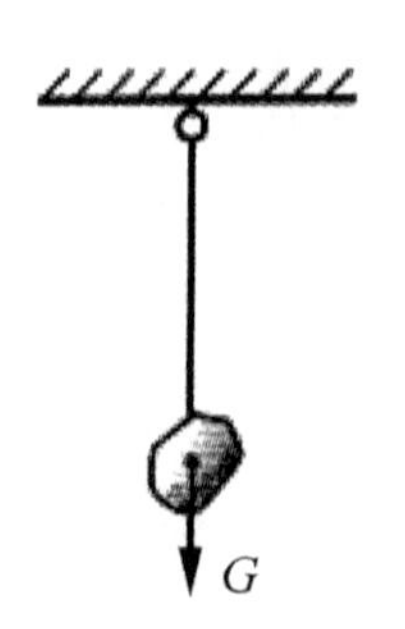

图 1.2-4 重力的方向

图 1.2-5 利用悬挂重物的细线确定竖直方向

建筑工人在砌砖时常常利用悬挂重物的细线来确定竖直方向，以此检查所砌的墙是否竖直（如图 1.2-5 所示）。

重心

想一想，做一做

图 1.2-6　不倒翁及其结构

玩具“不倒翁”被扳倒后会自动立起来（如图 1.2-6 所示）。自己做个不倒翁，研究其中的奥妙。

读一读

不倒翁	bùdǎowēng	tumbler
重心	zhòngxīn	center of gravity
均匀	jūnyún	uniform
规则	guīzé	regular
分布	fēnbù	distribution

学一学

地球吸引物体的每一部分。但是，对于整个物体，重力作用的表现就好像它作用在物体的一个点上，这个点叫做物体的重心。

质量分布均匀的物体的重心，跟物体的形状有关，有规则形状的均匀物体，重心就在其几何中心上（如图 1.2-7 所示）。质量分布不均匀的物体的重心，除跟物体的形状有关，还跟物体内部的质量分布有关（如图 1.2-8 所示）。

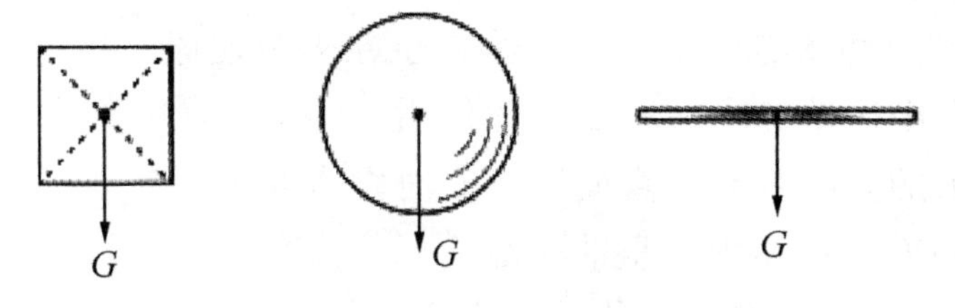

图 1.2-7　几种质地均匀、外形规则物体的重心

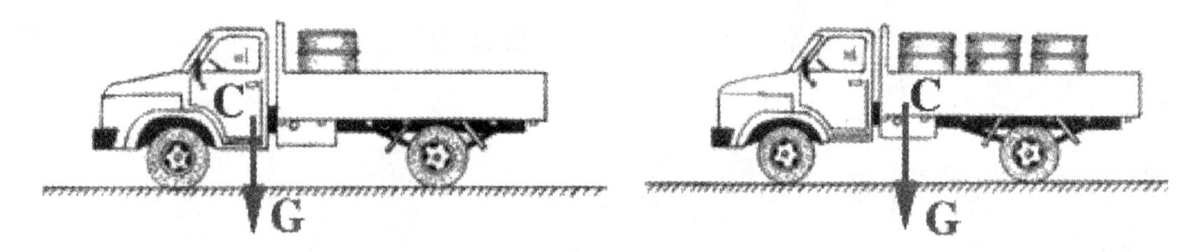

图 1.2-8 质量分布不均匀物体的重心与物体的形状和质量分布有关

对于质量分布不均匀的薄板的重心，可以用悬挂法来确定（如图 1.2-9 所示）：先在 A 点把物体悬挂起来，通过 A 点画一条竖直线 AB，然后再选另一处 D 点把物体悬挂起来，同样通过 D 点画一条竖直线 DE。AB 和 DE 的交点 C，就是薄板的重心。

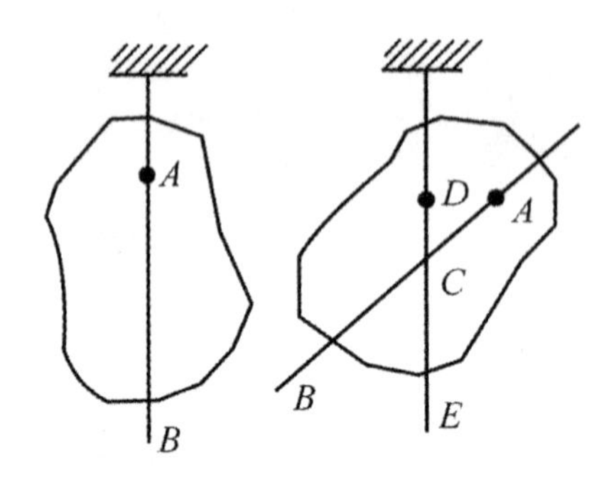

图 1.2-9 悬挂法确定质量分布不均匀薄板的重心

动手动脑学物理

1. 关于物体的重心，以下说法中正确的是（　　）。
   A. 物体的重心不一定在物体上
   B. 用线悬挂物体时，细线一定通过重心
   C. 一块砖平放、侧放或立放时，其重心在砖内的位置不变
   D. 舞蹈演员在做各种优美动作时，重心的位置不变
2. 关于重力，下列说法中正确的是（　　）。
   A. 地球对物体有吸引，同时物体也在吸引地球
   B. 在空中运动的小鸟不受重力作用
   C. 重力的方向有时竖直向下，有时垂直向下
   D. 重心就是物体内最重的一点
3. 使用悬挂法确定身边小物体的重心。

铅笔平衡时，可以认为悬点就是铅笔的重心

图 1.2-10　用悬挂法确定铅笔的重心

4. 几何学中把三角形三条中线的交点叫做重心。物理学中也有重心的概念。均匀的三角形薄板的重心是不是与几何学上的重心位于同一点上？请你通过以下实验做出判断：首先作图把均匀等厚三角形纸板的三条中线的交点 C 找出来，然后用细线悬吊三角形纸板的任意位置，看悬线的延长线是否通过 C 点？

(二) 四种基本相互作用（基本自然力）

万有引力

读一读

行星	xíngxīng	planet
恒星	héngxīng	star，fixed star
太阳系	tàiyángxì	solar system
银河系	yínhéxì	galaxy

学一学

17 世纪下半叶起，人们发现，相互吸引的作用存在于一切物体之间，直到宇宙的深处，只是相互作用的强度随距离增大而减弱。在物理学中，我们称它为万有引力。万有引力把行星和恒星聚在一起，组成太阳系、银河系和其他星系。

图 1.2-11　万有引力使众多天体聚在一起形成星系

万有引力是自然界的一种基本相互作用，地面物体所受的重力只是引力在地球表面附近的一种表现。

科学世界

万有引力与航天

树上的苹果、天上的人造卫星，都受到地球引力的作用。万有引力不需要物体相互接触。

我们身边的物体，质量比太阳、行星、月球小得多，它们之间的万有引力非常小，小到我们不能觉察。例如，你与课本之间也存在万有引力。但是，由于你和课本之间的万有引力非常非常小，比地球对它的重力小得多，使得这个万有引力可以忽略。

万有引力的大小跟物体的质量有关。天体的质量非常大，它们之间的万有引力是非常大的。万有引力把地球和其他行星束缚在太阳系中，围绕太阳运转。

人类要探索宇宙，首先要摆脱地球的引力。早在1687年，牛顿就描述了实现飞离地球这一理想的途径：加大飞行的速度，可以使炮弹绕地球飞行，甚至飞入宇宙空间，直到无限远。

今天，人类已经飞入了地球，人造地球卫星和宇宙飞船都已经离开地球，进入太空，开始了探索宇宙的征途。

关于航天，你还知道哪些事实、哪些道理？讲给同学们听。

电磁相互作用（电磁力）

读一读

电磁相互作用	diàncí xiānghù zuòyòng	electromagnetic interaction
电荷	diànhè	electric charge
排斥	páichì	repel
磁体	cítǐ	magnet
磁极	cíjí	magnetic pole

学一学

电荷之间存在相互作用：同种电荷相排斥，异种电荷相吸引。磁体之间也存在相互作用：同名磁极相排斥，异名磁极想吸引。

19 世纪后，人们逐渐认识到，电荷间的相互作用、磁体间的相互作用，本质上是同一种相互作用的不同表现，这种相互作用成为电磁相互作用或电磁力。它也是自然界的一种基本相互作用。电磁力随距离变化的规律与万有引力相似：当距离增大到原来的 2 倍时，它们减小到原来的 1/4。

英文备注

tóngzhǒngdiàn hè xiāngpái chì　yì zhǒngdiàn hè xiāng xī yǐn

1. 同种电荷相排斥，异种电荷相吸引。（Like charges repel each other while unlike charge attract each other.）

tóngmíng cí jí xiāngpái chì　yì míng cí jí xiāng xī yǐn

2. 同名磁极相排斥，异名磁极相吸引。（Like poles repel each other while unlike poles attract each other.）

强相互作用

读一读

强相互作用	qiáng xiānghù zuòyòng	strong interaction
原子核	yuánzǐhé	nucleus
质子	zhìzǐ	proton
中子	zhōngzǐ	neutron
斥力	chìlì	repulsive force

学一学

20 世纪，物理学家发现原子核是由若干带正电荷的质子和不带电的中子组成的，而带正电的质子之间存在斥力，这种斥力比它们之间的万有引力大得多，似乎质子与质子团聚在一起是不可能的。于是他们认识到，一定有一种新的强大的相互作用存在，使得原子核紧密地保持在一起。这种作用称做强相互作用。

与万有引力和电磁力不同，距离增大时，强相互作用急剧减小，它的作用范围只有约 m，即原子核的大小，超过这个界限，这种相互作用实际上已经不存在了。

弱相互作用

读一读

弱相互作用	ruò xiānghù zuòyòng	weak interaction
射线	shèxiàn	ray
放射现象	fàngshè xiànxiàng	radioactivity

学一学

19世纪末，20世纪初，物理学家发现，有些原子核能够自发地发出射线，这种现象称为放射现象。后来发现，在放射现象中起作用的还有另外一种基本相互作用，称为弱相互作用。

弱相互作用的作用范围也很小，与强相互作用相同，但强度只有强相互作用的倍。

（三）弹力弹簧测力计

形变

看一看

chēng gān tiào
图1.2-12 撑 竿 跳

dǎ dàn gōng
图1.2-13 打 弹 弓

读一读

形变	xíngbiàn	deformation
体积	tǐjī	volume
恢复	huīfù	return to
原状	yuánzhuàng	original state
特性	tèxìng	character，property
弹性	tánxìng	elasticity
弹性形变	tánxìng xíngbiàn	elastic deformation
非弹性形变	fēitánxìng xíngbiàn	non-elastic deformation
塑性形变	sùxìng xíngbiàn	plastic deformation

学一学

物体的形状或体积的改变叫做形变。形变的原因是受到了外力。

常见的形变可以分为弹性形变和非弹性形变。弹性形变（如图 1.2-14）：撤去外力后能恢复原状的形变叫弹性形变。非弹性形变（如图 1.2-15）：撤去外力后不能恢复原状的形变叫非弹性形变（塑性形变），如橡皮泥。常说的形变是指弹性形变。

图 1.2-14 弹性形变

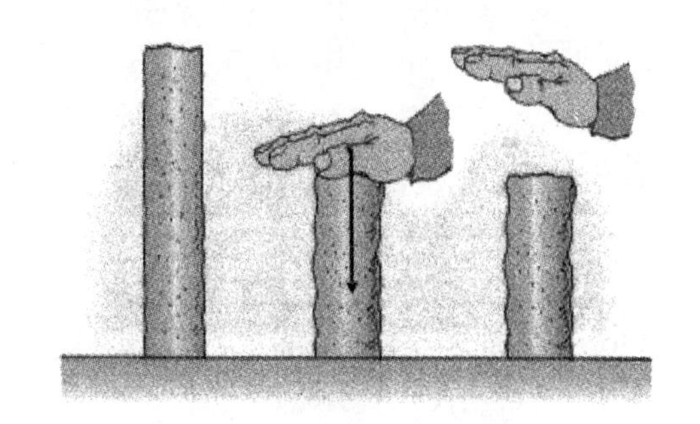

图 1.2-15 非弹性形变

动手动脑学物理

图 1.2-16

1. 想一想下面几种物体哪些类似橡皮筋，哪些类似橡皮泥？尺子、橡皮擦、白纸、钢锯条、泥巴、面粉团、皮肤……

2. 用手捏一个厚玻璃瓶，玻璃瓶会发生弹性形变吗？如图 1.2-16 上的实验可以帮助你回答这个问题。实验中，瓶中灌满水，把细玻璃管通过带孔的橡皮塞插入玻璃瓶中。用手轻轻捏厚玻璃瓶，观察细管中水面的高度变化，就能知道后玻璃瓶是否发生了形变。

轻按桌面能使桌面发生弹性形变吗？自己设计一个实验进行检验。

弹力

做一做，想一想

把橡皮筋拉长，松手后，观察橡皮筋状态。

读一读

直尺	zhíchǐ	ruler
橡皮筋	xiàngpíjīn	rubber band，elastic band
限度	xiàndù	limitation
超过	chāoguò	exceed
复原	fùyuán	recover
损坏	sǔnhuài	damage
感受	gǎnshòu	feel
产生	chǎnshēng	form
接触	jiēchù	get in touch with each other
面面接触	miànmiàn jiēchù	surface-to-surface contact
切面	qiēmiàn	tangent plane
点面接触	diǎnmiàn jiēchù	point-to-surface contact

学一学

1. 弹力产生的条件

直尺、橡皮筋、弹簧等受力会发生形变，不受力时又恢复到原来的形状，物体的这种特性叫做弹性。物体的弹性有一定的限度，超过了这个限度也不能完全复原。所以使用弹簧时不能超过它的弹性限度，否则会使弹簧损坏。

发生形变的物体，由于要恢复原状，对跟它接触的物体会产生力的作用，这个力叫做弹力。一个物体对另一个物体要有弹力作用，两个物体必须有接触；弹力是由于物体发生形变而引起的，若物体没有发生形变，就无需恢复，也就不会产生弹力。

因此，弹力的产生的条件是：一是接触；二是发生弹性形变。

2. 弹力的方向

物体之间的接触可以分为面面接触、点面接触等。面面接触（点面接触）时，接触物体之间的弹力方向垂直于切面并指向受力物体。

例题　如图 1.2-17 所示，有一球放在光滑水平面 AC 上，并和光滑斜面 AB 接触，球静止。分析球所受的弹力。

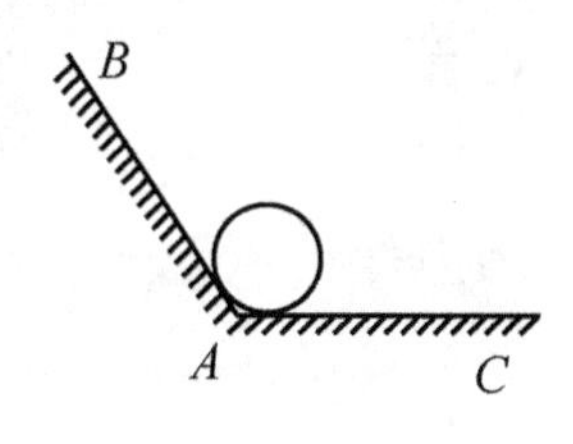

图 1.2-17

解　用“假设法”，即假设去掉 AB 面，因球仍然能够保持原来静止状态，则可以判断出在球与 AB 面接触处没有弹力；假设去掉 AC 面，则球将向下运动，故在与 AC 面的接触处受到弹力，其方向垂直于 AC 面向上。

动手动脑学物理

1. 用手压弹簧（如图 1.2-18 所示），使其形变，观察形变方向并体会弹簧对手的力的方向朝哪儿？为什么是这样的方向？

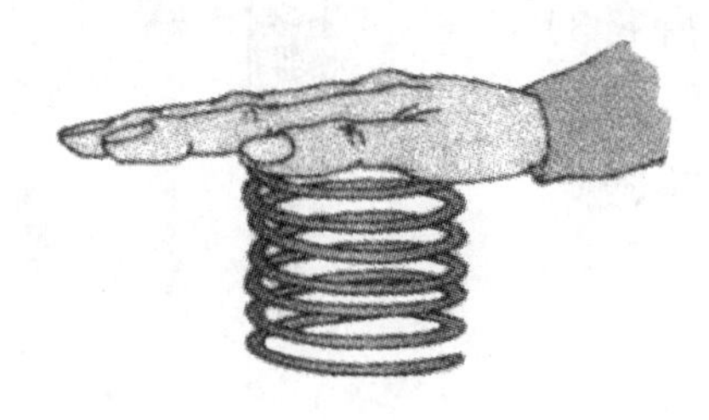

图 1.2-18

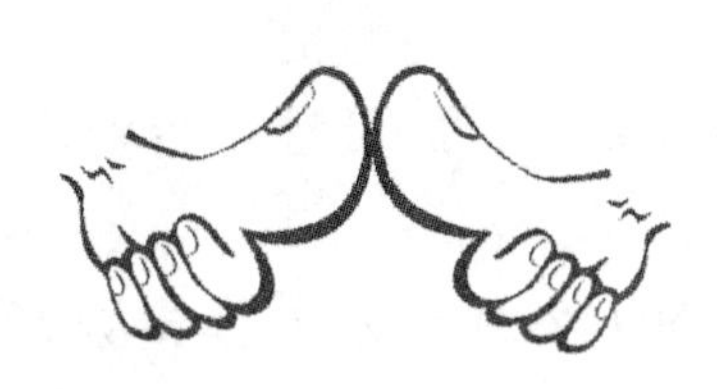

图 1.2-19

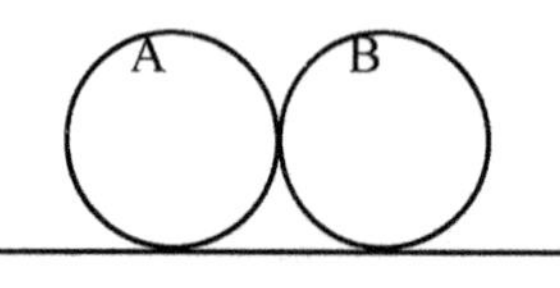

图 1.2-20

2. 两手拇指相互挤压（如图 1.2-19 所示），观察两拇指的形变方向及各自受到的力的方向。为什么是这样的方向？

3. 光滑水平面上 AB 两物体紧挨着（其中接触面光滑）保持静止（如图 1.2-20），则它们之间有无弹力？为什么？

弹簧测力计

读一读

工具	gōngjù	tool
测力计	cèlìjì	dynamometer
弹簧	tánhuáng	spring
原理	yuánlǐ	principle
构造	gòuzào	structure
量程	liángchéng	measuring range
范围	fànwéi	range
握力计	wòlìjì	grip dynamometer
形形色色	xíngxíngsèsè	various
秤钩	chènggōu	steelyard hook

学一学

测量力的大小的工具叫做测力计。弹簧受到的拉力越大，弹簧的伸长就越长。利用这个原理做成的测力计，叫做弹簧测力计，在物理实验中经常使用。常用的两种弹簧测力计的构造如图所示。

使用弹簧测力计的时候，首先要看清它的量程，也就是它的测量范围。加在弹簧测力计上的力不许超过它的量程，否则就会损坏弹簧测力计。

除了图 1.2-21 所示的弹簧测力计以外，人们还制造了其他形式的测力计，例如测量手的握力的握力计（如图 1.2-22）就是其中的一种。

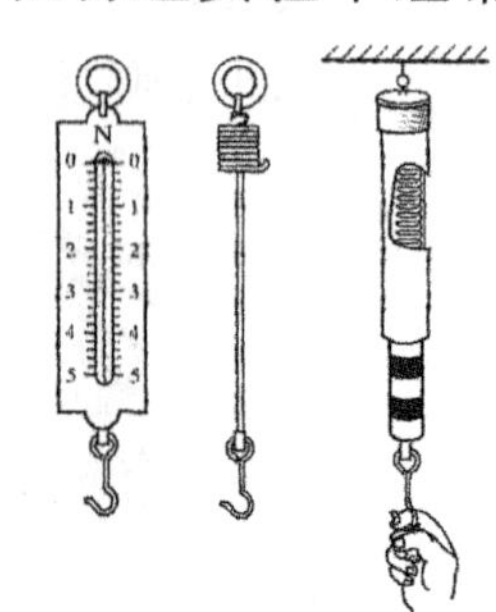

图 1.2-21　弹簧测力计和它的构造

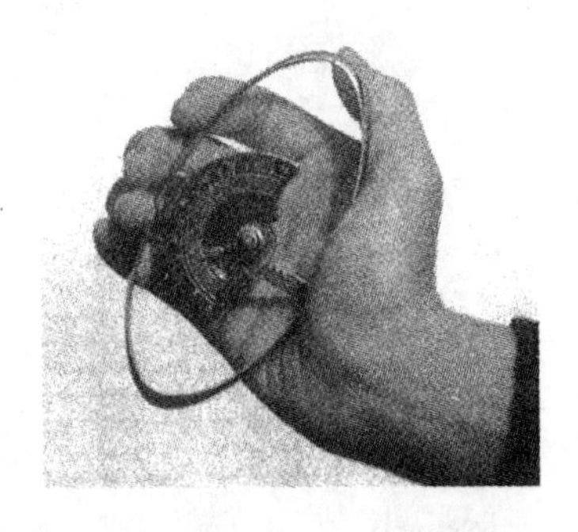

图 1.2-22　握力计，你使用过吗？

图 1.2-23　形形色色的弹簧测力计

实验探究

弹簧测力计的使用

（1）观察弹簧测力计的量程，认清它的每一小格表示多少牛。

（2）检查弹簧测力计的指针是否指在零点。测量前应该把指针调节到指“0”的位置上。

（3）一根头发拴在弹簧测力计的秤钩上，用力拉头发，读出头发被拉断时拉力的大小。

（4）总结使用弹簧测力计应该注意的几点。

动手动脑学物理

1. 用手拉测力计的挂钩，使指针指到 1 N、5 N、10 N，感受一下 1 N、5 N、10 N 的力。

2. 一个弹簧测力计使用的时间久了后，常常不能准确地测量力。试分析其中的原因。

3. 拿起两个鸡蛋，体会 1 N 的重量。

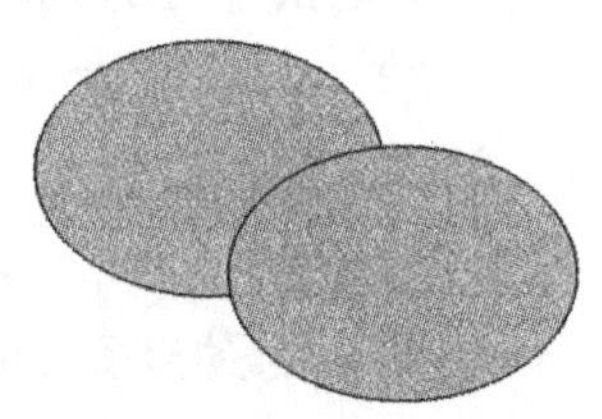

图 1.2-24　拿起两个鸡蛋所用的力大约是 1 N

4. 关于力的下列说法中，正确的是（　　）。

A. 两物体必须要相互接触，才有可能产生力

B. 两物体必须要相互接触，才有可能产生弹力

C. 两物体只要相互接触，就一定能产生弹力

D. 两物体间只要有弹力，则这两物体必然相互接触

胡克定律（弹性定律）

读一读

胡克定律	Húkè dìnglǜ	Hooke's law
长度	chángdù	length
变化量	biànhuàliàng	variation
与……成正比	yǔ…chéngzhèngbǐ	be proportion to
劲度系数	jìndù xìshù	coefficient of stiffness
负号	fùhào	minus
伸长	shēncháng	elongation
压缩	yāsuō	compression
相反的	xiāngfǎnde	opposite

学一学

在弹性限度内，弹簧的弹力 F 和弹簧的长度变化量 x 成正比，即

$$F=-kx$$

式中，k 为弹簧的劲度系数，它由弹簧本身的性质所决定；负号表示弹簧所产生的弹力与其伸长（或压缩）的方向相反；单位是 N/m。

例题　有一根弹簧的长度 l_0 是 15 cm，在下面挂上 $m=0.5$ kg 的重物后的长度 l 变成了 18 cm，求弹簧的劲度系数 k。

解　由胡克定律 $F=-kx$，得

$$k=\frac{F}{x}=\frac{mg}{l-l_0}=\frac{0.5\text{ kg}\times 10\text{ N/kg}}{3\text{ cm}}=166.7\text{ N/m}$$

弹簧的劲度系数为 166.7 N/m。

人物故事

罗伯特·胡克，（Robert Hooke，1635 年 7 月 18 日—1703 年 3 月 3 日），英国博物学家，发明家。是 17 世纪英国最杰出的科学家之一。他在力学、光学、天文学等多方面都有重大成就。他所设计和发明的科学仪器在当时是无与

胡　克
Robert Hooke
(1635—1703)

伦比的。他本人被誉为英国的“双眼和双手”：在物理学研究方面，他提出了描述材料弹性的基本定律-胡克定律，且提出了万有引力的平方反比关系；在机械制造方面，他设计制造了真空泵，显微镜和望远镜，并将自己用显微镜观察所得写成《显微术》一书，细胞一词即由他命名；在新技术发明方面，他发明的很多设备至今仍然在使用。除去科学技术，胡克还在城市设计和建筑方面有着重要的贡献。但由于与艾萨克·牛顿的论争，导致他去世后少为人知。近来对胡克的研究逐渐兴起。胡克也因其兴趣广泛，贡献重要而被某些科学史家称为“伦敦的莱奥纳多（达·芬奇)”。

动手动脑学物理

1. 关于弹簧的劲度系数，下列说法中正确的是（　　）。

   A. 与弹簧所受的拉力有关，拉力越大，k 值越大

   B. 与弹簧所受的形变有关，形变越大，k 值越小

   C. 有弹簧本身决定，与弹簧所受的拉力大小及形变程度无关

   D. 与弹簧本身特征，所受拉力大小、形变的大小都有关

2. 一根轻质弹簧在 10 N 的拉力作用下，长度由原来的 5 cm 伸长为6 cm。那么，当这根弹簧压缩到 4.2 cm 时，受到的压力是多大？（设弹簧在弹性限度内）

（四）摩擦力

摩擦力概念

想一想

1. 自行车在水平路上滑行，无论是什么路面，总会逐渐变慢，最后停止下来，为什么？自行车轮胎上的纹路（如图 1.2-25）的作用是什么？

2. 在书本中夹一纸条，合上书本拉纸条，会感到费劲。为什么？

3. 如果没有摩擦力，捞月的猴子（如图 1.2-26）会怎样？

图 1.2-25

图 1.2-26

读一读

猴子捞月	hóuzi lāo yuè	monkeys grasp for the moon
水平	shuǐpíng	horizontal
滑行	huáxíng	slide
停止	tíngzhǐ	stop
互相	hùxiāng	each other
相对运动	xiāngduì yùndòng	relative motion
阻碍	zǔ'ài	resist

学一学

两个互相接触的物体，当它们做相对运动时，在接触面上会产生一种阻碍相对运动的力，这种力叫做摩擦力。

读一读

实验	shíyàn	experiment
因素	yīnsù	factor
费力	fèilì	need or use great effort, be strenuous
粗糙的	cūcāode	rough
接触面	jiēchùmiàn	contact surface

实验验证	shíyàn yànzhèng	experimental verification
猜想	cāixiǎng	guess，suppose
匀速	yúnsù	uniform velocity
砝码	fǎmǎ	weight
棉布	miánbù	cotton cloth
毛巾	máojīn	towel
铺	pū	lay
经验	jīngyàn	experience
探究	tànjiū	exploration
创造	chuàngzào	create
合理的	hélǐde	reasonable

实验探究

摩擦力的大小与什么因素有关?

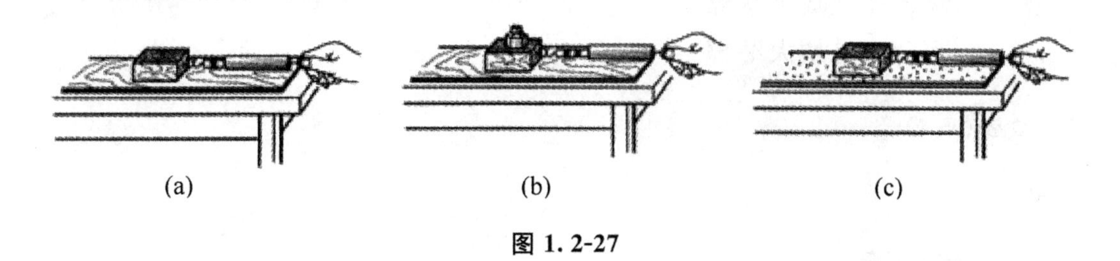

(a)　(b)　(c)

图 1.2-27

当你推箱子时，箱子越重，推起来越费力，地面越粗糙，推起来越费力。看起来，影响摩擦力大小的因素可能有：

接触面所受的压力

接触面的粗糙程度

……

> **根据已有经验做出合理的猜想，这是科学探究中最具创造性的一环。**

可以通过图 1.2-27 所示的实验验证猜想。

用弹簧测力计匀速拉动木块，使它沿长木板滑动，从而测出木块与长木板之间的摩擦力；改变放在木块上的砝码，从而改变木块与长木板之间的压力；把棉布、毛巾等铺在长木板上，从而改变接触面的粗糙程度……

通过实验，你得出了什么结论?

摩擦力的大小与作用在物体表面的压力有关，表面受到的压力越大，摩擦力就越大。

摩擦力的大小还跟接触面的粗糙程度有关，接触面越粗糙，摩擦力越大。

动手动脑学物理

1. 在我们身边有哪些地方在增大摩擦力，哪些地方在减小摩擦力？

2. 观察同学们所穿鞋底的花纹，哪种花纹的鞋防滑性能最好？

3. 在体操运动中，运动员在上单杠之前，总要在手上抹些镁粉；而在单杠上做回环动作时，手握单杠又不能太紧（如图 1.2-28）。这样做的目的是（　　）。

A. 前者是增大摩擦，后者是减小摩擦

B. 前者是减小摩擦，后者是增大摩擦

C. 两者都是减小摩擦

D. 两者都是增大摩擦

图 1.2-28

滑动摩擦力

读一读

滑动摩擦力	huádòng mócālì	sliding frictional force
表面	biǎomiàn	surface
相切	xiāngqiē	tangent
正压力	zhèngyālì	normal pressure
关系式	guānxìshì	relational expression
表达	biǎodá	express
证明	zhèngmíng	prove
常数	chángshù	constant
摩擦因数	mócā yīnshù	coefficient of friction

材料	cáiliào	material
程度	chéngdù	degree
滚动摩擦	gǔndòng mócā	rolling friction

学一学

1. 滑动摩擦力

相互接触的两物体，一物体在另一物体表面相对滑动时受到的阻碍它相对滑动的力。滑动摩擦力的方向总跟物体的接触面相切，与物体相对运动的方向相反。

经实验证明，滑动摩擦力 F 的大小与相互之间的正压力 F_N 成正比，关系式表达为 $F=\mu F_N$。其中，μ 是比例常数，叫动摩擦因数，它的数值与相互接触的材料及接触面的粗糙程度有关。

几种材料间的动摩擦因数如表 1.2-1 所示。

表 1.2-1　几种材料间的动摩擦因数

材　　料	动摩擦因数	材　　料	动摩擦因数
钢-钢	0.25	钢-冰	0.02
木-木	0.30	木头-冰	0.03
木-金属	0.20	橡胶轮胎-路面（干）	0.71
皮革-铸铁	0.28		

2. 滚动磨擦力

除滑动摩擦力外，还有滚动摩擦。就是一个物体在另一个物体表面滚动时产生的摩擦，滚动摩擦要比滑动摩擦小得多。

英文备注

xiānghù jiēchù de liǎng gè wùtǐ　yí gè wùtǐ zài lìng yí wùtǐ biǎomiàn xiāngduì huádòng shí shòudào
相互接触的两个物体，一个物体在另一物体表面相对滑动时受到

de zǔ'ài tā xiāngduì huádòng de lì
的阻碍它相对滑动的力。(When a body slides over the surface of another, there arises an interaction which resists the relative motion.)

动手动脑学物理

1. 如图 1.2-29 所示，用两种方式推动同一个箱子，现象说明（　　）。

A. 压力小时摩擦小

B. 滚动摩擦比滑动摩擦小

C. 推力大时摩擦小

D. 滑动摩擦比滚动摩擦小

图 1.2-29

2. 关于滑动摩擦力公式 $F=\mu F_N$，下列说法中正确的是（　　）。

A. 由 $F=\mu F_N$ 可知，F/F_N 成正比

B. 由 $\mu=F/F_N$ 可知，μ 与 F 成正比，与 F_N 成反比

C. F 与 F_N、材料、接触面的粗糙程度都有关

D. μ 的大小由接触面的粗糙程度唯一决定

3. 物体从左边斜面运动到右边斜面的过程（如图 1.2-30 所示）中所受的摩擦力方向如何？

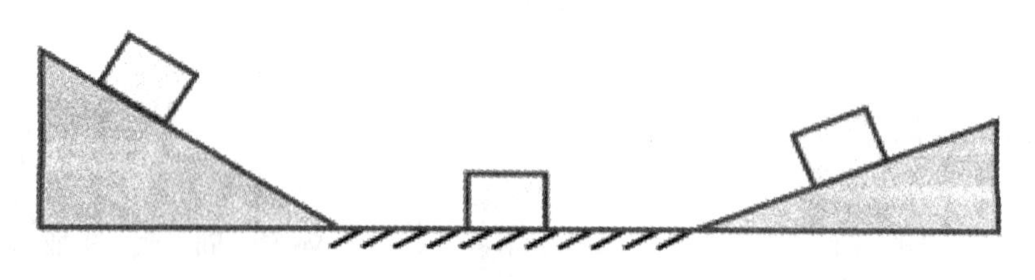

图 1.2-30

静摩擦力

想一想，做一做

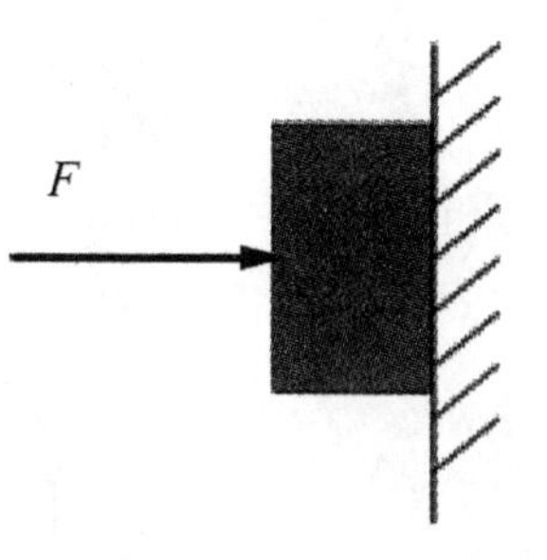

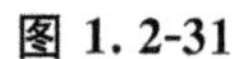
图 1.2-31

用水平力压紧贴竖直墙壁的木块（如图 1.2-31），木块为什么没有掉下来？

读一读

静摩擦力	jìngmócālì	static frictional force
趋势	qūshì	trend

学一学

静摩擦力　发生在相对静止的两个物体之间的摩擦力。静摩擦力的方向总跟接触面相切，并且跟物体相对运动趋势的方向相反。

人推箱子，如果箱子静止（图 1.2-32），静摩擦力的大小随运动趋势方向上的推力的增大而增大 $F_{静}=F$；当人在箱子运动趋势上的水平推力增大到某一值 F_{max} 的时候，物体就要滑动，此时静摩擦力达到最大值，我们把 F_{max} 叫做最大静摩擦力。

图 1.2-32　人推箱子，箱子静止

则两物体之间的静摩擦力 $F_{静}$ 在 0 与最大静摩擦力 F_{max} 之间，即

$$0<F\leqslant F_{max}$$

动手动脑学物理

1. 下列图中的物体都处于静止状态（接触面粗糙），有相对运动趋势的是（　　）。

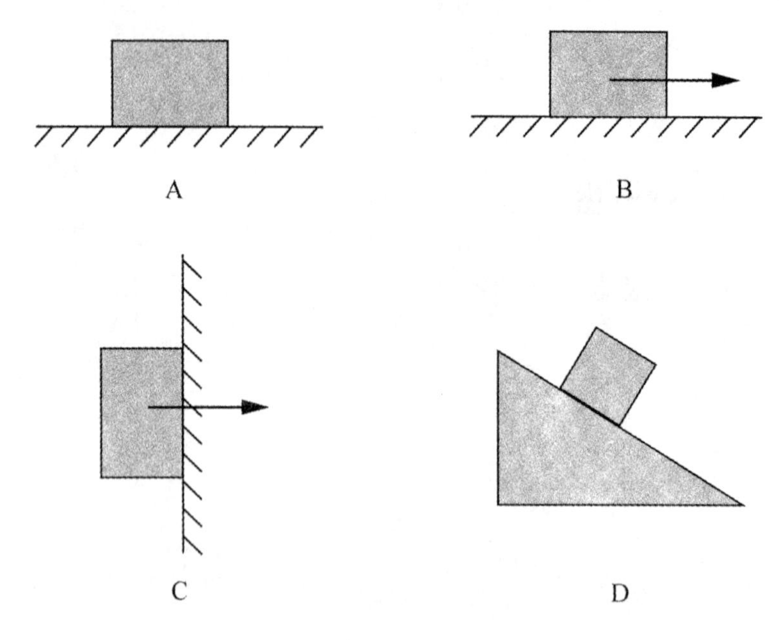

图 1.2-33

2. 下列关于静摩擦力的说法中，正确的是（　　）。

A. 静摩擦力的方向总是与物体运动方向相反

B. 静摩擦力的大小与物体的正压力成正比

C. 静摩擦力只能在物体静止时产生

D. 静摩擦力的方向与接触物体相对运动的趋势相反

科学世界

自行车与摩擦力

自行车是人们最常用到的交通工具之一，可是你知道自行车上有哪些地方涉及摩擦力知识吗？

1. 车轮与摩擦力

自行车也和其他车辆一样，是靠车轮与地面的摩擦力前进的。当我们骑在自行车上时，由于人和自行车对地面有压力，轮胎和地面之间不光滑，因此自行车与路面之间有摩擦，不过，要问自行车为何能前进？这还是依靠后轮与地面之间的摩擦而产生的，这个摩擦力的方向是向前的。那前轮的摩擦力是干什么的？

阻碍车的运动！其方向与自行车前进方向相反。正是这两个力大小相等，方向相反，所以自行车做匀速运动。不过，当人们在地上推自行车前进时，前轮和后轮的摩擦力方向都向后。那谁和这两个力平衡呢？脚对地面的摩擦力向前！

2. 刹车装置与摩擦力

制动装置（刹车）在自行车中有着十分重要的作用。刹车不灵而导致的交通事故屡见不鲜，自行车是采用什么方法来制动的呢？

自行车的刹车是利用摩擦力使自行车减速和停止前进。当我们使用刹车时，刹皮与车轮间的摩擦力，使车轮停止运动或速度减小，车轮与地面间的摩擦力由滚动摩擦变成滑动摩擦，强大的滑动摩擦力方向与自行车前进方向相反，使自行车迅速减速（或迅速停止运动）。

3. 外胎与摩擦力

自行车外胎上有凸凹不平的花纹，可以增大自行车与地面间的粗糙程度，来增大摩擦力，防止自行车打滑。

急刹车时，滑动摩擦力对车辆外胎磨损十分大，若使轮子总处于滚动，而不滑动时，则可避免对车轮磨损。因此可设想在自行车上另设置一刹车备用（可金属、橡胶……），平时运动时，刹盘提起脱离地面，刹车时，将刹盘按下与地面接触，使刹盘在地面滑动，产生滑动摩擦力，使车辆迅速减速直至停止，避免自行车外胎磨损。

4. 钢珠与摩擦力

自行车应当骑起来越轻松、越灵活才越好、越省力，所以在自行车转动的地方，中轴、后轴、车把转动处，脚蹬转动处、飞轮等地方，都安有钢珠。转动地方安装钢珠是为了减小摩擦力，保护零件，节省动力，因为滚动摩擦比滑动摩擦小得多，用滚动来代替滑动可以大大减小摩擦，并经常加润滑油，使接触面彼此离开，摩擦变得更小、更省力。

除此之外，在自行车的车把和脚踏板也有花纹，这也是为了增大摩擦力，使人能够很好地把握方向和让自行车顺利前进。

一节一练

一、选择题

1. 关于重力，下列说法中正确的是（　　）。

A. 地球对物体有吸引，同时物体也在吸引地球

B. 在空中运动的小鸟不受重力作用

C. 重力的方向有时竖直向下，有时竖直向下

D. 重心就是物体内最重的一点

2. 玩具“不倒翁”被扳倒后会自动立起来的原因（　　）。

A. 重力太小，忽略不计　　B. 重心太低，不易倾倒

C. 重心的方向总是竖直向下的　　D. 里面有自动升降的装置

3. 从桥上向下行驶的汽车，受到的重力（　　）。

A. 大小、方向都不变　　B. 大小、方向都变

C. 大小不变，方向变　　D. 大小变，方向不变

4. 下列说法中正确的是（　　）。

A. 同学们坐在椅子上学习，椅子不形变，所以大家没受到弹力

B. 汽车行驶在松软的地上，地受到向下的弹力，是因为地发生形变而下陷

C. 汽车行驶的水泥路上，论坛发生形变从而产生对地面的压力

D. 汽车越重，对地面的压力越大，所以压力就是重力

5. 已知物体甲和乙之间有弹力的作用，那么（　　）。

A. 物体甲和乙必定直接接触，且都发生形变

B. 物体甲和乙不一定直接接触，但必定都发生形变

C. 物体甲和乙必定直接接触，但不一定都发生形变

D. 物体甲和乙不一定直接接触，也不一定都发生形变

6. 一只玻璃瓶，在下列哪种情况下受到摩擦力？（　　）。

A. 静止在粗糙水平面上

B. 被竖直握在手中，瓶口向上

C. 瓶下压一纸条，挡住瓶子把纸条抽出

7. 水平公路行驶的汽车关闭发动机后，慢慢停下来，这是因为（　　）。

A. 汽车动力消失了　　B. 汽车没有受到力的作用

C. 汽车受到重力作用　　D. 汽车受到地面摩擦力的作用

二、填空题

1. 重力是由于__________而使物体受到的力，它的方向总是__________，它的施力物体是__________。

2. 如图所示，重为 G 的匀质球放在互成 120° 角的两光滑平面间，平面 ON 是水平的，球与 OM 面的接触点为 A，与 ON 面的接触点为 B，则球对 OM 的压力是__________。

M
A
O
B
N

4. 一同学手中握着一个圆柱形玻璃杯（杯重忽略不计），在空中静止，杯中装有重 2 N 的水，杯子受到的摩擦力是__________；当他喝掉一半水后用力握杯子，杯子仍在空中静止，此时杯子受到的摩擦力是__________。

三、判断正误

1. 地球上同一地点，质量越大的物体，受到的重力越大。（　　）

2. 氢气球冉冉上升，说明氢气球不受到重力的作用。（　　）

四、计算题

1. 一个西瓜的质量是 3.5 kg，它受到的重力是多大？

2. 如图所示，在水平桌面上放一个重 $G=20\,\text{N}$ 物体 A，A 与桌面间的摩擦因数 $\mu=0.5$，使这个物体沿桌面做匀速运动的水平拉力 F 为多少？

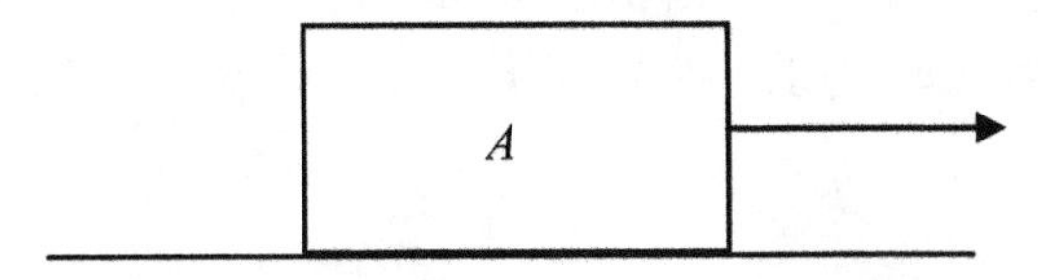

3. 一个重为 200 N 的物体，放在水平面上，物体与平面间的动摩擦因数 $\mu=0.1$，最大静摩擦力与滑动摩擦力视为相等。试求物体在下列几种情况下受到的摩擦力：

（1）物体静止时用 $F=8\,\text{N}$ 的水平力向右拉物体；

（2）物体静止时用 $F=30\,\text{N}$ 的水平力向右拉物体；

（3）物体以 15 m/s 的初速度向左运动，用 $F=18\,\text{N}$ 的水平向右的力拉物体。

4. 竖直悬挂的弹簧下端，挂一重为 4 N 的物体时弹簧长度为 12 cm；挂重为 6 N 物体时弹簧长度为 13 cm，则弹簧原长为多少厘米？劲度系数为多少？

第三节　力的合成与分解

（一）力 的 合 成

力的合成

看一看，想一想

1. 一个成年人用力 F 可以把一桶水提起，两个孩子分别用 F_1、F_2 也可以一起把一桶水提起（如图 1.3-1 所示）。

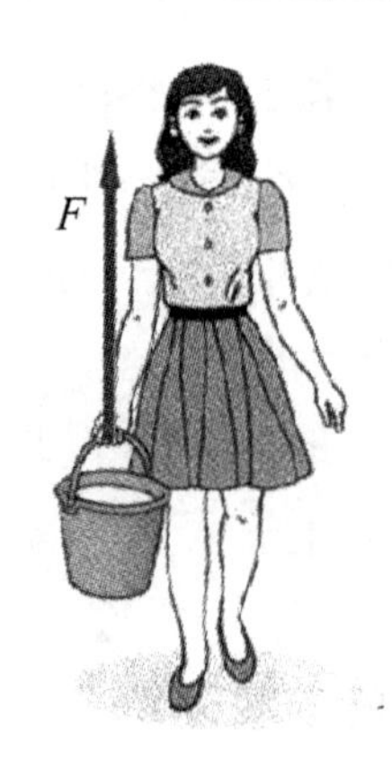

图 1.3-1

2. 一头大象用力 F 拖动一箱货物，多人分别用力 F_1，F_2，…，F_N 也可以一起拖动一箱货物（如图 1.3-2 所示）。

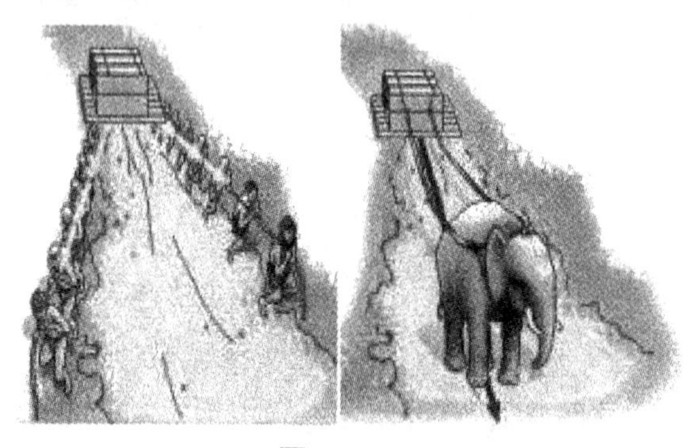

图 1.3-2

读一读

实例	shílì	example
力的作用效果	lì de zuòyòng xiàoguǒ	induced effect by forces
合力	hélì	resultant force
力的合成	lìde héchéng	composition of forces
分力	fēnlì	component force

学一学

生活中常见到这样的实例：如图 1.3-1、图 1.3-2 所示，一个力的作用效果与两个或更多力的作用效果相同。

当一个物体受到几个力的共同作用时，我们常常可以求出这样一个力，这个力产生的效果跟原来几个力的共同效果相同，这个力就叫做那几个力的合力，原来的几个力叫做分力。

求几个力的合力的过程或求合力的方法，叫做力的合成。

动手动脑学物理

生活中还有哪些事例说明一个力与几个力的作用效果相同？请举例说明。

力的合成实验探究

想一想

在图 1.3-1 中，这桶水的重量是 100 N，两个孩子合力的大小一定也是 100 N。现在的问题是：如果两个孩子用力的大小分别是 F_1、F_2，F_1、F_2 两个数值相加正好等于 100 N 吗？

读一读

平行四边形法则	píngxíng sìbiānxíng fǎzé	the parallelogram principle
对角线	duìjiǎoxiàn	diagonal line

实验探究

如图 1.3-3，手拉弹簧测力计对橡皮条产生力的作用，把它拉长。

图 1.3-3 中实验（a）表示橡皮条 AG 在两个力的共同作用下，沿着直线伸长了 GO 这样的长度。图 1.3-3 中实验（b）表示撤去 F_1、F_2 后，用一个力 F 作用在橡皮条上，使橡皮条沿着同一直线伸长相同的长度。

力 F 对橡皮条作用的效果与 F_1、F_2 共同作用的效果相同，所以力 F 等于 F_1、F_2 的合力。

我们要探究的是：合力 F 与分力 F_1、F_2 有什么关系？

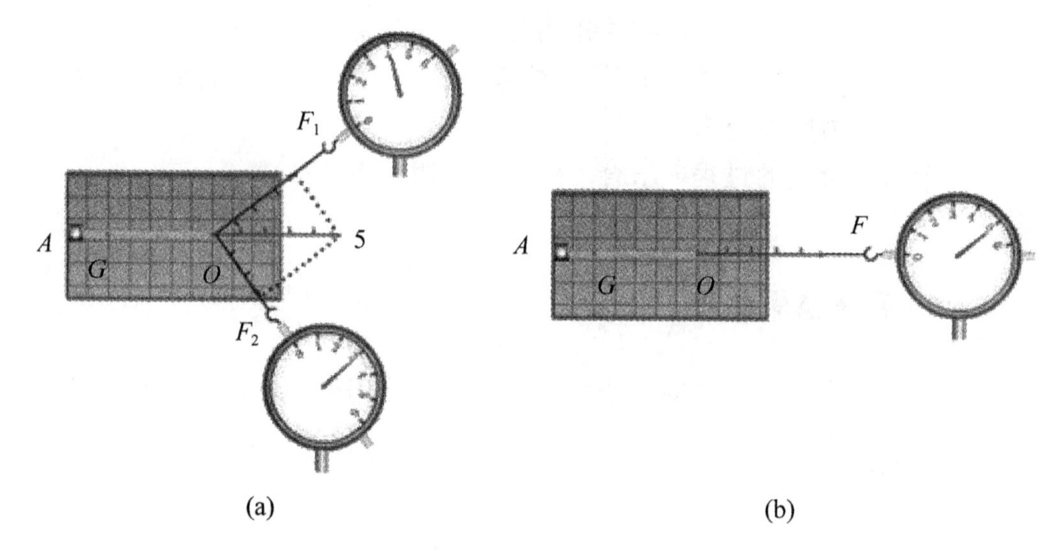

图 1.3-3 探究合力方法的实验装置

得出你的结论后，改变 F_1、F_2 的大小和方向，重做上述实验，看看结论是否相同。

平行四边形法则

两个力合成时，以表示这两个力（F_1、F_2）的线段为邻边做平行四边形，这两个邻边之间的对角线就代表合力（F）的大小和方向（如图 1.3-4 所示）。

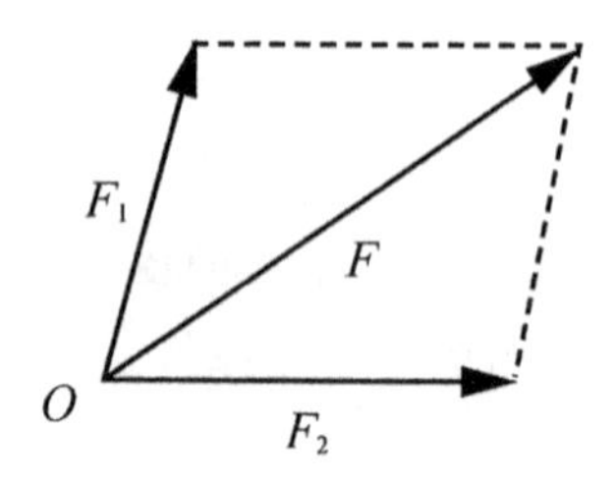

图 1.3-4　力的平行四边形法则

共点力

读一读

共点力	gòngdiǎnlì	concurrent forces
延长线	yánchángxiàn	extended line

学一学

如果一个物体受到两个或更多力的作用，有些情况下这些力共同作用在同一点上，或者虽不作用的同一点上，但它们的延长线交于一点，如图 1.3-5 所示，这样的一组力叫做共点力。如果这些力不但没有作用在同一点上，它们的延长线也不能交于一点，如图 1.3-6 所示，这样的一组力就不是共点力。

力的合成的平行四边形法则，只适用于共点力。

图 1.3-5　钩子（gōu zi）受到的力是一组共点力

图 1.3-6　担子（dàn zi）受到的力不是共点力

求合力的方法

读一读

夹角	jiājiǎo	included angle
角度	jiǎodù	angle
大于	dàyú	greater than
小于	xiǎoyú	less than
余弦定理	yúxián dìnglǐ	cosine law
正弦定理	zhèngxián dìnglǐ	sine law

学一学

如果我们已知两个分力的大小和分力之间的夹角，应用余弦定理就可以求出合力的大小。两个共点力的合力随夹角的变化而变化。

（1）夹角为0°时，$\boldsymbol{F}=\boldsymbol{F}_1+\boldsymbol{F}_2$，$\boldsymbol{F}$ 的方向与 $\boldsymbol{F}_1$、$\boldsymbol{F}_2$ 的方向相同（图 1.3-7和图 1.3-8）：

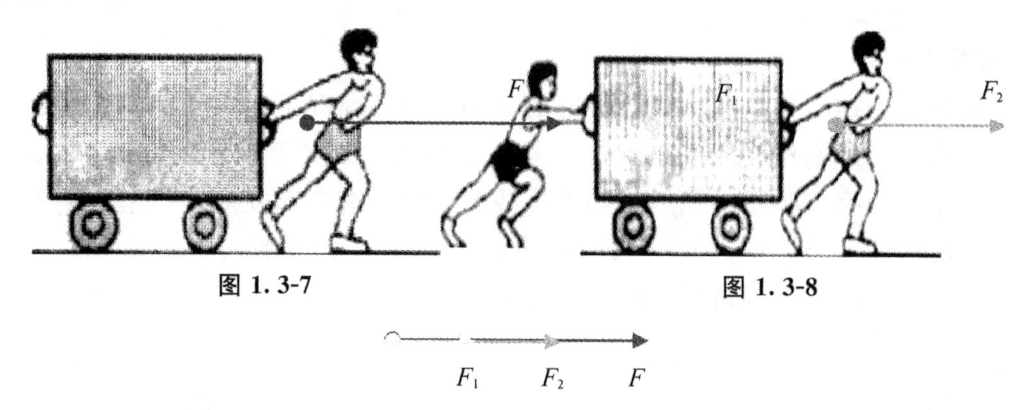

图 1.3-7　　图 1.3-8

F_1　F_2　F

（2）夹角为180°时，$\boldsymbol{F}=|\boldsymbol{F}_2-\boldsymbol{F}_1|$，$\boldsymbol{F}$ 的方向与两个力中较大的那个力方向相同（图 1.3-9 和图 1.3-10）：

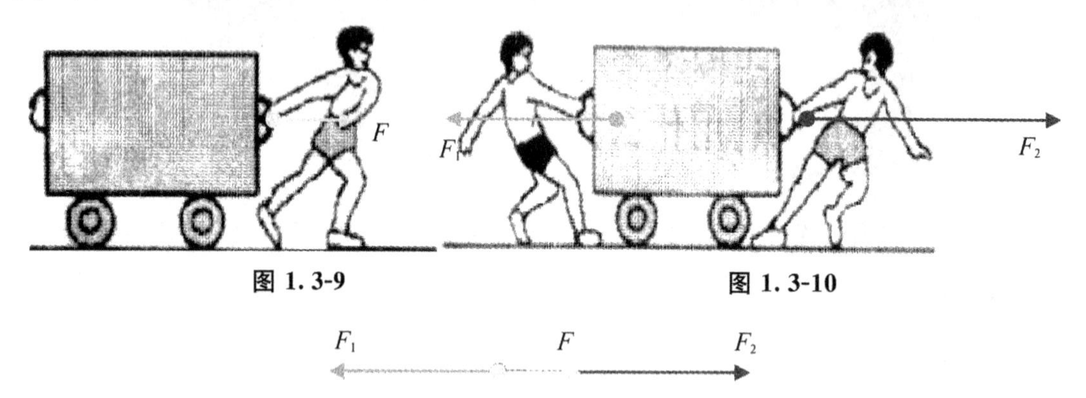

图 1.3-9　　图 1.3-10

F_1　F　F_2

（3）夹角为任意角度时，$|\boldsymbol{F}_1-\boldsymbol{F}_2|\leqslant\boldsymbol{F}\leqslant\boldsymbol{F}_1+\boldsymbol{F}_2$，应用平行四边形法则来求解。

（4）分力一定时，夹角越大，合力越小。

（5）合力可能大于分力，也可能小于分力。

附：余弦定理、正弦定理

设三角形的三边为 a、b、c，它们的对角分别为 α、β、γ

1. 余弦定理

$$c^2=a^2+b^2-2ab\cos(\gamma)$$
$$b^2=c^2+a^2-2ca\cos(\beta)$$
$$a^2=b^2+c^2-2bc\cos(\alpha)$$

（当 γ 为 90°时，$\cos(\gamma)=0$，余弦定理可简化为 $c^2=a^2+b^2$）

2. 正弦定理

$$\frac{a}{\sin\alpha}=\frac{b}{\sin\beta}=\frac{c}{\sin\gamma}$$

动手动脑学物理

1. 两个力 F_1、F_2 合成后是 F_3，下列对应的四组数值中可能的是（　　）。

A. $F_1=5\,\mathrm{N}$ 、$F_2=8\,\mathrm{N}$ 、合成后是 $F_3=7\,\mathrm{N}$

B. $F_1=16\,\mathrm{N}$ 、$F_2=2\,\mathrm{N}$ 、合成后是 $F_3=12\,\mathrm{N}$

C. $F_1=3\,\mathrm{N}$ 、$F_2=4\,\mathrm{N}$ 、合成后是 $F_3=8\,\mathrm{N}$

D. $F_1=4\,\mathrm{N}$ 、$F_2=20\,\mathrm{N}$ 、合成后是 $F_3=17\,\mathrm{N}$

2. 两个力 F_1、F_2 间的夹角为 θ，两力的合力为 F，以下说法中正确的是(　　)。

A. 若 F_1、F_2 大小不变，θ 角越小，合力 F 就越大

B. 合力 F 总比分力 F_1、F_2 中的任何一个力都大

C. 如果夹角 θ 不变，F_1 大小不变，只要 F_2 增大，合力 F 就必然增大

3. 物体受到两个力的作用，$F_1=30\,\mathrm{N}$，方向水平向左，$F_2=40\,\mathrm{N}$，水平竖直向下，求这两个力的合力 F。

(二) 力的分解

力的分解

读一读

力的分解	lì de fēnjiě	resolution of force
逆过程	nìguòchéng	inverse process
实际作用效果	shíjì zuòyòng xiàoguǒ	induced actual effect by forces
正交分解	zhèngjiāo fēnjiě	orthogonal decomposition

学一学

拖拉机拉着耙，对耙的拉力是斜向上方的，我们可以说，这个力产生两个效果：使耙克服泥土的阻力前进，同时把耙向上提，使它不会插得太深。这两个效果相当于两个力分别产生的（图 1.3-11）：一个水平的力 F_1 使耙前进，一个竖直向上的力 F_2 把耙向上提。可见力 F 可以用两个力 F_1 和 F_2 来代替。力

F_1 和 F_2 是力 F 的分力。求一个力的分力叫做力的分解。

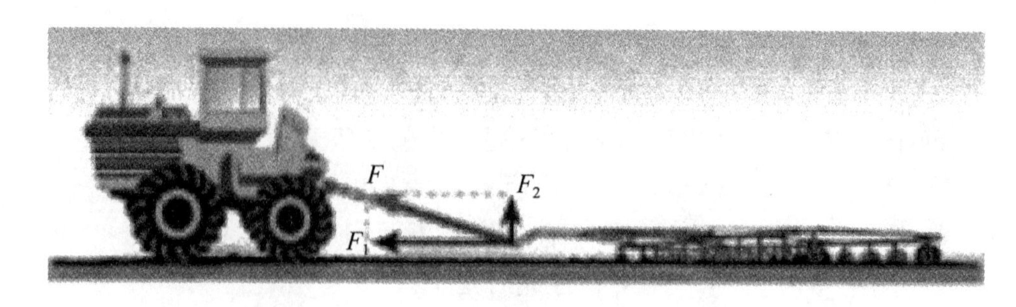

tuō lā jī pá
图 1.3-11 拖 拉 机对耙的拉力产生两个作用效果

因为分力的合力就是原来被分解的那个力，所以力的分解是力的合成的逆过程，同样遵守平行四边形法则。

如果没有限制，对于同一条对角线，可以做出无数个不同的平行四边形（如图 1.3-12 所示）。也就是说，同一个力 F 可以分解为无数对大小、方向不同的分力。

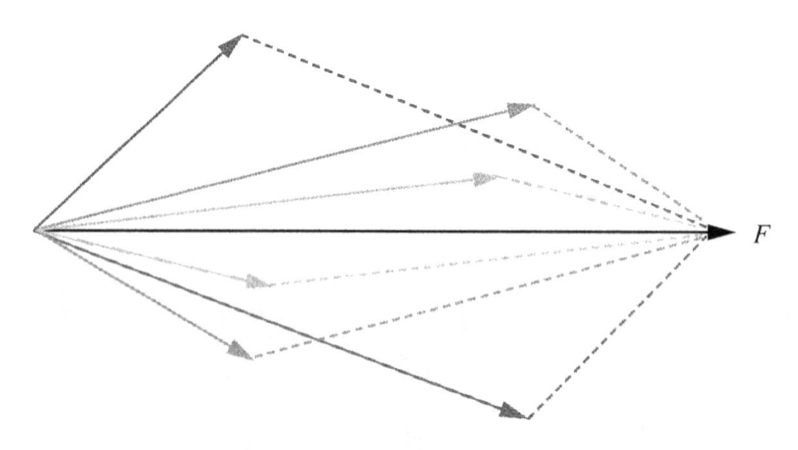

图 1.3-12 一个力可以产生几个不同的效果

那么，我们究竟该如何选取分力呢？一般，我们遵循如下两条法则：

（1）按力的实际作用效果来进行分解。

（2）按计算方便进行分解，一般我们采用正交分解。

例题 把一个物体放在倾角为 θ 的斜面上，物体受到竖直向下的重力，但它并不能竖直下落。从力的作用效果看，

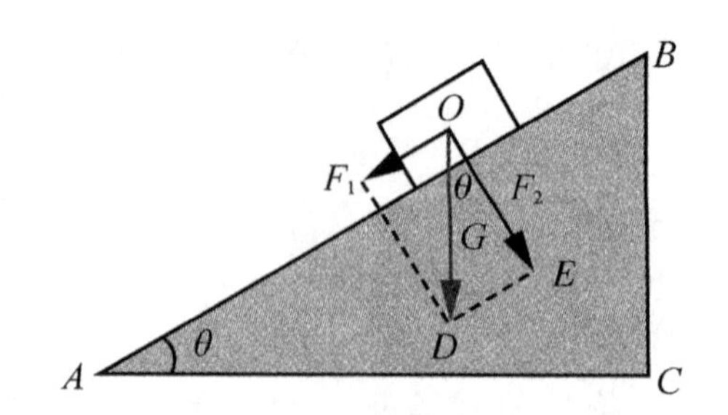

图 1.3-13 物体所受重力使它下滑，同时紧压斜面（根据这两个效果把力分解）

应该怎样将重力分解？两个分力的大小与斜面的倾角有什么关系？

分析　物体要沿着斜面下滑，同时会使斜面收到压力，这时重力产生两个效果：使物体沿斜面下滑并使物体紧压斜面。因此，重力 G 应该分解为这样两个分力：平行于斜面使物体下滑的分力 F_1，垂直于斜面使物体紧压斜面的分力 F_2（如图 1.3-13 所示）。

图 1.3-14

解　由几何关系可知，角 DOE 等于 θ，所以

$$F_1 = G\sin\theta$$

$$F_2 = G\cos\theta$$

可以看出，F_1 和 F_2 的大小都与斜面的倾角有关。斜面的倾角 θ 增大时，F_1 增大，F_2 减小。

车辆上桥时，分力 F_1 阻碍车辆前进；车辆下桥时，分力 F_1 使车辆运动加快。为了行车方便与安全，高大的桥要造很长的引桥，来减小桥面的坡度（如图 1.3-14 所示）。

矢量

读一读

矢量	shǐliàng	vector
标量	biāoliàng	scalar

学一学

既有大小又有方向，相加时遵从平行四边形法则的物理量叫做矢量。只有大小，没有方向，求和时按照算数法则相加的物理量叫做标量。

力是矢量，求两个力的合力时，不能简单地把两个力的大小相加，而要按平行四边形法则来确定合力的大小和方向。

一节一练

一、选择题

1. 关于合力与分力，下列叙述中正确的是（　　）。

A. 合力的大小一定大于每一分力的大小；

B. 合力可以垂直其中一个分力

C. 合力的方向可以与其中一个分力的方向相反

D. 大小不变的两分力的夹角在0°～80°之间，夹角越大，则合力越小

2. 物体受到两个力作用，$F_1=3\,N$，$F_2=5\,N$，它们的合力范围是（　　）。

A. 0～5 N　　B. 0～8 N

C. 3～5 N　　D. 2～8 N

二、计算题

1. 物体受到两个力的 F_1、F_2 的作用，$F_1=6\,N$，方向水平向右，F_2 方向竖直向上，它们的合力 F 与水平面夹角为53°。求 F_2 和合力 F。

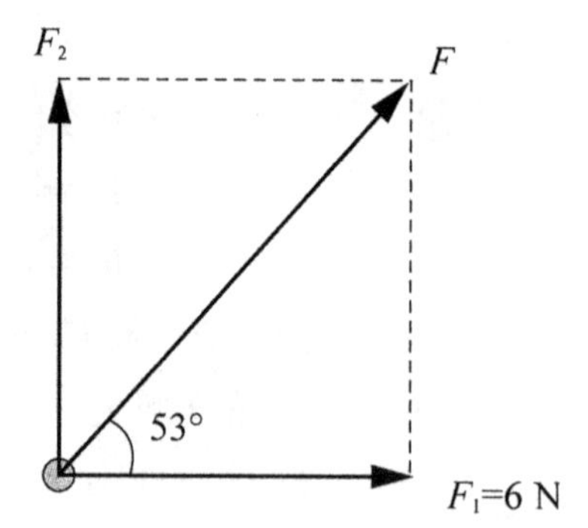

第四节　共点力的平衡

共点力作用下物体的平衡

平衡状态

看一看，想一想

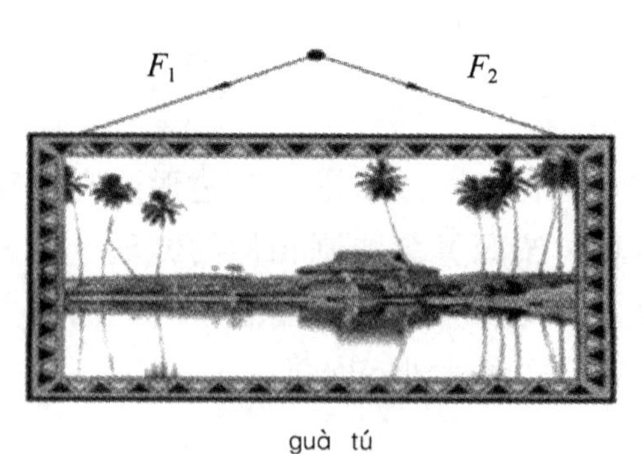

图 1.4-1 挂(guà)图(tú)的受力

读一读

平衡	pínghéng	equilibrium

学一学

一个物体在共点力的作用下，如果保持静止或者匀速直线运动，我们就说这个物体处于平衡状态，如图 1.4-2（a）所示。

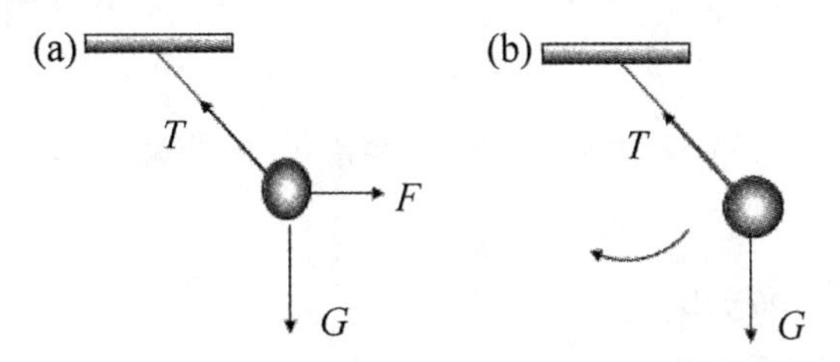

图 1.4-2　（a）平衡状态；（b）非平衡状态

在共点力作用下物体的平衡条件是合力为零，即 $F_{合}=0$。

共点力平衡条件的应用

例题　如图所示（图 1.4-3），细线的一端固定于 A 点，另一端挂一质量为 m 的小球，当细线与竖直方向成 θ 角时，物体处于静止状态，此时沿水平方向的拉力 F 是多大?

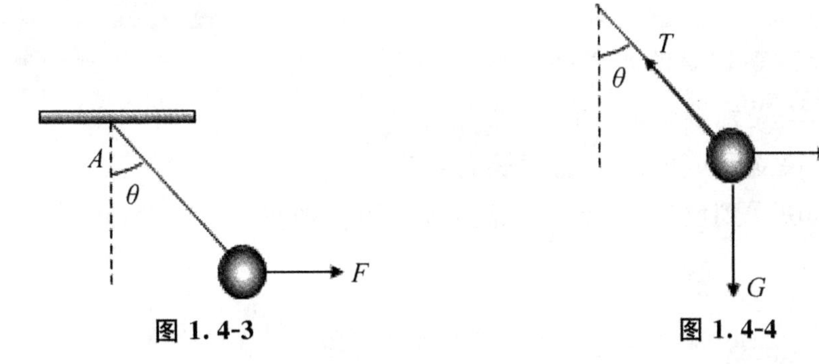

图 1.4-3　　**图 1.4-4**

分析　以物体 m 为研究对象，它受到三个力的作用：水平方向的推力 F、绳的拉力 T 和物体重力 G，如图 1.4-4 所示。在这三个共点力的作用下，物体处于平衡状态。

解　共点力平衡条件 $F_{合}=0$

(1) 用力的合成法求解（如图 1.4-5 所示）

$$F=F_{合}=G\tan\theta$$

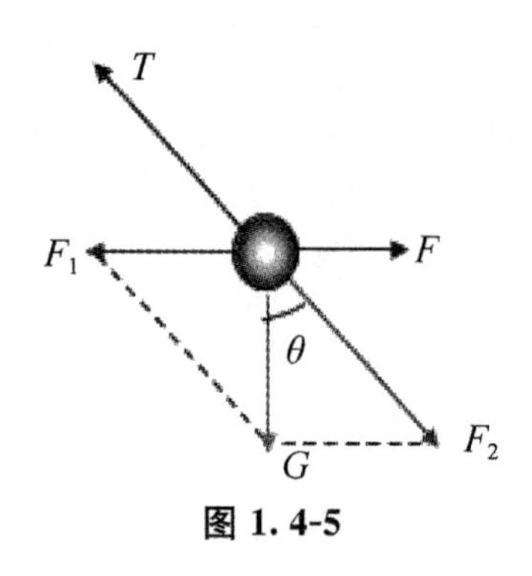

图 1.4-5

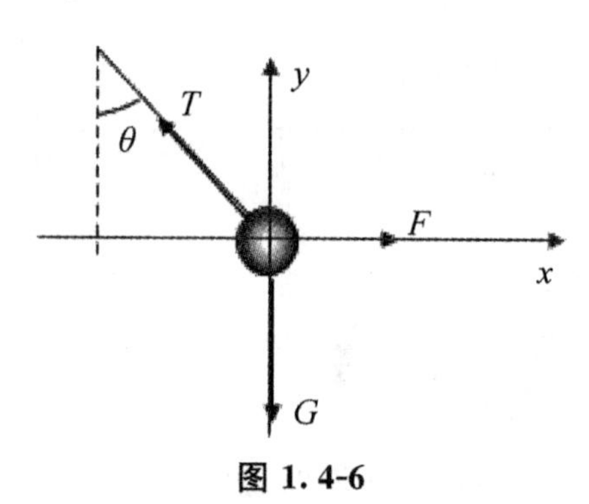

图 1.4-6

(2) 用力的分解法求解（将 G 沿 T 和 F 的反方向分解）

$$F=F_1=G\tan\theta$$

(3) 用正交分解合成法求解（建立平面直角坐标系）（如图 1.4-6 所示）

共点力平衡条件：$F_x=0$，$F_y=0$

x 方向：$F-T\sin\theta=0$

y 方向：$T\cos\theta-G=0$

得
$$F=G\tan\theta$$

动手动脑学物理

有人用力压紧贴竖直墙壁的木块（图 1.4-7），木块处于静止状态，为了确保木块不滑下来，再加大些水平力 F，下列说法正确的是（　　）。

A. 木块受到墙壁对它的摩擦力增大

B. 木块受到墙壁对它的摩擦力减小

C. 木块受到墙壁对它的摩擦力不变

D. 木块受到墙壁对它的摩擦力方向可能改变

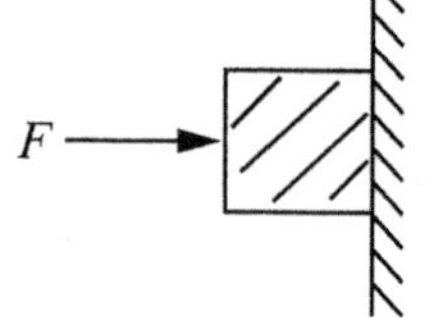

图 1.4-7

一节一练

一、选择题

1. 物体在共点力作用下，下列说法中正确的是（　　）。

A. 物体的速度在某一时刻等于零时，物体就一定处于平衡状态

B. 物体相对另一物体保持静止时，物体一定处于平衡状态

C. 物体所受合力为零时，就一定处于平衡状态

D. 物体做匀加速运动时，物体处于平衡状态

2. 下列物体中，处于平衡状态的是（　　）。

A. 静止在粗糙斜面上的物体

B. 沿光滑斜面下滑的物体

C. 在平直露面上匀速行驶的汽车

D. 做自由落体运动的物体在刚开始下落的一瞬间

3. 若一个物体处于平衡状态，则此物体一定是（　　）。

A. 静止的　　B. 匀速直线运动

C. 速度为零　　D. 各共点力的合力为零

二、计算题

1. 沿光滑的墙壁用网兜把一个足球挂在 A 点（如图 1.4-8），足球的质量为 m，网兜的质量不计，足球与墙壁的接触点为 B，悬绳与墙壁的夹角为 α，求悬绳对球的拉力和墙壁对球的支持力。

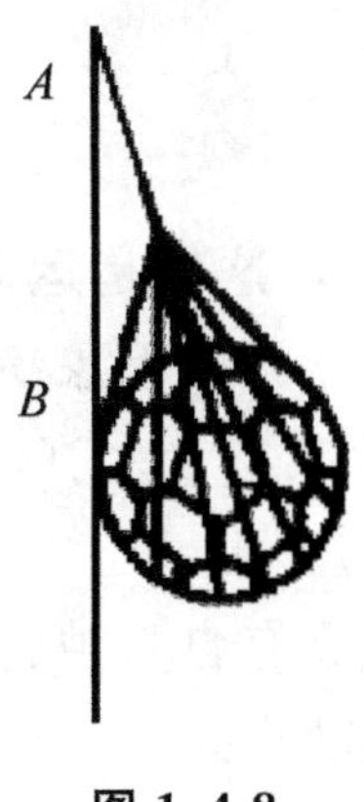

图 1.4-8

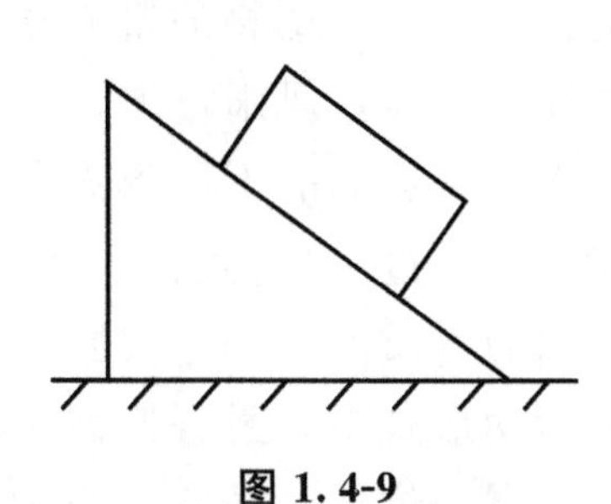

图 1.4-9

2. 一物块静止在倾角为 37°的斜面上（如图 1.4-9 所示），物块的重力为 20 N，请分析物块受力并求其大小。

第二章　运动的描述
(Description of Motion)

引　言

读一读

机械运动	jīxiè yùndòng	mechanical motion

学一学

世界是物质的。一切物质都在永恒不息地运动着，这便是运动的绝对性。日月经天，江河行地，风雨雷电，变幻的大气……自然界中万象纷呈，索本求源，皆归因于物质运动的不同形态与规律。法国科学家笛卡尔（R. Descartes，1596—1650）曾说过："给我物质和运动，我就能创造宇宙。"

各种不同的物质的运动形式服从普遍的规律，又具有自身独特的规律。在物质的各种运动形式中，最普遍而又最基本的一种运动形式是一个物体相对于另一个物体的空间位置（或者一个物体的某一部分相对于另一部分的位置）随时间而发生变化的运动，这种运动形式称为机械运动。例如，行星绕恒星的运转、地球的自转、河水的流动、车辆的行驶等，都是机械运动。

这一章，我们研究怎样描述物体的运动。

第一节　质点、参考系和坐标系

（一）质　点

想一想，做一做

诗人可以用“气势磅礴（qì shì páng bó）”这样的词语描述大河中的水流；画家可以用汽车后画的几个线条表示“风”，来描述车辆在飞快地行驶（图 2.1-1）。科学家应该怎样描述物体的机械运动呢？

图 2.1-1　画家用车后的几条直线表示汽车在飞快地行驶

读一读

质点	zhìdiǎn	mass point
几何点	jǐhédiǎn	geometric point
宇宙飞船	yǔzhòu fēichuán	spaceship
公转	gōngzhuàn	revolution
自转	zìzhuàn	rotation，autorotation

学一学

一般情况下，在描述物体的运动时，如果物体的形状和大小对所研究的问题影响不大而可以忽略，或者物体上各部分具有相同的运动规律，那么就可以把物体当作是一个具有一定质量的几何点，这样的几何点称为质点。

图 2.1-2　什么情况下火车可以视为一个质点？

例如，在研究地球的公转时，地球的大小可以忽略；研究宇宙飞船在轨道上的运动时，飞船的大小也可以忽略。这时可以把地球、飞船看做质点。又如，在研究列车沿平直轨道的运动时，车厢各点的运动完全一样，可以用车上一点的运动代表火车的运动。这时也能把火车看做质点。但是，在研究地球的自转或者研究火车车轮的运动时，就不能再把它们看做质点。

质点是一个理想化的模型。

动手动脑学物理

1. 能否把物体看作质点，与物体的大小、形状有关吗？
2. 下列情况中的物体，哪些可以看做质点（　　）。
   A. 研究绕地球飞行的航天飞机
   B. 研究汽车后轮上一点的运动情况的车轮
   C. 研究从北京开往上海的一列火车
   D. 研究在水平推力作用下沿水平地面运动的木箱

（二）参考系

想一想，做一做

我们说房屋、树木是静止的，这大概是不会错的。但是，地球以外的人看到房屋、树木在随地球一起运动。路边的人看到车中的乘客飞快离去，而乘客却认为自己是静止的（图 2.1-3）。为什么人们的看法会不一样？

图 2.1-3　乘客是静止，还是运动？

读一读

参考系	cānkǎoxì	reference system
绝对的	juéduìde	absolute
相对的	xiāngduìde	relative

学一学

宇宙中任何物体都处于永恒不息的运动之中，绝对静止的物体是没有的，我们说运动是绝对的。但对一个物体运动的描述却具有相对性。同一个物体相对于不同的观察者来说，具有不同的运动状况。例如，当一列火车通过某站台时，伫立在站台上的人看来，火车在前行；而静坐在车厢里的乘客看来，火车相对于他并没有运动，而站台却在向后退去。

因此，要描述一个物体的运动，首先要指明相对哪个参考物体而言的。这个被选定的参考物体成为参考系。

在运动学中，对参考系的选择完全是任意的，这取决于问题的性质和研究的方便。例如，研究地面上物体的运动，通常选取地面或地面上静止的物体作为参考系，而在研究行星绕太阳的运动时，可以取太阳作为参考系。

动手动脑学物理

1. 人坐在运动的火车中，以窗外树木为参考系，人是__________的；以车厢为参考系，人是__________的。(填写“运动”或“静止”)

2. 对于参考系，下列说法正确的是（　　）。

A. 参考系必须选择地面

B. 研究物体的运动，参考系选择任一物体其运动情况是一样的

C. 选择不同的参考系，物体的运动情况可能不同

D. 研究物体的运动，必须选定参考系

3. 甲物体以乙物体为参考系是静止的，甲物体以丙物体为参考系是运动的，那么，以乙物体为参考系，丙物体是（　　）。

A. 一定是静止的　　B. 一定是运动的

C. 有可能是静止的或运动的　　D. 无法判断

（三）坐 标 系

读一读

坐标系　zuòbiāoxì　coordinate system

定量　dìngliàng　quantitative

学一学

如果物体沿直线运动，为了定量描述物体的位置变化，可以以这条直线为 x 轴，在直线上规定原点、正方向和单位长度，建立直线坐标系。如图 2.1-4 所示，若某一物体运动到 A 点，此时它的位置坐标 $x_A=3\,\text{m}$，若它运动到 B 点，则此刻它的坐标 $x_B=12\,\text{m}$。

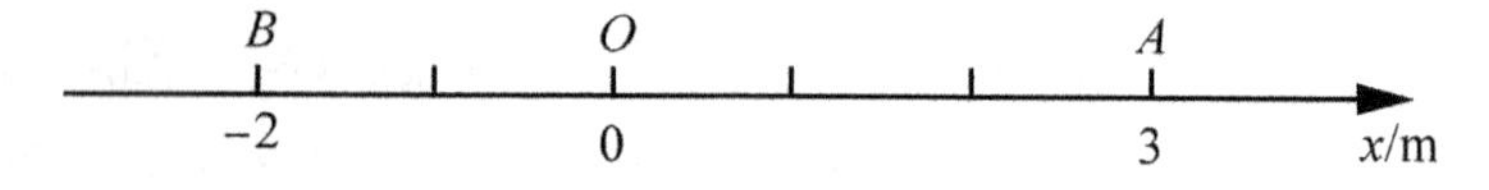

图 2.1-4　直线坐标系

一般来说，为了定量地描述物体的位置及其随时间的变化，需要在参考系上建立适当的坐标系。

一节一练

一、选择题

1. 关于参考系的选择，下列说法中错误的是（ ）。

A. 描述一个物体的运动，参考系可以任意选取

B. 选择不同的参考系，同一运动，观察的结果可能不同

C. 观察或研究物体的运动，必须选定参考系

D. 参考系必须选定地面或与地面连在一起的物体

2. 关于质点，下列说法中正确的是（ ）。

A. 只要体积小就可以视为质点

B. 若物体的大小和形状对于说研究的问题属于无关或次要因素时，可把物体当做质点

C. 质点是一个理想化模型，实际上并不存在

D. 因为质点没有大小，所以与几何中的点是一样的

3. 在研究下列哪些问题时，可以把物体看做质点（ ）。

A. 求在平直马路上行驶的自行车的速度

B. 比赛时，运动员分析乒乓球的运动

C. 研究地球绕太阳做圆周运动

D. 研究自行车车轮上某点的运动，把自行车看做质点

4. 第一次世界大战期间，一名法国飞行员在 2000 m 高空飞行时，发现脸旁有一个小东西，他以为是一只小昆虫，敏捷地把它一把抓过来。令他吃惊的是，抓到的竟是一颗子弹。飞行员能抓到子弹，是因为（ ）。

A. 飞行员的反应快

B. 子弹相对于飞行员几乎是静止的

C. 子弹已经飞得没有劲了，快要落在地上了

D. 飞行员的手有劲

二、思考题

1. 指出以下所描述的各运动的参考系是什么？

A. 太阳从东方升起，西方落下；

B. 月亮在云中穿行；

C. 汽车外的树木向后倒退。

2. “坐在公共汽车车厢内的人看到窗外另一辆靠得很近的汽车向前开动

了，此时这人感到自己的车子在后退，实际上这是错觉，他坐的汽车并没有动。”这段描述中，所选择的参照物至少有几个？是哪几个？

第二节 时间和位移

（一）时刻和时间间隔

读一读

时刻	shíkè	time instant
时间间隔	shíjiān jiàngé	time interval

学一学

为了描述质点的运动，还需要对时间和时刻等词语，有更确切的认识。

时间和时刻既有联系又有区别。我们说上午 8 点上课，8 点 45 分下课，这里的“8 点”、“8 点 45 分”是这节课开始和结束的时刻，而这两个时刻之间的 45 min，则是两个时间之间的时间间隔（如图 2.2-1 所示）。在表示时间的数轴上，时刻用点表示，时间间隔用线段表示。

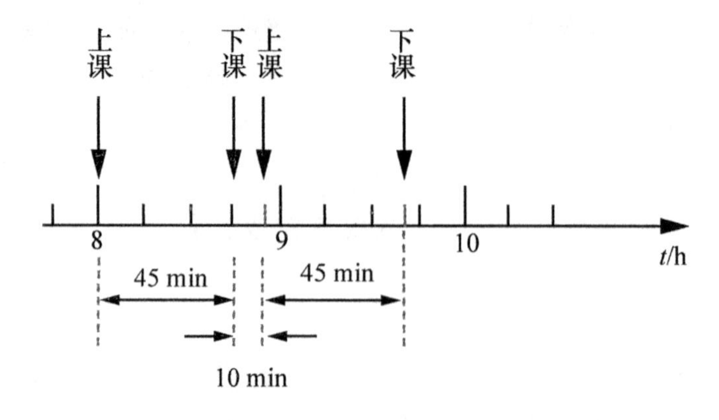

图 2.2-1 上午前两节课开始和结束的时刻及两节课和课间休息所持续的时间间隔

动手动脑学物理

1. 下列选项中表示时间间隔的有（　　）。

A. 时间轴上的点　　B. 时间轴上两点间的间隔

C. 上学的路上需要走 30 min　　D. 11：30 放学

（二）路程和位移

想一想，做一做

一个人从北京去重庆，可以选择不同的交通方式。既可以乘火车，也可以乘飞机，还可以先乘火车到武汉，然后乘轮船沿长江而上（如图 2.2-2 所示）。

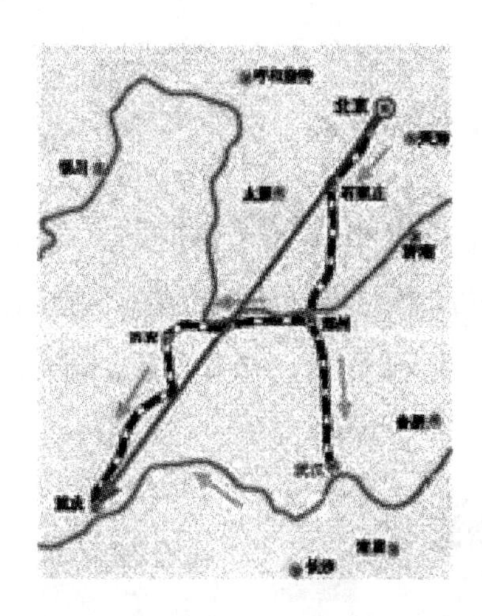

图 2.2-2　不论通过什么路线从北京到重庆，位置的变化都是一样的

读一读

路程	lùchéng	path
位移	wèiyí	displacement

学一学

路程是物体运动轨迹的长度，可见，此人所经过的路程不相同。但是，从北京到重庆，他的位置变动是相同的。

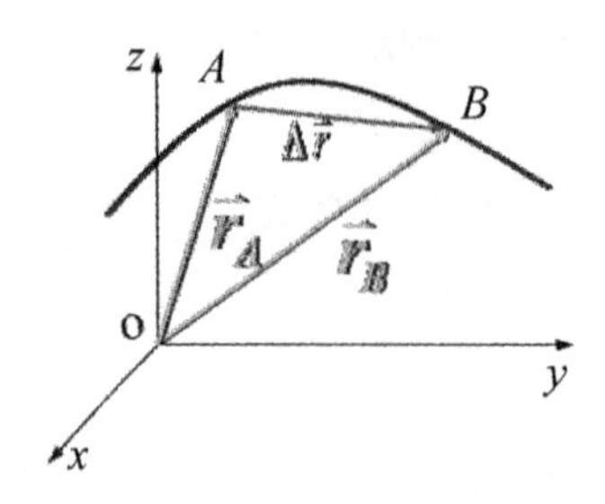

图 2.2-3　$\Delta\vec{r}$称为飞机由位置 A 到位置 B 的位移矢量

一般来说，当物体从某一点 A 运动到另一点 B 时，尽管可以沿不同的轨迹、走过不同的路程，但是位置的变化是相同的。物理学中用位移来表示物体的位置变化。从初位置到末位置做一条有向线段，用这条有向线段表示位移。

设飞机（可视为质点）沿图 2.2-3 所示的曲线运动，在 t 时刻，飞机位于 A 点，其位矢为$\vec{r}_A$；经过 Δt 时间后，飞机到达 B 点，其位矢为$\vec{r}_B$。在此过程中，飞机的位置变化可用从 A 点指向 B 点的矢量 $\Delta\vec{r}$表示。$\Delta\vec{r}$称为飞机由位置 A 到位置 B 的位移矢量，简称位移。从图 2.2-3 看出 $\Delta\vec{r}=\vec{r}_B-\vec{r}_A$。

动手动脑学物理

1. 关于位移和路程，下列说法中正确的是（　　）。

   A. 沿直线运动的物体，位移和路程是相等的

   B. 质点沿不同的路径由 A 到 B，其路程可能不同而位移是相同的

   C. 质点通过一段路程，其位移可能等于零

   D. 质点运动的位移大小可能大于路程

2. 一质点绕半径是 R 的圆周运动了一周，这其位移大小是为__________，路程为__________。若质点只运动了 1/4 周，这路程是__________，位移大小是__________。

3. 小球从 2 m 高度竖直落下，被水平地面竖直弹回，在 1.2 m 高处被接住，这小球通过的路程和位移分别是多少？

一节一练

一、选择题

1. 下列关于路程和位移的说法中，正确的是（　　）。

A. 位移就是路程

B. 位移的大小永远不等于路程

C. 若物体作单一方向的直线运动，位移的大小就等于路程

D. 位移是标量，路程是矢量

2. 关于时刻和时间间隔的下列理解，哪些是正确的？（　　）。

A. 时刻就是一瞬间，即一段很短的时间间隔

B. 不同时刻反映的是不同事件发生的顺序先后

C. 时间间隔确切地说就是两个时刻之间的间隔，反映的是某一事件发生的持续程度

D. 一段时间间隔包括无数个时刻，所以把多个时刻加到一起就是时间间隔

3. 如图所示，某物体沿两个半径为 R 的圆弧由 A 经 B 到 C。下列结论中正确的是（　　）。

A. 物体的位移等于 $4R$，方向向东

B. 物体的位移等于 $2\pi R$

C. 物体的路程等于 $4R$，方向向东

D. 物体的路程等于 $21\pi R$

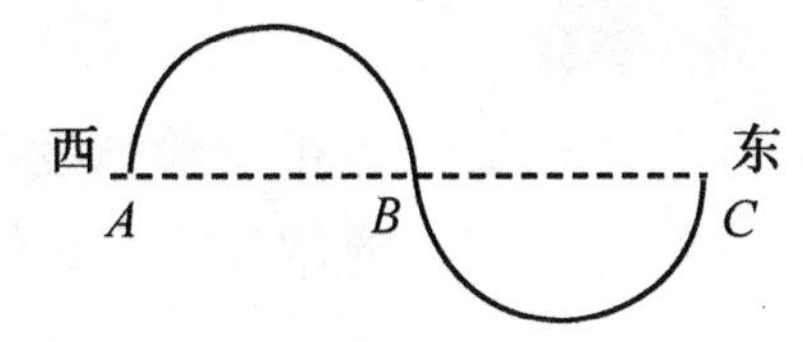

图 2.2-4

二、填空题

1. 如图 2.2-5 所示，小球从 A 点出发，沿半径为 $r=0.5\,\text{m}$ 的圆周顺时针方向运动，则小球转过周时所发生的位移大小是__________，方向__________；小球在此过程中通过的路程为__________。

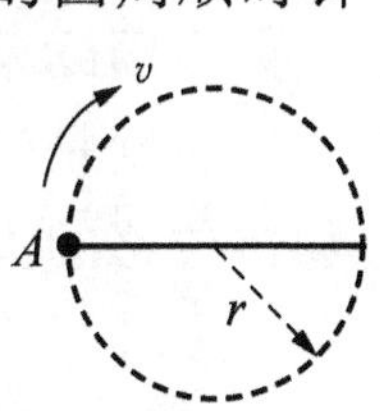

图 2.2-5

三、计算题

1. 傍晚小明在学校校园里散步，他从宿舍楼（A 处）开始，先向南走了 60 m 到达食堂（B 处），再向东走了 80 m 到达实验室（C 处），最后又向北走了 120 m 到达校门口（D 处），则

（1）小明散步的总路程和位移各是多少？

（2）要比较确切地表示此人散步的最终位置，应该用位移还是用路程？

第三节 运动快慢的描述——速度

(一) 速 度

想一想，做一做

不同的运动，位置变化的快慢往往不同，即运动的快慢不同。要比较物体运动的快慢，可以有两种方法。一种是相同时间内，比较物体运动位移的大小，位移大，运动得快。例如，自行车在 30 min 内行驶 8 km，汽车在相同时间内行驶 50 km，汽车比自行车快。另一种位移相同，比较所用时间的长短，时间短的，运动得快。例如，百米赛跑，A 同学跑完 100 m 用 13 s，B 同学用了 13.5 s，那么 A 同学跑的快些。

那么，怎样比较汽车与百米赛跑运动员的快慢呢?

学一学

物理学中，用位移与发生这个位移所用时间的比值表示物体运动的快慢，这就是速度。通常用字母 $\boldsymbol{v}$ 代表。如果在时间 Δt 内物体的位移是 $\Delta \boldsymbol{r}$，它的速度就可以表示为

$$\boldsymbol{v}=\frac{\Delta \boldsymbol{r}}{\Delta t}$$

在国际单位制中，速度的单位是米每秒，符号是 m/s 或 $\mathrm{m \cdot s^{-1}}$。

速度是矢量，既有大小，又有方向。速度的大小在数值上等于单位时间内物体位移的大小，速度的方向就是物体运动的方向。

(二) 平均速度和瞬时速度

想一想

著名物理学家、诺贝尔奖获得者费曼（Richard P. Feynman，1918—1988）曾讲过这样一则笑话。

一位女士由于驾车超速而被警察拦住。警察走过来对她说：“太太，您刚才

的车速是60英里每小时!”(1英里=1.609千米)。这位女士反驳说:“不可能的!我才开了7分钟,还不到一个小时,怎么可能走了60英里呢?”“太太,我的意思是:如果您继续像刚才那样开车,在下一个小时里您将驶过60英里。”“这也是不可能的,我只要再行驶10英里就到家了,根本不需要开过60英里的路程。”

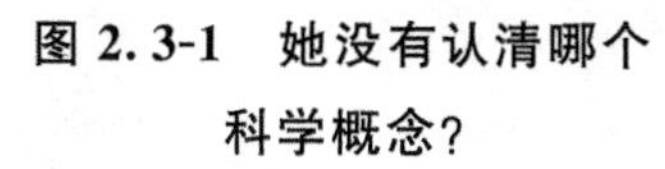
图 2.3-1　她没有认清哪个科学概念?

读一读

平均速度　píngjūn sùdù　average velocity
瞬时速度　shùnshí sùdù　instantaneous velocity
速率　sùlǜ　speed

学一学

设质点在 t 和 $t+\Delta t$ 这段时间内,完成了位移 $\Delta \boldsymbol{r}$。为了表示质点在这段时间内运动的快慢和方向,我们把质点发生的位移 $\Delta \boldsymbol{r}$ 与所经历的时间 Δt 之比,定义为质点在这段时间内的平均速度 $\bar{\boldsymbol{v}}$,即

$$\bar{\boldsymbol{v}}=\frac{\Delta \boldsymbol{r}}{\Delta t}$$

平均速度是一个矢量,其方向与位移 $\Delta \boldsymbol{r}$ 相同。平均速度的大小等于质点在 Δt 时间内位置的平均变化率。显然,它只能粗略地反映 Δt 时间内质点位置变化的快慢和方向。

为了描述精确些,可以把 Δt 取得小一些。物体在从 t 到 $t+\Delta t$ 这样一个较小的时间间隔内,运动快慢的差异也就小一些。Δt 越小,运动的描述就越精确。如果 Δt 非常非常小,就可以认为 $\Delta \boldsymbol{r}/\Delta t$ 表示的是物体在时刻 t 的速度,这个速度叫做瞬时速度。

与所有矢量一样,速度既有大小又有方向。瞬时速度的大小叫做速率。

动手动脑学物理

高速公路上的限速牌(图 2.3-2),其中“50”、“120”的含义是什么?

图 2.3-2

一节一练

一、选择题

1. 下列关于速度和速率的说法中，正确的是（　　）。

A. 速度是矢量，用来描述物体运动的快慢

B. 平均速度是速度的平均值，它只有大小没有方向

C. 汽车以速度$\boldsymbol{v}_1$经过某路标，子弹以速度$\boldsymbol{v}_2$从枪筒射出，两速度均为平均速度

D. 平均速度就是平均速率

2. 在“龟兔赛跑”的寓言故事中，乌龟成为冠军，而兔子名落孙山。其原因是（　　）。

A. 乌龟在任何时刻的瞬时速度都比兔子快

B. 兔子在任何时刻的瞬时速度都比乌龟快

C. 乌龟跑完全程的平均速度大

D. 兔子跑完全程的平均速度大

二、填空题

1. 运动员以 14 m/s 的速度冲过终点，指的是__________速度，飞机从北京飞到上海的飞行速度是 600 km/h，指的是__________速度，公路上的速度限制的是汽车的__________速度。

2. 一辆汽车在一条直线上行驶，第 1 s 内通过 5 m，第 2 s 内通过 20 m，第 3 s 内通过 20 m，第 4 s 内通过 5 m，则此汽车在最初 2 s 内的平均速度是__________ m/s，中间 2 s 内的平均速度是__________ m/s，全部时间内的平均速度是__________ m/s。

三、计算题

1. 甲、乙两辆汽车在平直公路上匀速行驶，甲车 1 h 前进了 30 km，乙车 10 min 前进 10 km。这两辆汽车哪辆跑得快？

第四节　匀速直线运动

读一读

匀速直线运动	yúnsù zhíxiàn yùndòng	uniform linear motion
运动轨迹	yùndòng guǐjì	trajectory

学一学

质点的运动轨迹是直线的运动称为直线运动。速度不变的直线运动称为匀速直线运动。因为匀速直线运动的速度不变，所以在相等的时间间隔内，通过的位移相等，我们也可以把它当做匀速直线运动的定义。

动手动脑学物理

1. 下列运动中，可以看做是做匀速直线运动的是（　　）。
   A. 小孩从滑梯上由静止开始滑下　　B. 传送带运送物体
   C. 钟表上指针走动　　D. 运动员在弯道上跑步
2. 判断一个物体做匀速直线运动的依据是（　　）。
   A. 每隔 1 s 沿直线运动的路程相等
   B. 只需物体的速度大小不变
   C. 1 s 内运动 5 m，2 s 内运动 10 m，3 s 内运动 15 m
   D. 任何相等的时间内，沿直线运动的路程都相等

一节一练

一、选择题

1. 下列关于匀速直线运动的说法中，正确的是（　　）。
   A. 匀速直线运动是速度不变的运动
   B. 匀速直线运动的速度大小是不变的

C. 任意相等时间内通过的位移都相同的运动一定是匀速直线运动

D. 速度方向不变的运动一定是匀速直线运动

2. “频闪摄影”是研究物体运动时常用的一种实验方法，下面四个图是一同学利用频闪照相机拍摄的不同物体运动的频闪照片（黑点表示物体的像），其中可能做匀速直线运动的是（　　）。

A. • 　• • ••　　B. • • • • • •　　C. ••• • 　•　　D. • • • • • •

3. 下列图像中，能表示物体做匀速直线运动的是（　　）。

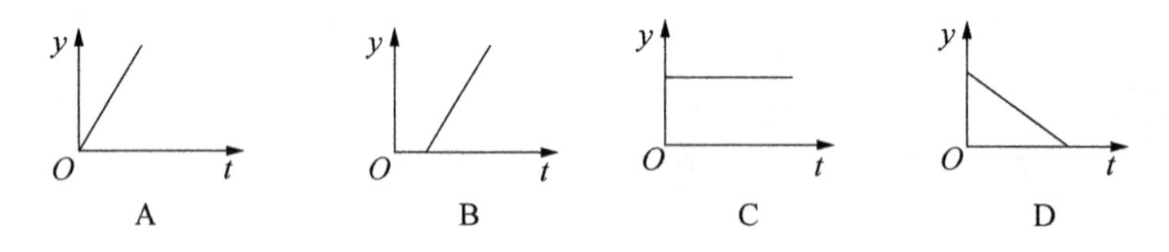

第五节　匀变速直线运动

（一）变速直线运动

想一想

通常做直线运动的物体，一般都要经历从静止到运动，又由运动到静止的过程，在这些过程中，物体运动的快慢不断变化。例如，飞机起飞的时候，在跑道上越来越快；火车进站的时候，运动越来越慢。它们的共同特点是在相等的时间内位移不相等。真正能做到在任何相等的时间内的位移都相等的匀速运动很少见。

读一读

变速直线运动	biànsù zhíxiàn yùndòng	variable rectilinear motion
相等的时间内	xiāngděngde shíjiānnèi	same time interval

学一学

物体在一条直线上运动，如果在相等的时间内，位移不相等，这种运动就叫做变速直线运动。

（二）速度变化快慢的描述——加速度

想一想

普通小型轿车和旅客列车，速度都能达到 100 km/h。但是，它们起步后达到这样的速度所学的时间是不一样的。例如一辆小汽车起步时在 20 s 内速度达到了 100 km/h，而一列火车达到这个速度大约要用 500 s。

谁的速度“增加”得比较快？它们的速度平均 1 s 各增加多少？

请再举出一些例子，说明“速度大”、“速度变化大”、“速度变化得快”描述的是三种不同的情况。

读一读

加速度	jiāsùdù	acceleration
平均加速度	píngjūn jiāsùdù	average acceleration
瞬时加速度	shùnshí jiāsùdù	instantaneous acceleration

学一学

我们用物理量速度来描述物体运动的快慢，是不是还应该有一个物理量来描述速度“变化”快慢？

加速度反映质点的速度矢量随时间变化的物理量。设质点沿某一轨道由 A 点运动至 B 点，速度由 $\boldsymbol{v}_A$ 变为 $\boldsymbol{v}_B$，速度的增量为 $\Delta\boldsymbol{v}=\boldsymbol{v}_B-\boldsymbol{v}_A$，在 Δt 时间内，质点的平均加速度定义为

$$\boldsymbol{a}=\frac{\Delta\boldsymbol{v}}{\Delta t}$$

平均加速度只能粗略地反映 Δt 时间内质点速度的变化情况，如同讨论速度时间的情况相仿，当我们把时间间隔取得足够小时（$\Delta t \to 0$），取平均加速度的极限，即为瞬时加速度，简称加速度，即

$$\boldsymbol{a}=\lim_{\Delta t\to 0}\frac{\Delta \boldsymbol{v}}{\Delta t}=\frac{\mathrm{d}\boldsymbol{v}}{\mathrm{d}t}=\frac{\mathrm{d}^2\boldsymbol{r}}{\mathrm{d}t^2}$$

在国际单位制中，加速度的单位是米每二次方秒，符号是 $\mathrm{m/s^2}$ 或 $\mathrm{m\cdot s^{-2}}$。

（三）匀变速直线运动

想一想，做一做

在图 2.5-1 中，物体运动的 v-t 图像是一条平行于时间轴的直线，表示物体的速度不随时间变化，也就是说，它描述的是匀速直线运动。

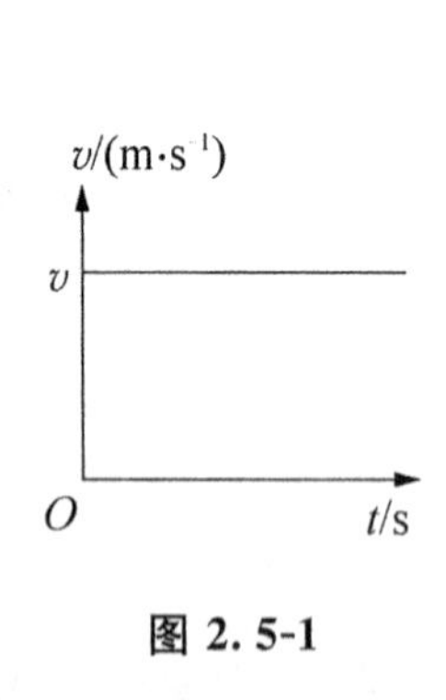

图 2.5-1

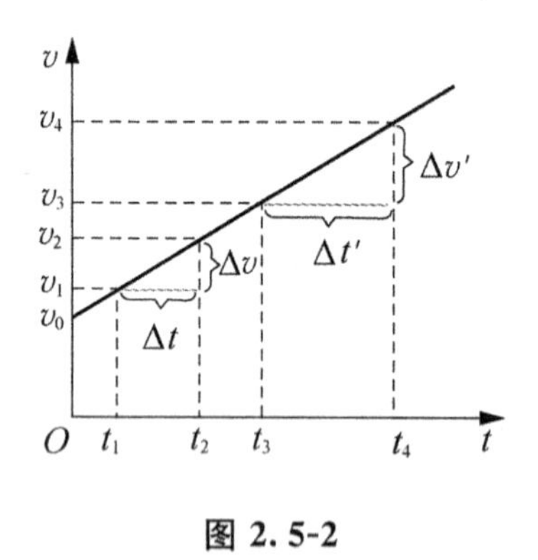

图 2.5-2

在图 2.5-2 中，是一条倾斜的直线，它描述的是什么样的运动？

读一读

匀变速直线运动	yúnbiànsù zhíxiàn yùndòng	uniform variable rectilinear motion
倾斜	qīngxié	inclined

学一学

从图 2.5-2 可以看出，由于 v-t 图像是直线，无论 Δt 选在什么区间，对应的速度 v 的变化量 Δv 与时间 Δt 之比都是一样的，即物体运动的加速度保持不变。

沿着一条直线，且加速度不变的运动，叫做匀变速直线运动。其运动的 v-t 图像是一条倾斜的直线。

在匀变速直线运动中，如果物体的速度随着时间均匀增加，这个运动叫做匀加速直线运动；如果物体的速度随着时间均匀减小，这个运动叫做匀减速直线运动。

动手动脑学物理

1. 关于匀变速直线运动的下列理解中，正确的是（　　）。

   A. 速度的大小不变　　B. 加速度不变

   C. 加速度大小不变　　D. 平均速度不变

2. 下列所描述的运动中，可能发生的有（　　）。

   A. 物体的加速度增大时，速度反而减小

   B. 物体的速度为 0 时，加速度却不为 0

   C. 物体的加速度始终不变且不为 0，速度也始终不变

   D. 物体的加速度不为 0，而速度大小却不发生变化

第六节　匀变速直线运动规律及应用

（一）匀变速直线运动速度与时间的关系

读一读

初速度	chūsùdù	initial velocity
末速度	mòsùdù	final velocity

学一学

除图像外，可以用公式表达物体运动的速度与时间的关系。

对于匀变速直线运动来说，由于它的 v-t 图像是一条倾斜的直线，无论 Δt 大些还是小些，对应的速度变化量 Δv 与时间变化量 Δt 之比都是一样的，因

此，我们可以把运动开始时刻（$t=0$）到 t 时刻的时间间隔作为时间的变化量，而 t 时刻的速度 v 与开始时刻的速度 v_0（初速度）之差就是速度的变化量，也就是

$$\Delta t=t-0$$

$$\Delta v=v-v_0$$

把两式相除$\left(\text{且根据 } a=\dfrac{\Delta v}{\Delta t}\right)$，得

$$v=v_0+at$$

这就是表示匀变速直线运动的速度与时间关系的公式。

例题 1　汽车以 40 km/h 的速度匀速行驶，现以 $0.6\ \mathrm{m/s^2}$ 的加速度加速，10 s后速度能达到多少？

解　初速度 $v_0=\dfrac{40\ \mathrm{km}}{\mathrm{h}}=11\ \mathrm{m/s}$，加速度 $a=0.6\ \mathrm{m/s^2}$ 的加速度加速，时间 $t=10\ \mathrm{s}$，10 s 后的速度为

$$\begin{aligned} v &=v_0+at \\ &=11\ \mathrm{m/s}+0.6\ \mathrm{m/s^2}\times 10\ \mathrm{s} \\ &=17\ \mathrm{m/s} \end{aligned}$$

shā chē

例题 2　某汽车在紧急刹车（brake）时加速度的大小是 $6\ \mathrm{m/s^2}$，如果必须在 2 s 内停下来，汽车的行驶速度最高不能超过多少？

分析　我们研究的是汽车从开始刹车到停止运动这个过程。在这个过程中，汽车做匀减速运动，加速度的大小是 $6\ \mathrm{m/s^2}$。由于是减速运动，加速度的方向与速度方向相反。沿汽车运动的方向建立坐标轴（图 2.6-1），则汽车的加速度取负号，记为 $a=-6\ \mathrm{m/s^2}$。这个过程的末速度 v 是 0，初速度 v_0 就是我们所求的最高允许速度。过程的持续时间为 $t=2\ \mathrm{s}$。

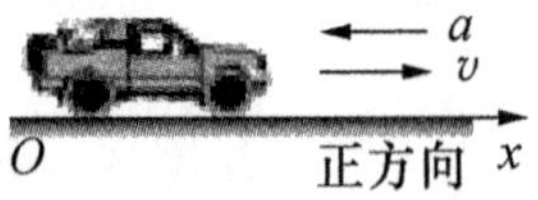

图 2.6-1　以汽车运动的方向为坐标轴的正方向（与正方向一致的量取正号，相反的取负号）

解　根据 $v=v_0+at$，我们有

$$\begin{aligned} v_0 &=v-at \\ &=0-(-6\ \mathrm{m/s^2})\times 2\mathrm{s} \\ &=12\ \mathrm{m/s}=43\ \mathrm{km/h} \end{aligned}$$

汽车的速度不能超过 43 km/h

（二）匀变速直线运动的位移与时间的关系

想一想

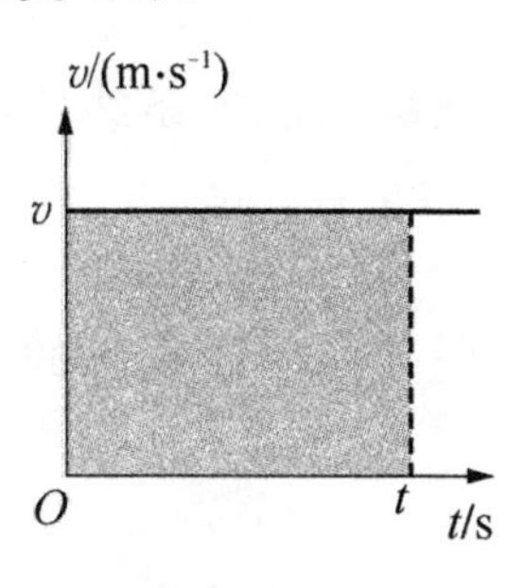

图 2.6-2

做匀速直线运动的物体在时间 t 内的位移 $x=vt$。在它的图像中（图 2.6-2），着色的矩形的边长正好也是 v 和 t，矩形的面积正好也是 vt。可见，对于匀速直线运动，物体的位移对应着 v-t 图像下面的面积。

对于匀变速直线运动，它的位移与它的 v-t 图像，是不是也有类似的关系？

学一学

如图 2.6-3 初速度为 v_0 的匀变速直线运动的 v-t 图像，分析一下图线与 t 轴所夹的面积是不是也表示匀变速直线运动在时间 t 内的位移呢？

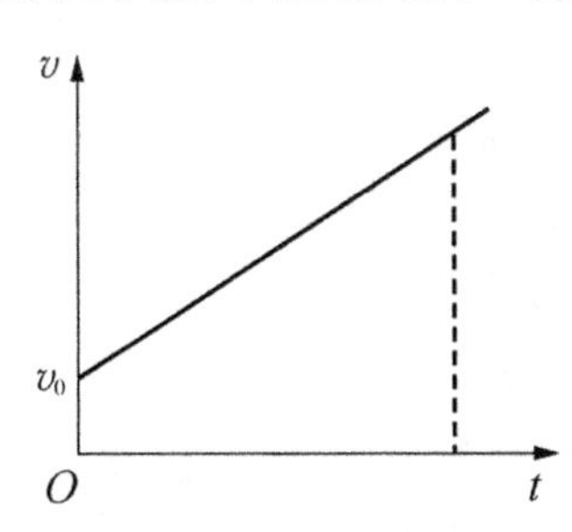

(a) 某物体以初速度v_0做匀变速直线运动的速度-时间图像

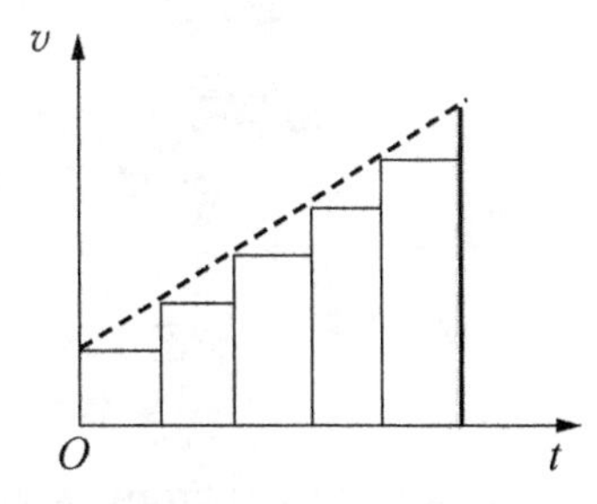

(b) 每两个位置间的位移，近似等于以$t/5$为底，以速度为高的细高矩形的面积。矩形面积之和，可以粗略地表示整个运动过程的位移

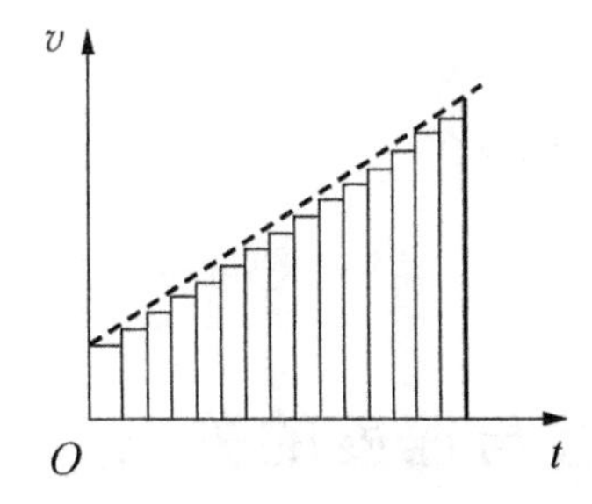

(c) 如果各位置的时间间隔小一些，这些矩形面积之和就能比较精确地代表整个运动的位移

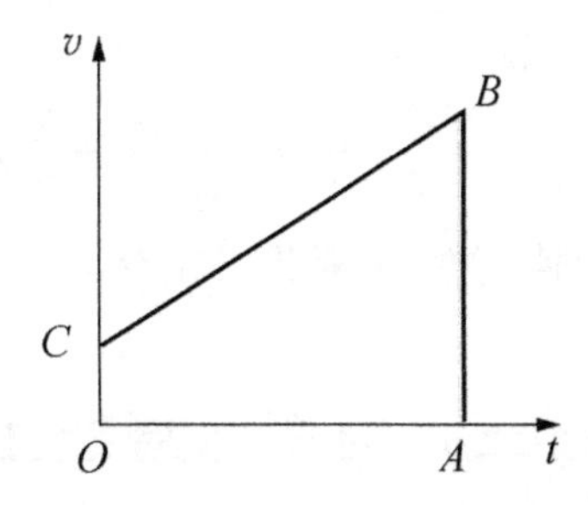

(d) 如果时间分得非常细，小矩形就会非常多，它们的面积就等于CB斜线下梯形的面积，也就是整个运动的位移

图 2.6-3　位移等于v-t 直线下面的面积

在图 2.6-3（d）中，v-t 直线下面的梯形 OABC 的面积是

$$S=\frac{1}{2}\ (OC+AB)\ \times A$$

把面积及各条线段换成所代表的物理量，上式变成

$$x=\frac{1}{2}\ (v_0+v)\ t$$

把前面已经得出的 $v=v_0+at$ 代入，得到

$$x=v_0 t+\frac{1}{2}at^2$$

这就是表示匀变速直线运动的位移与时间关系的公式。

例题 1　一辆汽车以 $1\ \mathrm{m/s^2}$ 的加速度行驶了 12 s，驶过了 180 m。汽车开始加速时的速度是多少？

分析　我们研究的是汽车从开始加速到驶过 180 m 这个过程

以开始加速的位置为原点，沿汽车前进的方向建立坐标轴。过程结束时汽车的位移 $x=180\ \mathrm{m}$。由于汽车在加速行驶，加速度的方向与速度方向一致，也沿坐标轴的正方向，所以加速度取正号，即 $a=1\ \mathrm{m/s^2}$。整个过程经历的时间是 $t=12\ \mathrm{s}$。汽车的运动时匀变速直线运动，待求的量是这个过程的初速度 v_0。

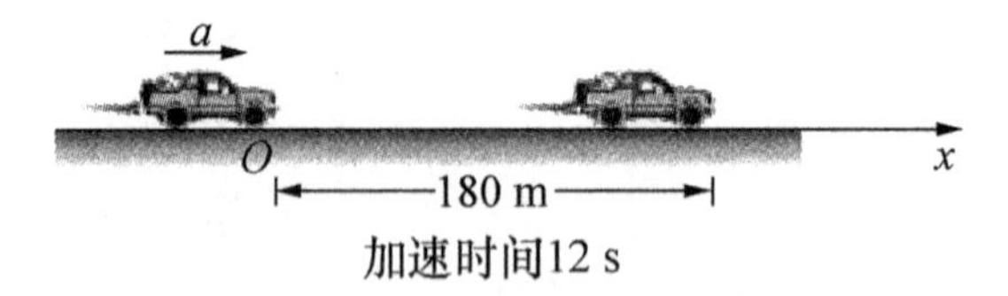

图 2.6-4　求汽车的初速度

解　由 $x=v_0 t+\frac{1}{2}at^2$ 可以解出

$$v_0=\frac{x}{t}-\frac{1}{2}at$$

把已知数值代入，得

$$v_0=\frac{180\ \mathrm{m}}{12\ \mathrm{s}}-\frac{1}{2}\times 1\ \mathrm{m/s^2}\times 12\ \mathrm{s}=9\ \mathrm{m/s}$$

汽车开始加速时的速度是 9 m/s。

（三）匀变速直线运动的位移与速度的关系

想一想

前面我们分别学习了匀变速直线运动的位移与时间的关系、速度与时间的

关系。有时还要知道物体的位移与速度的关系以便于更易解题。

学一学

根据匀变速直线运动的速度时间关系（$v=v_0+at$）和位移时间关系$\left(x=v_0t+\frac{1}{2}at^2\right)$，两式消去 t，从而直接得到位移与速度的关系

$$v^2-v_0^2=2ax$$

例题 1　某飞机着陆时的速度是 216 km/h，随后匀减速滑行，加速度的大小是 2 m/s²。机场的跑道至少要多长才能使飞机安全地停下来？

图 2.6-5　以飞机的着陆点为原点，沿飞机滑行方向建立坐标轴

解　这是一个匀变速直线运动的问题。以飞机着陆点为原点，沿飞机滑行的方向建立坐标轴（图 2.6-5）。

飞机的初速度与坐标轴的方向一致，取正号，$v_0=216\ \text{km/h}=60\ \text{m/s}$；末速度 v 应该是 0。由于飞机在减速，加速度方向与速度方向相反，即与坐标轴的方向相反，所以加速度取负号，$a=-2\ \text{m/s}^2$。

由 $v^2-v_0^2=2ax$ 解出

$$x=\frac{v^2-v_0^2}{2a}$$

把数值代入，得

$$x=\frac{0^2-(60\ \text{m/s})^2}{2\times(-2\ \text{m/s}^2)}=900\ \text{m}$$

跑道的长度至少应为 900 m。

从以上各例题可以看到，只有建立了坐标系，速度、加速度等物理量的正负号才能确定。

一节一练

一、选择题

1. 几个做匀变速直线运动的物体，在 t 秒内位移最大的是（　　）。

A. 加速度最大的物体　　B. 初速度最大的物体

C. 末速度最大的物体　　D. 平均速度最大的物体

2. 一个做初速度为零的匀加速直线运动的物体，它在第 1 s 末、第 2 s 末、第 3 s 末的瞬时速度之比是（　　）。

A. 1∶1∶1　　B. 1∶2∶3

C. 12∶22∶32　　D. 1∶3∶5

3. 物体从 A 到 B 做匀变速直线运动，经过中间位置时的速度为 v_1，它在这段时间中间时刻的速度为 v_2，则（　　）。

A. 物体做匀加速运动时，$v_1 > v_2$　　B. 物体做匀加速运动时，$v_1 < v_2$

C. 物体做匀减速运动时，$v_1 > v_2$　　D. 物体做匀减速运动时，$v_1 < v_2$

二、计算题

1. 汽车以 8 m/s 的速度在平直公路上匀速行驶，发现前面有情况而刹车，刹车加速度大小为 2 m/s²，求汽车刹车 3 s 末及 5 s 末的速度。

2. 一快艇以 2 m/s² 的加速度在海面上做匀加速直线运动，快艇的初速度为 6 m/s，求这快艇在 8 s 末的速度和 8 s 内经过的位移。

3. 一列火车以 30 m/s 的初速度从一长直斜坡驶下，经过 700 m 的斜坡后速度达到 40 m/s，求火车在该运动过程中的加速度大小。

第七节　自由落体运动

想一想，做一做

挂在线上的重物，如果把线剪断，它在重力作用下，沿着竖直方向下落。从手中释放的石头，在重力的作用下也沿着竖直方向下落。

不同物体，下落的快慢是否相同呢？

读一读

自由落体运动	zìyóu luòtǐ yùndòng	motion of a free-falling object
自由落体加速度	zìyóu luòtǐ jiāsùdù	acceleration of a free-falling object
重力加速度	zhònglì jiāsùdù	gravitational acceleration
反应时间	fǎnyìng shíjiān	response time

学一学

物体只在重力作用下从静止开始下落的运动，叫做自由落体运动。这种运动只在没有空气的空间才能发生，在有空气的空间，如果空气阻力的作用比较小，可以忽略，物体的下落也可以近似看做自由落体运动。

许许多多事实表明，自由落体运动时初速度为 0 的匀加速直线运动。

实验证明，在同一地点，一切物体自由下落的加速度相同，这个加速度叫做自由落体加速度，也叫做重力加速度，通常用 g 表示。

精确的实验发现，在地球上不同的地方，g 的大小是不同的：在赤道处 g 最小，在南、北两极处 g 最大。一般计算中，可以取 $g=9.8\ \mathrm{m/s^2}$ 或 $g=10\ \mathrm{m/s^2}$。

自由落体运动是初速度为 0 的匀加速直线运动，所以匀变速直线运动的基本公式及其推论都适用于自由落体运动，只要把这些公式中的初速度 v_0 取为 0，加速度 a 取为 g 就可以了。

做一做

测定反应时间

日常工作中，有时需要人们反应灵敏，对于战士、驾驶员、运动员等更是如此。从发现情况到采取相应行动所经过的时间叫做反应时间。这里介绍一种测定反应时间的简单方法。

请一位同学用两个手指捏住直尺的顶端。你用一只手在直尺下方做捏住直尺的准备，但手不能碰到直尺，记下这时手指在直尺上的位置。当看到那位同学放开直尺时，你立即捏住直尺。测出直尺降落的高度，根据自由落体运动的知识，可以算出你的反应时间。

动手动脑学物理

1. 说一说，为什么物体在真空中下落的情况与在空气中下落的情况不同？

2. 把一张纸片和一块文具橡皮同时释放下落，哪个落得快？再把纸片捏成一个很紧的小纸团，和橡皮同时释放，下落快慢有什么变化？怎样解释这个现象？

一节一练

一、选择题

1. 关于自由落体运动，下列说法中正确的是（　　）。

A. 物体竖直向下的运动一定是自由落体运动

B. 自由落体运动是初速度为零、加速度为 g 的竖直向下的匀加速直线运动

C. 物体只在重力作用下从静止开始下落的运动叫自由落体运动

D. 当空气阻力的作用比较小、可以忽略不计时，物体静止开始下落的运动可看作自由落体运动

2. 关于自由落体运动的说法中，正确的是（　　）。

A. 物体开始下落时速度为零，加速度也为零

B. 物体下落过程中速度增加，加速度不变

C. 物体下落过程中速度和加速度都增加

D. 物体下落过程中，速度的变化量是恒量

3. 关于自由落体的加速度 g，下列说法中正确的是（　　）。

A. 重的物体 g 值大

B. g 值在任何地方都一样大

C. g 值在赤道处大于南北两极处

D. 同一地点轻重物体的 g 值一样大

二、计算题

1. 从离地面 500 m 的空中自由落下一个球，取 $g=10\,m/s^2$，求小球经过多长时间落到地面？

2. 竖直上抛一物体，上升的最大高度为 5 m，求抛出时的初速度大小。（$g=10\,m/s^2$）

3. 唐代诗人李白用“飞流直下三千尺，疑是银河落九天”来描述庐山瀑布的美景。以 3 尺为 1 m，可估算出水落到地面的速度为多少？

第三章 牛顿定律
(Newton's Law)

引 言

想一想，做一做

桌子上放着一本物理书，它是静止的，如何才能让它运动起来呢？答案是用力去推它。那么，力是物体运动的原因吗？

读一读

古希腊	Gǔ Xīlà	ancient Greek
亚里士多德	Yàlǐshìduōdé	Aristotle
意大利	Yìdàlì	Italy
伽利略	Jiālìlüè	Galileo Galilei
统治	tǒngzhì	dominate，govern
一旦	yídàn	once，in case，now that
加速	jiāsù	accelerate
减速	jiǎnsù	decelerate

学一学

亚里士多德
(前384—前322)

2000 多年前，古希腊哲学家亚里士多德根据当时人们对运动和力的关系的认识提出一个观点：必须有力作用在物体上，物体才能运动。这种观点的提出是很自然的。我们从周围的事情出发，很容易就会得出这个

伽利略
(1564—1642)

结论。如车不推就不走，门不拉不开等。这种观点统治人们的思想有两千年。

直到17世纪，意大利科学家伽利略才指出这种说法是错误的，他分析到：运动的车停下来是由于摩擦力的原因，运动物体减速的原因是摩擦力。伽利略提出了自己的看法，他指出：物体一旦具有某一速度，没有加速和减速的原因，这个速度将保持不变，这里所指的减速的原因就是摩擦力。

动手动脑学物理

1. 下列说法中，正确的是（　　）。
   A. 物体不受力作用就一定静止
   B. 物体不受力作用就一定是匀速直线运动
   C. 物体受力才能运动
   D. 以上说法都是错误的

读一读

理想实验	lǐxiǎng shíyàn	thought experiment
斜面	xiémiàn	oblique plane
消除	xiāochú	eliminate，dispel，remove，clear up
阻力	zǔlì	resistance
无限长	wúxiànchánq	infinite
笛卡尔	Díkǎ'ěr	Descartes

实验探索

为了证实结论的正确，伽利略设计了一个理想实验（如图3-1所示）：

（1）让小球沿一个斜面从静止状态开始滚下，小球将滚上另一个斜面。如果没有摩擦，小球将上升到原来的高度。

（2）减小后一斜面的倾角，小球在这个斜面上仍达到同一高度，但这是它要滚得远些。继续减小第二个斜面的倾角，球达到同一高度时就会离得更远。

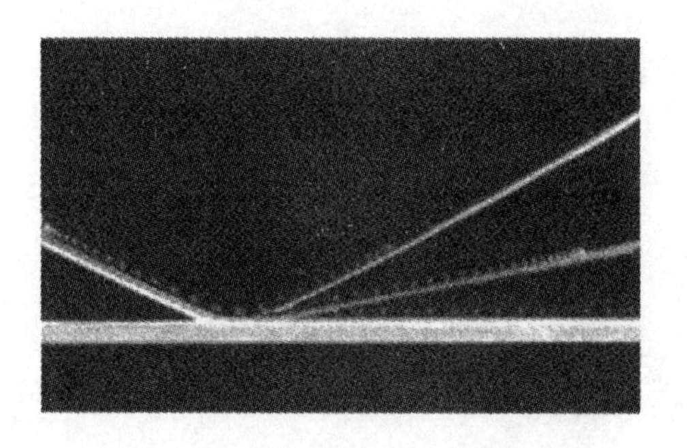

图 3-1　现代人所做伽利略斜面实验的频(pín)闪(shǎn)照片（组合图）

于是他问道：若将后一斜面放平，球会滚动多远？结论显然是，球将永远滚动下去。这就是说，力不是维持物体运动的原因，也就是说，力不是维持物体的速度的原因，而恰恰是改变物体运动状态，即改变物体速度的原因。因此，一旦物体具有某一速度，如果它不受力，就将以这一速度匀速直线地运动下来。

> 如果一个物体由静止变为运动或由运动变为静止，我们说，它的“运动状态”发生了改变。
>
> 如果一个物体速度的大小或方向变了，我们也说，它的“运动状态”发生了改变。

当然，我们不能消除一切阻力，也不能把水平木板做得无限长，所以伽利略的实验是个“理想实验”。

法国科学家笛卡尔补充和完善了伽利略的论点，提出了惯性定律：如果没有其他原因，运动的物体将继续以同一速度沿着一条直线运动，既不会停下来，也不会偏离原来的方向。

伽利略和笛卡尔对物体的运动做了准确的描述，但是没有指明加速、减速和匀速运动的原因是什么，这个原因与运动的关系是什么。

第一节　牛顿第一定律

想一想，做一做

1. 把几个棋子叠起来，用尺迅速打击下面的棋子，上面的棋子保持原来的静止状态，然后落在它的正下方（如图 3.1-1 所示）。

2. 走路时脚不小心踩到西瓜皮，一般会向后倒（如图 3.1-2B 所示）。为什么？

3. 走路时脚不小心绊到石头，一般会向前倒（如图 3.1-2A 所示）。为什么？

图 3. 1-1

图 3. 1-2

读一读

惯性定律	guànxìng dìnglǜ	law of inertia
外力	wàilì	external force
迫使	pòshǐ	compel
孤立	gūlì	isolate
逻辑思维	luójí sīwéi	logical thinking, logical thought
分析	fēnxī	analyze
产物	chǎnwù	product, outcome, result

学一学

牛顿第一定律　一切物体总保持匀速运动状态或静止状态，直到有外力迫使它改变这种状态为止。

物体保持这种原来的匀速直线运动或静止状态的性质叫惯性。所以牛顿第一定律又叫惯性定律。

英文备注

yí qiè wù tǐ zǒng bǎo chí yún sù yùn dòng zhuàng tài huò jìng zhǐ zhuàng tài zhí dào yǒu wài lì pò shǐ tā gǎi biàn zhè zhǒng zhuàng tài wéi zhǐ

一切物体总保持匀速运动状态或静止状态，直到有外力迫使它改变这种状态为止。(An object that is at rest will stay at rest unless an external force acts upon it. An object that is in motion will not change its velocity unless an external force acts upon it.)

lì shì gǎi biàn wù tǐ yùn dòng zhuàng tài de yuán yīn ér guàn xìng shì wéi chí wù tǐ yùn dòng de yuán yīn

力是改变物体运动状态的原因，而惯性是维持物体运动的原因。(A force is the reason why the motion state of an object changes, while inertia is the reason why the motion of an object maitain.）

例题　飞机投弹，要在飞机飞到目标前提早投弹，才能命中目标，这是为什么？

答　初始时，炸弹和飞机一起以相同速度在运动。当炸弹离开飞机后，由于惯性，它要保持原来的运动状态，继续向前运动。因此，要在到达目标前提早投弹。

动手动脑学物理

1. 人在匀速直线运动的火车车厢中向上跳起（如图 3.1-3 所示），为什么落到原地？

2. 地球在从西向东自转，人向上跳起来以后，为什么还落到原地（如图 3.1-4 所示），而不落到原地的西边？

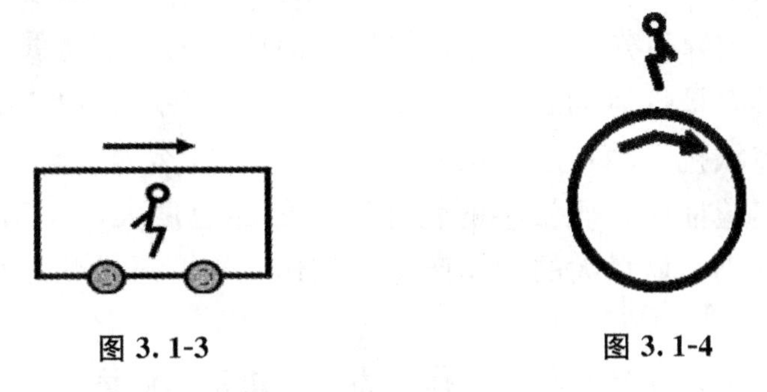

图 3.1-3　　图 3.1-4

3. 惯性的例子在生活中很常见，举例说明。

4. 请思考：如果我们生活中的一切物体都没有惯性，我们的生活会有什么样的变化？写出两个相关的合理场景。

惯性与质量

想一想

正在以相同速度行驶的火车和自行车，哪个更容易停下来？

读一读

抵抗	dǐkàng	resist，oppose
本领	běnlǐng	ability
千克	qiānkè	kilogram

量度	liángdù	measure
表明	biǎomíng	show，make clear，make known
飞机	fēijī	airplane
投弹	tóu dàn	drop a bomb
目标	mùbiāo	target，objective
炸弹	zhàdàn	bomb
击中	jīzhòng	hit

学一学

从牛顿第一定律可知，物体都要保持它们原来的匀速直线运动的状态，或者说，它们都具有抵抗运动状态变化的“本领”。但是这种“本领”的大小是不一样的。物体抵抗运动状态变化的“本领”，与什么因素有关？

大量科学实验证明，质量小的物体产生的加速度大，运动状态容易改变，我们说它的惯性小；质量大的物体产生的加速度小，运动状态难改变，我们说它的惯性大。

对于任何物体，在受到相同的作用力时，决定它们运动状态变化难易程度的唯一因素就是它们的质量。因此，得出结论：

质量是物体惯性大小的量度。

质量只有大小，没有方向，它是标量。在国际单位制中，质量的单位是千克，单位符号为 kg。

动手动脑学物理

1. 一个大胖子和一个小瘦子迎面快速相撞，会发生什么现象？

一 节 一 练

一、选择题

1. 竖直向上托起的排球，离开手后能继续向上运动，这是由于（　　）。

   A. 排球受到向上的托力　　　　B. 排球受到惯力

   C. 排球具有惯性　　　　　　　D. 排球受到惯性的作用

2. 氢气球下面吊着一个重物升空，若氢气球突然爆炸，那么重物（　　）。

A. 先竖直上升，后竖直下落　　B. 匀速竖直下落
C. 加速竖直下落　　D. 匀速竖直上升

3. 汽车在高速公路上行驶时，下列交通规则与惯性无关的是（　　）。
A. 右侧行驶　　B. 系好安全带
C. 限速行驶　　D. 保持车距

4. 下列关于惯性的说法中，正确的是（　　）。
A. 物体只在静止时才具有惯性
B. 物体运动速度越大，其惯性也越大
C. 太空中的物体没有惯性
D. 不论物体运动与否，受力与否物体都具有惯性

5. 坐在小汽车前排的司机和乘客都要在胸前系上安全带，这主要是为了减轻在下列哪种情况出现时，可能对人的伤害（　　）。
A. 车速太快　　B. 车速太慢
C. 突然启动　　D. 紧急刹车

6. 行驶的汽车刹车后能静止，这是因为（　　）。
A. 汽车的惯性消失了　　B. 汽车的惯性小于汽车的阻力
C. 阻力作用改变了汽车的运动状态　　D. 汽车受到平衡力的作用而静止

二、问答题

1. 汽车突然刹车，人的身体会向什么方向倾倒？为什么？
2. 短跑运动员冲过终点后能立即停下来吗？为什么？

第二节　牛顿第二定律

（一）探索加速度与力、质量的关系

读一读

实验装置	shíyàn zhuāngzhì	experimental facility
光滑	guānghuá	smooth
前端	qiánduān	fore-end，front end，leading end
定滑轮	dìnghuálún	crown block，fixed pulley
近似	jìnsì	approximate

实验现象	shíyàn xiànxiàng	experiment phenomena
控制	kòngzhì	control
推理	tuīlǐ	inference，ratiocination，reasoning
夹子	jiāzi	clamp

实验探究

实验装置

如图 2.2-1 所示实验：两辆质量相同的小车，放在光滑的水平板上，小车的前端各系上细绳，绳的另一端跨过定滑轮各挂一个小盘，盘里放着数量不等的砝码，使两辆小车在不同的拉力下做匀加速运动。

注　砝码跟小车相比质量较小，细绳对小车的拉力近似等于砝码所受的重力；用一只夹子夹住两根细绳，以同时控制两辆小车（如图 3.2-2）。

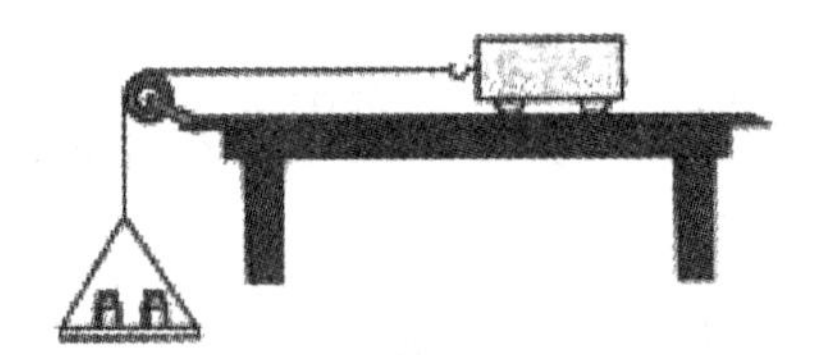

图 3.2-1　实验装置（fǔ shì tú 俯视图）

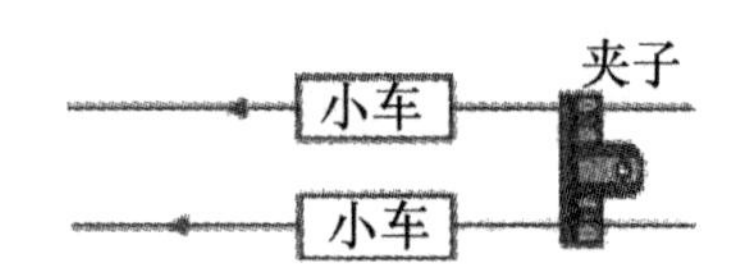

图 3.2-2　用夹子控制小车的动与停

加速度和力的关系（relationship between the acceleration and forces）

实验方法（如图 3.2-3）

（1）在砝码盘中放不同数量的砝码，以使两小车所受的拉力不同；

（2）打开夹子，让两辆小车同时从静止开始运动，一段时间后关上夹子，让它们同时停下来。

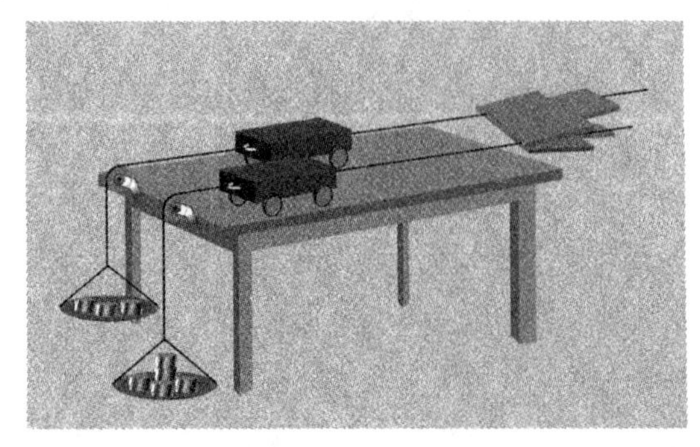

图 3.2-3

实验现象 在相等时间内，盘中砝码多的，小车位移大。

分析推理

（1）由公式 $s=\frac{at^2}{2}$ 得到在时间 t 一定时，位移 s 和加速度 a 成正比；

（2）由实验现象得到，小车的位移与它们所受的拉力成正比

（3）对质量相同的物体，物体的加速度与作用在物体上的力成正比，即

$$\frac{a_1}{a_2}=\frac{F_1}{F_2} \text{ 或 } a\propto F$$

加速度和质量的关系（relationship between the acceleration and mass）

试验方法（如图 3.2-4）

（1）在砝码盘中放相同数量的砝码，以使两小车所受的拉力相同；

（2）打开夹子，让两辆小车同时从静止开始运动，一段时间后关上夹子，让它们同时停下来。

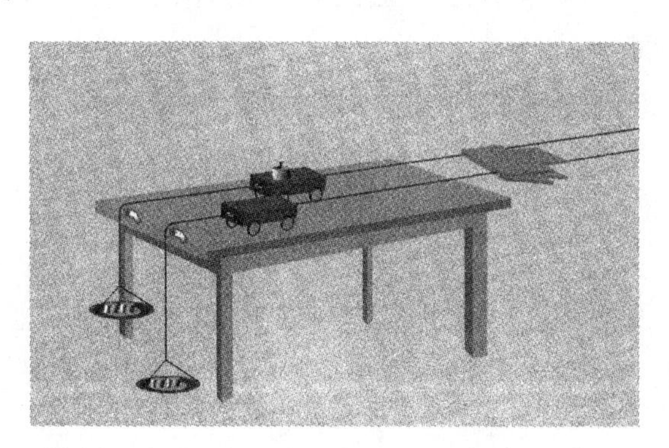

图 3.2-4

实验现象 在相等的时间内，质量小的那辆小车的位移大。

分析推理 在相同的力的作用下，物体的加速度跟物体的质量成反比，即

$$\frac{a_1}{a_2}=\frac{m_2}{m_1} \text{ 或 } a\propto\frac{1}{m}$$

（二）牛顿第二定律

读一读

矛盾	máodùn	contradiction，contradict
比例式	bǐlìshì	relational expression，proportional

等式	děngshì	equation
成反比	chéngfǎnbǐ	in inverse proportional to
简化	jiǎnhuà	simplify
国际单位制	guójì dānwèizhì	international system of units
车厢	chēxiāng	carriage，passenger car
悬挂	xuánguà	hang
偏斜	piānxié	deflect，decline，deviate

学一学

根据实验，得到牛顿第二定律：

物体加速度的大小跟作用力成正比，跟物体的质量成反比，加速度的方向跟作用力的方向相同。

牛顿第二定律可以用比例式来表示，就是

$$\boldsymbol{a} \propto \frac{\boldsymbol{F}}{m}$$

或者

$$\boldsymbol{F} \propto m\boldsymbol{a}$$

比例式可以写成等式，即

$$\boldsymbol{F}=km\boldsymbol{a}$$

式中，k 为比例常数。

实际物体所受的力往往不止一个，这时式中 $\boldsymbol{F}$ 指的是物体所受的合力。

在国际单位制中，力的单位是牛顿。牛顿这个单位是根据牛顿第二定律定义的：使质量为 1 kg 的物体产生 1 m/s^2 的加速度的力叫做 1 牛［顿］。即 1 N=1 kg·m/s^2。可见，如果都采用国际单位制，则 $k=1$，牛顿第二定律可简化为

$$\boldsymbol{F}=m\boldsymbol{a}$$

英文备注

wù tǐ jiā sù dù de dà xiǎo gēn zuò yòng lì chéng zhèng bǐ gēn wù tǐ de zhì liàng chéng fǎn bǐ jiā sù dù de fāng xiàng gēn zuò yòng lì de fāng xiàng xiāng tóng

物体加速度的大小跟作用力成正比，跟物体的质量成反比，加速度的方向跟作用力的方向相同。（The acceleration of an object is directly proportional to the net force on the object，and inversely proportional to the mass of the object. The acceleration is in the same direction of the net force.）

动手动脑学物理

1. 从牛顿第二定律可知，无论怎样小的力都可以使物体产生加速度。可是我们用力提一个很重的物体时却提不动它，这跟牛顿第二定律有无矛盾？为什么？

2. 下面哪些说法不对？

A. 物体所受的合外力越大，加速度越大

B. 物体所受的合外力越大，速度越大

C. 物体在外力作用下做匀加速直线运动，当合外力逐渐减小，物体的速度逐渐减小

D. 物体的加速度不变，物体所受的合外力也不变

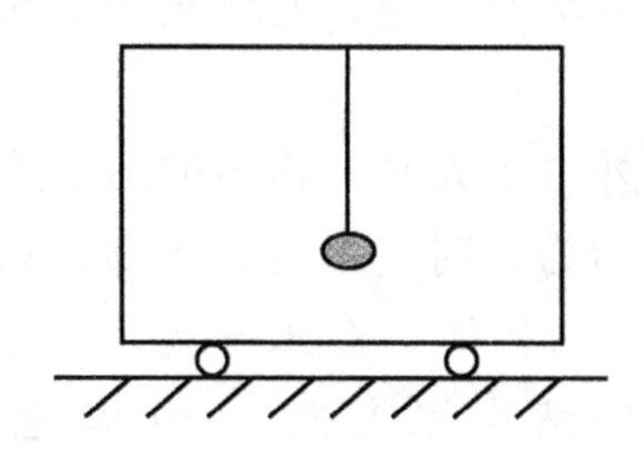

图 3.2-5

3. 如图 3.2-5 所示，在车厢的顶板上用细线挂着一个小球，在下列情况下对车厢的运动情况得出怎样的判断。

（1）细线竖直悬挂：________________。

（2）细线向图中左方偏斜：________________。

（3）细线向图中右方偏斜：________________。

一节一练

一、选择题

1. 静止在光滑水平面上的物体，受到一个水平拉力，在力刚开始作用的瞬间，下列说法中正确的是（　　）。

A. 物体立即获得加速度和速度

B. 物体立即获得加速度，但速度仍为零

C. 物体立即获得速度，但加速度仍为零

D. 物体的速度和加速度仍为零

2. 关于运动和力，正确的说法是（　　）。

A. 物体速度为零时，合外力一定为零

B. 物体作加速运动，合外力一定在增大

C. 物体作直线运动，合外力一定是恒力

D. 物体作匀速运动，合外力一定为零

3. 在牛顿第二定律公式 $F=kma$ 中，比例常数 k 的数值为（　　）。

A. 在任何情况下都等于1

B. k 值是由质量、加速度和力的大小决定的

C. k 值是由质量、加速度和力的单位决定的

D. 在国际单位制中，k 的数值一定等于1

4. 关于速度、加速度和合外力之间的关系，下述说法正确的是（　　）。

A. 做匀变速直线运动的物体，它所受合外力是恒定不变的

B. 做匀变速直线运动的物体，它的速度、加速度、合外力三者总是在同一方向上

C. 物体受到的合外力增大时，物体的运动速度一定加快

D. 物体所受合外力为零时，一定处于静止状态

5. 放在光滑水平面上的物体，在水平拉力 F 的作用下以加速度 a 运动，现将拉力 F 改为 $2F$（仍然水平方向），物体运动的加速度大小变为 a'。则（　　）。

A. $a'=a$　　B. $a<a'<2a$　　C. $a'=2a$　　D. $a'>2a$

二、计算题

1. 质量为 m 的物体静止在光滑的水平面上，受到水平力 F 的作用，如右下图所示，试讨论：

（1）物体此时受哪些力作用？

（2）每一个力是否都产生加速度？

（3）物体的实际运动情况如何？

2. 地面放一木箱，质量为40 kg，用100 N的力与水平成37°角推木箱，如左图所示，恰好使木箱匀速前进。若用此力与水平成37°角向斜向上拉木箱，木箱的加速度多大？（取 $g=10\,\mathrm{m/s^2}$，$\sin37°=0.6$，$\cos37°=0.8$）

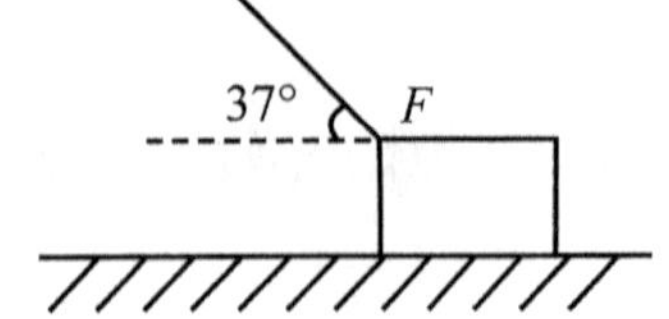

第三节　牛顿第三定律

（一）作用力与反作用力

做做想想

根据第一章内容可知：力是物体与物体之间的相互作用。只要有力，就一定存在受力物体和施力物体。例如：

用手拉弹簧，弹簧受到手的拉力，同时弹簧发生形变，手也受到弹簧的拉力（如图 3.3-1）。

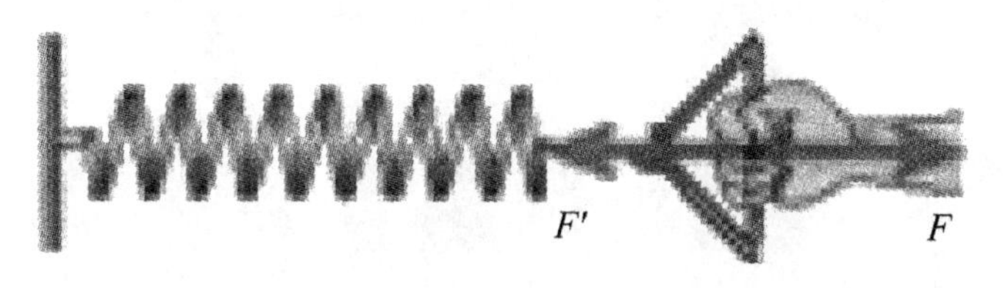

图 3.3-1　手用力拉弹簧，弹簧也用力拉手

坐在椅子上用力推桌子，会感到桌子也在推我们，我们的身体要向后移。

我们常说，地面上的物体受到地球的吸引（重力），其实，地球也在受着地面上的物体的吸引，地球和地面上的物体之间的作用也是相互的。

此类例子还有很多。

读一读

作用力	zuòyònglì	action
反作用力	fǎnzuòyònglì	reaction
互相依存	hùxiāng yīcún	depend on each other
相互	xiānghù	mutual，each other，reciprocal

学一学

观察和实验表明，两个物体之间的作用总是相互的。一个物体对另一个物体施加了力，后一物体一定同时对前一物体也施加了力。物体间相互作用的这一对力，通常叫做作用力和反作用力。作用力和反作用力总是互相依存，同时存在的。如果把其中一个力叫做作用力，另一个力叫做反作用力。

（二）牛顿第三定律

读一读

连接	liánjiē	connect，link，joint
固定	gùdìng	fix
指针	zhǐzhēn	indicator，pointer

实验探究

探究作用力和反作用的关系

作用力和反作用力的大小之间、方向之间有什么样的关系？这是一个定量的问题，而定量的问题只靠日常的观察和经验是解决不了的，它需要通过实验测量来回答。

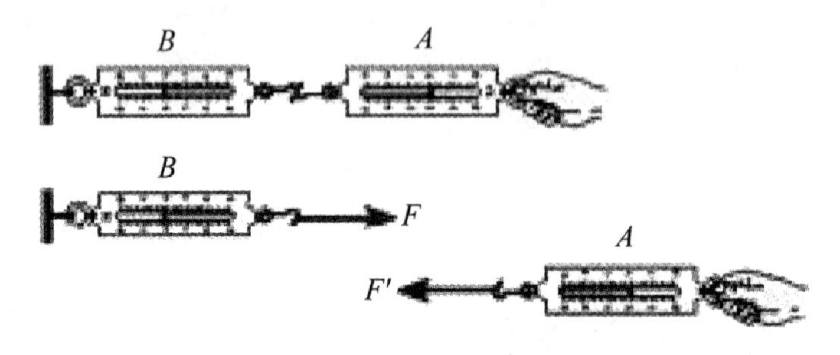

图 3.3-2　两个弹簧测力计的读数有什么关系？它们受力的方向有什么关系？

把 A、B 两个弹簧测力计连接在一起，B 的一端固定，用手拉测力计 A。如图 3.3-2 所示，可以看到两个测力计的指针同时移动。这时，测力计 A 受到 B 的拉力 F'，测力计 B 则受到 A 的拉力 F。F 与 F'有什么关系？

研究表明，两个物体之间的作用力和反作用力总是大小相等、方向相反、作用在同一条直线上，这就是牛顿第三定律。

英文备注

liǎng gè wù tǐ zhī jiān de zuò yòng lì hé fǎn zuò yòng lì zǒng shì dà xiǎo xiāng děng fāng xiàng xiāng fǎn

两个物体之间的作用力和反作用力总是大小相等、方向相反、

zuò yòng zài tóng yì tiáo zhí xiàn shàng

作用在同一条直线上。(Whenever one object exerts a force on another object, the second object exerts an equal and opposite force on the first.)

动手动脑学物理

1. 一辆静止的马车，马用力拉它。有人说，根据牛顿第三定律，马拉车，车也拉马，这两个力大小相等方向相反，彼此平衡，所以马无论如何也拉不动车，这个说法的错误在哪里?

2. “以卵击石”为例，鸡蛋去碰石头，鸡蛋给石头力的作用的同时，石头也会给鸡蛋施加力的作用，这对力叫做什么力? 鸡蛋和石头结果会一样吗?

鸡蛋会“粉身碎骨”，而石头却“安然无恙”。是不是就可以认为鸡蛋对石头的力小，而石头对鸡蛋的力大呢? 作用力与反作用力之间处在什么关系呢?

一节一练

1. 在光滑水平地面上有甲乙两辆玩具车，甲的质量是乙的质量的 2 倍，使两车相撞，两车相撞时（　　）。

A. 甲的加速度是乙的 2 倍　　B. 乙的加速度是甲的 2 倍

C. 甲受的碰撞力是乙的 2 倍　　D. 乙受的碰撞力是甲的 2 倍

2. 如图 3.3-3 所示，甲、乙两人在冰面上“拔河”。两人中间位置处有一分界线，约定先使对方过分界线者为赢。若绳子质量不计，冰面可看成是光滑的，则下列说法中正确的是（　　）。

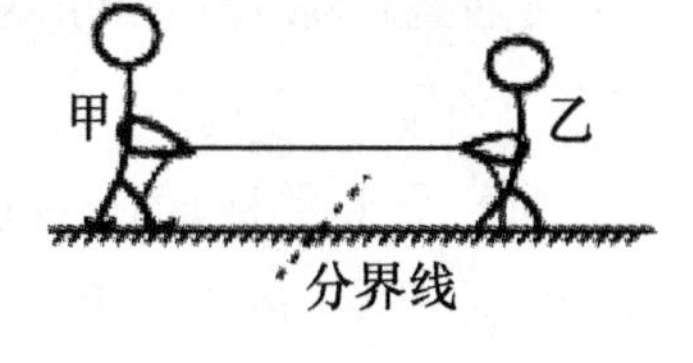

图 3.3-3

A. 甲对绳的拉力与绳对甲的拉力是一对平衡力

B. 甲对绳的拉力与乙对绳的拉力是作用力与反作用力

C. 若甲的质量比乙大，则甲能赢得“拔河”比赛的胜利

D. 若乙收绳的速度比甲快，则乙能赢得“拔河”比赛的胜利

3. 关于作用力与反作用力，下面说法中正确的是（　　）。

A. 作用力与反作用力名称是不能互换的

B. 两个物体只有接触才能产生作用力与反作用力

C. 作用力与反作用力有时可作用在同一物体上

D. 作用力变大其反作用力也一定变大

4. 下列各对力中，是相互作用的是（　　）。

A. 悬绳对电灯的拉力和电灯的重力

B. 电灯拉悬绳的力和悬绳拉电灯的力

C. 悬绳拉天花板的力和电灯拉悬绳的力

D. 悬绳拉天花板的力和电灯的重力

5. 在拔河比赛中，下列各因素对获胜有利的是（　　）。

A. 对绳的拉力大于对方

B. 对地面的最大静摩擦力大于对方

C. 手对绳的握力大于对方

D. 质量大于对方

6. 一本书静放在水平桌面上，则（　　）。

A. 桌面对书的支持力大小等于书的重力，它们是一对相互平衡力

B. 书所受到的重力和桌面对书的支持力是一对作用力与反作用力

C. 书对桌面的压力就是书的重力，它们是同一性质的力

D. 书对桌面的压力和桌面对书的支持力是一对平衡力

第四节　牛顿定律的应用

（一）从受力确定运动情况

如果已知物体的受力情况，可以由牛顿第二定律求出物体的加速度，再通过运动学的规律就可以确定物体的运动情况。

例题1　一静止在水平地面上的物体，质量是2 kg，在6.4 N的水平拉力作用下沿水平地面向右运动。物体与地面间的摩擦力是4.2 N。求物体在4 s末的速度和4 s内发生的位移。

分析　这个问题是已知物体受的力，求它运动的速度和位移。

先考虑两个问题：

（1）物体受到的合力沿什么方向？大小是多少？

（2）这个题目要求计算物体的速度和位移，而我们目前只能解决匀变速运动的速度和位移。物体的运动是匀变速运动吗？

解决这个问题之后，就可以根据合力求出物体的加速度，然后根据匀变速运动的规律计算它的速度和位移。

解 分析物体的受力情况

物体受到4个力的作用（如图3.4-1）：拉力 F_1，方向水平向右；摩擦力 F_2，水平向左；重力 G，竖直向下；地面的支持力 F_N，竖直向上。

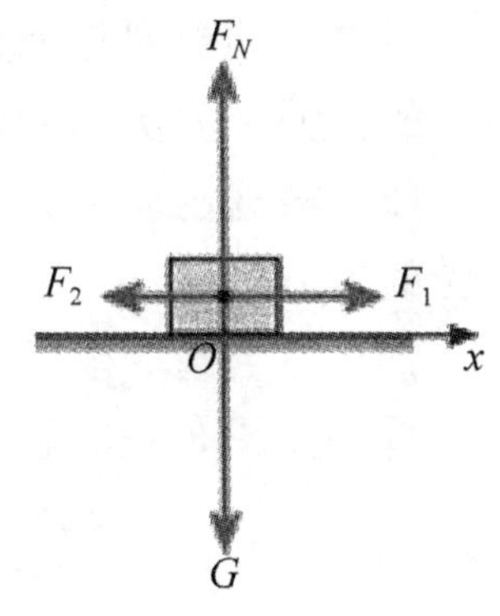

图 3.4-1 物体受力的示意图

物体在竖直方向没有发生位移，没有加速度，所以重力 G 和支持力 F_N 大小相等、方向相反，彼此平衡，物体所受的合力等于水平方向的拉力 F_1 与摩擦力 F_2 的合力。取水平向右的方向为坐标轴的正方向，则合力 $F=F_1-F_2=6.4\,\text{N}-4.2\,\text{N}=2.2\,\text{N}$，合力的方向是沿坐标轴向右的。

物体原来是静止的，初速度为0，在恒定的合力作用下产生恒定的加速度，所以物体做初速度为0的匀加速直线运动。

由牛顿第二定律 $F=ma$ 可求出加速度

$$a=F/m=\frac{2.2\,\text{m}\cdot\text{kg}\cdot\text{s}^{-2}}{2\,\text{kg}}=1.1\,\text{m/s}^2$$

求出了加速度 a，由运动学公式就可以求出4 s末的速度 v 和4 s内发生的位移 x

$$v=at=1.1\,\text{m/s}^2\times4\,\text{s}=4.4\,\text{m/s}$$

$$x=\frac{1}{2}at^2=\frac{1}{2}\times1.1\,\text{m/s}^2\times16\,\text{s}^2=8.8\,\text{m}$$

（二）从运动情况确定受力

如果已知物体的运动情况，根据运动学公式求出物体的加速度，再根据牛顿第二定律就可以确定物体所受的力。只是力学所要解决的又一方面的问题。

例题2 一个滑雪的人，质量 $m=75\,\text{kg}$，以 $v_0=2\,\text{m/s}$ 的初速度沿山坡匀加速滑下，山坡的倾角 $\theta=30°$，在 $t=5\,\text{s}$ 的时间内滑下的路程 $x=60\,\text{m}$，求滑雪人受到的阻力（包括摩擦和空气阻力）。

huá xuě
图 3.4-2 滑雪人受到的力

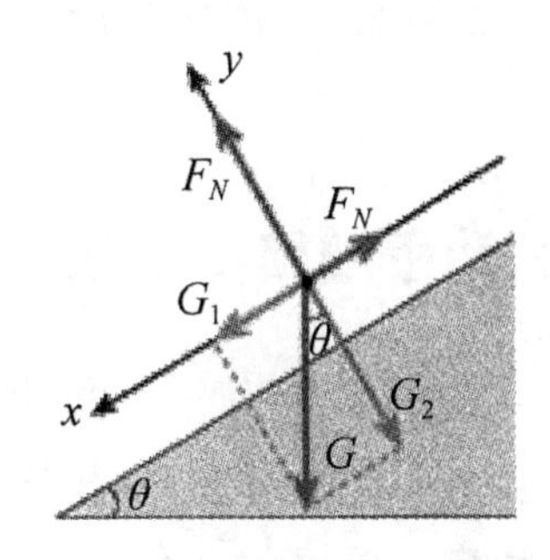

图 3.4-3 求滑雪人受到的阻力

分析 思路是已知滑雪人的运动情况，求滑雪人所受的力。应注意三个问题：

(1) 分析人的受力情况，按题意做草图（如图 3.4-2），然后考虑几个问题。滑雪人共受到几个力的作用？这几个力各沿什么方向？它们之中哪个力是待求的？哪个力实际上是已知的？

(2) 根据运动学的关系得到下滑加速度，求出对应的合力，再由合力求出人受的阻力。

(3) 适当选取坐标系，使运动正好沿着一个坐标轴的方向。

解 如图 3.4-3 建立坐标系，把重力 G 沿 x 轴和 y 轴的方向分解，得到

$$G_x=mg\sin\theta$$

$$G_y=mg\cos\theta$$

与山坡垂直的方向，物体没有发生位移，没有加速度，所以 G_y 与支持力 F_N 大小相等、方向相反，彼此平衡，物体所受的合力 F 等于 G_x 与阻力 $F_{阻}$ 的合力。

由于沿山坡向下的方向为正方向，所以合力 $F=G_x-F_{阻}$，合力的方向沿山坡向下，使滑雪人产生沿山坡向下的加速度。滑雪人的加速度可以根据运动学的规律求得，即由 $x=vt+\frac{1}{2}at^2$ 解出

$$a=\frac{2(x-v_0t)}{t^2}$$

把已知量的数值代入，可得滑雪人的加速度

$$a=4\ \mathrm{m/s^2}$$

下面求滑雪人受到的阻力。

根据牛顿第二定律 $F=ma$，有

$$G_x-F_{阻}=ma$$

由此解出阻力

$$F_{阻}=G_x-ma=mg\sin\theta-ma$$

代入数值后，得

$$F_{阻}=67.5\ \mathrm{N}$$

滑雪人受到的阻力是 67.5 N。

动手动脑学物理

1. 一木箱质量为 m，与水平地面间的动摩擦因数为 μ，现用斜向右下方与水平方向成 θ 角的力 F 推木箱，求经过 t 秒时木箱的速度。

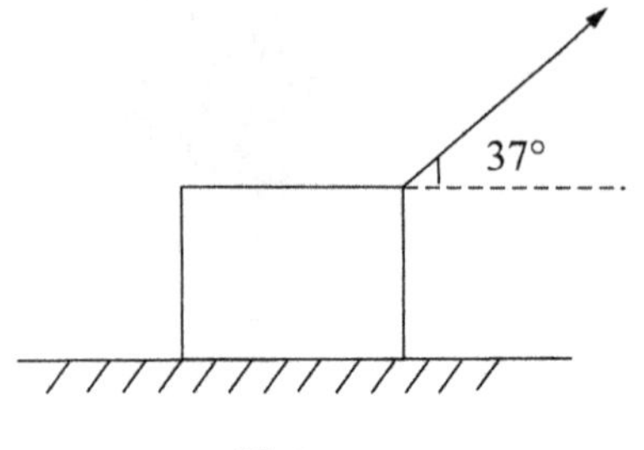

图 3.4-4

2. 如图 3.4-4，质量为 $m=2\ \mathrm{kg}$ 的物体静止在

水平地面上，受到一个大小为 $F=8\,\text{N}$ 且与水平方向成 $37°$ 角的拉力后开始匀加速直线运动，在 2 s 内前进 4 m 远，求物体与水平地面间的动摩擦因数为多少？

一 节 一 练

1. 如图 3.4-5 所示，沿水平方向做匀变速直线运动的车厢中，悬挂小球的悬线偏离竖直方向 $37°$ 角，球和车厢相对静止，球的质量为 1 kg。($g=10\,\text{m/s}^2$，$\sin37°=0.6$，$\cos37°=0.8$)

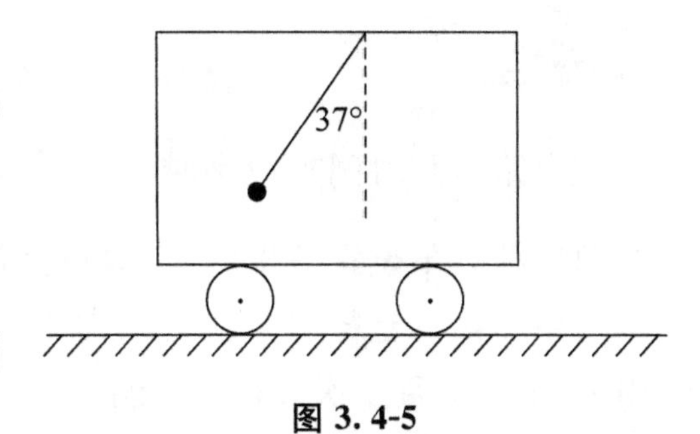

图 3.4-5

(1) 求车厢运动的加速度并说明车厢的运动情况。

(2) 求悬线对球的拉力。

2. 一个原来静止的物体，质量是 7 kg，在 14 N 的恒力作用下：

(1) 5 s 末的速度是多大？

(2) 5 s 内通过的路程是多大？

3. 一个静止在水平面上的物体，质量是 2 kg，在水平方向受到 5.0 N 的拉力，物体跟水平面的滑动摩擦力是 2.0 N。

(1) 求物体在 4 s 末的速度。

(2) 若在 4 s 末撤去拉力，求物体滑行时间。

4. 一辆质量为 1.0×10^3 kg 的小汽车正以 10 m/s 的速度行驶，现在让它在 12.5 m 的距离内匀减速地停下来，求所需的阻力。

5. 一木箱质量为 m，与水平地面间的动摩擦因数为 μ，现用斜向右下方与水平方向成 θ 角的力 F 推木箱，求经过 t 秒时木箱的速度。

第五节　力学单位制

读一读

基本量	jīběnliàng	basic quantity，fundamental quantify，fundamental magnitude
基本单位	jīběn dānwèi	basic unit，fundamental unit

导出单位	dǎochū dānwèi	derived unit
简称	jiǎnchēng	abbreviation

学一学

由路程和时间求速率时，所用的关系式为 $v=\frac{\Delta x}{\Delta t}$。如果路程用米做单位，时间用秒做单位，得出的速率单位就是 m/s（米每秒）。

牛顿第二定律中，在关系式 $\boldsymbol{F}=m\boldsymbol{a}$ 中，m 的单位用 kg（千克），a 的单位用 m/s^2（米每二次方秒），得出力的单位是 $kg \cdot m/s^2$（千克米每二次方秒），也就是牛顿。

从这些例子可以看出，只要选定几个物理量的单位，就能够利用物理量之间的关系推导出其他物理量的单位。这些被选定的物理量叫做基本量，它们的单位叫做基本单位。在上面的例子中，长度、质量、时间是基本量，它们的单位米、千克、秒是基本单位。由基本量根据物理关系推导出来的其他物理量的单位，例如速度的单位，叫做导出单位。基本单位和导出单位一起组成了单位制。

1960 年第 11 届国际计量大会制定了一种国际通用的，包括一切计量领域的单位制，叫做国际单位制，简称 SI。

在力学范围内，国际单位制规定长度、质量、时间为 3 个基本量，其单位米、千克、秒为基本单位。对于热学、电磁学、光学等学科，除了上述 3 个基本量和相应的基本单位外，还要加上另外的 4 个基本量和它们的基本单位，才能导出其他物理量的单位。

表 3.5-1　国际单位制的基本单位

物理量单位	物理量符号	单位名称	单位符号
长度		米	m
质量	m	千克（公斤）	kg
时间	t	秒	s
电流	I	安［培］	A
热力学温度	T	开［尔文］	K
物质的量	n 或（ν）	摩［尔］	mol
发光强度	I 或（I_ν）	坎［德拉］	cd

第六节　惯性系与非惯性系

(一) 超重和失重

想一想，做一做

1. 用手掌托起一叠比较重的书，先让手缓缓上下移动，体会一下书对手掌的压力和静止时是否相同？手由静止突然下降，体会手掌受到的压力和静止时有什么不同？手由静止快速上升，体会手掌受到的压力和静止时有什么不同？

2. 坐过山车时，在到达顶点时，人有种被抛起来的感觉，在最低点，可以感觉到人与凳子间压力增大。为什么？

3. 电梯里的怪现象：十几个人乘电梯上楼，走进电梯时电梯没有显示超载，但电梯刚向上启动时报警器却响了起来，难道人所受到的重力会因为电梯运动状态变化而变化吗？为什么会出现这种情况呢？

读一读

人造地球卫星	rénzào dìqiú wèixīng	an man-made earth satellite
发射	fāshè	launch
台秤	táichèng	platform scale，platform balance
电梯	diàntī	elevator，lift
超重	chāozhòng	overweight
失重	shīzhòng	weightlessness

学一学

自从人造地球卫星和宇宙飞船发射成功以来，人们经常谈到超重和失重。那么什么是超重和失重呢？

例如，一个站在台秤上的人正处于一部静止的电梯中，如图 3.6-1A 所示，人受到重力 $\boldsymbol{G}=m\boldsymbol{g}$ 和台秤的支持力 $\boldsymbol{N}$ 的作用。人所受合力 $\boldsymbol{F}_{合}=m\boldsymbol{g}-\boldsymbol{N}=0$。

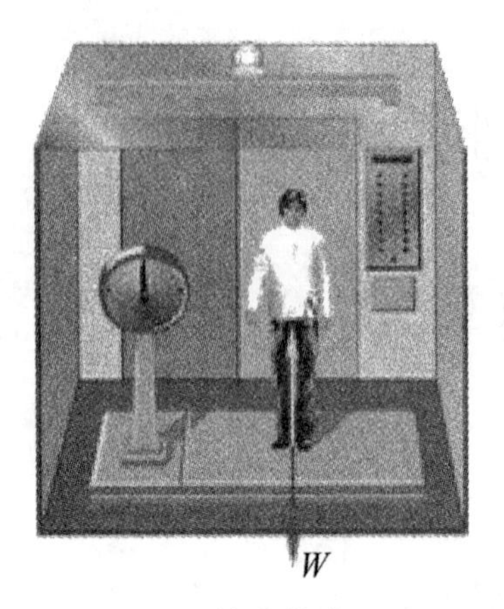

A. 静止状态

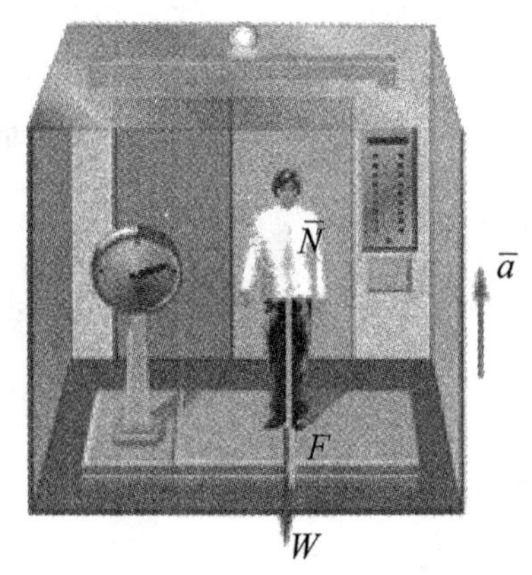

B. 处于一部以加正处于一部静止的电梯中速度上升的电梯中（台秤显示人的重量变重了）

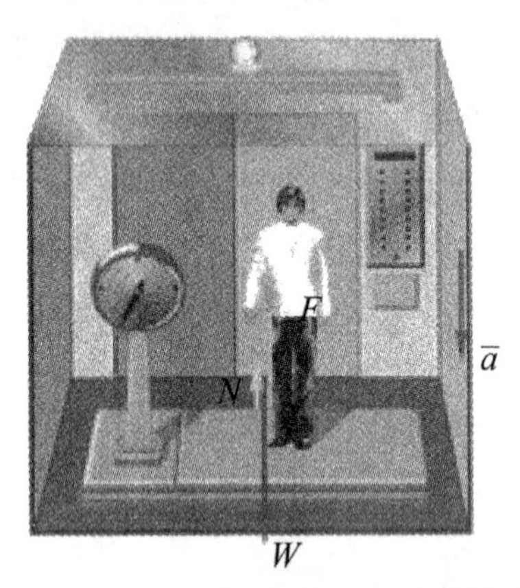

C. 正处于一部以加速度下降的电梯中（台秤显示人的重量变轻了）

图 3. 6-1　一个站在台秤上的人

如果电梯以加速度 $\boldsymbol{a}$ 上升，如图 3. 6-1B 所示，人除受到重力 $\boldsymbol{G}=m\boldsymbol{g}$ 和台秤的支持力 $\boldsymbol{N}$ 的作用，人随电梯一起以加速度 $\boldsymbol{a}$ 加速上升。则根据牛顿第二定律

$$\boldsymbol{F}_{合}=N-mg=ma$$

可得

$$N=mg+ma>mg$$

按牛顿第三定律，人对台秤的压力 N' 与台秤对人的支持力 N 大小相等，方向相反，因此台秤显示的人的重量变重了，这种现象称为超重。

如果电梯以加速度 $\boldsymbol{a}$ 下降，则有 $N=mg-ma<mg$，台秤显示的人的重量变轻了（如图 3. 6-1C），这种现象称为失重。当电梯自由下落时（$a=g$），台秤显示人的重量为零，这时他处于完全失重状态。

例题　如图 3.6-2 所示，一个人站在医用体重计的测盘上，不动时读数为 G，此人在下蹲过程中，磅秤的读数（A）。

A. 先小于 G，后大于 G

B. 先大于 G，后大于 G

C. 大于 G

D. 小于 G

图 3.6-2

分析　人下蹲是由静止开始向下运动，速度增加，具有向下的加速度（失重）；蹲下后，最终速度变为零，故还有一个向下减速的过程，加速度向上（超重）。

动手动脑学物理

在塑料瓶下面扎一个小孔，装上水后水从小孔喷出（图 3.6-3）。让塑料瓶做自由落体运动，喷水情况会怎样变化？

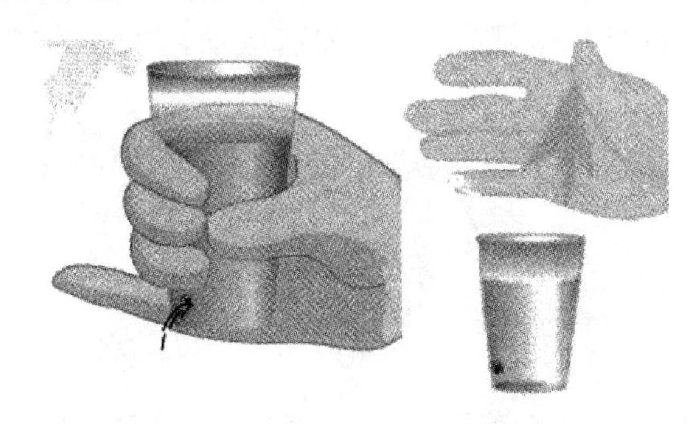

图 3.6-3

（二）惯性系与非惯性系

读一读

惯性系	guànxìngxì	inertial system
非惯性系	fēiguànxìngxì	non-inertia system
有悖于	yǒubèiyú	be contrary to
成立	chénglì	establish，set up

惯性力	guànxìnglì	inertial force
虚拟	xūnǐ	virtual，dummy
假想	jiǎxiǎng	imaginary，hypothetical，fictitious

学一学

从描述物体运动的角度来说，为了便于研究问题，可以任意选择参考物体。但是牛顿定律并不是对所有的参考物体都适用。

例如，日常生活中，我们经常会看到这种现象：

在小车上有一支架，上面用细绳挂着一个小球，当小车以加速度 a 向前运动时，悬挂小球的绳子就向后偏离，与铅垂线成一个角度 θ，如图 3.6-4 所示。车上的观察者以小车为参考系，发现小球受到绳子的拉力 T 和重力 $G=mg$ 的作用，这两个力的合力 F 并不为零，但是小球却处于静止状态，显然这一现象有悖于牛顿第二定律。但是，对地面上的观察者而言，他以地面为参考系，则认为小球在合力 F 的作用下，随小车做加速运动，牛顿第二定律成立。

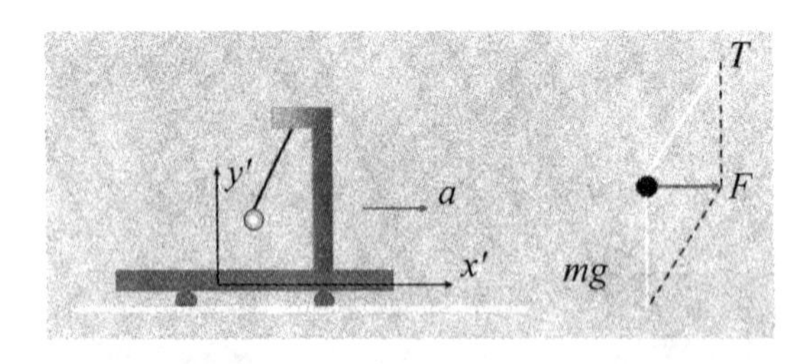

图 3.6-4 小车以加速度 a 向前运动时，以车厢为参考系，观察到作用于小球上的合力不为零，但是小球却处于静止状态，因此在车厢参考系中牛顿定律不成立

我们把牛顿定律成立的参考系称为惯性参考系，简称惯性系；而把牛顿定律不成立的参考系称为非惯性系。显然，一个做加速运动的参考系不是惯性系；而相对于惯性系做匀速直线运动的参考系也都是惯性系。

小车上，小球受到的合外力不等于零，但是却处于静止状态。如果观察者坚信牛顿定律正确的话，那么唯一的解释是：还有一个未知力 F_i 作用在小球上，$\boldsymbol{F}_i$，$\boldsymbol{G}$ 和 $\boldsymbol{T}$ 三个力相互平衡，如图 3.6-5 所示。我们把 $\boldsymbol{F}_i$ 称为惯性力。惯性力的大小为 ma，其方向与小车加速度 $\boldsymbol{a}$ 的方向相反。

因此，只要在非惯性系中引入惯性力，就仍可在形式上运用牛顿第二定律来处理力学问题。

惯性力不是物体之间的相互作用，而是一种虚拟的假想力，因此惯性力既无施力物体，也没有反作用力，它的实质是物体的惯性在非惯性系中的表现。

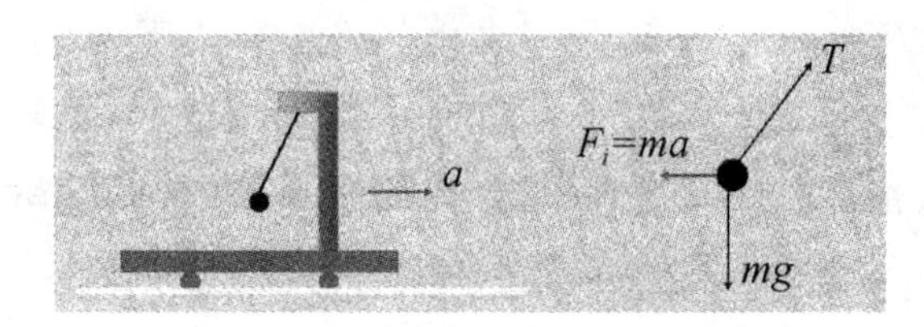

图 3.6-5 在做加速运动的小车中，惯性力 F_i 与绳子的拉力 T、重力 G 平衡

科学世界

完全失重条件下的科学研究

在失重状态下，人可以飘浮在空中，要举起笨重的物体，也不用费很大的力气，真是“轻而易举”，宇航员要睡觉，躺着站着都行，没有不同的感觉。实际上，宇航员是钻进固定在舱壁上的睡袋去睡的，就像茧挂在树枝上那样。在太空吃饭也很特别。不能吃碎渣飞溅的饼干，以免碎渣长久飘浮在空中，吸入气管。早先宇航员的食物装在像牙膏那样的管里，吃的时候往嘴里挤。现在制成了可以在太空吃的普通饭菜，如一口一个的小面包、外面裹着一层蛋白质薄膜的蛋糕、用塑料袋装的各种冷冻压缩食品等。在失重状态下，杯里的水倒不进嘴里，宇航员喝水时要把水挤到嘴里去。

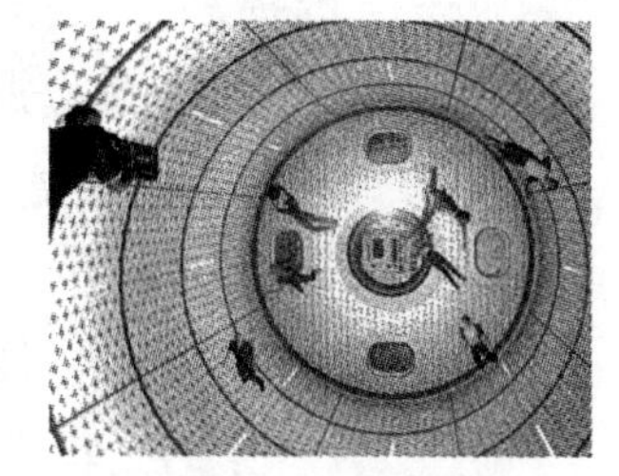

图 3.6-6 失重状态下，人漂浮在空中

图 3.6-7

在完全失重的空间里，科学家们还可以进行大量的生物、生理、生化、物理、医学等实验，并能取得地面上进行同样实验无法达到的优秀效果。

国际太空站俄罗斯温室内，一滴内有空气的水滴静静地停留在一小片植物绿叶上，仍然是圆圆的，气泡置于正中心，只有在完全失重条件下才会出现这种现象（如图 3.6-7 所示）。

在失重条件下，熔化了的金属液滴，形状呈绝对球形，冷却后可以成为理想的滚珠（如图 3.6-8 所示）。而在地面上，用现代技术制成的滚珠，并不成绝对球形，这是造成轴承磨损的重要原因之一。

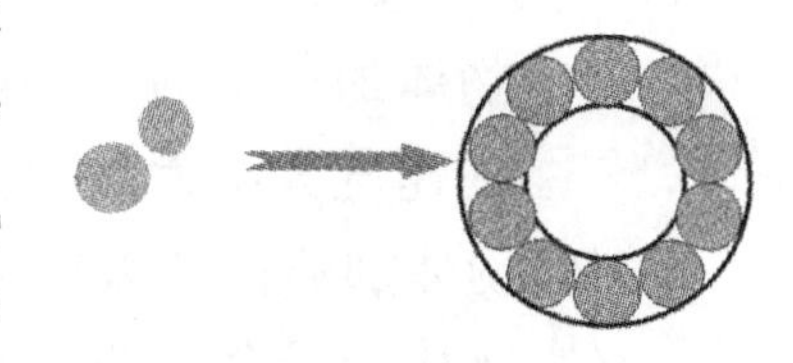

图 3.6-8 制造理想的滚珠

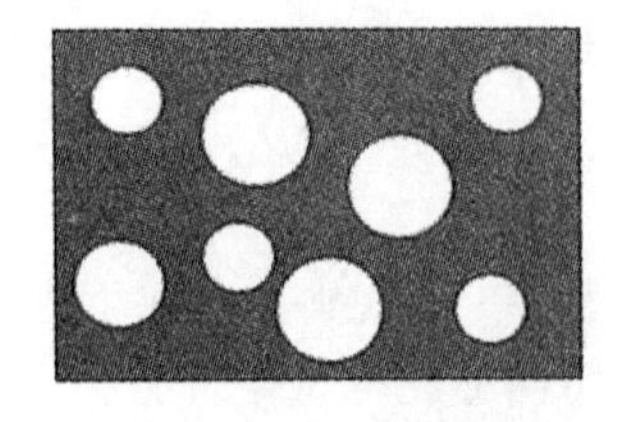

图 3.6-9 制造泡沫金属

在失重条件下，在液态的金属中通以气体，气泡将不“上浮”，也不“下沉”，均匀地分布在液态金属中，凝固后就成为泡沫金属，如图 3.6-9 所示，这样可以支撑轻的像软木塞似的泡沫钢，用它做机翼，又轻又结实。

据报道，美国一产妇在完全失重的飞船里曾产下一男孩，现约 8 岁，该男孩所表现出的智力和体力远远超过了同龄儿童，被美国人戏称为“小超人”。

章节练习

一、选择题

1. 最早根据实验提出力不是维持物体运动原因的科学家是（　　）。

A. 亚里士多德　　B. 牛顿

C. 伽利略　　D. 笛卡尔

2. 下列单位中，属于国际单位制中的基本单位是（　　）。

① 米；② 牛［顿］；③ 秒；④ 焦［耳］；⑤ 瓦［特］；⑥ 千克；⑦ 米/秒

A. 只有①②③是　　B. 都是

C. 只有①③⑥是　　D. 只有②④⑦是

3. 当作用在物体上的合外力不为零时，则（　　）。

A. 物体的速度一定越来越大　　B. 物体的速度一定越来越小

C. 物体的速度将有可能不变　　D. 物体的速度一定要发生改变

4. 在匀速前进的火车里，一小球放在水平桌面上相对桌面静止，关于小球运动与火车运动，下列说法中正确的是（　　）。

A. 若小球向前滚动，则火车加速前进

B. 若小球向后滚动，则火车在加速前进

C. 火车急刹车时，小球向前滚动

D. 火车急刹车时，小球向后滚动

5. 关于牛顿第二定律的下列说法中，正确的是（　　）。

A. 物体加速度的大小由物体的质量和物体所受合力大小决定，与物体的速度大小无关

B. 物体加速度的方向只由它所受合力的方向决定，与速度方向无关

C. 物体所受合力的方向和加速度的方向及速度方向总是相同的

D. 一旦物体所受合力为零，则物体的加速度立即为零，其速度也一定

立即变为零

二、计算题

1. 质量是10 kg的物体放在水平面上，在20 N、方向斜向上与水平方向成30°角的拉力作用下恰能匀速运动，不改变拉力的方向，要使物体从静止开始在4 s内前进$8\sqrt{3}$ m，则拉力为多大？($g=10$ m/s)

2. 一辆小车质量为20 kg，在拉力F作用下，由静止开始匀加速直线运动，经8 s速度达到6 m/s；而后撤去拉力做匀减速直线运动，经过12 m才停止。求：

(1) 小车所受摩擦力；

(2) 拉力F的大小。

第四章　曲线运动
(Curvilinear Motion)

到目前为止，我们只研究了物体沿着一条直线的运动，还没有涉及运动方向的改变。实际上，在自然界和技术中，曲线运动随处可见。水平抛出的物体，在落到地面的过程中沿曲线运动；地球绕太阳公转，轨迹接近圆，也是曲线。抛出的物体，公转中的地球，它们的运动都是曲线运动。

第一节　曲线运动

（一）曲线运动速度的方向

想一想

观察图 4.1-1 描述的现象，能否说清楚砂轮打磨下来的炽热微粒沿着什么方向运动?

shā lún dǎ mó　chì rè　wēi lì

图 4.1-1　砂轮打磨，炽热的微粒沿什么方向飞出?

读一读

曲线运动	qūxiàn yùndòng	curvilinear motion
切线	qiēxiàn	tangent line

学一学

曲线运动中，速度的方向是时刻改变的。质点在某一点的速度方向，沿曲线在这一点的切线方向见图 4.1-2 所示。

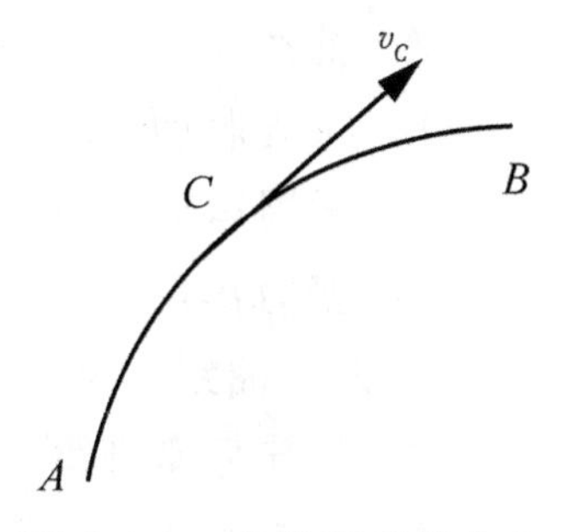

图 4.1-2　曲线运动的方向

速度是矢量，它既有大小，又有方向。不论速度的大小是否改变，只要速度的方向发生改变，就表示速度矢量发生了变化，也就具有加速度。曲线运动中速度的方向在改变，所以曲线运动是变速运动。

（二）曲线运动的条件

想一想

一个在水平面上做直线运动的钢球，从旁侧给它一个力，例如在钢球运动路线的旁边放一块磁铁，观察钢球在磁铁吸引下怎样运动（见图 4.1-3）？

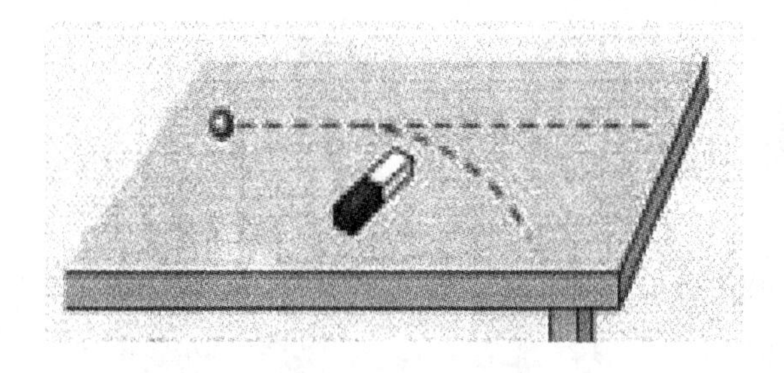

图 4.1-3　钢（gāng qiú）球在磁铁吸引下怎样运动？

学一学

当物体所受合力的方向与它的速度方向不在同一直线上时，物体做曲线运动。

动手动脑学物理

1. 关于曲线运动的性质，下列说法中正确的是（　　）。
   A. 曲线运动一定是变速运动
   B. 曲线运动一定是变加速运动
   C. 圆周运动一定是匀变速运动
   D. 变力作用下物体一定做曲线运动
2. 物体做曲线运动时，其加速度（　　）。
   A. 一定不等于零　　B. 一定不变
   C. 一定改变　　D. 以上全对

第二节　曲线运动的合成和分解

想一想

一个人以 4 m/s 的速度骑自行车向东行驶，感觉风是从正南吹来，当他以 6 m/s 的速度骑行时，感觉风是从东南吹来。为什么？

读一读

合运动	héyùndòng	resultant motion
分运动	fēnyùndòng	component motion

学一学

位移和速度是矢量，在运动的合成和分解过程中，满足平行四边形法则。合运动的位移、速度叫做合位移、合速度；分运动的位移、速度叫做分位移、分速度。合运动和分运动具有等时性，即合运动和分运动所用的时间相同。已知分运动求合运动的过程，叫运动的合成；已知合运动求分运动的过程，叫运动的分解。

例题　飞机起飞时以 $v=300\ \mathrm{km/h}$ 的速度斜向上飞，飞行方向与水平面的夹角为 30°。求水平方向的分速度 v_x 和竖直方向的分速度 v_y。

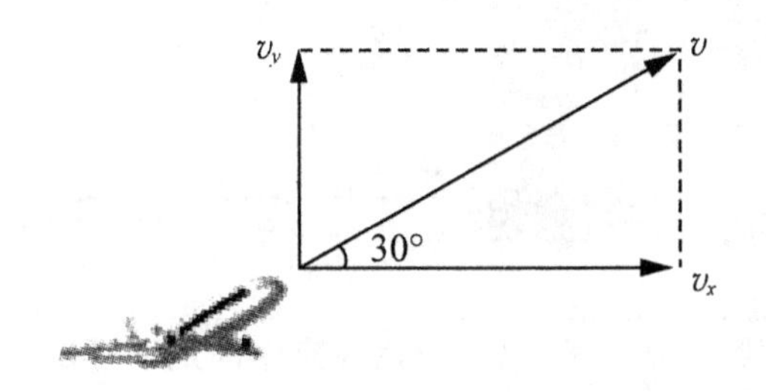

图 4.2-1　求水平方向和数值方向的分速度

解　把 $v=300\ \mathrm{km/h}$ 按水平方向和竖直方向分解（图 4.2-1），可得

$$v_x=v\cos30°=260\ \mathrm{km/h}$$

$$v_y=v\sin30°=150\ \mathrm{km/h}$$

飞机在水平方向和竖直方向的分速度分别为 260 km/h 和 150 km/h。

动手动脑学物理

炮筒与水平方向成 60°角，炮弹从炮口射出时的速度是 800 m/s，这个速度在水平方向和竖直方向的分速度各是多大？画出速度分解的图示。

第三节　抛体运动的规律

（一）抛体运动

看一看，想一想

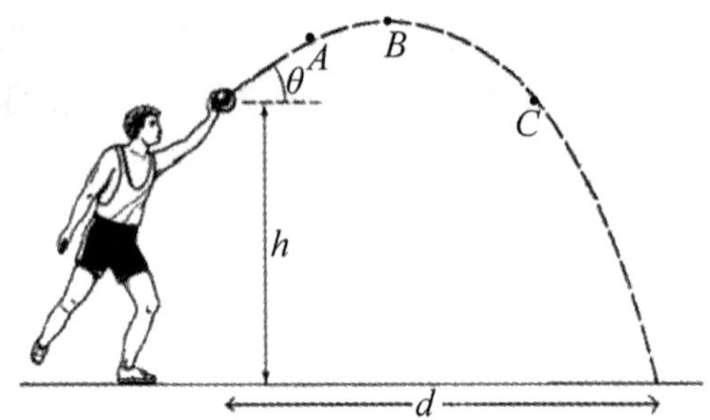

lěi qiú　tiě bǐng　biāo qiāng
图 4.3-1 垒球、铁饼、标枪被投掷后在空中的运动可以大致看做抛体运动轨迹

读一读

抛体运动	pāotǐ yùndòng	projectile motion

学一学

以一定的速度将物体抛出，在空气阻力可以忽略的情况下，物体只受重力的作用，它的运动叫做抛体运动。

（二）平抛运动

看一看，想一想

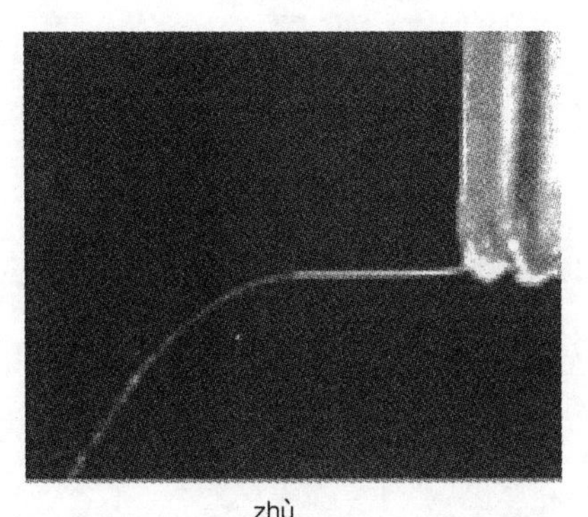

图 4.3-2　喷出的水 柱（zhù）显示了平抛运动的轨迹

读一读

平抛运动　　píngpāo yùndòng　　horizontally projectile motion

学一学

如果抛体运动的初速度是沿水平方向的，这个运动叫做平抛运动。以一定速度从水平桌面上滑落的物体、运动员水平击出的排球、水平管中喷出的水流等，都在做平抛运动。

平抛运动可以分解为水平方向和竖直方向上的两个分运动：在水平方向上（也就是初速度方向）由于不受力，将做匀速直线运动；在竖直方向上物体的初速度为 0，且只受到重力作用，物体做自由落体运动。

（三）平抛物体的运动规律

抛体的轨迹

读一读

二次函数	èr cì hánshù	quadratic function
抛物线	pāowùxiàn	parabola

学一学

既然平抛运动可以分解为水平方向上的匀速直线运动和竖直方向的自由落体运动，我们通过分析分运动的规律来研究合运动的运动规律。

用手把小球水平抛出，小球离开手的瞬间（此时速度为 v_0，是平抛运动的初速度）开始，做平抛运动。我们以小球离开手的位置为坐标原点，以水平方向为 x 轴的方向，竖直向下的方向为 y 轴的方向，建立坐标系（图 4.3-3），并从这一瞬间开始计时。

图 4.3-3　研究平抛运动的坐标系

小球在抛出后的运动过程中，由于只受重力的作用，即在水平方向不受力，所以小球在水平方向没有加速度，水平方向的分速度 v_0 保持不变。也就是说，运动中的小球的水平坐标随时间变化的规律是

$$x=v_0 t \tag{1}$$

小球在竖直方向受重力的作用，根据牛顿第二定律，它在竖直方向产生加速度 g。小球在竖直方向的初速度是 0。根据运动学的规律，小球在竖直方向的坐标随时间变化的规律是

$$y=\frac{1}{2}gt^2 \tag{2}$$

小球的位置是用它的坐标 x，y 描述的，所以，(1)、(2) 两式确定了小球在任

意时刻 t 的位置。

从（1）中解出 $t=\frac{x}{v_0}$，代入（2）式，得到

$$y=\frac{g}{2v_0^2}x^2$$

式中，g、v_0 都是与 x、y 无关的常量，所以$\frac{g}{2v_0^2}$也是常量。这是数学中的二次函数 $y=ax^2$，二次函数的图像是一条抛物线！

平抛物体运动的轨迹是一条抛物线。

例题　一架老式飞机在高出地面 0.81 km 的高度，以 2.5×10^2 km/h 的速度水平飞行，为了使飞机上投下的炸弹落在指定的目标，应该在与轰炸目标的水平距离为多远地方投弹？不计空气阻力。

解　因为

$$y=\frac{1}{2}gt^2$$

所以

$$t=(2y/g)^{1/2}$$

又，在这段时间内炸弹通过的水平距离为

$$x=v_0t=v_0\left(\frac{2y}{g}\right)^{\frac{1}{2}}=0.89\text{ km}$$

飞机应在离轰炸目标水平距离是 0.89 km 的地方投弹。

抛体的速度

学一学

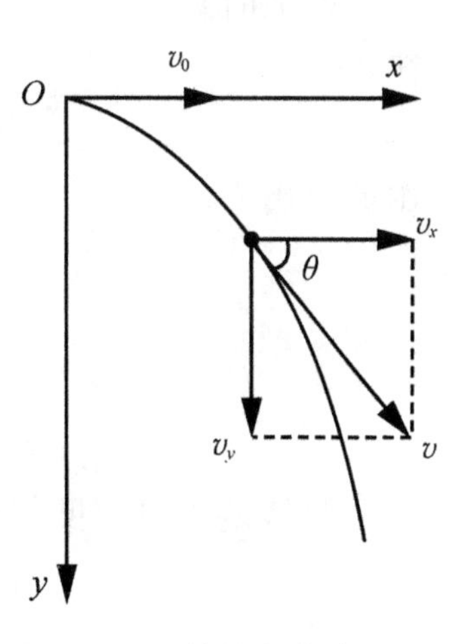

图 4.3-4　按照勾股定理和三角函数的关系可以求出

物体被抛出后速度的大小和方向都在不断地变化。如果想知道抛体在某一时刻运动速度的大小和方向，可以通过这一时刻的两个分速度来求得。

例如，以速度 v_0 水平抛出的物体，水平初速度为 v_0，水平方向受力为 0；竖直初速度为 0，竖直方向受力为重力。

建立坐标系，如图 4.3-4 所示，用 v_x 和 v_y 分别表示物体在抛出后的任意时刻 t 的水平分速度和竖直分速度，在这两个方向上分别应用运动学的规律，有

$$v_x = v_0$$

$$v_y = gt$$

根据 v_x 和 v_y 的值，按照勾股定理可以求得物体在这个时刻速度（即合速度）的大小和方向。

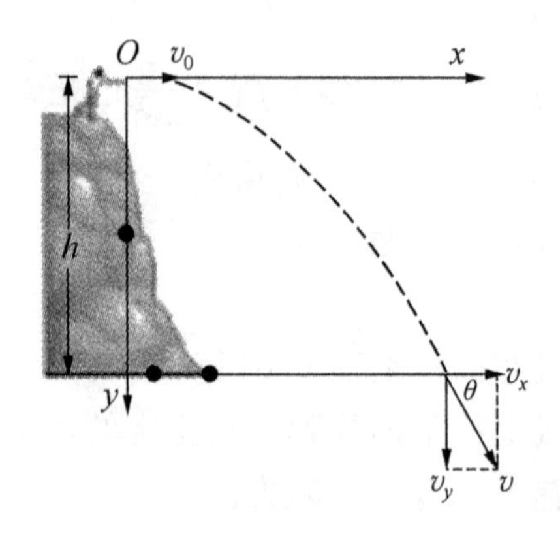

图 4.3-5　求出落地时 x，y 两个方向的速度，就能得到 $\tan\theta$，进而求出 θ

例题　将一个物体以 10 m/s 的速度从 10 m 的高度水平抛出，落地时它的速度方向与地面夹角 θ 是多少（不计空气阻力，取 $g=10\ \text{m/s}^2$）？

分析　按题意作图 4.3-5。物体在水平方向不受力，所以水平加速度为 0，水平速度总等于初速度 $v_0=10\ \text{m/s}$；在竖直方向的加速度为 g，初速度为 0，可以应用匀变速运动的规律求出竖直方向的速度。

解　以抛出时物体的位置为原点建立直角坐标系，x 轴沿初速度方向，y 轴为竖直方向。

落地时，物体在水平方向的速度

$$v_x = v_0 = 10\ \text{m/s}$$

落地时物体在竖直方向的速度记为 v_y，在竖直方向应用匀变速运动的规律，有

$$v_y^2 - 0 = 2gh$$

由此解出

$$v_y = \sqrt{2gh} = \sqrt{2\times10\times10}\ \text{m/s} = 14.1\ \text{m/s}$$

$$\tan\theta = \frac{v_y}{v_x} = 1.41$$

$$\theta = 55^\circ$$

物体落地时速度与地面的夹角是 55°。

（四）斜抛物体的运动

看一看，想一想

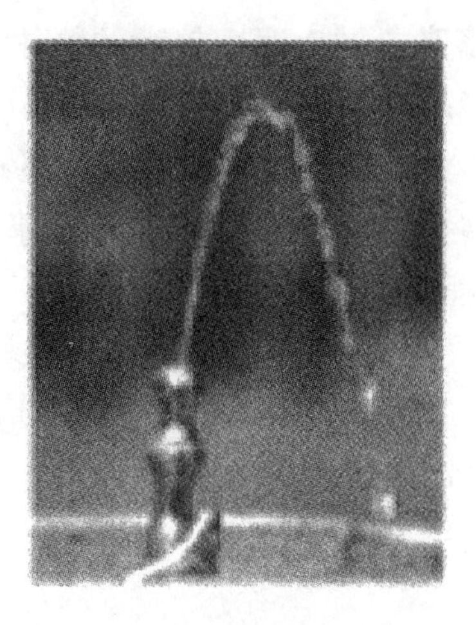

图 4.3-6 喷出的水柱做什么运动？

读一读

斜抛运动	xiépāo yùndòng	oblique projectile motion

学一学

如果物体抛出时的速度 v_0 不沿水平方向，而是斜向上方或斜向下方（这种情况常称为斜抛），它的受力情况与平抛运动完全相同：在水平方向不受力，加速度是 0；在竖直方向只受重力，加速度为 g。但是斜抛运动沿水平方向和竖直方向的初速度与平抛运动不同，分别是 $v_x = v_0\cos\theta$ 和 $v_y = v_0\sin\theta$。仿照以上平抛运动的方法也能得到斜抛物体运动轨迹的关系式。图 4.3-7

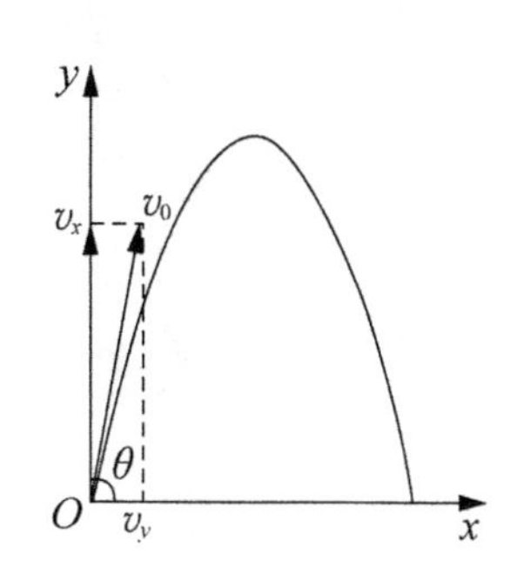

图 4.3-7 斜抛物体的运动轨迹

是根据相应关系式作出的斜抛运动的轨迹。

一节一练

一、选择题

1. 关于平抛运动，下列说法正确的是（　　）。

A. 不论抛出位置多高，抛出速度越大的物体，其水平位移一定越大

B. 不论抛出位置多高，抛出速度越大的物体，其飞行时间一定越长

C. 不论抛出速度多大，抛出位置越高，其飞行时间一定越长

D. 不论抛出速度多大，抛出位置越高，飞得一定越远

2. 物体在平抛运动过程中，在相等的时间内，下列哪些量是相等的(　　)。

A. 速度的增量　　B. 加速度

C. 位移　　D. 平均速率

3. 物体做平抛运动时，描述物体在竖直方向上的速度 v_y（取向下为正）随时间变化的图像（图 4.3-8 中）是（　　）。

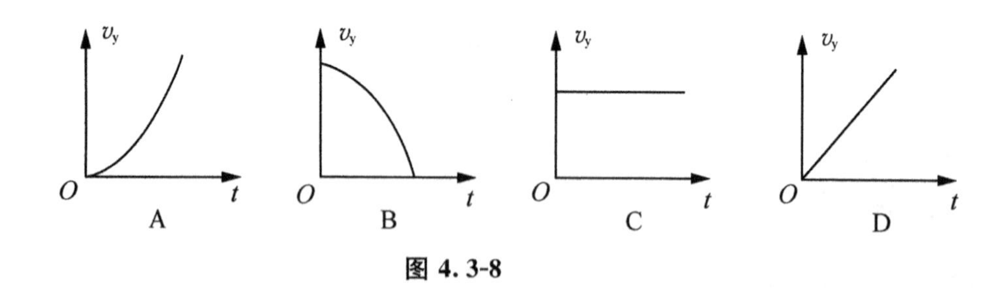

图 4.3-8

二、计算题

1. 如图 4.3-9 所示，骑车人欲穿过宽度 $d=2\,\text{m}$ 的壕沟，现已知两沟沿的高度差 $h=0.4\,\text{m}$。求车速至少多大才能安全飞跃。($g=9.8\,\text{m/s}^2$)

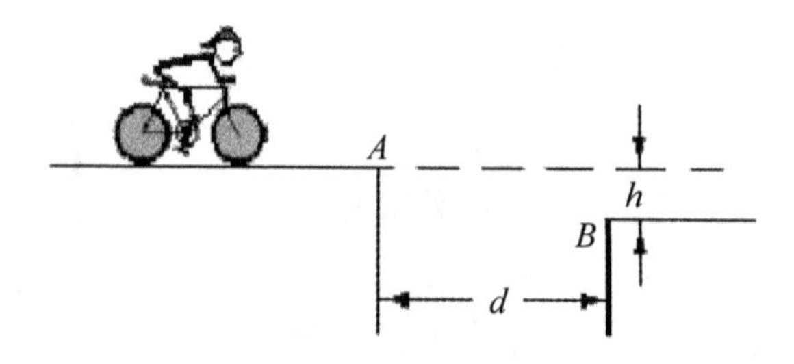

图 4.3-9　骑车人飞跃壕沟

第四节　圆周运动

（一）圆周运动

看一看，想一想

1. 感受一下我们身边的圆周运动（图 4.4-1 和图 4.4-2）：

fēi yǐ
图 4.4-1　飞椅

fēn zhēn　shí zhēn
图 4.4-2　时钟的分针和时针上的点的运动

2. 如图 4.4-3 所示，自行车的大齿轮、小齿轮、后轮是相互关联的三个转动部分。如果以自行车架为参考系，行驶时，这三个轮子上各点在做圆周运动。那么，哪些点运动得快些？也许它们运动得一样快？

图 4.4-3　自行车的大齿轮、小齿轮、后轮中的质点都在做圆周运动。哪些点运动得更快些？

读一读

圆周运动	yuánzhōu yùndòng	circular motion
圆弧	yuánhú	arc，circular arc

学一学

物体运动的轨迹是一个圆周或一段圆弧，成为圆周运动。

线速度

读一读

齿轮	chǐlún	gear，wheel gear
弧长	húcháng	arc length
线速度	xiànsùdù	linear velocity
比值	bǐzhí	ratio

学一学

圆周运动的快慢可以用物体通过的弧长与所用时间的比值来量度。例如在图 4.4-4 中，物体沿圆弧由 M 向 N 运动，某时刻 t 经过 A 点。为了描述物体经过 A 点附近时运动的快慢，可以从此时刻开始，取一段很短的时间 Δt，物体在这段时间内由 A 运动到 B，通过的弧长为 Δl。比值反映了物体运动的快慢，叫做线速度，用 v 表示，即

$$v=\frac{\Delta l}{\Delta t}$$

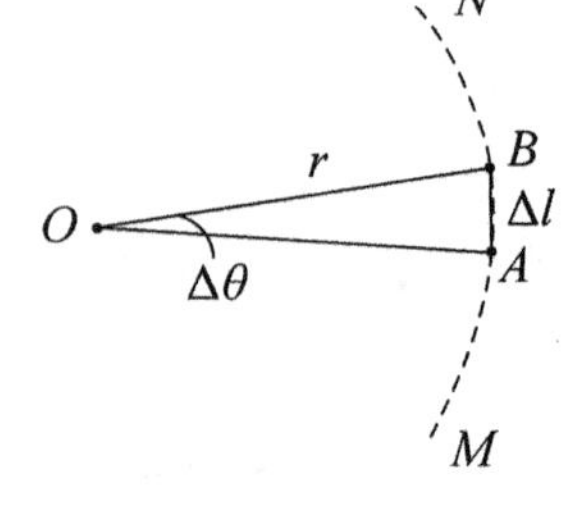

图 4.4-4 物体在 Δt 时间内沿圆弧由 A 运动到 B

线速度也有平均值和瞬时值之分。如果所取的时间间隔很小很小，这样得到的就是瞬时线速度。

线速度是矢量，图 4.4-4 中物体在 A 点的线速度的方向就是 AB 位移的方向，显然，当 Δt 很小时，这个方向与半径 OA 垂直，即与圆弧相切。

角速度

读一读

角速度	jiǎosùdù	angular velocity
弧度	húdù	radian

学一学

物体做圆周运动的快慢还可以用它与圆心连线扫过角度的快慢来描述。

如图 4.4-5，物体在 Δt 时间内由 A 运动到 B，半径 OA 在这段时间内转过的角度为 $\Delta\theta$。它与所用时间 Δt 的比值，描述了物体绕圆心转动的快慢，这个比值叫做角速度，用符号 ω 表示为

$$\omega=\frac{\Delta\theta}{\Delta t}$$

图 4.4-5　弧长与半径的比值可以用来量度角的大小，单位是弧度

角速度的单位由角的单位和时间的单位决定。在国际单位制中，时间的单位是秒。角的单位是弧度（如图 4.4-5 所示）。角速度的单位是弧度每秒，符号是 rad/s。

线速度与角速度的关系

读一读

半径	bànjìng	radius
圆心角	yuánxīnjiǎo	central angle
乘积	chéngjī	product

学一学

线速度描述了做圆周运动的物体通过弧长的快慢，角速度描述了物体与圆心连线扫过角度的快慢。它们之间有什么关系？

在图 4.4-5 中，设物体做圆周运动的半径是 r，由 A 运动到 B 的时间为 Δt，AB 弧长为 Δl，AB 弧对应的圆心角为 $\Delta\theta$。当 $\Delta\theta$ 以弧度为单位时

$$\Delta\theta=\frac{\Delta l}{r}，即\ \Delta l=r\Delta\theta$$

由于 $\Delta l=v\Delta t$，$\Delta\theta=\omega\Delta t$，代入上式后，得到

$$v=\omega r$$

这表明，在圆周运动中，线速度的大小等于角速度大小与半径的乘积。

转速

读一读

转速	zhuànsù	rotate speed，revolving speed

学一学

技术中常用转速来描述转动物体上质点做圆周运动的快慢。转速是指物体单位时间所转过的圈数，常用符号 n 表示，转速的单位是转每秒（r/s），或转

每分（r/min）。

（二）匀速圆周运动

读一读

匀速圆周运动	yúnsù yuánzhōu yùndòng	uniform circular motion

学一学

如果物体沿着圆周运动，并且线速度的大小处处相等，这种运动叫做匀速圆周运动。注意，匀速圆周运动的线速度的方向是在时刻变化的，因此它仍是一种变速运动，这里的“匀速”指速率不变。

由于匀速圆周运动的线速度不变，物体单位时间通过的弧长相等，所以物体在单位时间内转过的角也相等。因此，匀速圆周运动中，角速度也不变。

周期

读一读

周期	zhōuqī	period

学一学

做匀速圆周运动的物体，转过一周所用的时间叫做周期，用 T 表示。周期也是常用的物理量，它的单位与时间单位相同。

例题　某种变速自行车，有 6 个飞轮和 3 个链轮，如图 4.4-6 所示。链轮和飞轮的齿数如下页表所示，前、后轮直径约为 660 mm，人骑该车行进速度为4 m/s时，脚踩踏板做匀速圆周运动的角速度最小值约为多少？

名　　称	链　　轮			飞　　轮					
齿数 N/个	48	38	28	15	16	18	21	24	28

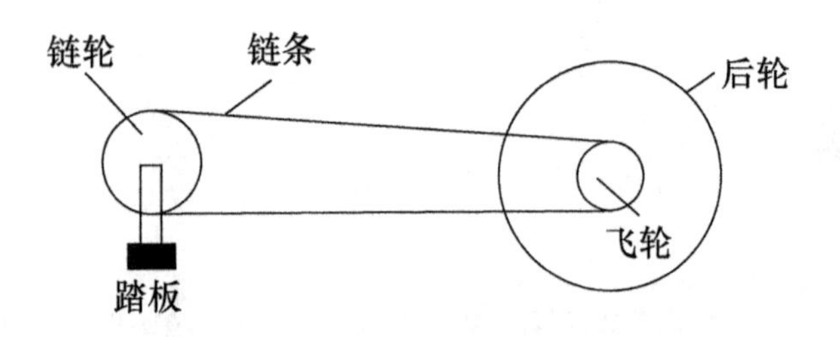

图 4.4-6

分析　车行驶速度与前、后车轮边缘的线速度相等，故后轮边缘的线速度为 $v=4\,\text{m/s}$，后轮的 $\omega=v/R=\dfrac{4\,\text{m/s}}{0.33\,\text{m}}=12\,\text{rad/s}$，飞轮与后轮为同轴装置，故飞轮的角速度 $\omega_1=12\,\text{rad/s}$。

飞轮与链轮是用链条连接的，故链轮与飞轮线速度相等，所以 $\omega_1 r_1=\omega_2 r_2$，$r_1$，$r_2$ 分别为飞轮和链轮的半径，因此周长 $L=N\Delta L=2\pi r$，N 为齿数，ΔL 为两邻齿间的弧长，故 $r\propto N$，所以 $\omega_1 N_1=\omega_2 N_2$。

又，踏板与链轮同轴，脚踩踏板的角速度 $\omega_3=\omega_2$，$\omega_3=\omega_1 N_1/N_2$，要使 ω_3 最小，则 $N_1=15$，$N_2=48$，故 $\omega_3=3.8\,\text{rad/s}$

总结　皮带传动、齿轮传动装置，两轮边缘各点的线速度大小相等；在同一轮上，各点的角速度相同。

动手动脑学物理

1. 某走时准确的时钟，分针与时针的长度比是 1.2∶1

(1) 分针与时针的角速度之比等于多少?

(2) 分针针尖与时针针尖的线速度之比等于多少?

一节一练

一、选择题

1. 质点做匀速圆周运动，则（　　）。

　A. 在任何相等的时间里，质点通过的位移都相等

　B. 在任何相等的时间里，质点通过的路程都相等

C. 在任何相等的时间里，质点运动的平均速度都相等

D. 在任何相等的时间里，连接质点和圆心的半径转过的角度都相等

2. 关于匀速圆周运动的说法，正确的是（ ）。

A. 匀速圆周运动是匀速运动

B. 匀速圆周运动是匀变速运动

C. 匀速圆周运动是加速度不变的运动

D. 匀速圆周运动是加速度不断改变的运动

3. 质点做匀速圆周运动时，下列说法中正确的是（ ）。

A. 线速度越大，周期一定越小

B. 角速度越大，周期一定越小

C. 转速越大，周期一定越小

D. 圆周半径越小，周期一定越小

二、计算题

1. 如图 4.4-7 所示装置中，三个轮的半径分别为 r、$2r$、$4r$，b 点到圆心的距离为 r，求图中 a、b、c、d 各点的线速度之比、角速度之比、加速度之比。

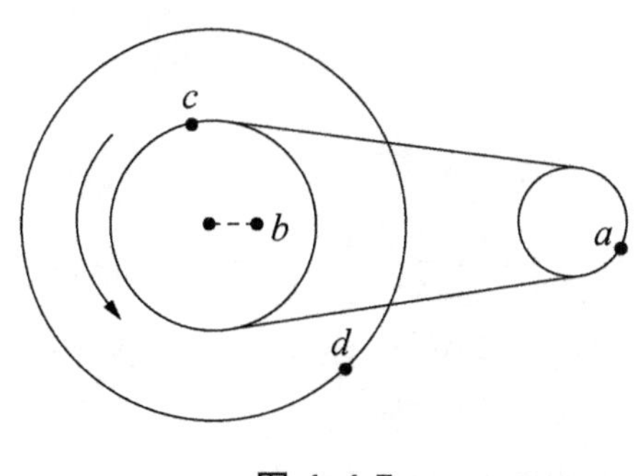

图 4.4-7

第五节 向 心 力

（一）向心加速度

看一看，想一想

1. 地球绕太阳做（近似的）匀速圆周运动。地球受到什么力的作用？这个力可能沿什么方向（图 4.5-1）？

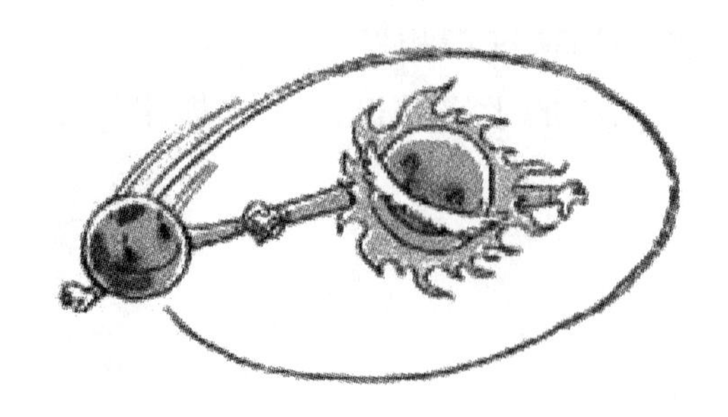

图 4.5-1 地球受力沿什么方向？

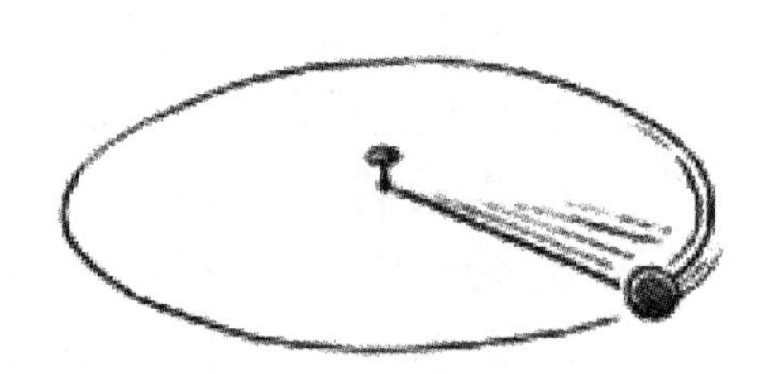

图 4.5-2 小球所受合力沿什么方向？

2. 光滑桌面上一个小球由于细线的牵引，绕桌面上的图钉做匀速圆周运动。小球受到几个力的作用？这几个力的合力沿什么方向（图 4.5-2）？

读一读

向心加速度 xiàngxīn jiāsùdù centripetal acceleration

学一学

圆周运动，即使是匀速圆周运动，由于运动方向在不断改变，所以也是变速运动。既然是变速运动，就会有加速度。前面实例表明，物体所受的合力指向圆心，所以物体的加速度也指向圆心。

任何做匀速圆周运动的物体的加速度都指向圆心。这个加速度叫做向心加速度。

分析表明，由 $a=\Delta v/\Delta t$ 可以导出向心加速度大小的表达式

$$a_n=\frac{v^2}{r}$$

把 $v=\omega r$ 代入，能够得到用角速度表示向心加速度大小的表达式

$$a_n=\omega^2 r$$

动手动脑学物理

1. 关于质点做匀速圆周运动的说法中，正确的是（　　）。

A. 由 $a=\dfrac{v^2}{r}$ 知，a 与 r 成反比　　B. 由 $a=r\omega^2$ 知，a 与 r 成正比

C. 由 $\omega=\dfrac{v}{r}$ 知，ω 与 r 成反比　　D. 由 $\omega=2\pi n$ 知，ω 与 n 成正比

2. 如图 4.5-3 所示，两轮用皮带传动，皮带不打滑，图中有 A、B、C 三点，这三点所在处半径 $r_A>r_B=r_C$，则这三点的向心加速度的关系是（　　）

A. $a_A=a_B=a_C$　　B. $a_C>a_A>a_B$

C. $a_C<a_A<a_B$　　D. $a_C=a_B>a_A$

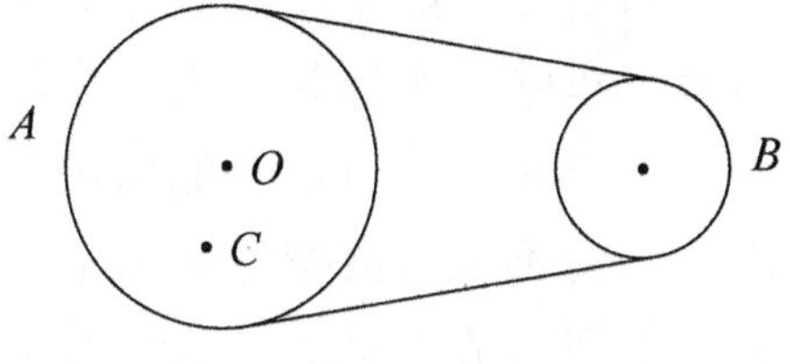

图 4.5-3

（二）向心力

做一做，想一想

汽车拐弯时，可以看作是匀速圆周运动的一部分。如果此时你坐在车厢内并紧靠车壁，有何感觉？为什么？若未靠车壁，情况又如何？

读一读

向心力　xiàngxīnlì　centripetal force

学一学

做匀速圆周运动的物体具有向心加速度。根据牛顿第二定律，产生向心加速度的原因一定是物体受到了指向圆心的合力。这个合力叫做向心力。

把向心加速度的表达式代入牛顿第二定律，可得向心力的表达式

$$F_n=m\frac{v^2}{r}$$

或者

$$F_n = m\omega^2 r$$

例题 1　汽车拐弯时，可以看作是匀速圆周运动的一部分。如果此时你坐在车厢内并紧靠车壁，有何感觉？为什么？若未靠车壁又如何？

分析　人随车一起做圆周运动需要向心力。当人紧靠车壁时，感觉自己使劲挤压车壁，车壁就给人一个反作用力，与座位给人的静摩擦力合起来提供向心力；未靠车壁时，只能由座位给人的静摩擦力提供向心力，当车速不大，所需向心力不大，静摩擦力提供了向心力，人就有被向外甩的感觉；当车速较大，所需向心力就大，若静摩擦力不足以提供所需的向心力时，人就会滑离座位。

例题 2　公路上的拱形桥是常见的，汽车过桥时的运动也可以看作圆周运动。质量为 m 的汽车在拱形桥上以速度 v 前进，设桥面的圆弧半径为 R，求汽车通过桥的最高点时对桥的压力。

解　选汽车为研究对象。分析汽车所受的力（图 4.5-4），如果知道了桥对汽车的支持力 F_N，它们的合力就是使汽车做圆周运动的向心力 F。鉴于向心加速度的方向是竖直向下的，故合力为

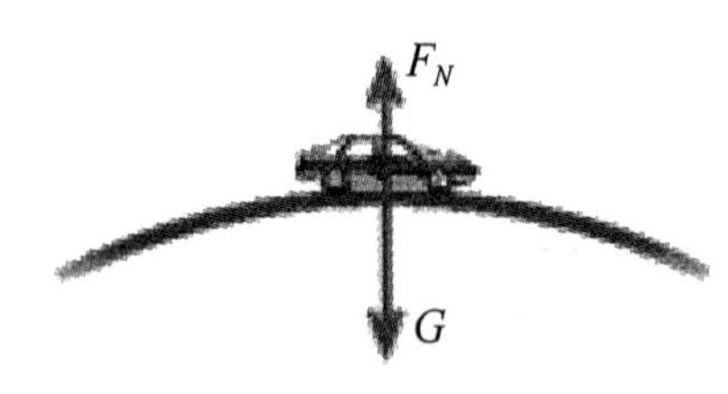

图 4.5-4　汽车通过拱形桥

$$F = G - F_N$$

以 a 表示汽车沿拱形桥面运动的向心加速度，根据牛顿第二定律 $F = ma$，有

$$F = m\frac{v^2}{R}$$

所以

$$G - F_N = m\frac{v^2}{R}$$

由此解出桥对车的支持力

$$F_N = G - m\frac{v^2}{R}$$

汽车对桥的压力 F'_N 与桥对汽车的支持力 F_N 是一对作用力和反作用力，大小相等。所以压力的大小为

$$F'_N = G - m\frac{v^2}{R}$$

由此可以看出，汽车对桥的压力 F'_N 小于汽车的重量 G，而且汽车的速度越大，汽车对桥的压力越小。

动手动脑学物理

1. 地球质量为 6.0×10^{34} kg，地球与太阳的距离为 1.5×10^{11} m。地球绕太阳的运动可以看做匀速圆周运动。太阳对地球的引力是多少？

2. 公路在通过小型水库泄洪闸的下游时常常要修凹形桥，也叫“过水路面”。汽车通过凹形桥最低点时（图 4.5-5），车对桥的压力比汽车的重量大些还是小些？

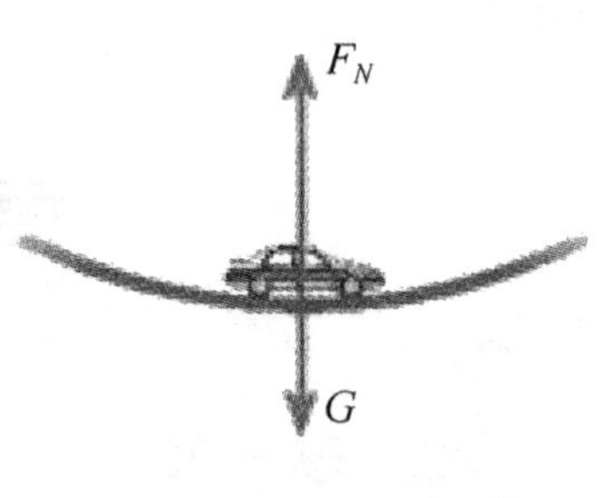

图 4.5-5

一节一练

一、选择题

1. “月球勘探号”空间探测器绕月球飞行可以看做匀速圆周运动。关于该探测器的运动，下列说法正确的是（　　）。

A. 匀速运动　　B. 匀变速曲线运动

C. 变加速曲线运动　　D. 加速度大小不变的运动

2. 做匀速圆周运动的物体，下列物理量中不变的是（　　）。

A. 速度　　B. 速率

C. 角速度　　D. 加速度

3. 小物体 A 与圆盘保持相对静止，跟着圆盘一起做匀速圆周运动，则 A 的受力情况是（　　）。

A. 重力、支持力

B. 重力、支持力和指向圆心的摩擦力

C. 重力、向心力

D. 重力、支持力、向心力、摩擦力

二、计算题

1. 有一辆质量为 800 kg 的小汽车驶上圆弧半径为 50 m 的拱桥。

(1) 汽车到达桥顶时速度为 5 m/s，汽车对桥的压力是多大？

(2) 汽车以多大速度经过桥顶时恰好对桥没有压力而腾空？

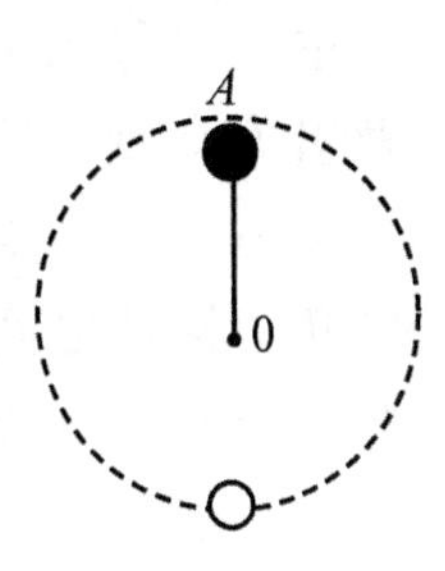

图 4.5-6

2. 如图 4.5-6 所示，一质量为 0.5 kg 的小球，用 0.4 m

长的细线拴住在竖直面内做圆周运动，求：

(1) 当小球在圆上最高点速度为 4 m/s 时，细线的拉力是多少？

(2) 当小球在圆下最低点速度为 $4\sqrt{2}$ m/s 时，细线的拉力是多少？($g=10$ m/s)

第六节　万有引力定律

想一想

在浩瀚的宇宙中，有着无数大小不一、形态各异的天体，如地球、月球、太阳和夜空中的星星……这些天体的运动的规律是怎样的呢？

读一读

万有引力定律	wàn yǒu yǐnlì dìnglǜ	law of universal gravitation
引力常量	yǐnlì chángliàng	gravitational constant
比例系数	bǐlì xìshù	proportionality coefficient

学一学

自然界中任何两个物体都相互吸引，引力的大小与物体的质量 m_1 和 m_2 的乘积成正比，与它们之间距离 r 的二次方成反比，即

$$F=G\frac{m_1m_2}{r^2}$$

式中，质量的单位用 kg；距离的单位用 m；力的单位用 N；G 是比例系数，叫做引力常量，适用于任何两个物体。

英国物理学家卡文迪什（Henry Cavendish，1731—1810）在实验室里通过几个铅球之间万有引力的测量，比较准确地得出了 G 的数值。目前推荐的标准值为 $G=6.67259\times10^{-11}\ \mathrm{N\cdot m^2/kg^2}$，通常取 $G=6.67\times10^{-11}\ \mathrm{N\cdot m^2/kg^2}$。

英文备注

zì rán jiè zhōng rèn hé liǎng gè wù tǐ dōu xiāng hù xī yǐn yǐn lì de dà xiǎo yǔ wù tǐ de zhì liàng hé
自然界中任何两个物体都相互吸引，引力的大小与物体的质量 m_1 和
de chéng jī chéng zhèng bǐ yǔ tā men zhī jiān jù lí de èr cì fāng chéng fǎn bǐ
m_2 的乘积成正比，与它们之间距离 r 的二次方成反比。(Any two objects attract each other with a force that is directly proportional to the product of their masses inversely proportional to the square of the distance between them.)

第五章　动量守恒定律
(Law of Conservation of Momentum)

棒球场上，击球手挥动球棒将迎面飞来的球击打出去，虽然这类问题可用牛顿运动定律来分析解决，但是球棒击球的力是随时间变化的，而且变化规律难以确定。因此直接用牛顿运动定律就有困难。

在研究打击和碰撞问题时，引入冲量和动量概念，应用动量的有关知识，上面问题就能迎刃而解。

第一节　动量守恒定律

（一）动　量

想一想，做一做

如图 5.1-1，A、B 是两个悬挂起来的钢球，质量相等。使 B 球静止，拉起 A 球，放开后 A 与 B 碰撞，观察碰撞前后两球运动的变化。

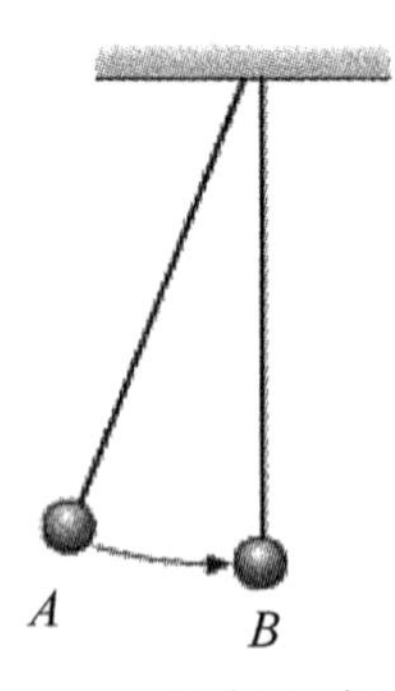

图 5.1-1　观察两球的碰撞

换成质量相差较多的两个小球，重做以上实验。

读一读

碰撞	pèngzhuàng	collision
动量	dòngliàng	momentum

学一学

碰撞是自然界中常见的现象。两节火车车厢之间的挂钩靠碰撞连接，台球由于碰撞而改变运动状态，微观粒子之间更是由于相互碰撞而改变能量甚至使得一种粒子转化为其他粒子。

实验探究发现，不论哪一种碰撞，碰撞前后两个物体 $m\boldsymbol{v}$ 的矢量保持不变。因此具有特别的物理意义。

物理学中，物体的质量 m 与速度 v 的乘积叫做动量，用 $\boldsymbol{p}$ 表示，即

$$\boldsymbol{p}=mv$$

由于速度是矢量，它的方向与速度的方向相同。

在国际单位制中，质量的单位是 kg，速度的单位是 m/s，所以动量的单位是千克米每秒，符号为 kg·m/s。

例题 1　一个质量是 0.1 kg 的钢球，以 6 m/s 的速度水平向右运动，碰到一个坚硬的障碍物后被弹回，沿着同一直线以 6 m/s 的速度水平向左运动（如图 5.1-2），碰撞前后钢球的动量各是多少？碰撞前后钢球的动量变化了多少？

分析　动量是矢量，虽然碰撞前后钢球速度的大小没有变化，都是 6 m/s，但速度的方向变化了，所以动量的方向也发生了变化。也就是说，碰撞前后的动量并不相同。

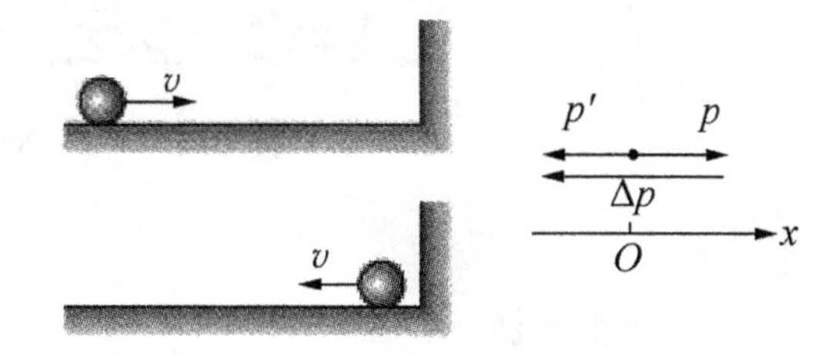

图 5.1-2　碰撞前后钢球的动量变化了多少？

为了求得钢球动量的变化量，先要确定碰撞前和碰撞后钢球的动量。碰撞前后钢球是在同一条直线上运动的。选定坐标轴的方向，例如，取水平向右的方向为坐标轴的方向。碰撞前钢球的运动方向与坐标轴的方向相同，动量为正值；碰撞后钢球的运动方向与坐标轴的方向相反，动量为负值。钢球动量的变化等于碰撞后的动量减去碰撞前的动量。

解　取水平向右的方向为坐标轴的方向。碰撞前钢球的速度 $v=6\ \mathrm{m/s}$，碰撞前钢球的动量为

$$p=mv=0.1\times6\ \mathrm{kg\cdot m/s}=0.6\ \mathrm{kg\cdot m/s}$$

碰撞后钢球的速度 $v=-6\ \mathrm{m/s}$，碰撞后钢球动量为

$$p'=mv'=-0.1\times6\ \mathrm{kg\cdot m/s}=-0.6\ \mathrm{kg\cdot m/s}$$

碰撞前后钢球动量的变化为

$$\Delta p=p'-p=(-0.6-0.6)\ \mathrm{kg\cdot m/s}=-1.2\ \mathrm{kg\cdot m/s}$$

动量的变化 Δp 是矢量，求得的数值为负值，表示 Δp 的方向与坐标轴的方向相反，即 Δp 的方向水平向左。

（二）动量守恒定律

想一想

两人站在光滑的冰面上，静止不动，一人推另一人一把，他们各自都向相反的方向运动，谁运动得更快一些？他们的总动量又会怎样？其动量变化又遵循什么样的规律呢（图 5.1-3）？

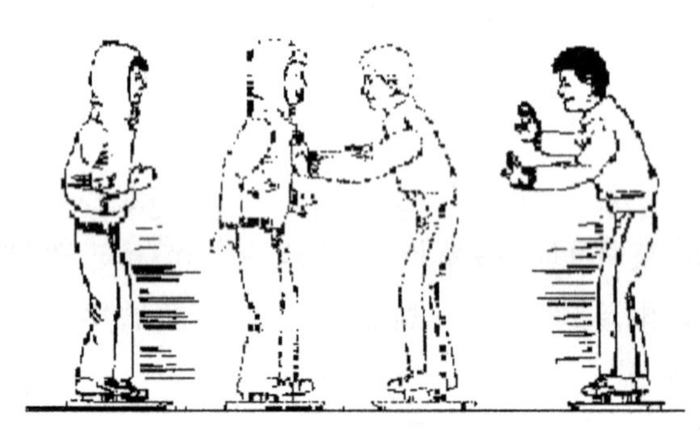

图 5.1-3　两人在冰面上相推

读一读

动量守恒定律	dòngliàng shǒuhéng dìnglǜ	law of conservation of momentum
系统	xìtǒng	system
内力	nèilì	internal force

正碰	zhèngpèng	head-on collision
斜碰	xiépèng	not head-on collision
简单系统	jiǎndān xìtǒng	simple system
复杂系统	fùzá xìtǒng	complex system
低速	dīsù	low velocity
恒力	hénglì	constant force
高速	gāosù	high velocity
变力	biànlì	variable force
宏观	hóngguān	macroscopic view
微观	wēiguān	microscopic view
电子	diànzǐ	electron

学一学

如图 5.1-4，在水平桌面上做匀速运动的两个小球，质量分别是 m_1 和 m_2，沿着同一直线向相同的方向运动，速度分别是，v_1 和 v_2，$v_2>v_1$。当第二个小球追上第一个小球时两球碰撞。碰撞后的速度分别是 v'_1 和 v'_2。碰撞过程中第一个球所受第二个球对它的作用力是 F_1，第二个球所受第一个球对它的作用力是 F_2。

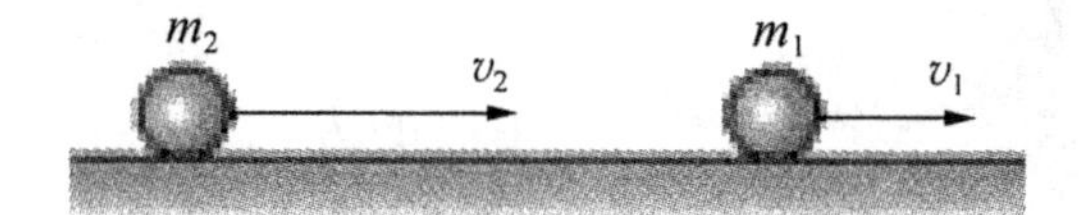

图 5.1-4　两个小球的碰撞模型

根据牛顿第二定律，碰撞过程中两球的加速度分别是

$$\boldsymbol{a}_1=\frac{\boldsymbol{F}_1}{m_1},\quad \boldsymbol{a}_2=\frac{\boldsymbol{F}_2}{m_2}$$

根据牛顿第三定律，$\boldsymbol{F}_1$ 与 $\boldsymbol{F}_2$ 大小相等、方向相反，即

$$\boldsymbol{F}_1=-\boldsymbol{F}_2$$

所以

$$m_1\boldsymbol{a}_1=-m_2\boldsymbol{a}_2$$

碰撞时两球之间力的作用时间很短，用 Δt 表示。这样，加速度与碰撞前后速度的关系就是

$$a_1=\frac{v'_1-v_1}{\Delta t},\quad a_2=\frac{v'_2-v_2}{\Delta t}$$

把加速度的表达式代入 $m_1\boldsymbol{a}_1=-m_2\boldsymbol{a}_2$，移项后得到

$$m_1v_1+m_2v_2=m_1v'_1+m_2v'_2$$

上式的物理意义是：两球碰撞前的动量之和等于碰撞后的动量之和（即动量守恒）。

经过几代物理学家的探索与争论，人们在18世纪形成了这样的共识：如果一个系统不受外力，或者所受外力的矢量和为零，这个系统的总动量保持不变。这就是动量守恒定律。它适用于任何碰撞情况，不管是正碰还是斜碰。它不仅适用于碰撞，也适用于各种相互作用。它不仅适用于两个物体组成的简单系统，也适用于多个物体组成的复杂系统。

相互之间有作用力的物体通常称为一个系统。系统中各个物体之间的相互作用力称为这个系统的内力；系统外部其他物体对系统的作用力称为外力。

动量守恒定律是自然界普遍适用的基本规律之一，它比牛顿运动定律的适用范围要广泛得多。牛顿运动定律适用于解决低速、恒力的运动问题，而动量守恒定律不但能解决低速、恒力的运动问题，也能解决高速、变力的运动问题。牛顿运动定律适用于宏观物体的运动，动量守恒定律不仅适用于宏观物体的运动，而且适用于质子、中子、电子等微观粒子的运动。总之，小到微观粒子，大到天体，不论是什么性质的相互作用力，即使对相互作用力的情况了解得还不是很清楚，动量守恒定律都是适用的。

例题1　一枚在空中飞行的导弹，质量为 m，在某点的速度为 v，方向水平。导弹在该点突然炸裂成两块（图5.1-5），其中质量 m_1 为的一块沿着与 v 相反的方向飞去，速度为 v_1。求炸裂后另一块的速度 v_2。

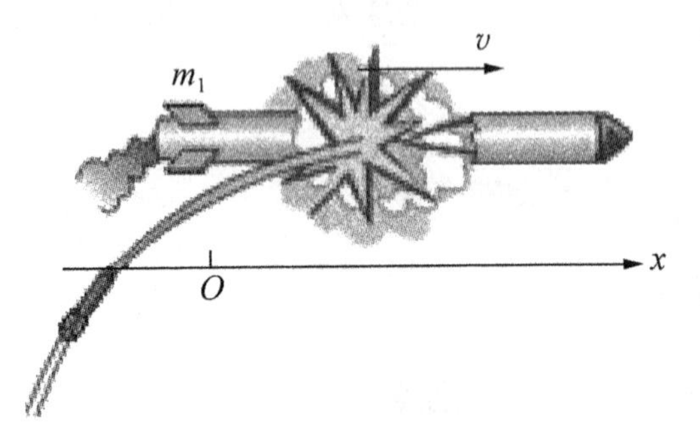

图5.1-5　导弹炸裂

分析　炸裂前，可以认为导弹是由质量为 m_1 和 $(m-m_1)$ 的两部分组成，导弹的炸裂过程可以看作这两部分相互作用的过程。这两部分组成的系统是我们的研究对象。在炸裂过程中，炸裂成的两部分都受到重力的作用，所受外力的矢量和不为零，但是它们所受的重力远小于爆炸时燃气对它们的作用力，所以爆炸过程中重力的作用可以忽略，可以认为系统满足动量守恒定律的条件。

解　导弹炸裂前的总动量为

$$p=mv$$

炸裂后的总动量为

$$p'=m_1v_1+(m-m_1)v_2$$

根据动量守恒定律 $p'=p$，可得

$$m_1v_1+(m-m_1)v_2=mv$$

解出

$$v_2=\frac{mv-m_1v_1}{m-m_1}$$

若沿炸裂前速度 v 的方向建立坐标轴，v 为正值；v_1 与 v 的方向相反，v_1 为负值。此外，一定有 $m-m_1>0$。于是，由上式可知，v_2 应为正值。这表示质量为 $m-m_1$ 的那部分沿着与坐标轴相同的方向飞去。这个结论容易理解。炸裂的一部分沿着相反的方向飞去，另一部分不会也沿着相反的方向飞去。假如这样，炸裂后的总动量将于炸裂前的总动量方向相反，动量就不守恒了。

一节一练

一、计算题

1. 质量为 30 kg 的小孩以 8 m/s 的水平速度跳上一辆静止在水平轨道上的平板车。已知平板车的质量是 80 kg，求小孩跳上车后，小孩与车共同的速度。

2. 质量为 M 的平板车静止在水平路面上，车与路面间的摩擦不计。质量为 m 的人从车的左端走到右端，已知车长为 L，求在此期间车行的距离?

3. 抛出的手雷在最高点时水平速度为 10 m/s，这时突然炸成两块，其中大块质量 300g 仍按原方向飞行，其速度测得为 50 m/s；另一块质量为 200g，求它的速度的大小和方向。

第二节　反冲运动火箭

（一）反冲运动

想一想

你知道章鱼、乌贼怎样游泳吗？它们先把水吸入体腔，然后用力压水，通过身体前面的孔将随喷出，使身体很快地运动。

章鱼能够调整自己的喷水口的方向，这样可以使得身体向任意方向前进。

你认为章鱼游泳时应用了什么物理原理？

图 5.2-1　章鱼（zhāng yú）

读一读

反冲	fǎnchōng	recoil

学一学

根据动量守恒定律，如果一个静止的物体在内力的作用下分裂为两个部分，一部分向某个方向运动，另一部分必然向相反的方向运动。这个现象叫做反冲。章鱼的运动利用了反冲的原理。

做一做

把一个气球吹起来，用手捏住气球的通气口（图5.2-2），然后突然放开，让气体喷出，观察气球的运动。

图 5.2-2　放手后观察气球的运动

（二）火　箭

读一读

火箭	huǒjiàn	rocket
箭杆	jiàngǎn	arrow shaft
箭筒	jiàntǒng	arrow holder，arrow carrier
喷气式飞机	pēnqìshì fēijī	jet，jet aircraft
质量比	zhìliàngbǐ	mass ratio
燃气	ránqì	burned gas
喷气速度	pēnqì sùdù	velocity of gas injection

学一学

我们早在宋代就发明了火箭（图 5.2-3）。箭杆上捆一个前端封闭的火箭筒，点燃后生成的燃气以很大速度向后喷出，箭杆由于反冲而向前运动。

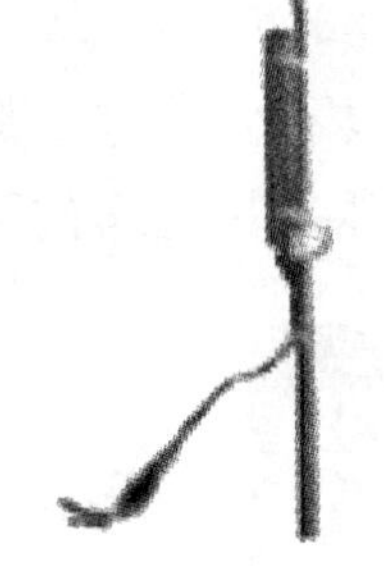

图 5.2-3　古代的火箭（模型）

喷气式飞机和火箭的飞行应用了反冲的原理，它们都是靠喷出的气流的反冲作用而获得巨大速度的。现代的喷气式飞机，靠连续不断地向后喷出气体，飞行速度能够超过 1 000 m/s。

设火箭在时间 Δt 内喷射燃气的质量是 Δm，喷出燃气的速度是 u，喷出燃气后火箭的质量是 m。我们设法计算火箭获得的速度 Δv。

根据动量守恒定律，火箭原来的动量为零，喷气后火箭与燃气的总动量仍然应该是零，即

$$m\Delta v+\Delta m u=0$$

解出

$$\Delta v=-\frac{\Delta m}{m}u \tag{1}$$

（1）式表明，火箭喷出的燃气的速度 u 越大，火箭喷出物质的质量与火箭本身质量之比 $\Delta m/m$ 越大，火箭获得的速度越大。现代火箭喷气的速度在 2 000～4 000 m/s，近期内难以大幅度提高。因此，若要提高火箭的速度，需

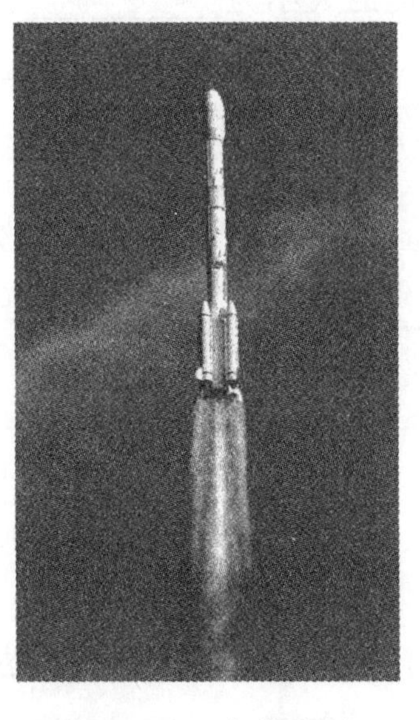

图 5.2-4　火箭发射

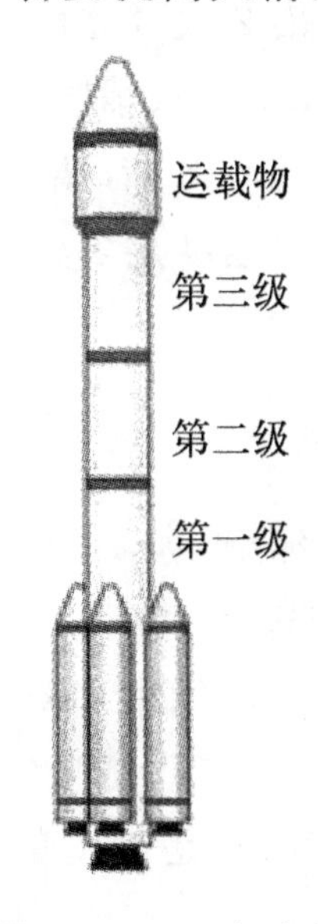

图 5.2-5　三级火箭

要在减轻火箭本身质量上面下功夫。火箭起飞时的质量与火箭除燃料外的箭体质量之比叫做火箭的质量比，这个参数一般小于10，否则火箭结构的强度就有问题。但是，这样的火箭还是达不到发射人造地球卫星的7.9 km/s的速度。

为了解决这个问题，科学家提出了多级火箭的概念。把火箭一级一级地接在一起，第一级燃料用完之后就把箭体抛弃，减轻负担，然后第二级开始工作，这样一级一级地接起来，理论上火箭的速度可以提得很高。实际应用中一般不会超过四级，因为级数太多时，连接机构和控制机构的质量会增加得很多，其工作的可靠性也会降低。

动手动脑学物理

1. 运送人造地球卫星的火箭开始工作后，火箭做加速运动的原因是(　　)。

A. 燃料推动空气，空气的反作用力推动火箭

B. 火箭发动机用力将燃料燃烧产生的气体向后退出，气体的反作用力推动火箭

C. 火箭吸入空气，然后向后排出，空气对火箭的反作用力推动火箭

D. 火箭燃料燃烧发热，加热周围空气，空气膨胀推动火箭

2. 总质量为M的火箭竖直向上发射，每次喷出气体的质量为m，速度均为v，则

(1) 喷出1次气体后，火箭获得的速度的大小为________；

(2) 喷出2次气体后，火箭获得的速度的大小为________；

(3) 若1 s内火箭喷出n次气体，那么1 s末火箭的速度是________。

3. 机关枪重8 kg，射出的子弹质量为20 g。若子弹的出口速度为1 000 m/s，则机枪的后退速度是多少？

一节一练

一、选择题

1. 下列运动中，属于反冲运动的是（　　）。

A. 乒乓球碰到墙壁后弹回　　B. 发射炮弹后炮身后退

C. 喷气式飞机喷气飞行　　D. 火箭的发射

2. 假定冰面是光滑的，某人站在冰冻河面的中央，他想到达岸边，则可行的办法是（　　）。

A. 步行　　B. 挥动双臂

C. 在冰面上滚动　　D. 脱去外衣抛向岸的反方向

3. 运送人造卫星的火箭开始工作后，火箭做加速运动的原因是（　　）。

A. 火箭发动机将燃料燃烧产生的气体向后推出，气体给火箭的反作用力推动火箭

B. 燃料燃烧推动空气，空气反作用力推动火箭

C. 火箭吸入空气，然后向后排出，空气对火箭的反作用力推动火箭

D. 火箭燃料燃烧发热，加热周围空气，空气膨胀推动火箭

4. 采取下列哪些措施有利于增加喷气式飞机的飞行速度（　　）。

A. 使喷出的气体速度增大

B. 使喷出的气体温度更高

C. 使喷出的气体质量更大

D. 使喷出的气体密度

5. 一只青蛙，蹲在置于水平地面上的长木板一端，并沿板的方向朝另一端跳。在下列情况下，青蛙一定不能跳过长木板的是（　　）。

A. 木板的上表面光滑而地面粗糙

B. 木板的上表面粗糙而地面光滑

C. 木板的上下表面都粗糙

D. 木板的上下表面都光滑

二、计算题

1. 火箭发射前的总质量为 M，燃料燃尽后火箭的质量为 m，火箭燃气的喷射速度为 v_1，求燃料燃尽后火箭的飞行速度 v 为多大?

第三节　动量定理 冲量

想一想

1. 运动员在投掷标枪时（图 5.3-1），伸直手臂，尽可能地延长手对标枪的作用时间，以提高标枪出手时的速度。为什么?

2. 船与码头相碰时，船舷和码头上固定的旧轮胎（图 5.3-2）能延长船与码头的作用时间，减小作用力。为什么?

tóu zhì biāo qiāng
图 5.3-1 运动员投掷标枪

图 5.3-2 码头上固定着旧轮胎

读一读

冲量	chōngliàng	impulse
增加量	zēngjiāliàng	increment, augmenter
积累效应	jīlěi xiàoyìng	cumulative effect
动量定理	dòngliàng dìnglǐ	theorem of momentum

学一学

根据牛顿定律 $\boldsymbol{F}=m\boldsymbol{a}$。假定物体受到恒力的作用，做匀变速直线运动。在时刻 t 物体的初速度为 v，在时刻 t' 的末速度为 v'，那么它在这个过程中的加速度就是

$$a=\frac{v'-v}{t'-t}$$

因此

$$F=m\frac{v'-v}{t'-t}=\frac{mv'-mv}{t'-t}=\frac{p'-p}{t'-t}$$

由于 $\Delta p=p'-p$，$\Delta t=t'-t$，所以

$$F=\frac{\Delta p}{\Delta t} \tag{1}$$

(1) 式表明：物体动量的变化率等于它所受的力。

（1）式也可以写成

$$mv'-mv=F\ (t'-t) \tag{2}$$

这个式子的左边是物体在 t 到 t' 这段时间间隔中动量的增加量，右边既与力的大小、方向有关，又与力的作用时间有关。（2）式告诉我们：力越大、作用时间越长，物体的动量增加得越多。$F\ (t'-t)$ 反映了力的作用对时间的积累效应。物理学中把力与力的作用时间的乘积叫做力的冲量。

用 I 代表一个过程中物体所受的力的冲量，用 p 和 p' 分别代表物体在过程始末的动量，那么（2）式可以写为

$$p'-p=I \tag{3}$$

（2）、（3）两式表明：物体在一个过程始末的动量变化量等于它在这个过程中所受力的冲量。这个关系叫做动量定理。

例题　一个质量为 0.18 kg 的垒球，以 25 m/s 的水平速度飞向球棒，被球棒打击后，反向水平飞回，速度的大小为 45 m/s。若棒球与垒球的作用时间为 0.01 s，球棒对垒球的平均作用力有多大？

分析　球棒对垒球的作用力是变力，力的作用时间很短。在这个短时间内，力先是急剧地增大，然后又急剧地减小为零。在冲击、碰撞一类问题中，相互作用的时间很短，力的变化都具有这个特点。动量定理适用于变力，因此，可以用动量定理计算球棒对垒球的平均作用力。

由题中所给的量可以算出垒球的初动量和末动量，由动量定理即可求出垒球所受的平均作用力。

解　沿垒球飞向球棒时的方向建立坐标轴，垒球的初动量为

$$p=mv=0.18\ \text{kg}\times 25\ \text{m/s}=4.5\ \text{kg}\cdot\text{m/s}$$

垒球的末动量为

$$p'=mv'=-0.18\ \text{kg}\times 45\ \text{m/s}=-8.1\ \text{kg}\cdot\text{m/s}$$

由动量定理知垒球所受的平均作用力为

$$F=\frac{p'-p}{t'-t}=\frac{(-8.1-4.5)\ \text{kg}\cdot\text{m/s}}{0.01\ \text{s}}=-1\,260\ \text{N}$$

垒球所受的平均力的大小为 1 260 N，负号表示力的方向与坐标轴的方向相反，即力的方向与垒球飞来的方向相反。

从（1）、（2）两式和上面的例子得到这样的启示：要使物体的动量发生一定的变化，可以用较大的力作用较短的时间，也可以用较小的力作用较长的时间。

玻璃杯从一定的高度下落，落在水泥地面会破碎，落在地毯上不会破碎，怎样解释这个现象？从同样的高度落到地面，两种情况下动量的变化量是一样的，地面对杯子的力的冲量也应该一样。但是柔软的地毯对杯子的作用时间较长，因此作用力会小些，玻璃杯不易破碎。易碎物品运输时要用柔软材料包

装，船舷和码头常常悬挂轮胎，都是为了延长作用时间以减小作用力。

动手动脑学物理

找出“守株待兔”故事中的有关动量的知识：假设兔子的头部遭受等于自身体重的撞击力可以致命，设兔子与树桩的作用时间为 0.2 s，则兔子奔跑的速度可能是多少？

一节一练

一、选择题

1. 一个运动物体，从某时刻起仅受一恒定阻力作用而逐渐减速，直到停止，这段运动时间由下列的哪个物理量完全决定（　　）。

A. 物体的初速度　　B. 物体的质量

C. 物体的初动量　　D. 物体的初动能

2. 跳远时，跳在沙坑里比跳在水泥地上安全，这是由于（　　）。

A. 人跳在沙坑的动量比跳在水泥地上小

B. 人跳在沙坑的动量变化比跳在水泥地上小

C. 人跳在沙坑受到的冲量比跳在水泥地上小

D. 人跳在沙坑受到的冲力比跳在水泥地上小

3. 如图 5.3-3 所示，把重物 G 压在纸带上，用一水平力缓慢拉动纸带，重物跟着一起运动。若迅速拉动纸带，纸带将会从重物下抽出，解释这些现象的正确说法是（　　）。

A. 缓慢拉纸带时，重物和纸带间的摩擦力大

B. 迅速拉动时，纸带给重物的摩擦力大

C. 缓慢拉动时，纸带给重物的冲量大

D. 迅速拉动时，纸带给重物的冲量小

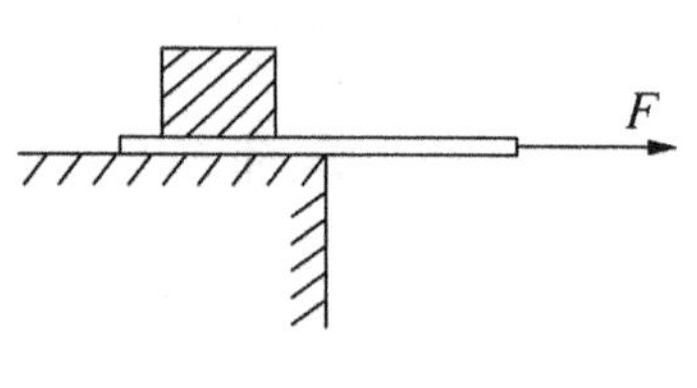

图 5.3-3

4. 在以下几种运动中，相等的时间内物体的动量变化相等的是（　　）。

A. 匀速圆周运动　　B. 自由落体运动

C. 平抛运动　　D. 单摆的摆球沿圆弧摆动

二、计算题

1. 质量为 10 kg 的铁锤，从某一高度处落下后与立在地面上的木桩相碰，碰前速度大小为 10 m/s，碰后静止在木桩上。若铁锤与木桩的作用时间为 0.1 s，重力加速度取 $g=10\,m/s^2$。求：(1) 铁锤受到的平均冲力；(2) 木桩对铁锤的平均弹力。

第六章　机械能守恒定律
(Law of Conservation of Mechanical Energy)

诺贝尔物理学奖获得者费恩曼曾说："有一个事实，如果你愿意，也可说一条定律，支配着至今所知的一切自然现象……这条定律称作能量守恒定律。它指出有某一个量，我们把它称为能量，在自然界经历的多种多样的变化中它不变化，那是一个最抽象的概念……"

第一节　功

看一看，想一想

qǐ zhòng jī
A. 货物在起　重　机 的拉力下发生位移

B. 列车在机车的牵引下发生了位移

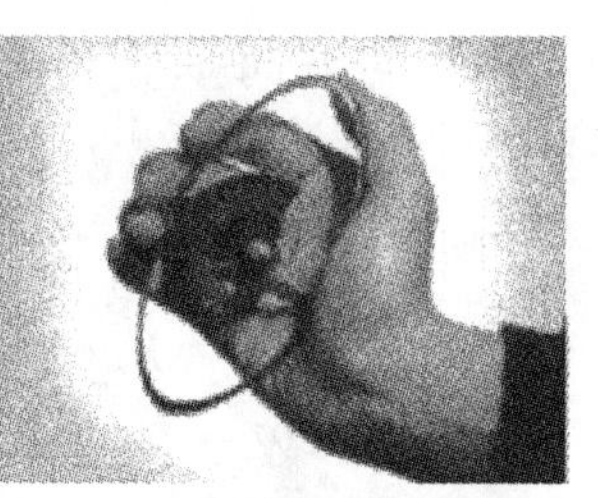

wò lì qì
C. 握 力 器在压力下发生变形

图 6. 1-1　物体在力的方向上发生位移，这个力一定对物体做了功

读一读

功	gōng	work
焦［耳］	jiāo[ěr]	joule
正功	zhènggōng	positive work
负功	fùgōng	negative work

学一学　功

一个物体如果受到力的作用，并在力的方向上发生一段位移，这个力就对物体做了功。起重机提货物，货物在钢绳拉力作用下发生一段位移，拉力就对货物做了功。列车在机车的牵引力作用下发生一段位移，牵引力就对列车做了功。用手压弹簧时，弹簧在手的压力下发生形变，压力就对弹簧做了功。可见，力和物体在力的方向上发生的位移，是做功的两个不可缺少的因素。

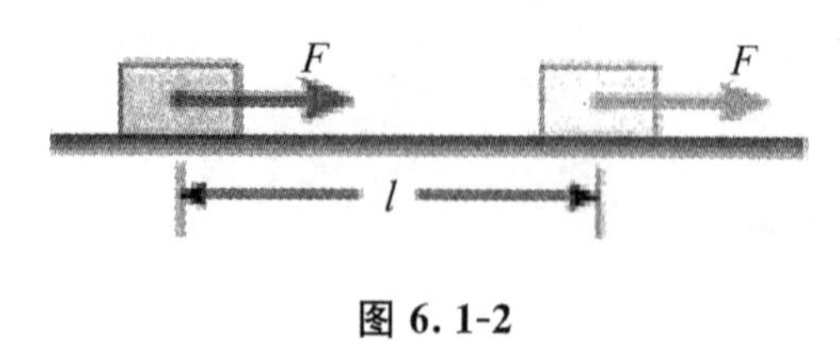

图 6.1-2

如果力的方向与物体运动的方向一致（如图 6.1-2），功等于力的大小与位移大小的乘积。用 F 表示力的大小，用 W 表示力 F 所做的功，则有

$$W=Fl$$

当力 F 的方向与运动方向成某一角度时（图 6.1-3），可以把力分解为两个分力：跟位移方向一致的分力 F_1，跟位移方向垂直的分力 F_2。设物体在力 F 的作用下发生的位移的大小是 l，则分力 F_1 所做的功等于 F_1l；分力 F_2 的方向跟位移的方向垂直，物体在 F_2 的方向上没有发生位移，F_2 所做的功等于 0。因此，力 F 对物体所做的功 W 等于 F_1l，而 $F_1=F\cos\alpha$，所以

$$W=Fl\cos\alpha$$

图 6.1-3

这就是说，力对物体所做的功，等于力的大小、位移的大小、力与位移夹角的余弦这三者的乘积。

功是标量。在国际单位制中，功的单位是焦耳，简称焦，符号是 J。1 J 等于 1 N 的力使物体在力的方向上发生 1 m 的位移时所做的功，所以

$$1\,\mathrm{J}=1\,\mathrm{N}\times1\,\mathrm{m}=1\,\mathrm{N}\cdot\mathrm{m}$$

学一学　正功和负功

功与力和位移的夹角的余弦有关，α 的范围是 $0°\sim180°$，$\cos\alpha$ 的范围是 $-1\sim1$，即功可能为正，也可能为负。

(1) 当 $\alpha=\frac{\pi}{2}$ 时，$\cos\alpha=0$，$W=0$。这表示力 F 的方向跟位移 l 的方向垂直时，力 F 不做功。

(2) 当 $\alpha<\frac{\pi}{2}$ 时，$\cos\alpha>0$，$W>0$。这表示力 F 对物体做正功。

(3) $\frac{\pi}{2}<\alpha\leqslant\pi$ 时，$\cos\alpha<0$，$W<0$。这表示力 F 对物体做负功。

一个力对物体做负功，通常说“物体克服某力做功”。例如，竖直向上抛出的球，在向上运动的过程中，重力对球做负功，可以说成“球克服重力做功”。

当物体在几个力的共同作用下发生一段位移时，这几个力对物体所做的总功，等于各个力对物体所做功的代数和。它也就是这几个力的合力对物体所做的功。

例题 1　一个质量 $m=150\,\text{kg}$ 的雪橇，受到与水平方向成 $\theta=37°$ 角斜向上方的拉力 $F=500\,\text{N}$，在水平地面上移动的距离 $l=5\,\text{m}$（图 6.1-4）。雪橇与地面间的滑动摩擦力 $F_{滑}=100\,\text{N}$，求力对雪橇所做的总功。

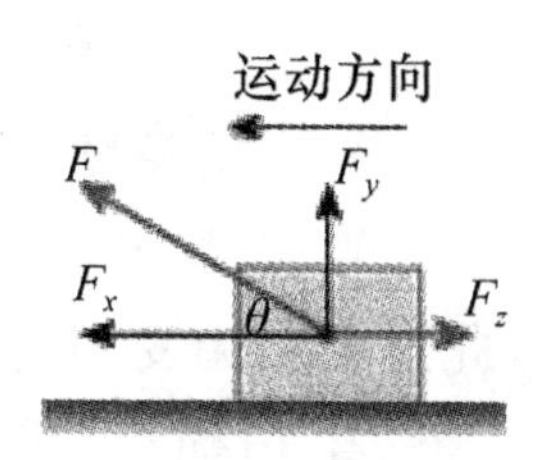

图 6.1-4

分析　雪橇受到的重力与支持力沿竖直方向，不做功。拉力 F 可分解为水平方向和竖直方向的两个分力，竖直方向的分力与运动方向的夹角为 90°，不做功，所以力对雪橇所做的总功为拉力的水平分力和阻力所做的功的代数和。

解　拉力在水平方向的分力为 $F_x=F\cos 37°$，它做的功为

$$W_1=F_x l=Fl\cos 37°$$

摩擦力与运动方向相反，它做的功为负功

$$W_2=-F_{滑}\,l$$

力对物体所做的总功为二者的代数和，即

$$W=W_1+W_2=Fl\cos 37°-F_{滑}\,l$$

把数值代入，得

$$W=1500\,\text{J}$$

力对雪橇做的总功是 1500 J。

动手动脑学物理

1. 如图 6.1-5 所示四种情景中，人对物体做了功的是（　　）。

A.提着桶在水平地面上匀速前进

B.搬而未起

C.撬起石块

D.推而不动

图 6.1-5

2. 一同学用 100 N 的力踢一个重为 6 N 的足球，球离开脚后再水平草地上向前滚动了 20 m。在球滚动的过程中，该同学对足球做的功是（　　）。

A. 2000 J　　B. 600 J　　C. 120 J　　D. 0 J

一节一练

一、填空题

1. 小明用 20 N 的水平推力，使重 60 N 的木箱在水平面上匀速移动了 5 m，此过程木箱受到的阻力为__________ N，木箱重力做的功为__________ J。

2. 吊桶和水的质量为 5 kg，均匀的系绳每米质量为 0.1 kg，从 20 m 深的井中匀速提起一桶水需要做的功为__________。

二、填空题

1. 如图 6.1-6 所示，用大小相等的拉力 F_1、F_2、F_3 使同一物体分别沿着水平面、斜面和竖直方向移动相同的距离 s，拉力 F_1、F_2、F_3 所做的功分别是 W_1、W_2、W_3。下列判断正确的是（　　）。

A. $W_1>W_2>W_3$　　B. $W_1<W_2<W_3$

C. $W_1=W_2<W_3$　　D. $W_1=W_2=W_3$

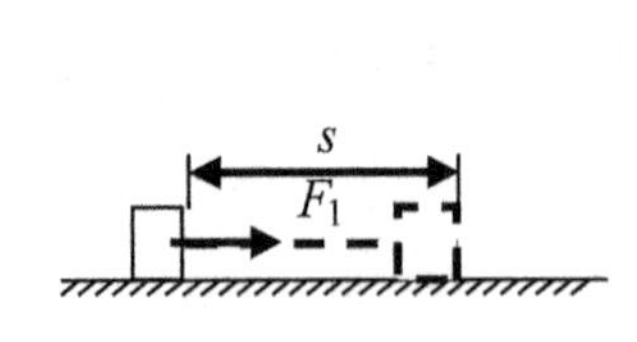

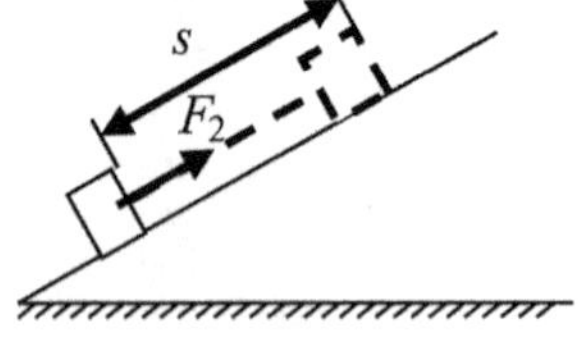

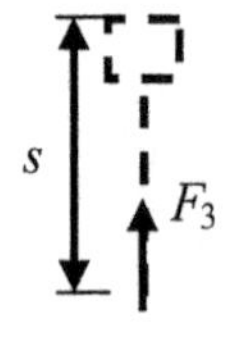

图 6.1-6

2. 如图 6.1-7 所示，站在向右作匀加速直线运动的车厢内的人向前推车壁，关于该人对车做功，下列说法正确的是（　　）。

A. 做正功　　B. 做负功

C. 不做功　　D. 无法判断

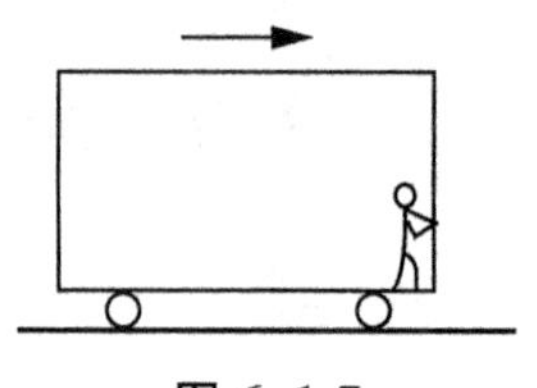

图 6.1-7

3. 用水平力 F 拉放在光滑水平面上的一物体，由静止起运动 t 秒钟拉力做功为 W，则用水平力 $2F$ 力拉放在光滑水平面上的同一物体，由静止起运动 $2t$ 秒，拉力做功为（　　）。

A. 2 W　　B. 4 W　　C. 8 W　　D. 16 W

第二节　功　率

读一读

功率	gōnglǜ	power
瓦［特］	wǎtè	Watt
千瓦	qiānwǎ	kilowatt，KW
平均功率	píngjūn gōnglǜ	average power
瞬时功率	shùnshí gōnglǜ	instantaneous power

学一学

力对不同物体做功，所用的时间也往往不同，即，做功的快慢并不相同。一台起重机能在 1 min 内把物体提到预定的高度，另一台只需要 30 s 就可以作相同的功。第二台起重机比第一台做功快一倍。

物理学中，做功的快慢用功率表示。功 W 与完成这些功所需的时间 t 的比值叫做功率。用 P 表示功率，则有

$$P=\frac{W}{t} \tag{1}$$

在国际单位制中，功率的单位是瓦［特］，简称瓦，符号是 W。1 W=1 J/s。瓦是个比较小的单位，一般技术上常用千瓦（kW）作为功率的单位，1 kW＝1 000 W。

如果物体沿位移方向受的力是 F，从计时开始到时刻 t 这段时间内，发生的位移是 l，则力在这段时间所做的功 $W=Fl$，则

$$P=\frac{W}{t}=\frac{Fl}{t}$$

由于位移 l 是从开始计时到时刻 t 这段时间内发生的，所以 l/t 是物体在这段时间内的平均速度，即 $l/t=v$，于是

$$P=Fv \tag{2}$$

可见，一个力对物体做功的功率，等于这个力与受力物体运动速度的乘积。即使是同一个力对物体做功，在不同时间内做功的功率也可能是有变化的。

（1）式求得的功率只能反映 t 时间内做功的快慢，只具有平均意义。物体做变速运动时，（2）式中的 v 表示在时间 t 内的平均速度，P 表示力 F 在这段时间 t 内的平均功率。如果 t 取得足够小，则上式中 v 表示某一时刻的瞬时速度，P 表示该时刻的瞬时功率。

例题　一个质量是 1.0 kg 的物体，从地面上方 20 m 高处开始做自由落体运动，第 1 s 时间内下落的位移是多少？这 1 s 内重力对物体做多少功？第 2 s 内物体下落的位移是多少？这 1 s 内重力对物体做多少功？前 1 s 和后 1 s 重力对物体做功的功率各是多大？这 2 s 时间内重力对物体做功的功率是多大？

分析　物体的重力为

$$G=mg=1.0\,\text{kg}\times10\,\text{m/s}^2=10\,\text{N}$$

运用自由落体计算，第 1 s 内物体下落的位移为：$s_1=\frac{1}{2}gt_1^2=5\,\text{m}$

第 2 s 内物体下落的位移为 $s_2=gt_2^2/2-gt_1^2/2=10\times2^2/2-10\times1^2/2=15\,\text{m}$；

第 1 s 内重力做功：$W_1=Gs_1=50\,\text{J}$

第 2 s 内重力做功：$W_2=Gs_2=150\,\text{J}$

第 1 s 内重力做功的功率为：$P_1=\frac{W_1}{t}=50\,\text{W}$

第 2 s 内重力做功的功率为：$P_2=\frac{W_2}{t}=150\,\text{W}$

前两秒内重力做功的总功率为：$P=\frac{W}{t}=\frac{(W_1+W_2)}{t}=100\,\text{W}$

动手动脑学物理

1. 以初速 v_0 竖直上抛一物体，空气阻力不计，物体在上升过程中，重力对物体的瞬时功率（　　）。

A. 在抛出时最大　　B. 上升到最大高度时最大

C. 在上升过程中处处相等　　D. 最大时能量转化得最快

2. 体重相同的两位同学举行爬楼比赛，结果一位同学用了 15 s 爬到楼上，另一位同学用了 20 s 爬了同样的高度。这两位同学做的功和功率的关系

是(　　)。

A. 功相同，功率不同　　B. 功率相同，功不相同

C. 功、功率都相同　　D. 功、功率都不相同

3. 一辆小轿车以 10 m/s 的速度匀速通过该隧道，若该小轿车发动机的牵引力为 6 000 N，求：(1) 小轿车发动机的功率为多少？(2) 5 秒内发动机所做的功为多少？

4. 一同学用 100 N 的力将质量为 10 kg 的物体水平拉动 5 m，所用时间为 10 s，求：(1) 拉力做的功、功率；(2) 物体重力做的功、功率；(3) 若将物体在 5 s 内举高 5 m，则该同学克服重力做了多少功？功率为多少？

第三节　功和能

想一想

如图 6.3-1 伽利略的实验中，小球一旦滚下斜面 A，它就要继续滚上另一个斜面 B。实验发现：无论斜面 B 比斜面 A 陡些或缓些，小球最后总会在斜面上某点速度变为 0，这点距斜面底端的竖直高度与它出发时的高度相同。

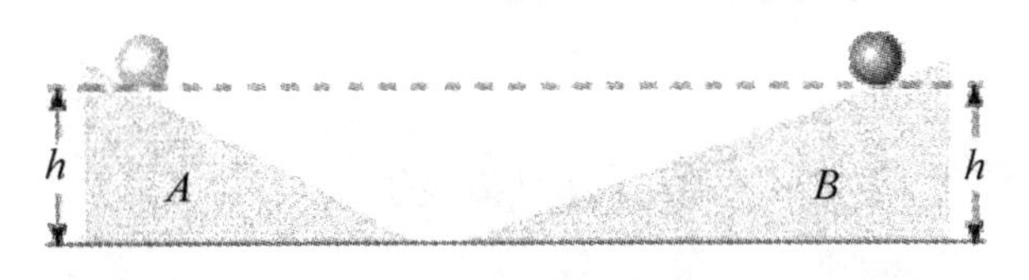

图 6.3-1

读一读

功是能量转化的量度	gōng shì néngliàng zhuǎnhuàde liángdù	work is the measurement of energy conversion
能量	néngliàng	energy
消耗	xiāohào	consume

化学能　huàxuénéng　chemical energy
动能　dòngnéng　kinetic energy
重力势能　zhònglì shìnéng　gravitational potential energy
弹性势能　tánxìng shìnéng　elastic potential energy

学一学

功和能是两个密切联系的物理量。一个物体能够对外做功，则这个物体具有能量。各种不同形式的能量可以相互转化，在转化过程中总能量保持不变。举重运动员把重物举起，对重物做了功，重物的重力势能增加；同时，运动员消耗了体内的化学能，运动员做了多少功，就有多少化学能转化成物体的重力势能。被压缩的弹簧放开时将物体弹开，物体的动能增加；同时，弹簧的弹性势能减少，弹簧对物体做了多少功，就有多少弹性势能转化为物体的动能。

做功的过程就是能量转化的过程，做了多少功就有多少能量发生转化。所以，功是能量转化的量度。

第四节　重力势能

（一）重力做功

想一想

幼儿园的小朋友从某一高度沿不同的路径回到地面时，重力做功分别是多少（图 6.4-1）？

图 6.4-1　幼儿园的一个小朋友从某一高度沿不同的路径回到地面的情景

读一读

路径	lùjìng	route，path

学一学

物体的高度发生变化时，重力做功。物体被举高时，重力做负功；物体下降时，重力做正功。重力做功和物体运动路径的关系是怎样的？

提炼问题：如图 6.4-2 所示，(1) 在图 6.4-2 (a) 中，若物体从 A 点竖直下落到 B 点，重力做的功是多少？

(2) 在图 6.4-2 (b) 中，若物体是从 A 点沿斜面滑到 B 点，重力做的功是多少？

(3) 在图 6.4-2 (c) 中，物体从 A 点沿任意路径向下运动到 B 点，重力做的功是多少？

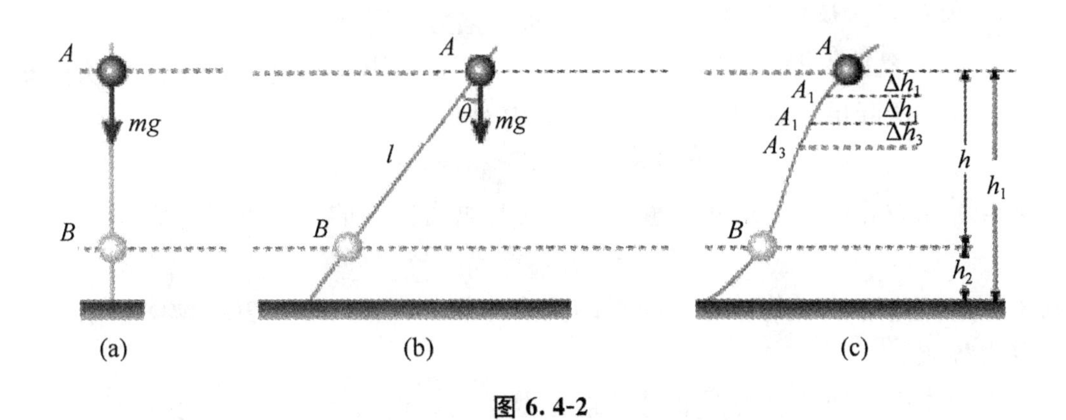

图 6.4-2

分析表明：以上三种情况重力做功相同。

物体运动时，重力对它做的功只跟它的起点和终点的位置有关，而跟物体运动的路径无关。重力做功的大小 W_G 等于物重跟起点高度的乘积 mgh_1 与物重跟终点高度的乘积 mgh_2 两者之差。

$$W_G = mgh_1 - mgh_2$$

看起来，物体所受的重力 mg 与它所处位置的高度 h 的乘积“mgh”，是一个具有特殊意义的物理量。

(二) 重力势能

想一想

重锤的质量越大，被举得越高，就能把水泥桩打进地里越深。为什么？

学一学 重力势能

我们知道，物体由于被举高而具有重力势能（图 6.4-3）。mgh 这个物理量的特殊意义在于它一方面与重力做功密切相关，另一方面它随着高度的变化而变化，恰与势能的基本特征一致。因此，我们把物理量 mgh 叫做物体的重力势能，常用 E_p 表示，即

图 6.4-3 被举高的物体具有重力势能

$$E_p = mgh$$

上式表明，物体的重力势能等于它所受重力与所处高度的乘积。

重力势能是标量，其单位与功的单位相同，在国际单位制中都是焦［耳］，符号位 J。

$$1\,\mathrm{J} = 1\,\mathrm{kg} \cdot \mathrm{m} \cdot \mathrm{s}^2 \cdot \mathrm{m} = 1\,\mathrm{N} \cdot \mathrm{m}$$

有了重力势能的表达式，重力做的功与重力势能的关系可以写为

$$E_p = E_{p1} - E_{p2}$$

其中 $E_{p1} = mgh_1$ 表示物体在初位置的重力势能，$E_{p2} = mgh_2$ 表示物体在末位置的重力势能。

当物体由高处运动到低处时，重力做正功，重力势能减少，也就是 $W_G > 0$，$E_{p1} > E_{p2}$。重力势能减少的数值等于重力所做的功。

当物体由低处运动到高处时，重力做负功（物体克服重力做功），重力势能增加，也就是 $W_G < 0$，$E_{p1} < E_{p2}$。重力势能增加的数值等于物体克服重力所做的功。

学一学　重力势能的相对性

物体的高度 h 总是相对于某一水平面来说的，实际上是把这个水平面的高度取作 0。因此，物体的重力势能也总是相对于某一水平面来说的，这个水平面叫做参考平面。在参考平面，物体的重力势能取作 0（图 6.4-4）。

选择哪个水平面做参考平面，可视研究问题的方便而定。通常选择地面为参考平面。

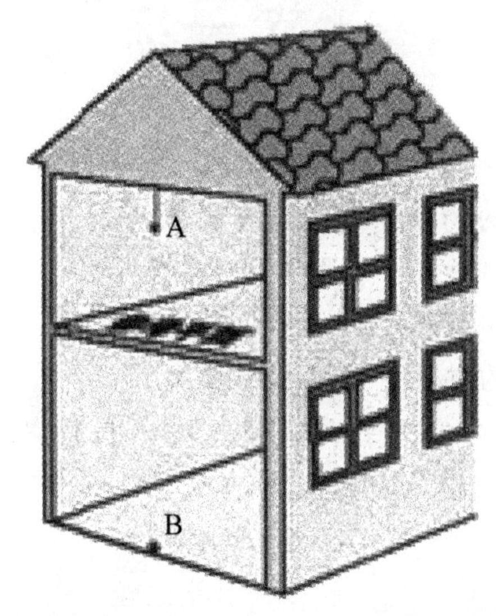

图 6.4-4　以二楼的地面做参考平面，二楼房间里的物体 A 具有正的重力势能，一楼房间里的物体 B 具有负的重力势能

对选定的参考平面而言，上方物体的高度是正值，重力势能也是正值；下方物体的高度是负值，重力势能也是负值。负值的重力势能，表示物体在这个位置具有的重力势能比在参考平面上具有的重力势能要小。

动手动脑学物理

1. 如图 6.4-5 所示，质量为 m 的足球在地面 1 的位置踢出后落到地面 3 的位置，在空中达到的最高点 2 的高度为 h。

（1）足球由位置 1 运动到运动 2 时，重力做了多少功？足球克服重力做了多少功？足球的重力势能做了多少功？足球的重力势能增加了多少？

（2）足球由位置 2 运动到位置 2 时，重力做了多少功？足球重力势能减少了多少？

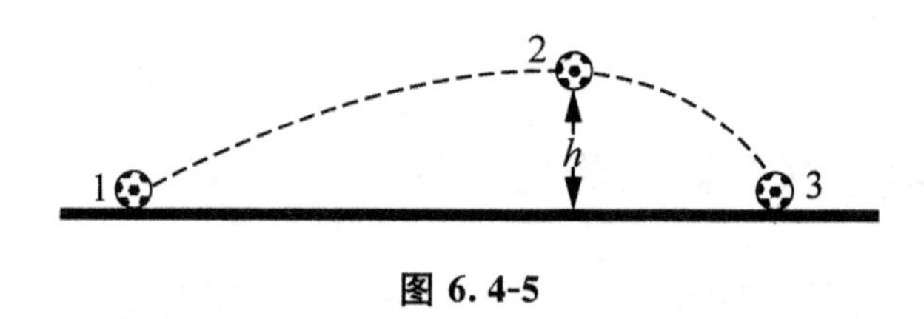

图 6.4-5

(3) 足球由位置 1 运动到位置 3 时，重力做了多少功？足球重力势能变化了多少？

一 节 一 练

一、选择题

1. 以下说法中，正确的是（　　）。

A. 重力势能大的物体，离地面高度大

B. 重力势能大的物体，所受重力一定大

C. 重力势能大的物体，质量不一定大

D. 重力势能大的物体，速度不一定大

2. 质量相同的实心木球和钢球，放在同一水平桌面上，则它们的重力势能是（　　）。

A. 木球大　　B. 钢球大

C. 一样大　　D. 不能比较

3. 关于重力做功和物体的重力势能，下列说法中正确的是（　　）。

A. 当重力对物体做正功时，物体的重力势能一定减少

B. 物体克服重力做功时，物体的重力势能一定增加

C. 地球上物体的重力势能都有一个确定值

D. 重力做功的多少与参考平面的选取有关

4. 如图 6.4-6 所示，桌面高为 h，质量为 m 的小球从离桌面高 H 处自由落下，不计空气阻力，假设以桌面处为参考平面，则小球落到地面时瞬间的重力势能为（　　）。

A. mgh　　B. mgH

C. $mgh(h+H)$　　D. $-mgh$

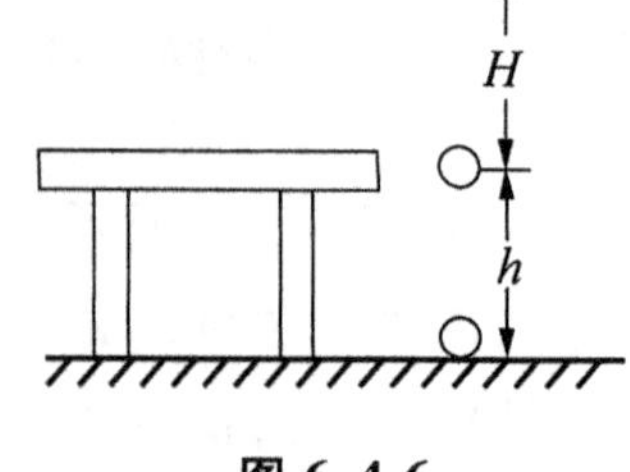

图 6.4-6

二、填空题

1. 质量为 20 kg 的薄铁板平放在二楼的地面上。二楼地面与楼外地面的高度差为 5 m。这块铁板相对二楼地面的重力势能为________J，相对楼外地面的重力势能为________J；将铁板提高 1 m，若以二楼地面为参考平面，则铁板的重力势能变化了

________J；若以楼外地面为参考平面，则铁板的重力势能变化了________J。

三、计算题

1. 一质量为 m 的皮球从离地面高为 h_1 的 A 点下落，被地面弹起后，在离地面高为 h_2 的 E 点被接住，如图 6.4-7 所示，求整个过程中重力所做的功。

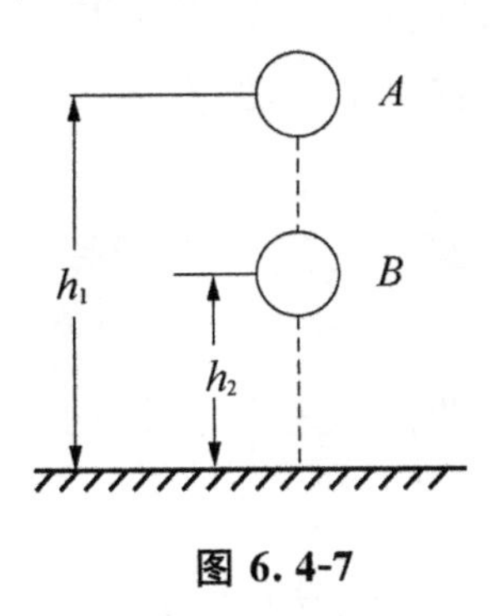

图 6.4-7

第五节　弹性势能

想一想

以下例子（图 6.5-1 和图 6.5-2）存在哪些共同的特点，这些现象说明了什么？

图 6.5-1　撑竿跳（chēng gān tiào）

图 6.5-2　射箭（shè jiàn）

读一读

弹性系数	tánxìng xìshù	modulus of elasticity
形变量	xíngbiànliàng	deformation

学一学

卷紧的发条、拉长或压缩的弹簧、拉开的弓、正在击球的网球拍、撑竿跳运动员手中弯曲的竿，等等，这些物体都发生了弹性形变，每个物体的各部分之间都有弹力的相互作用。

发生弹性形变的物体的各部分之间，由于弹力的相互作用也具有势能，这种势能叫做弹性势能。

经探究发现弹性势能跟形变的大小和弹簧的弹性系数有关。弹性势能与形变和弹性系数的关系：

$$E_p=\frac{1}{2}k\Delta l^2$$

其中，k 为弹性系数，Δl 为形变量。

动手动脑学物理

1. 如图 6.5-3 所示，表示撑竿跳运动的几个阶段：助跑、撑竿起跳、越横杆。试定性地说明在这几个阶段中能量的转化情况。

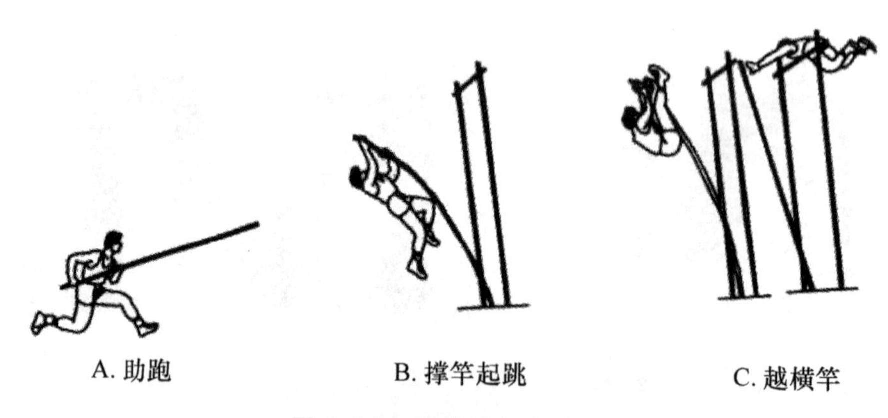

图 6.5-3　撑竿跳几个阶段

2. 定性说明蹦床运动几个阶段中能量的转化情况（图 6.5-3）。

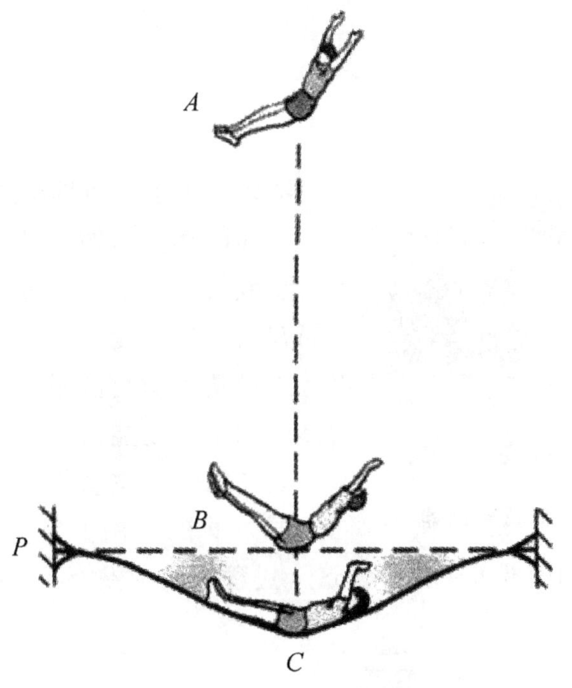

图 6.5-4　蹦床运动的几个阶段

第六节　动能和动能定理

（一）动　能

想一想

为什么风力和水力可以发电（见图 6.6-1 和图 6.6-2）?

图 6.6-1　风力发电

图 6.6-2　水力发电

学一学

图 6.6-3　运动的物体具有动能

物体由于运动而具有的能量叫做动能。

物体的动能与物体的质量和运动速度相关。动能与质量和速度的定量关系如何呢？我们知道，功与能量密切相关。因此我们可以通过做功来研究能量。外力对物体做功使物体运动具有动能。

设某物体的质量为 m，在与运动方向相同的恒力 F 的作用下发生一段位移 l，速度由 v_1 增加到 v_2，如图 6.6-4 所示。这个过程中力 F 做的功 $W=Fl$。

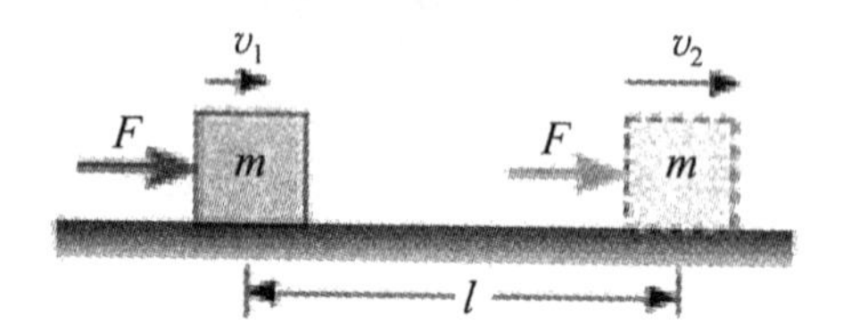

图 6.6-4　物体在恒力作用下发生了一段位移，速度增加

根据牛顿第二定律 $F=ma$，而 $v_2^2-v_1^2=2al$，即 $l=\frac{v_2^2-v_1^2}{2a}$。把 F、l 的表达式代入 $W=Fl$，可得 F 做的功

$$W=\frac{ma\ (v_2^2-v_1^2)}{2a}$$

也就是

$$W=\frac{1}{2}mv_2^2-\frac{1}{2}mv_1^2$$

可以看出，“$\frac{1}{2}mv^2$”可能是一个具有特定意义的物理量，这个量是过程终了与过程开始时的差，正好等于力对物体做的功，所以“$\frac{1}{2}mv^2$”应该是我们寻找的动能表达式。人们通过实验表明，力对初速度为 0 的物体所做的功与物体速度的二次方成正比。这印证了我们的想法。

于是我们说，质量为 m 的物体，以速度 v 运动时的动能是

$$E_k=\frac{1}{2}mv^2$$

动能也是标量，它的单位与功的单位相同，在国际单位制中都是焦［耳］，这是因为 $1\text{kg}\cdot\text{m}^2/\text{s}^2=1\,\text{N}\cdot\text{m}=1\,\text{J}$。

动手动脑学物理

弹弓是一种兵器，也是一种儿童玩具，它是由两根橡皮条和一个木叉制成的。拉伸橡皮条的过程人对橡皮条做功，使其具有一定的弹性势能，放手后橡皮条的弹力做功，将存储的弹性势能转化为石子的动能，使石子以较大的速度飞出，具有一定的杀伤力。试设计一个实验，求出橡皮条在拉伸到一定长度的过程中，弹力所做的功是多少？橡皮条具有的弹性势能是多少？（只要求设计可行的做法和数据处理方式）

（二）动能定理

读一读

动能定理	dòngnéng dìnglǐ	theorem of kinetic energy

学一学

根据动能表达式，$W=\frac{1}{2}mv_2^2-\frac{1}{2}mv_1^2$ 可以写成

$$W=E_{k2}-E_{k1}$$

其中，E_{k2} 表示一个过程的末动能$\frac{1}{2}mv_2^2$，E_{k1} 表示这个过程的初动能$\frac{1}{2}mv_1^2$。

这个关系表明，力在一个过程中物体所做的功，等于物体在这个过程中动能的变化。这个结论叫做动能定理。

如果物体受到几个力的共同作用，动能定理中的 W 即为合力做的功，它等于各个力做功的代数和。动能定理不仅适用于恒力做功和直线运动的情况，也适用于变力做功和曲线运动的情况。

例题　一辆质量为 m、速度为 v_0 的汽车关闭发动机后在水平地面上滑行了距离 l 后停了下来（如图 6.6-5）。试求汽车受到的阻力。

分析　我们讨论的是汽车从关闭发动机到静止的运动过程。这个过程的初动能、末动能都可求出，因而应用动能定理可以知道阻力做的功，进而求出汽车受到的阻力。

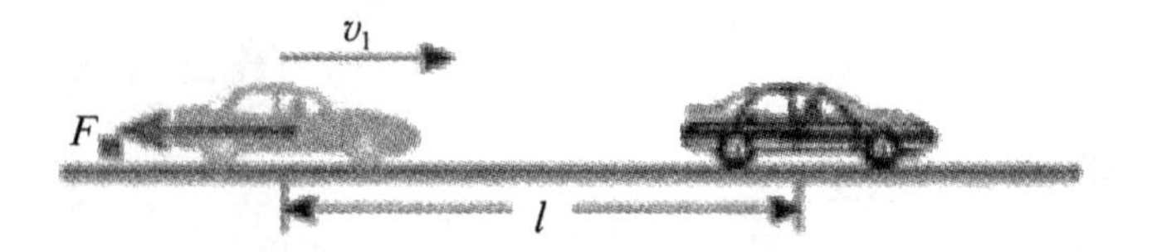

图 6.6-5 计算汽车受到的阻力

解 汽车的初动能、末动能分别为 $mv_0^2/2$ 和 0，阻力 $F_阻$ 做的功为 $-F_阻 l$。应用动能定理，有

$$-F_阻 l=0-\frac{1}{2}mv_0^2$$

由此解出

$$F_阻=\frac{mv_0^2}{2l}$$

汽车在这段运动中受到的阻力是 $mv_0^2/(2l)$。

动手动脑学物理

1. 例题能不能用牛顿定律解决？试一试。

一节一练

一、计算题

1. 在水平放置的长直木板槽中，木块以 6.0 m/s 的初速度开始滑动。滑行 4.0 m 后速度减为 4.0 m/s，若木板槽粗糙程度处处相同，此后木块还可以向前滑行多远？

2. 图 6.6-6 中，将质量 $m=2$ kg 的一块石头从离地面 $H=2$ m高处由静止开始释放，落入泥潭并陷入泥中 $h=5$ cm 深处，不计空气阻力，求泥对石头的平均阻力。(g 取 10 m/s²)

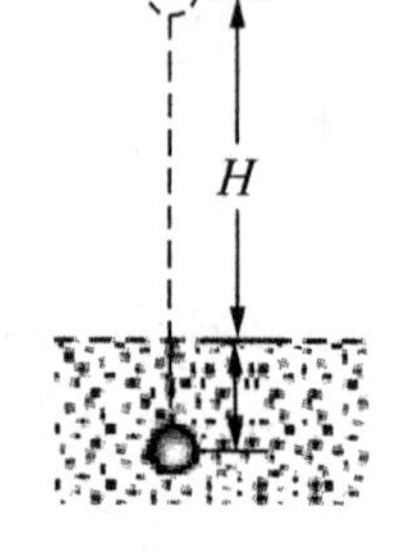

图 6.6-6

3. 如图 6.6-7 所示，AB 为 1/4 圆弧轨道，半径为 $R=0.8$ m，BC 是水平轨道，长 $s=3$ m，BC 处的摩擦系数为 $\mu=\frac{1}{15}$。今有质量 $m=1$ kg 的物体，自 A 点从静止起下滑到 C 点刚好停止。求物体在轨道 AB 段所受的阻力对物体做的功。

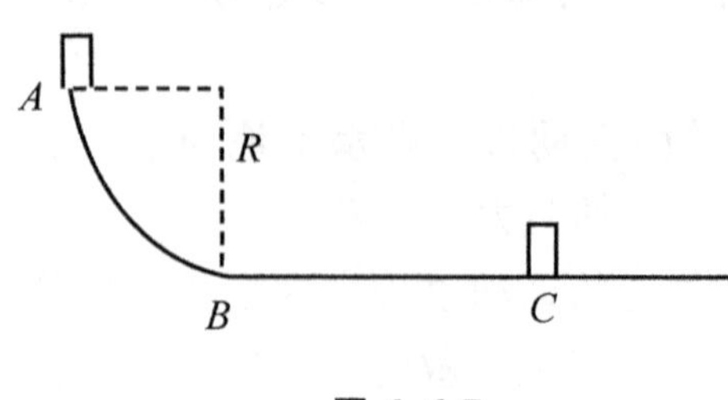

图 6.6-7

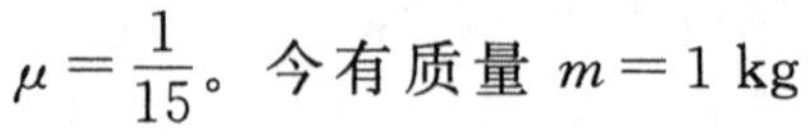

4. 从离地面 H 高处落下一只小球，小球在运动过程中所受的空气阻力是它重力的 k（$k<1$）倍，而小球与地面相碰后，能以相同大小的速率反弹。求：

（1）小球第一次与地面碰撞后，能够反弹起的最大高度是多少？

（2）小球从释放开始，直至停止弹跳为止，所通过的总路程是多少？

5. 见图 6.6-8，一个物体从斜面上高 h 高处由静止滑下并紧接着在水平面上滑行一段距离后停止，量得停止处对开始运动处的水平距离为 s，不考虑物体滑至斜面底端的碰撞作用，并认为斜面与水平面对物体的摩擦因数相同，求摩擦因数 μ。

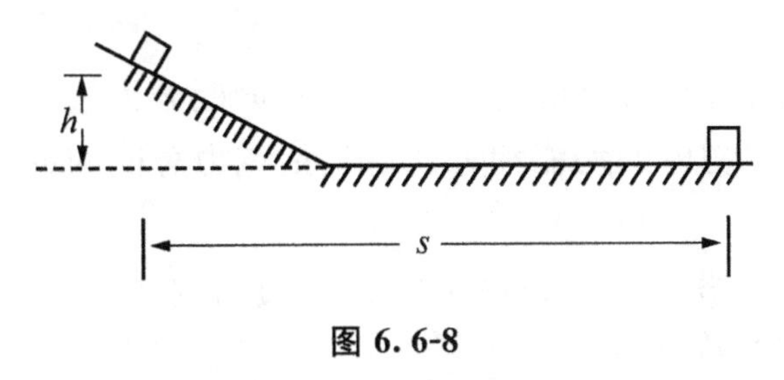

图 6.6-8

第七节　机械能守恒定律

（一）机 械 能

想一想

如图 6.7-1，一个用细线悬挂的小球从 A 点开始摆动。记住它向右能够达到的最大高度。然后用一把直尺在 P 点挡住摆线，看一看，在这种情况下小球能达到的最大高度。

这个实验说明了什么？

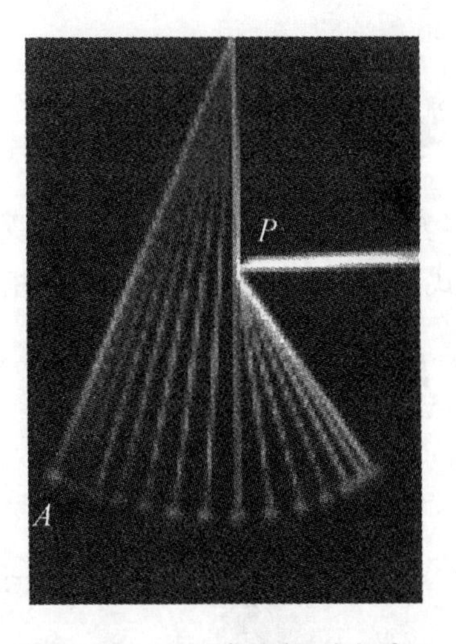

图 6.7-1　小球能摆过多高？

读一读

机械能	jīxiènéng	mechanical energy
相互转化	xiānghù zhuǎnhuà	mutual transformation

学一学

机械能是动能和部分势能的总和，这里的势能分为重力势能和弹性势能。

在一定条件下，物体的动能和势能（包括重力势能和弹性势能）可以相互转化。

物体自由下落或沿光滑斜面滑下时，重力对物体做正功，物体的重力势能减少，减少的重力势能到哪里去了？我们发现，在这些过程中，物体的速度增加了，表示物体的动能增加了。这说明，物体原来的重力势能转化成了动能。

原来具有一定速度的物体，由于惯性在空中竖直上升或沿光滑斜面上升，这时重力做负功，物体的速度减小，表示物体的动能减少了。但由于物体的高度增加，它的重力势能增加了。这说明，物体原来具有的动能转化成了重力势能。

（二）机械能守恒定律

想一想

我们知道，通过重力或弹力做功，机械能可以从一种形式转化成另一种形式，那么，动能与势能的相互转化存在什么定量的关系？

读一读

机械能守恒定律	jīxiènéng shǒuhéng dìnglǜ	law of conservation of mechanical energy

学一学

我们首先讨论物体只受重力的情况。如图 6.7-2 所示物体沿光滑曲面滑下的情形。在图中，物体在某一时刻处在位置 A，这时它的动能是 E_{k1}，重力势能是 E_{p1}，总机械能是 $E_1=E_{k1}+E_{p1}$。经过一段时间后，物体运动到另一位置 B，这时它的动能是 E_{k2}，重力势能是 E_{p2}，总机械能是 $E_2=E_{k2}+E_{p2}$。

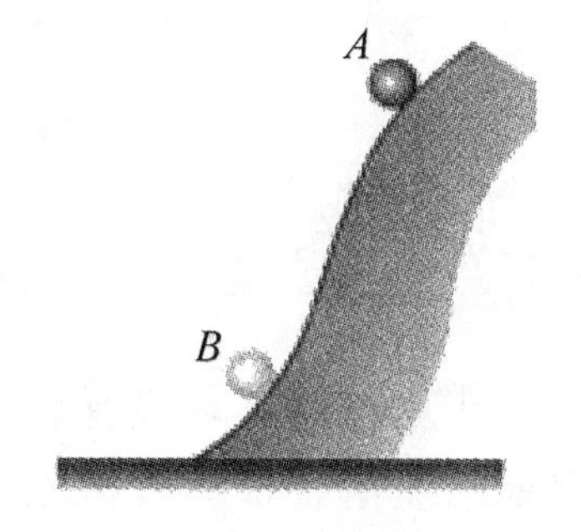

图 6.7-2 物体沿光滑曲面滑下

以 W 表示这一过程中重力所做的功。从动能定理知道，重力对物体所做的功等于物体动能的增加，即

$$W=E_{k2}-E_{k1}$$

另，从重力的功与重力势能的关系知道，重力对物体所做的功等于重力势能的减少，即

$$W=E_{p1}-E_{p2}$$

从以上两式可得

$$E_{k2}-E_{k1}=E_{p1}-E_{p2}$$

移项后，有

$$E_{k2}+E_{p2}=E_{k1}+E_{p1}$$

即

$$E_1=E_2$$

可见，在只有重力做功的物体系统内，动能与重力势能可以相互转化，而总的机械能保持不变。

同样可以证明，在只有弹力做功的物体系统内，动能和弹性势能可以互相转化，总的机械能也保持不变。

我们的结论是：在只有重力或弹力做功的物体系统内，动能与势能可以互相转化，而总的机械能保持不变。这叫做机械能守恒定律。

例题 1　把一个小球用细线悬挂起来，就成为一个摆（图 6.7-3），摆长为 l，最大偏角为 θ。如果阻力可以忽略，小球运动到最低位置时的速度是多大？

分析　在阻力可以忽略的情况下，小球摆动过程中受重力和细线的拉力。细线的拉力与小球的运动方向垂直，不做功，所以这个过程中只有重力做功，机械能守恒。

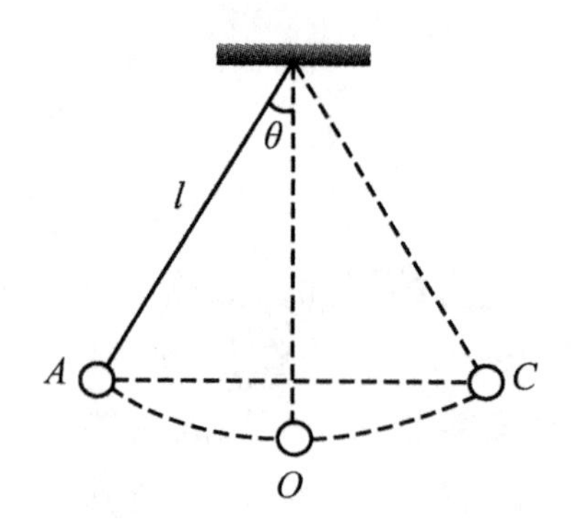

图 6.7-3 已知小球摆动的最大偏角，计算它的最大速度

小球在最高点只有重力势能，没有动能，计算小球在最高点和最低点重力势能的差值，根据机械能守恒定律就能得出它在最低点的动能，从而算出它在最低点的速度。

解 把最低点的重力势能定为 0，以小球在最高点的状态作为初状态。在最高点的重力势能是 $E_{p1}=mg(l-l\cos\theta)$，而动能为 0，即 $E_{k1}=0$。

以小球在最低点的状态作为末状态，势能 $E_{p2}=0$，而动能可以表示为 $E_{k2}=mv^2/2$。

运动过程中只有重力做功，所以机械能守恒，即

$$E_{k2}+E_{p2}=E_{k1}+E_{p1}$$

把各个状态下动能、势能的表达式代入，得

$$\frac{1}{2}mv^2=mg(l-l\cos\theta)$$

由此解出

$$v=\sqrt{2gl(1-\cos\theta)}$$

从得到的表达式可以看出，初状态的 θ 角越大，$\cos\theta$ 越小，$1-\cos\theta$ 就越大，v 也就越大。也就是说，最初把小球拉得越高，它到达最下端时的速度也就越大。这与生活经验是一致的。

从这个例题可以看出，应用机械能守恒定律解决问题，只需考虑运动的初状态和末状态，不必考虑两个状态间过程的细节。如果直接用牛顿定律解决问题，需要分析过程中各种力的作用，而这些力又往往在变化着，因此一些难于用牛顿定律解决的问题，应用机械能守恒定律则易于解决。

一节一练

一、选择题

1. 关于对动能的理解，下列说法中不正确的是（ ）。

A. 动能是机械能的一种表现形式，凡是运动的物体都具有动能

B. 动能总为正值

C. 动能不变的物体，一定处于平衡状态

D. 一定质量的物体，动能变化时，速度一定变化，但速度变化时，动能不一定变化

2. 在以下所述过程中，物体的机械能守恒的是（　　）。

A. 落入水中的铁块　　B. 做平抛运动的小球

C. 在草地上滚动的足球　　D. 汽车遇到减速带时提前刹车

3. 一个人站在阳台上，以相同的速率 v 分别把三个球竖直向上抛出、竖直向下抛出、水平抛出，不计空气阻力，则三球落地时的速率（　　）。

A. 上抛球最大　　B. 下抛球最大

C. 平抛球最大　　D. 三球一样大

二、计算题

1. 在距离地面 20 m 高处以 15 m/s 的初速度水平抛出一小球，不计空气阻力，取 $g=10\,m/s^2$，求小球落地速度大小。

2. 如图 6.7-4 所示，一个质量为 $m=10$ kg 的物体，由 1/4 圆弧轨道上端从静止开始下滑，到达底端时的速度 $v=2.5$ m/s，然后沿水平面向右滑动 1.0 m 的距离而静止，已知轨道半径 $R=0.4$ m，$g=10\,m/s^2$，求：

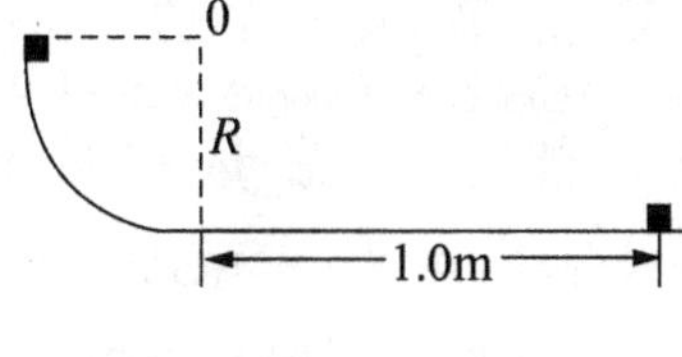

图 6.7-4

（1）物体滑至轨道底端时对轨道的压力是多大？

（2）物体沿轨道下滑过程中克服摩擦力做了多少功？

（3）物体与水平面间的动摩擦因数 μ？

第八节　能量守恒定律

读一读

能量守恒定律	néngliàng shǒuhéng dìnglǜ	law of energy conservation
消灭	xiāomiè	destroy
创生	chuàngshēng	create

转化	zhuǎnhuà	transformation
转移	zhuǎnyí	transfer

学一学

能量既不会消灭，也不会创生，它只会从一种形式转化为其他形式，或者从一个物体转移到另一个物体，而在转化和转移的过程中，能量的总量保持不变。这个规律叫做能量守恒定律。

英文备注

néngliàng jì bú huì xiāomiè yě bú huì chuàngshēng tā zhī huì cóng yì zhǒng xíngshì zhuǎnhuà wéi qí tā
能量既不会消灭，也不会创生，它只会从一种形式转化为其他
xíngshì huòzhě cóng yí gè wù tǐ zhuǎn yí dào lìng yí gè wù tǐ ér zài zhuǎnhuà hé zhuǎn yí de guòchéng
形式，或者从一个物体转移到另一个物体，而在转化和转移的过程
zhōng néngliàng de zǒngliàng bǎochí bú biàn zhè gè guī lǜ jiàozuò néngliàng shǒuhéng dìng lǜ
中，能量的总量保持不变。这个规律叫做能量守恒定律。(Law of conservation of energy: Energy can be neither destroyed nor created, but can be transformed from one form into other form, or transferred from one object to another object. And in the process of transformation and transfer, the total energy remains constant.)

第七章　机 械 振 动
(Mechanical Oscillation)

人类生活在运动的世界里，机械运动是最常见的运动。在机械运动中，除了平动和转动之外，振动也是一种常见的运动。琴弦的振动，让人们欣赏到优美的音乐；地震则可能给人类带来巨大的灾害。然而，振动并不限制在机械运动范围之内，在交流电路中电流和电压的变化，也是一种振动。振动现象，比比皆是。

第一节　简 谐 运 动

(一) 弹 簧 振 子

想一想

振动现象在自然界中广泛存在。钟摆的摆动、水中浮标的上下浮动、树梢在微风中的摇摆……都是振动，一切发声的物体都在振动，地震是大地的剧烈振动，振动与我们的生活密切相关。尝试再举一些振动例子。

读一读

机械振动	jīxiè zhèndòng	mechanical vibration
地震	dìzhèn	earthquake
弹簧振子	tánhuáng zhènzǐ	spring-mass oscillator
平衡位置	pínghéng wèizhì	equilibrium position
往复运动	wǎngfù yùndòng	reciprocating motion

学一学

如图 7.1-1 所示，把一个有孔的小球装在弹簧的一端，弹簧的另一端固定，小球在光滑的杆上，能够自由滑行，两者之间的摩擦可以忽略，弹簧的质量与小球相比也可以忽略。把小球拉向右方，然后放开，它就左右运动起来。小球原来静止的位置叫做平衡位置，小球在平衡位置附近的往复运动，是一种机械振动，简称振动。这样的系统称为弹簧振子。

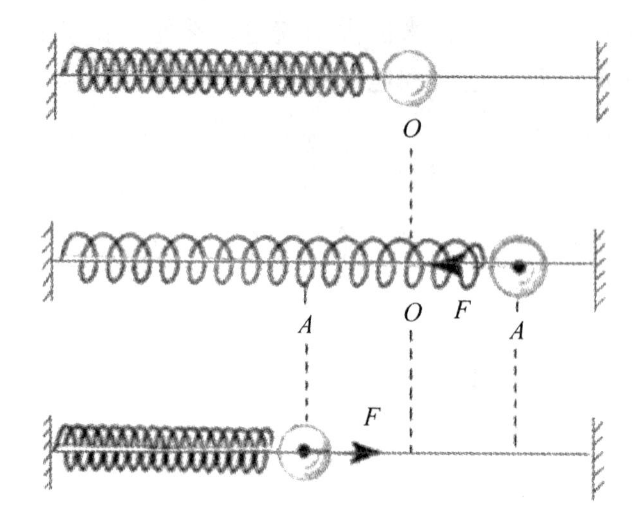

图 7.1-1　弹簧振子的振动

（二）简谐运动

读一读

坐标原点	zuòbiāo yuándiǎn	origin of coordinates
坐标轴	zuòbiāozhóu	coordinate axis
频闪仪	pínshǎnyí	stroboscope
频闪照片	pínshǎn zhàopiàn	stroboscopic photograph
简谐运动	jiǎnxié yùndòng	simple harmonic motion

学一学

为了研究弹簧振子的运动规律，我们以小球的平衡位置为坐标原点 O，沿着它的振动方向建立坐标轴。小球在平衡位置的右边时它对平衡位置的位移为正，在左边为负。

图 7.1-2 是图 7.1-1 所示的弹簧振子的频闪照片。频闪仪每隔 0.05 s 闪光一次，闪光的瞬间振子被照亮。拍摄时底片从下向上匀速运动，因此在底片上留下了小球和弹簧的一系列的像，相邻两个像之间相隔 0.05 s。

图 7.1-2 中的两个坐标轴分别代表时间 t 和小球位移 x，因此它就是小球在平衡位置附近往复运动时的位移-时间图像，即 x-t 图像。从图中可以看出，小球运动时的位移与时间的关系很像正弦函数。根据正弦函数知识，确定图 7.1-2 是正弦曲线。

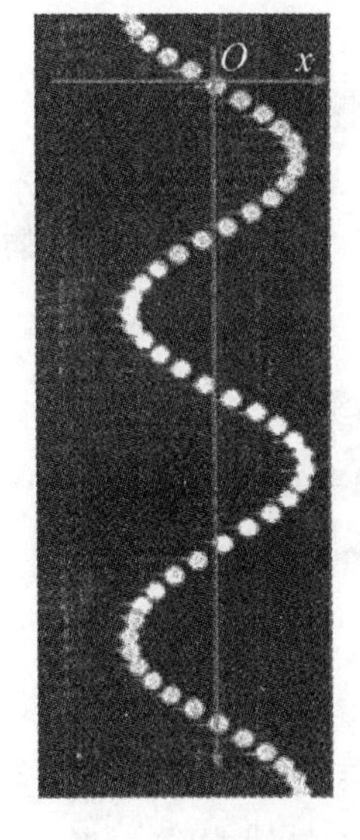

图 7.1-2　弹簧振子的频闪照片

如果质点的位移与时间的关系遵从正弦函数的规律，即它的振动图像（x-t 图像）是一条正弦曲线。这样的振动叫做简谐运动。简谐运动是最基本的振动。

第二节　简谐运动的描述

（一）描述简谐运动的物理量

读一读

振幅	zhènfú	amplitude
频率	pínlǜ	frequency
全振动	quánzhèndòng	complete vibration
赫兹	hèzī	hertz
相位	xiàngwèi	phase

学一学　振幅

我们以弹簧振子为例来研究描述简谐运动的物理量。

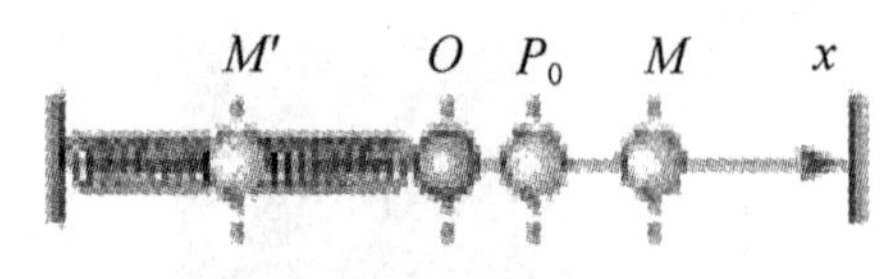

图 7.2-1　弹簧振子的简谐运动

如图 7.2-1，振子在水平杆上的 M 点和 M' 点之间往复振动，O 为它的平衡位置。图中 $OM=OM'$，它们是振动物体离开平衡位置的最大距离，叫做振动的振幅。

学一学　周期和频率

简谐运动是一种周期性运动。图 7.2-1 中，如果振子向右通过 O 点的时刻开始计时，它将运动到 M，然后向左回到 O，又继续向左运动到达 M'，之后又向右回到 O。这样一个完整的振动过程称为一次全振动。不管以哪里作为开始研究的起点，弹簧振子完成一次全振动的时间总是相同的。

做简谐运动的物体完成一次全振动所需要的时间，叫做振动的周期，单位时间内完成全振动的次数，叫做振动的频率。周期和频率都是表示物体振动快慢的物理量，周期越小，频率越大，表示振动越快。用 T 表示周期，用 f 表示频率，则有

$$f=\frac{1}{T}$$

在国际单位制中，周期的单位是秒。频率的单位是赫［兹］，简称赫，符号是 Hz。

学一学　相位

除了振幅、周期和频率外，要完整地描述简谐运动以及任何周期性运动，还需要另一个物理量。

在物理学中，我们用不同的相位来描述周期性运动在各个时刻所处的不同状态。

（二）简谐运动的表达式

读一读

圆频率	yuánpínlǜ	circular frequency
初相位	chūxiàngwèi	initial phase
相位差	xiàngwèichā	phase difference

学一学

数学中，我们学习了正弦函数 $y=A\sin(\omega x+\varphi)$ 的图像。正弦函数可以描述简谐运动，那么用位移 x 表示函数值，用时间 t 表示自变量，这个正弦函数式便写为

$$x=A\sin(\omega t+\varphi)$$

其中，A 代表简谐运动的振幅、ω 是简谐运动的“圆频率”。它也表示简谐运动的快慢。

$$\omega=\frac{2\pi}{T}=2\pi f$$

$(\omega t+\varphi)$ 表示做简谐运动的质点此时正处于一个运动周期中的哪个状态，代表简谐运动的相位。φ 是 $t=0$ 时的相位，称作初相位，或初相。

实际上经常用到，是两个具有相同频率的简谐运动的相位差，如果两个简谐运动的频率相等，其初相分别是 φ_1 和 φ_2，当 $\varphi_2>\varphi_1$ 时，它们的相位差是

$$\Delta\varphi=(\omega t+\varphi_2)-(\omega t+\varphi_1)=\varphi_2-\varphi_1$$

此时我们常说 2 的相位比 1 超前 $\Delta\varphi$，或者说 1 的相位比 2 落后 $\Delta\varphi$。

综上所述，做简谐运动的质点在任意时刻 t 的位移是

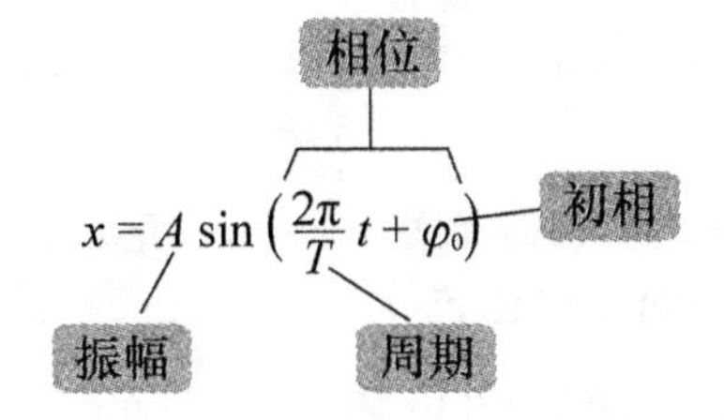

第三节　简谐运动的回复力和能量

（一）简谐运动的回复力

想一想

物体做匀变速运动时，所受的合力大小、方向都不变；物体做匀速圆周运动时，所受的合力大小不变、方向与速度方向垂直并指向圆心。那么，物体做简谐运动时，所受的合力有什么特点？

读一读

回复力	huífùlì	restoring force

学一学

如图 7.3-1，在弹簧振子的例子中，小球所受的力 F 与弹簧的伸长量成正比。由于坐标原点就是平衡位置，弹簧的伸长量与小球位移 x 的大小相等，因此有

$$F=-kx$$

式中，k 是弹簧的进度系数。因为当 x 在原点的左侧，即 x 取负值时，力 F 沿坐标轴的正方向；当 x 在原点右侧，取正值时，力 F 沿坐标轴的负方向，所以式中有负号。

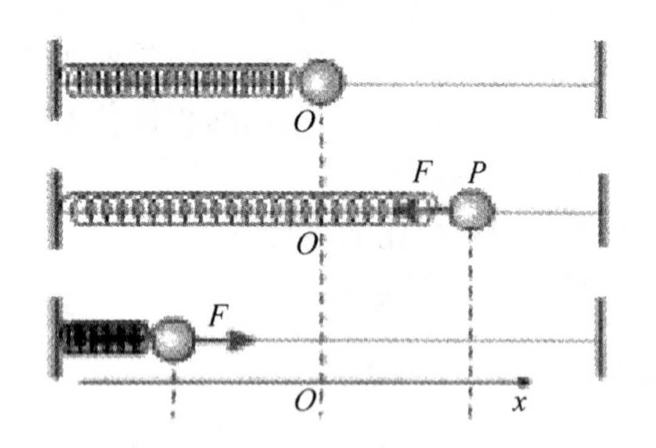

图 7.3-1　弹簧对小球的力的大小与弹簧的伸长量成正比，方向总是指向平衡位置

理论上可以证明，如果质点所受的力具有 $F=-kx$ 的形式，即：如果质点所受的力与它偏离平衡位置位移的大小成正比，并且总是指向平衡位置，质点的运动就是简谐运动。由于力的方

向总是指向平衡位置，它的作用总是要把物体拉回到平衡位置，所以通常把这个力称为回复力。

（二）简谐运动的能量

想一想

弹簧振子的速度在不断变化，因而它的动能在不断变化；弹簧的伸长量或压缩量在不断变化，因而它的势能也在不断变化。它们的变化具有什么规律？

学一学

理论上可以证明，如果摩擦等阻力造成的损耗可以忽略，在弹簧振子运动的任意位置，系统的动能与势能之和都是一定的，即机械能守恒。实际的运动都有一定的能量损耗，所以简谐运动是一种理想化的模型。

以弹簧振子为例来研究系统的能量守恒与转化。当弹簧振子的位移为 A 时，动能为 0，机械能为

$$E=E_{\text{p,max}}=\frac{1}{2}kA^2$$

任意时刻，当弹簧振子的位移为 x，速度为 v 时，弹簧振子的弹性势能为

$$E_{\text{p}}=\frac{1}{2}kx^2=\frac{1}{2}kA^2\cos^2(\omega t+\varphi)$$

则弹簧振子动能为

$$E_{\text{k}}=E-E_{\text{p}}=E_{\text{p,max}}-E_{\text{p}}$$

例题 1　如图 7.3-2 所示，正方体木块漂浮在水上，将其稍向下压后放手，试证明：木块将做简谐运动。

分析　从简谐运动的动力学特征出发，判断木块是否做简谐运动

解　设木块的边长为 a，质量为 m，密度为 ρ，则当图中木块浸入水中的高度为 h，处于静止状态时所受到的重力 mg 与浮力 $F_1=\rho ha^2g$ 大小相等，木块在该位置处于平衡状态，于是可取该位置为平衡位置建立坐标系。当木块被按下后上下运动过程中浸入水中的高度达到 $h+x$，而如图 7.3-3 所示时，所受到的浮力大小为

$$F_2=\rho(h+x)a^2g$$

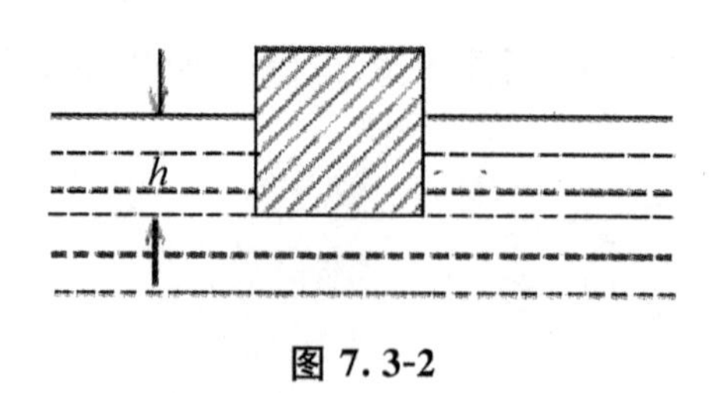

图 7.3-2

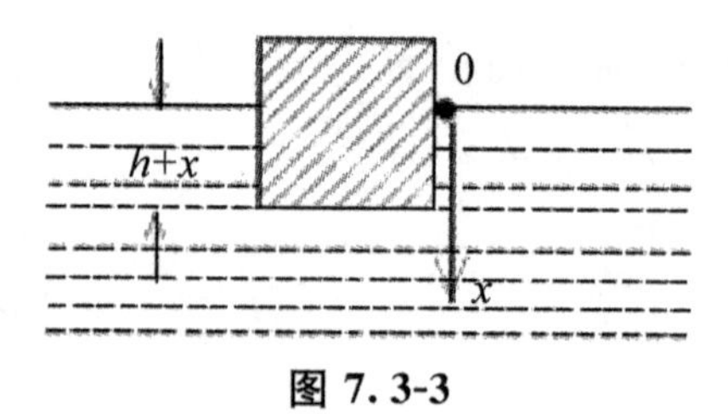

图 7.3-3

于是，木块此时所受到的合外力为

$$F=mg-F_2=-\rho a^2 gx=-kx$$

由此可知：木块做简谐运动。

第四节　单　摆

（一）单　摆

想一想

日常生活中，我们常常见到钟表店里摆钟（图 7.4-1）摆锤的振动，这种振动有什么特点呢？它是根据什么原理制成的？

bǎi zhōng
图 7.4-1　摆　钟

读一读

单摆	dānbǎi	simple pendulum
实际摆	shíjìbǎi	actual pendulum
理想模型	lǐxiǎng móxíng	ideal model
偏离	piānlí	deviate from

偏角	piānjiǎo	deflection

学一学

钟摆类似于物理上的一种理想模型——单摆。

如图 7.4-2，如果细线的质量与小球相比可以忽略，球的直径与线的长度相比也可以忽略，这样的装置就叫做单摆。单摆是实际摆的理想化模型。单摆摆动时摆球在做振动，但它是不是在做简谐振动？

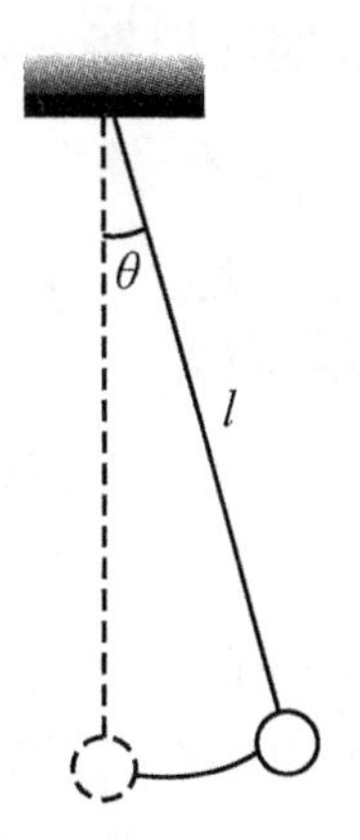

图 7.4-2　单摆

一般条件下研究单摆是不是做简谐振动，最简单的方法是看它的回复力是否满足 $F=-kx$ 的条件。

摆球静止在 O 点时，悬线垂直下垂，摆球受到的重力 G 与悬线的拉力 F' 平衡。小球受的合力为零，可以保持静止，所以 O 点是单摆的平衡位置。拉开摆球，使它偏离平衡位置，放手后摆球所受的重力 G 与拉力 F' 不再平衡。在这两个力的合力的作用下，摆球沿着以平衡位置 O 为中心的一段圆弧 AA' 做往复运动，这就是单摆的振动。

因为摆球沿圆弧运动，因此可以不考虑沿悬线方向的力，只考虑沿圆弧方向的力。当摆球运动到某点 P 时（图 7.4-3），摆球在圆弧方向上受到的只是重力在这个方向的分力 $F=mg\sin\theta$，这就是它的回复力。

在偏角很小时，摆球对于点 O 的位移 x 的大小、与 θ 角所对的弧长、θ 角所对的弦都近似相等，因而，所以单摆的回复力为

$$F=-\frac{mg}{l}x$$

其中，l 为摆长，x 为摆球偏离平衡位置的位移，负号表示回复力 F 与位移 x 的方向相反。由于 m、g、l 都有确定的数值，mg/l 可以用一个常数 k 表示，于是上式写成

$$F=-kx$$

可见，在偏角很小的情况下，摆球所受的回复力与它偏离平衡位置的位移成正比，方向总是指向平衡位置，因此单摆做简谐运动。

图 7.4-3　单摆的回复力

（二）单摆的周期

想一想

一条短绳系一个小球，它的振动周期很短，天文馆里巨大的傅科摆（图 7.4-4），周期很长。单摆的周期与什么因素有关？

图 7.4-4 傅科摆

学一学

实验表明：单摆振动的周期与摆球质量无关，在振幅较小时与振幅无关，但与摆长有关，摆长越长，周期也越长。

荷兰物理学家惠更斯曾经详尽地研究过单摆的振动，发现单摆做简谐运动的周期 T 与摆长 l 的二次方根成正比，与重力加速度 g 的二次方根成反比，而与振幅、摆球质量无关。惠更斯确定了计算单摆周期的公式，即

$$T=2\pi\sqrt{\frac{l}{g}}$$

由单摆周期公式可得 $g=4\pi 2l/T^2$，如果测出单摆的摆长 l、周期 T，就可以求出当地的重力加速度。

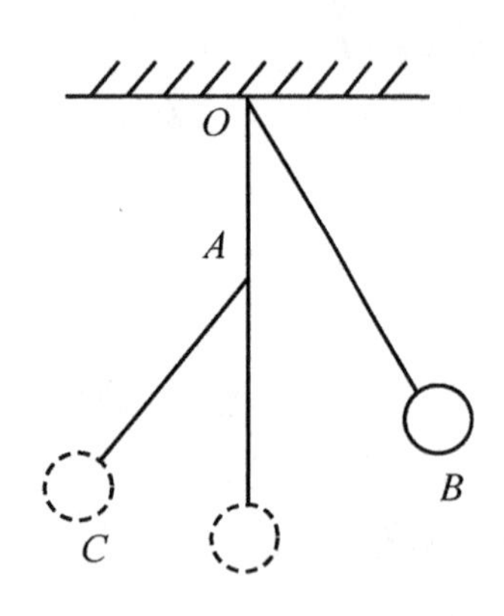

图 7.4-5

例题 1 如图 7.4-5，摆长为 l 的单摆，若在悬点的正下方 A 点固定一颗钉子，A 点距悬点 O 的距离为 $l/3$，试求这个单摆完成一个全振动的时间是多少？

分析 在摆角很小时，单摆的振动可视为简谐运动，当摆线碰到钉子时，A 点成为“悬点”，单摆的摆长由 l 变为 $2l/3$。

解 由题意知，设以 O 为悬点时周期为 T_1，而以 A 点为悬点时周期为 T_2，则根据单摆周期公式

$$T=\frac{T_1}{2}+\frac{T_2}{2}=\frac{2\pi\sqrt{\frac{l}{g}}}{2}+\frac{2\pi\sqrt{\frac{2l}{3g}}}{2}=\pi\sqrt{\frac{l}{g}}+\pi\sqrt{\frac{2l}{3g}}$$

单摆完成一个全振动的时间是 $\pi\sqrt{\frac{l}{g}}+\pi\sqrt{\frac{2l}{3g}}$。

动手动脑学物理

1. 下列装置能否看做单摆？

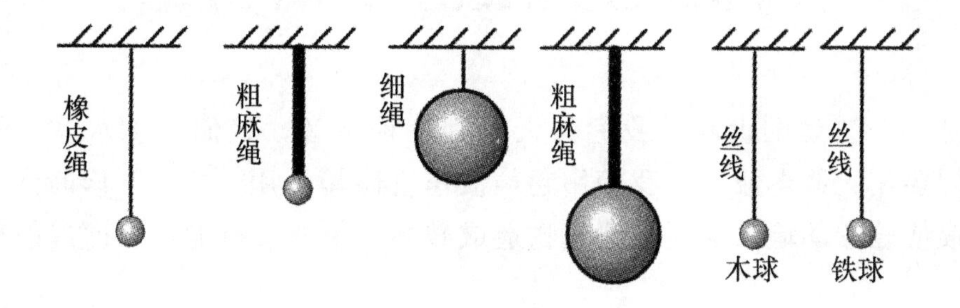

章节练习

一、选择题

1. 简谐振动是下列哪一种运动（　　）。

   A. 匀变速运动　　B. 匀速直线运动

   C. 变加速运动　　D. 匀加速直线运动

2. 物体做简谐运动时（　　）。

   A. 平衡位置是指合力最大的位置

   B. 物体通过平衡位置时，回复力为零

   C. 物体通过平衡位置时回复力不一定为零

   D. 物体所受合力是变力

3. 做简谐运动的物体，当它每次经过同一位置时，一定相同的物理量（　　）。

   A. 速度　　B. 位移　　C. 回复力　　D. 加速度

4. 下面哪种情况下，单摆的周期会增大？（　　）。

   A. 增大摆球质量　　B. 缩短摆长

   C. 减小振幅　　D. 将单摆由山下移至山顶

二、计算题

1. 甲、乙两个弹簧振子，甲完成了 12 次全振动，在相同时间内，乙恰好完成了 8 次全振动。求甲、乙振动周期之比和甲、乙振动频率之比。

2. 在一升降机中有一摆长为 l 的单摆，试求：

(1) 当升降机以加速度 a 竖直向上匀加速运动，单摆的周期为多大？

(2) 当升降机在水平方向上以加速度 a 做匀加速直线运动时，单摆的周期又为多大？

第八章　机 械 波
(Mechanical Wave)

这是一个波动的世界：我们每天听到各种声音，我们熟悉水波、知道光波，我们要用无线电波……我们用超声波清洗眼镜，用“B超”诊断疾病……狂风巨浪使船舶颠簸，地震对建筑物造成破坏……波具有能量、携带信息。

第一节　机 械 波

（一）机 械 波

做一做，想一想

你看过艺术体操中的“带操”表演吗？运动员手持细棒抖动彩带的一端，彩带随之波浪翻卷。这是波在彩带上传播的结果（图 8.1-1）。

图 8.1-1　彩带飞舞，是波在彩带上传播

读一读

水波	shuǐbō	water wave
声波	shēngbō	sound wave
地震波	dìzhènbō	earthquake wave
介质	jièzhì	medium
机械波	jīxièbō	mechanical wave

学一学

水波在水中传播，声波在空气中传播，地震波在地壳中传播。水、空气和地壳是波借以传播的物质，叫做介质。组成介质的质点之间有相互作用，一个质点的振动会引起相邻质点的振动。机械振动在介质中传播，形成机械波。

介质中有机械波传播时，介质本身并不随波一起传播。例如，如果我们凝视着水面上一片叶子的运动，会发现叶子并不随波而去，而是在原地上下振动，水面上传播的只是振动这种运动形式。

（二）横波和纵波

看一看，想一想

观察以下两种情况下的波有什么特点？

（1）图 8.1-2 取一条较长的软绳，用手握住一端拉平后向上抖动一次，可以看到绳上一列波在传播。用红颜色在绳上做个标记，在波传播的过程中，这个标记怎样运动？它是否随着波向绳的另一端移动？

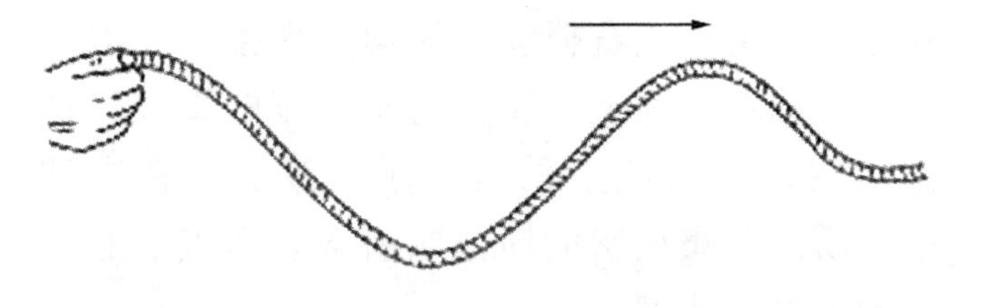

图 8.1-2 沿绳传播的波

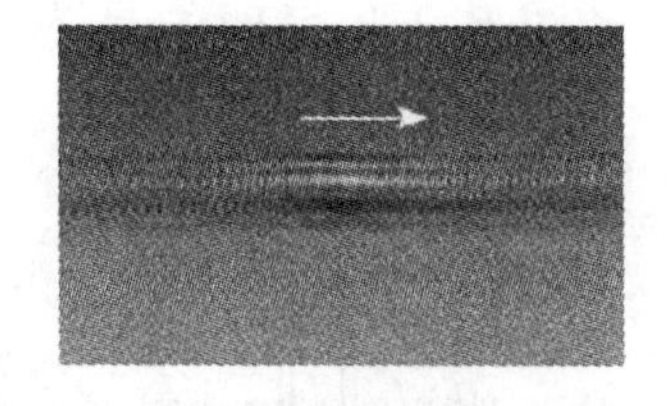

图 8.1-3 沿弹簧传播的波

（2）图 8.1-3 将一根长而软的弹簧水平放于光滑平面，沿着弹簧轴线的方向不断推、拉弹簧，于是产生了弹簧圈密集的部分和稀疏的部分。这样的密集部分和稀疏部分向右传播，在弹簧上形成一列波。

我们可以把弹簧看做一列由弹力联系着的质点，手拉弹簧左右振动起来以后，以此带动后面的点左右振动，但后一个质点总比前一个质点迟一些振动，从整体上看形成疏密相间的波在弹簧上传播。

读一读

横波	héngbō	transverse wave
纵波	zòngbō	longitudinal wave
波峰	bōfēng	crest
波谷	bōgǔ	trough
凸起的	tūqǐde	raised
凹下的	āoxiàde	sunk
密部	mìbù	condensation
疏部	shūbù	rarefaction
音叉	yīnchā	tuning fork

学一学

图 8.1-2 表现的是绳子中传播的波。在这列波中质点上下振动，波向右传播，二者的方向垂直。质点的振动方向与波的传播方向相互垂直的波，叫做横波。在横波中，凸起的最高处叫做波峰，凹下的最低处叫做波谷。

图 8.1-3 表现的是弹簧上传播的波。质点左右振动，波向右传播，二者的方向在同一直线上。质点的振动方向跟波传播方向在同一直线上的波，叫做纵波。在纵波中，质点分布最密的地方叫密部，质点分布最疏的地方叫疏部。

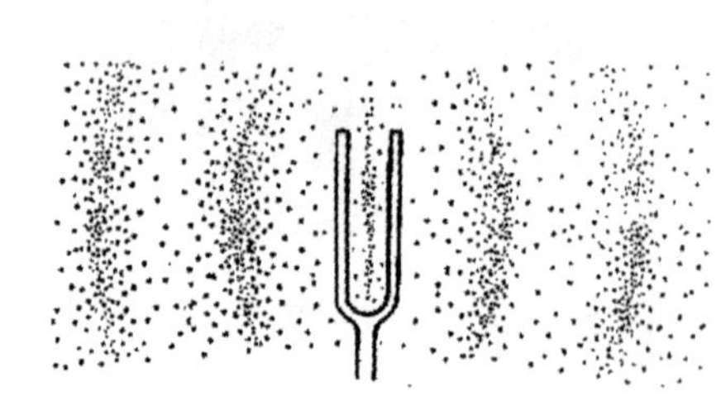

图 8.1-4　振动的音叉

发声体振动时在空气中传播的声波是纵波。例如，振动的音叉，它的叉股向一侧振动时，压缩临近的空气，使这部分空气变密，音叉向另一侧振动时，又使这部分空气变得稀疏。这种疏密相间的状态向外传播，形成声波（图 8.1-4）。声波传入人耳，使鼓膜振动，就引起声音的感觉。声音不仅能在空气中传播，也能在液体、固体中传播。

(三) 波 的 图 像

想一想

过去我们研究的是一个质点的运动情况，波却是很多质点的运动。如何来表示这些质点的运动?

读一读

波的图像	bōde túxiàng	graph of wave
波形图	bōxíngtú	oscillogram
正弦波	zhèngxiánbō	sinusoidal wave
简谐波	jiǎnxiébō	simple harmonic wave

学一学

由于纵波的图像较为复杂，不再深入讨论。这里只讨论横波的图像。

用横坐标 x 表示波的传播方向上各质点的平衡位置，纵坐标 y 表示某一时刻各质点偏离平衡位置的位移。我们规定，在横波中，位移向上时 y 取正值，向下时 y 取负值。

把平衡时位于 x_1，x_2，x_3，…的质点的位移 y_1，y_2，y_3，…画在 xOy 坐标平面内，得到一系列坐标为（x_1，y_1），（x_2，y_2），（x_3，y_3），…的点，这些点的集合就是这一时刻波的图像（图 8.1-5）。

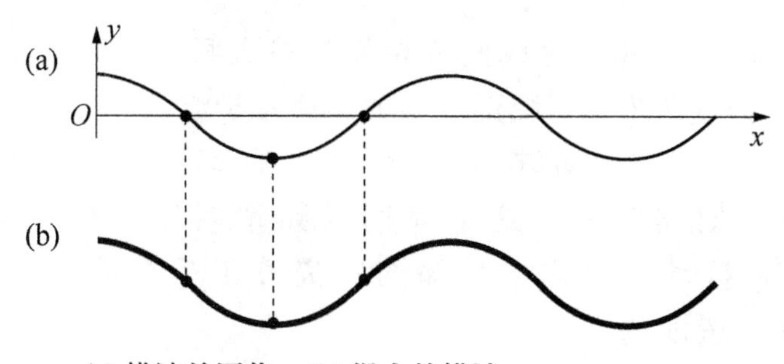

(a) 横波的图像；(b) 绳上的横波

图 8.1-5　横波的图像

波的图像也称波形图，简称波形。

如果波的图像是正弦曲线，这样的波叫做正弦波，也叫简谐波。简谐波是一种最简单、最基本的波。

简谐波的波形曲线与质点的振动图像都是正弦曲线，但它们的意义是不同的。波形曲线表示介质中“各个质点”在“某一时刻”的位移，振动图像则表示介质中“某个质点”在“各个时刻”的位移。

第二节　波长、频率和波速

读一读

波长	bōcháng	wave length
波速	bōsù	wave velocity

学一学

在波动中，振动相位总是相同的两个相邻质点间的距离叫做波长，通常用 λ 表示（图 8.2-1）。

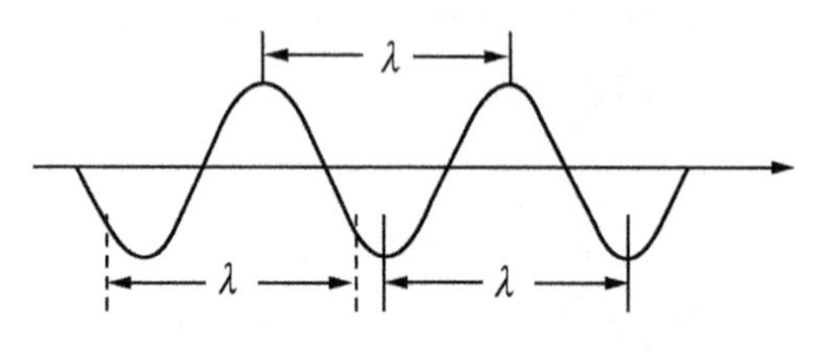

图 8.2-1　波长

在横波中，两个相邻波峰或两个相邻波谷之间的距离等于波长。在纵波中，两个相邻密部或两个相邻疏部之间的距离等于波长。

在波动中，各个质点的振动周期（或频率）是相同的，它们都等于波源的振动周期或频率，这个周期或频率叫做波的周期或频率。经过一个周期 T，振动在介质中传播的距离等于一个波长 λ，所以机械波在介质中传播的速度为

$$v=\frac{\lambda}{T}$$

由于周期 T 与频率 f 互为倒数，即 $f=1/T$，所以上式也可以写成

$$v=f\lambda$$

此公式表明，波速等于波长和频率的乘积。

机械波在介质中的传播速度由介质本身的性质决定，在不同的介质中，波速是不同的。

游泳时耳朵在水中听到的音乐与在岸上听到的是一样的，说明机械波从一种介质浸入另一种介质，频率并不改变；但由于波速变了，所以波长会改变。

例题 1　某乐律 C 调“la”的频率为 440 Hz，试求这个乐音在空气中的波长和在水中的波长。

解　根据波速、频率、波长的关系 $v=f\lambda$，可以求出波长

$$\lambda=\frac{v}{f}$$

水中的声速为 1450 m/s，空气中的声速为 332 m/s（设温度为 0℃），把这两个数分别代入上式，得到

$$\lambda_{水}=\frac{v_{水}}{f_{水}}=\frac{1450\ \mathrm{m/s}}{440\ \mathrm{s^{-1}}}=3.3\ \mathrm{m}$$

$$\lambda_{气}=\frac{v_{气}}{f_{气}}=\frac{332\ \mathrm{m/s}}{440\ \mathrm{s^{-1}}}=0.75\ \mathrm{m}$$

通过这个例子可以看出，频率一定的声音，在不同的介质中的波长是不同的。

动手动脑学物理

1. 一个高个子和一个矮个子人并肩行走（如图 8.2-2），哪个人的双腿前后交替更为频繁？如果拿这两个人与两列波做类比，波长、频率、波速分别可以比作什么？

图 8.2-2　一个高个子和一个矮个子人并肩行走

第九章　分子运动理论
(Theory of Molecular Motion)

第一节　分子热运动

(一) 分子的大小

分子大小

想一想

分子到底是多大呢？一杯水中有多少分子（图 9.1-1）？一个房间里又有多少分子呢（图 9.1-2）？

图 9.1-1　水杯

图 9.1-2　房间

实际上，分子是十分微小的，现代大型计算机每秒可以计算 100 亿次，如果人们计数的速度也这么快，一个人要把一立方厘米空气中的分子数完，也要 80 多年！

读一读

分子	fēnzǐ	molecule

亿	yì	a hundred million
粒子	lìzǐ	particle
微粒	wēilì	particle
原子	yuánzǐ	atom
离子	lízǐ	ion
油膜法	yóumófǎ	oil-bound film
直径	zhíjìng	diameter
粗略	cūlüe	rough
观察	guānchá	observe
球形	qiúxíng	sphere
数量级	shùliàngjí	order of magnitudes

学一学

分子是具有各种物质化学性质的最小粒子。构成物质的微粒是多种多样的，有原子，离子，分子。在热学中，这些微粒遵循相同的规律，统称为分子。

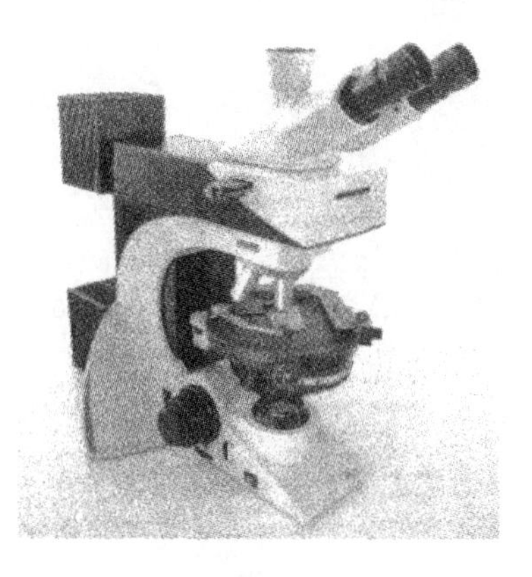

guāng xué xiǎn wēi jìng
图 9.1-3　光学显微镜

suì dào sǎo miáo xiǎn wēi jìng
图 9.1-4　隧道扫描显微镜

分子是很小的，不能用肉眼直接观察到它们；用光学显微镜（Optical microscope）（图 9.1-3）也同样不能观察到；只有用扫描隧道显微镜（Scanning tunneling microscope）（图 9.1-4）才可以观察到它们。

我们如何得知分子的大小呢？

这里提供一种粗略的方法——单分子油膜法（装置图见 9.1-5）。将一滴油滴到水面上，油在水面上散开，形成的是单分子膜。我们把分子看成球形（见图 9.1-6），那么这个油膜的厚度就是分子的直径。我们只要测出油滴的体积 V，

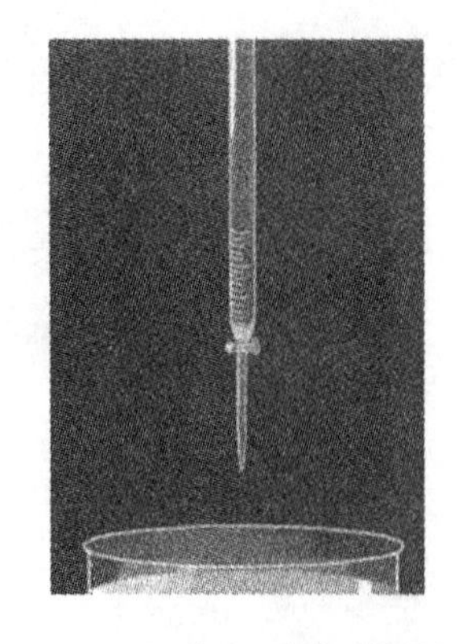

图 9.1-5 油膜法测分子直径装置

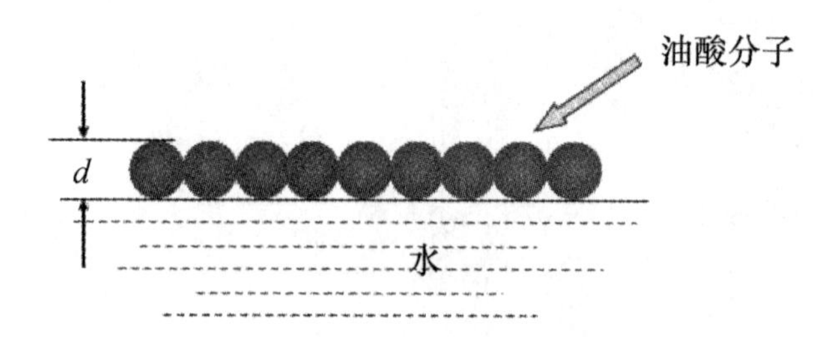

图 9.1-6 单分子油膜法原理图

再测出水面上油膜的面积 S，就可以算出分子的直径 d。

$$d=\frac{V}{S}$$

测量结果表明，油分子直径的数量级为 10^{-10} m。利用现代技术，使用不同的方法测出的分子大小并不完全相同，除一些有机物质的大分子外，一般分子直径的数量级都是一样的，均为 10^{-10} m。

阿伏伽德罗常数

读一读

阿伏伽德罗常数	Āfúgādéluó chángshù	Avogadro's constant
摩［尔］	mó[ěr]	mol

学一学

1 摩［尔］（mol）的任何物质都含有相同的粒子数，叫做阿伏伽德罗常数，用来 N_A 表示。1986 年，用 X 射线法测得阿伏伽德罗常数为 $N_A=6.022\,136\,7\times10^{23}\,mol^{-1}$。通常可取

$$N_A=6.02\times10^{23}\,mol^{-1}$$

阿伏伽德罗常数是一个重要的常数，定量研究各种物理-化学现象时经常要用到它。它是联系微观世界和宏观世界的桥梁。

（1）已知物质的摩尔质量 M_A，可求出分子质量 m_0，V_A 为摩尔体积，ρ 为

物质的密度

$$m_0=\frac{m_A}{N_A}=\frac{\rho V_A}{N_A}$$

（2）已知物质的量（摩尔数）n，可求出物体所含分子的数目 N

$$N=nN_A$$

（3）已知物质的摩尔体积 V_A，可求出分子的体积 V_0

$$V_0=\frac{V_A}{N_A}$$

根据阿伏伽德罗常数，很容易算出分子质量。水的摩尔质量 1.8×10^{-2} kg/mol，1 mol水中含有水分子个数为 6.02×10^{23}，则水分子质量为

$$m=\frac{1.8\times10^{-2}\ \text{kg}\cdot\text{mol}^{-1}}{6.02\times10^{23}\ \text{mol}^{-1}}=2.99\times10^{-26}\ \text{kg}$$

动手动脑学物理

1. 已知空气的摩尔质量是 $M_A=29\times10^{-3}$ kg/mol，则空气中气体分子的平均质量多大？成年人做一次深呼吸，约吸入 450 cm^3 的空气，则做一次深呼吸所吸入的空气质量是多少？所吸入的气体分子数量是多少？（按标准状况估算）

（二）分子热运动

扩散

想一想

打开一盒香皂（图 9.1-7）或一瓶香水，很快就会闻到香味，这是为什么？

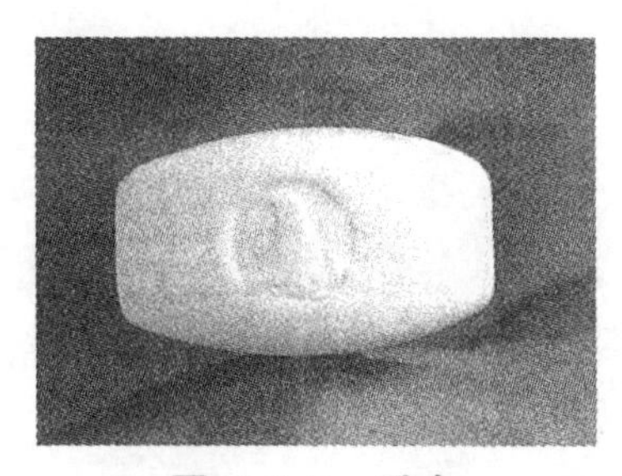

图 9.1-7　香皂

图 9.1-8　密度较大的 NO_2 置于下面，空气置于上面

看一看

如图 9.1-8 所示，密度较大的 NO_2 置于下面，空气置于上面，一段时间后，上面的瓶子中也会出现红棕色的 NO_2。

问一问

除了气体，液体（图 9.1-9）、固体（图 9.1-10）可以扩散吗？

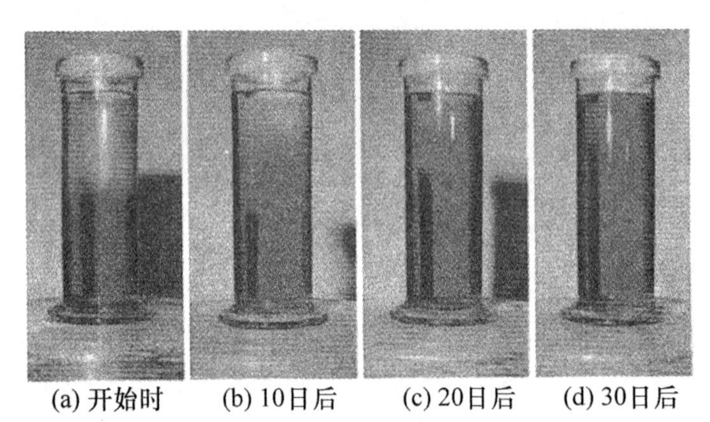

(a) 开始时　(b) 10日后　(c) 20日后　(d) 30日后

图 9.1-9　液体扩散实验

(a) 实验前

(b) 叠放在一起

(c) 5年后互相渗入约1 mm深

图 9.1-10　固体扩散实验

读一读

香皂	xiāngzào	soap
密度	mìdù	density

固体	gùtǐ	solid
液体	yètǐ	liquid
气体	qìtǐ	gas
扩散	kuòsàn	diffusion

学一学

以上现象说明，分子是运动的。不同物质相互接触时彼此进入对方的现象叫做扩散。

不仅气体分子不停运动着，液体和固体分子也在运动。扩散现象在固体和液体之间也会发生。

动手动脑学物理

1. 吸烟有害健康，在房间里吸烟，房间会充满烟味，这是______现象，这种现象是由于______引起的。所以，为了您和他人的健康，请不要吸烟。

2. 下列有关生活现象中，不能用分子运动理论来解释的是（　　）。

A. 阳光下，湿衣服很快干了

B. 轻轻地弹一下，衣服上的灰尘“跑”了

C. 随风飘来了醉人的花香

D. 衣柜中的樟脑丸过一段时间消失了

（三）布朗运动

想一想

分子的运动有规律吗？什么叫做布朗运动？

读一读

规律	guīlǜ	regular pattern

布朗运动	Bùlǎng yùndòng	Brownian motion
墨水	mòshuǐ	ink
震动	zhèndòng	oscillation
无规则	wúguīzé	irregular，disorder

学一学

分子无规律运动的现象就是布朗运动。

在水中滴入黑墨水，并用显微镜观察黑墨水中炭颗粒的运动。每隔 30 s 把炭颗粒所在位置记录下来，然后用直线把这些点依次连接，就得到如图 9.1-11 所示微粒运动的位置连线。可以看出，微粒的运动是无规则的。

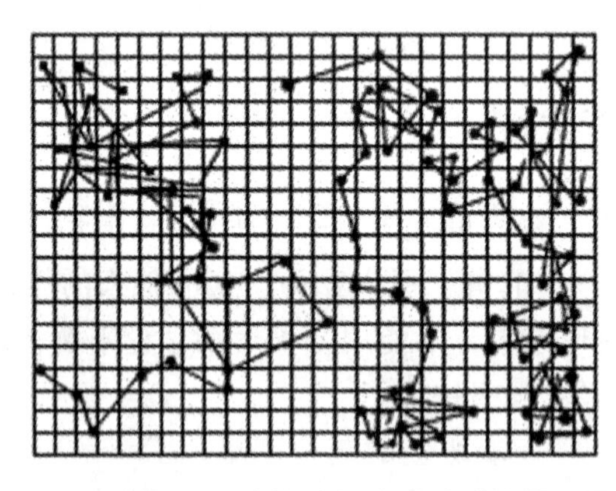

图 9.1-11　做布朗运动的颗粒的运动路线是无规则的

为什么会产生布朗运动呢？起初，人们认为这种运动的产生是由于外界影响，如震动等引起的；后来人们发现排除了外界干扰，这种运动还是会发生。可见，布朗运动的原因不在外部，而在于液体内部。

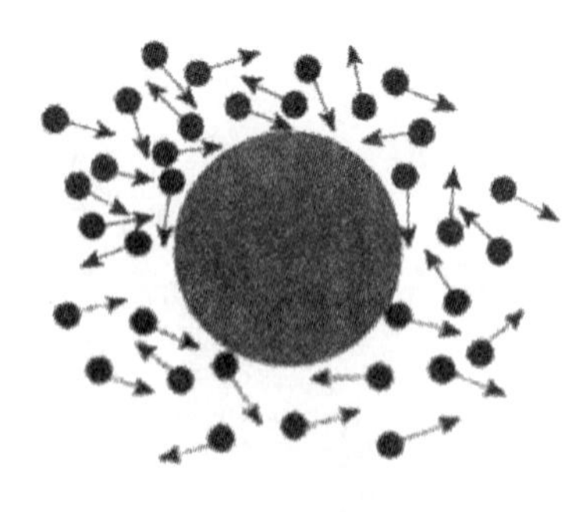

图 9.1-12　微粒受到周围液体分子撞击

在显微镜下看起来连成一片的液体，实际上是由许多分子组成的。液体分子不停地做无规则运动，不断地撞击悬浮微粒。图 9.1-12 表示微粒受到周围液体分子撞击的情况。悬浮微粒足够小时，受到的来自各个方向的液体分子的撞击作用是不平衡的。某一瞬间，微粒在某个方向受到的撞击作用强，使微粒运动；下一时刻，微粒在另一个方向受到的撞击作用强，使微粒又向其他方向运动，这样就导致了微粒的无规则布朗运动。

悬浮在液体中的微粒越小，某一瞬间跟它相撞的液体分子数越少，布朗运动就越明显；相反，布朗运动就不明显。

液体分子的无规则运动是产生布朗运动的原因。布朗运动并不是悬浮微粒本身的无规则运动，却是反映了液体分子的无规则运动。

动手动脑学物理

1. 下列现象中，不能说明分子不停地做无规则运动的是（　　）。
   A. 香水瓶打开后满屋香味
   B. 湿衣服变干
   C. 扫地时尘土飞扬
   D. 炒菜时加盐，菜会有咸味

分子热运动

想一想

热水和冷水中的墨水（图 9.1-13），哪一个扩散得快些呢（图 9.1-14）？

图 9.1-13　将墨水滴入水中

图 9.1-14　墨水在两杯水中扩散

读一读

分子热运动	fēnzǐ rèyùndòng	molecular thermal motion

学一学

在扩散现象中，温度越高，扩散进行得越快，这表明分子的无规则运动跟温度有关。温度越高，分子的无规则运动就越剧烈。正因为分子的无规则运动与温度有关，所以通常把这种运动叫做热运动。

动手动脑学物理

1. 将两块糖分别同时放人冷水和热水中，则发现______水中糖化得快，说明______影响分子运动剧烈程度。

2. 将水放在炉子上加热，水不断吸热，温度______，水分子热运动______。

分子热运动动能

想一想

运动的物体（图 9.1-15）具有动能，运动的分子（图 9.1-16）具有动能吗？

图 9.1-15 运动的豹子（bào zi）

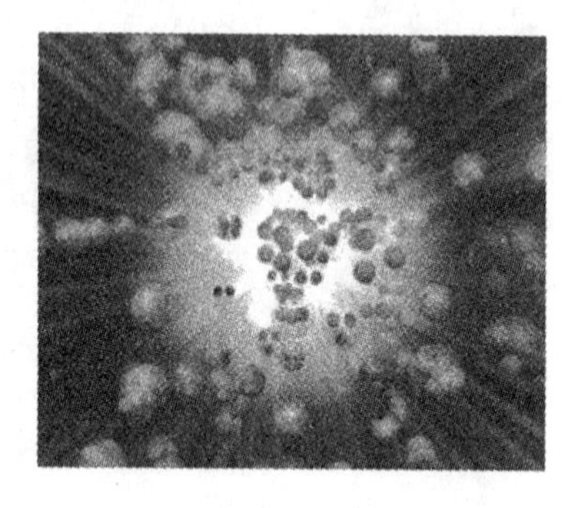

图 9.1-16 运动的分子

读一读

平均值	píngjūnzhí	mean value，average value
平均动能	píngjūn dòngnéng	mean kinetic energy

学一学

像一切运动的物体一样，运动的分子也具有动能。

由于分子量十分大，在研究热现象时，我们关心的不是每个分子的动能，而是物体中所有分子动能的平均值，这个平均值叫做分子热运动的平均动能。

温度越高，分子热运动的平均动能越大；温度越低，分子热运动的平均动能越小。从分子运动理论的观点来看，温度是物体分子热运动的平均动能的标志。因此，分子运动理论使我们懂得了温度的微观意义。

一节一练

一、问答题

1. 悬浮在液体中的微粒是分子吗？
2. 布朗运动是不是分子运动？为什么？
3. 为什么温度越高，布朗运动越明显？
4. 空气中悬浮的尘埃的运动是否是布朗运动？
5. 为什么微粒越大，布朗运动越不明显？
6. 大风天常常看到风沙弥漫、尘土飞扬，有时在室内也能看到飘浮在空气中尘埃的运动，这些运动时布朗运动吗？

二、选择题

1. 布朗运动是说明分子运动的重要实验事实，则布朗运动是指（　　）。

   A. 液体分子的运动

   B. 悬浮在液体中的固体分子运动

   C. 固体微粒的运动

   D. 液体分子与固体分子的共同运动

2. 将 10 mL 的水与 10 mL 的酒精相混合，混合后水和酒精的总体积小于 20 mL，这表明（　　）。

   A. 分子之间有空隙　　　　　　B. 分子之间存在着相互作用的斥力

   C. 分子之间存在着相互作用的引力　D. 分子是在不停地做无规则运动的

3. 下列实例中，不能用来说明“分子在不停地运动”的是（　　）。

   A. 洒水的地面会变干

   B. 炒菜时加点盐，菜就有了咸味

   C. 扫地时，尘土飞扬

D. 房间里放了一篮子苹果，满屋飘香

三、填空题

1. “八月桂花香”这句话的物理含义是一种__________现象，说明气体的分子在__________。

2. 将煤堆放在墙角处一段时间，发现涂在墙角处的石灰变黑了，这是__________现象，它说明了固体物质的分子在__________。

第二节 分子势能

(一) 分子间相互作用力

想一想

图 9.2-1 铅块

扩散现象说明，分子在不停运动，那么为什么固体（如图 9.2-1 中的铅块）和液体中的分子没有散开，而是聚合在一起呢？

读一读

散开	sànkāi	diffuse
聚合	jùhé	get together
引力	yǐnlì	attractive force
间隙	jiànxì	interval
相互平衡	xiānghù pínghéng	balance each other
短程作用力	duǎnchéng zuòyònglì	short-range force

学一学

扩散现象和布朗运动不仅说明了分子是在不停地做无规则运动，也说明分子间有空隙（如图 9.2-2）。相对于气体分子、液体分子来说，固体分子间的空隙要小得多。

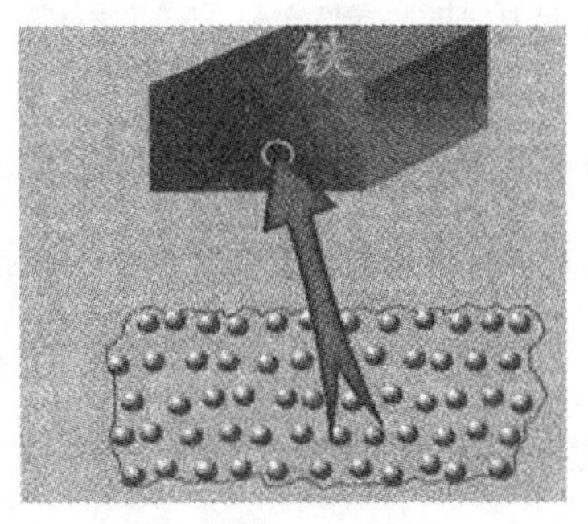

图 9.2-2　分子间有间隙

实际分子之间是存在空隙的，却能聚集在一起形成固体或液体，这说明分子之间存在着引力。分子间的引力使得固体和液体能保持一定的体积，聚集于其中的分子不至于散开。

然而，既然分子之间有间隙，为什么压缩固体和液体很困难呢？那是因为分子之间存在斥力。由于斥力的存在，使得分子已经离得很近的固体和液体很难进一步被压缩。

分子之间既有引力又有斥力，就好像被弹簧连着的小球（如图 9.2-3）：当分子间距离很小时，作用力表现为斥力；当分子间的距离稍大时，作用力表现为引力。如果分子距离很远，作用力就极其微弱，可以忽略不计。

研究表明，分子间同时存在着引力与斥力，它们的大小都跟分子间距有关（如图 9.2-4 所示）。

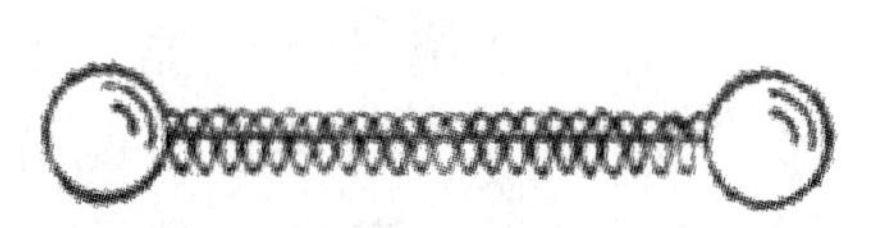

图 9.2-3　被弹簧连着的小球

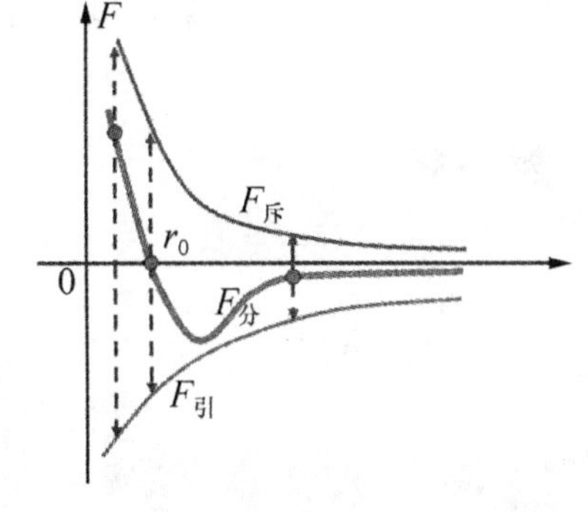

图 9.2-4　分子间相互作用力与分子间距的变化关系

可以看到，分子间的引力和斥力随着分子间距的增大而减小。当分子间距为 r_0 时，分子间的引力和斥力相互平衡，分子间的作用力为零。r_0 的数量级约为 10^{-10} m，相当于 r_0 的距离的位置，我们称其为平衡位置。

当分子间距小于 r_0 时，引力和斥力虽然都随着分子间距的减小而增大，但斥力增大的更快，因而分子间的作用力表现为斥力。

当分子间距大于 r_0 时，引力和斥力虽然都随着分子间距的增大而减小，但是斥力减小得更快，因而分子间的作用力表现为引力，它随着分子间距的增大而迅速减小。

当分子间距的数量级大于 $10r_0$，分子间作用力已经变得十分微弱，可以忽略不计了。所以分子间作用力是一个短程作用力。

动手动脑学物理

1. 利用分子间作用力解释“破镜不能重圆”的物理原理？

2. 把一块洗净的玻璃板吊在橡皮筋的下端，使玻璃板水平地接触水面（如图 9.2-5）。如果你想使玻璃板离开水面，用手向上拉橡皮筋，拉动玻璃板的力是否大于玻璃板受的重力？动手试一试，并解释为什么？

3. 把两块光滑的玻璃贴紧，它们不能吸在一起，原因是（　　）。

A. 两块玻璃分子间存在斥力

B. 两块玻璃的分子间距离太大

C. 玻璃分子间隔太小，不能形成扩散

D. 玻璃分子运动缓慢

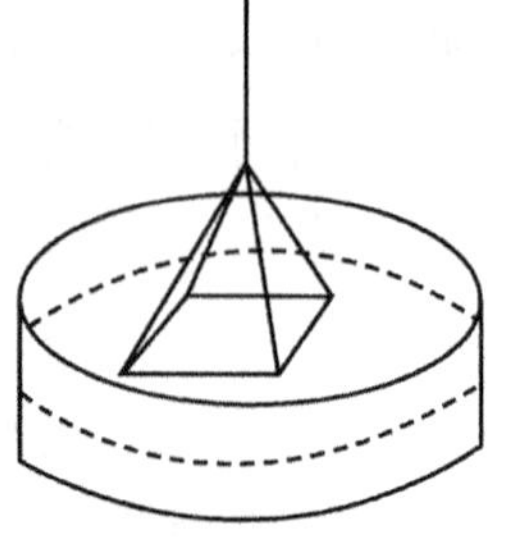

图 9.2-5

（二）分子势能

想一想

弹簧被压缩（或拉伸）时，两物体之间存在力的作用，系统具有势能（如图 9.2-6）。分子间存在作用力，因此分子组成的系统也具有分子势能。那么分子势能的大小如何变化？

图 9.2-6　分子势能与弹性势能类比

读一读

分子势能　fēnzǐ shìnéng　potential energy of molecular

学一学

分子间存在相互作用力，分子间具有由它们相对位置决定的势能，这就是分子势能。

分子间距 r 大于 r_0 时，分子间的相互作用表现为引力，要增大分子间距必须克服引力做功，因此分子势能随着分子间距的增大而增大。这种情况与弹簧被拉伸时弹性势能的变化相似。

分子间距 r 小于 r_0 时，分子间的相互作用表现为斥力，要减小分子间距必须克服斥力做功，因此分子势能随着分子间距的减小而增大。这种情况与弹簧被压缩时弹性势能的变化相似。

当 $r=r_0$（即分子处于平衡位置时），分子势能最小。不论 r 从 r_0 增大还是减小，分子势能都将增大。如果以分子间距离为无穷远时分子势能为零（如图 9.2-7）。

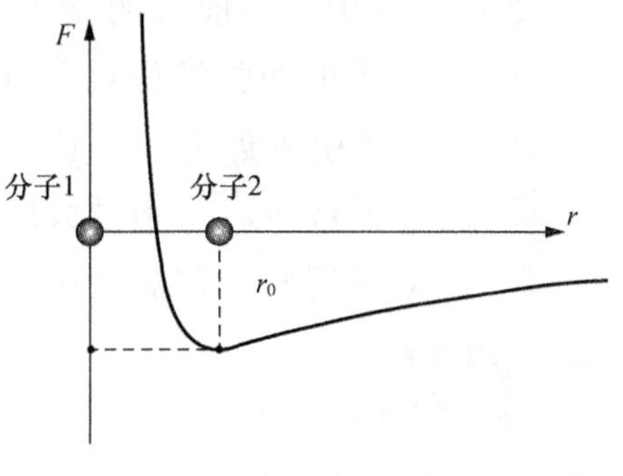

图 9.2-7　分子势能与分子间距的变化关系

物体的体积变化时，分子间的距离将发生变化，因而分子势能随之改变。可见，分子势能与物体的体积有关。

动手动脑学物理

1. 甲、乙两分子相距较远（分子力为零），固定甲，乙逐渐靠近甲，直到不能再靠近的过程中（　　）。

A. 分子力总是对乙做正功

B. 乙总是克服分子力做功

C. 先是乙克服分子力做功，后分子力对乙做正功

D. 先是分子力对乙做正功，后乙克服分子力做功

一节一练

一、选择题

1. 下列事实中，能说明分子间有间隙的是（　　）。
   A. 用瓶子装满一瓶砂糖，反复抖动后总体积减小
   B. 手捏面包，体积减小
   C. 水很容易渗入砂土层中
   D. 水和酒精混合后的总体积小于二者原来的体积之和
2. 下列说法中，哪些是正确的（　　）。
   A. 水的体积很难被压缩，这时分子间存在斥力的宏观表现
   B. 气体中是很容易充满容器，这时分子间存在斥力的宏观表现
   C. 两个相同的半球壳温和接触，中间抽成真空（马德堡半球），用力很难拉开，这时分子间存在吸引力的宏观表现
   D. 用力拉铁棒的两端，铁棒没有断，这时分子间存在引力的宏观表现
3. 下列现象中，不能说明分子间存在引力的是（　　）。
   A. 打湿了的两张纸很难分开
   B. 磁铁吸引附近的小铁钉
   C. 用斧子劈柴，要用很大的力才能把柴劈开
   D. 用电焊把两块铁焊在一起

二、问答题

1. 分子间作用力为零的位置一定是 r_0 处吗？
2. 为什么物体能够被压缩，但压缩得越小，进一步压缩就越困难？

第三节　内　能

（一）内　能

读一读

内能	nèinéng	internal energy

学一学

物体中所有分子的热运动动能与分子势能的总和，叫做物体的内能。组成任何物体的分子都在做着无规则的热运动，所以任何物体都具有内能。内能的单位是焦［耳］(J)。

由于分子热运动的平均动能与温度有关，分子势能与物体的体积有关，所以，一般物体的温度和体积变化时它的内能都要随着改变。

（二）改变内能的两种方式

想一想

冬天很冷的时候，我们怎么取暖（图 9.3-1 和图 9.3-2）？

图 9.3-1　暖炉取暖

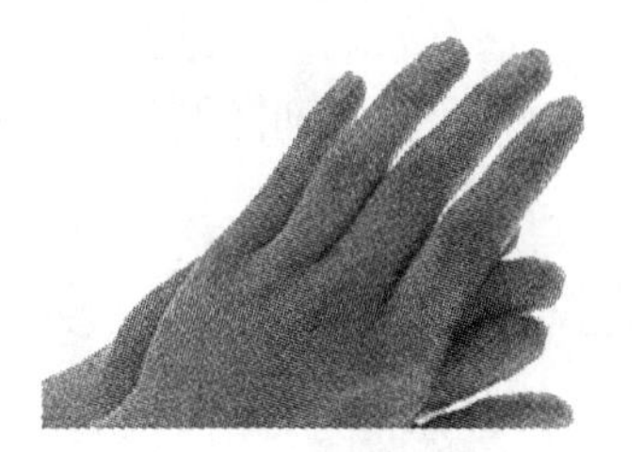

图 9.3-2　搓手取暖

做一做

如何使一根木棍的温度升高从而内能增加？试一试。

读一读

热传递	rèchuándì	heat transfer
做功	zuògōng	performance of work
热力学第一定律	rèlìxué dìyī dìnglǜ	the first law of thermodynamics

学一学

冬天用暖炉取暖，灼热的暖炉使它上面和周围的物体温度升高，内能增加。这样的过程中，物体的内能发生了改变，但是并没有做功。这种没有做功而使物体内能改变的物理过程叫做热传递。

冬天靠来回搓手让手变暖，我们克服摩擦力做功，手的温度升高，内能增加。这就是“摩擦生热”（the frictional heat）。这是通过做功改变物体内能。

可见，改变物体内能的物理过程有两种：做功和热传递。

做功和热传递都能改变物体的内能，就是说做功和热传递对改变物体的内能是等效的。但是从能量转化和守恒的观点看又是有区别的：做功时其他能量和内能之间的转化，功是内能转化的量度；而热传递是内能间的转移，热量是内能转移的量度。

外界对物体做功 W 加上物体从外界吸收的热量 Q 等于物体内能的增加 ΔU，即

$$\Delta U = Q + W$$

上式在物理学中叫做热力学第一定律。

英文备注

zuògōng shì qí tā néngliàng hé nèi néng zhī jiān de zhuǎnhuà gōng shì nèi néng zhuǎnhuà de liàng dù ér
做功是其他能量和内能之间的转化。功是内能转化的量度；而
rè chuán dì shì nèi néng jiān de zhuǎn yí rè liàng shì nèi néng zhuǎn yí de liàng dù
热传递是内能间的转移，热量是内能转移的量度。（Performance of work is a conversion between other energy and internal energy. The work is the measurement of internal energy conversion; Heat transfer is a transmission in internal energy. The quantity of heat is the measurement of internal energy transmission.）

动手动脑学物理

1. 内能的单位是______，物体的温度升高，它的内能就______；物体的温度降低，它的内能就______。

2. 如图 9.3-3 所示，属于用热传递改变物体内能的是（　　）。

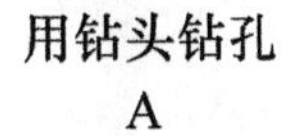

用钻头钻孔　A　　用煤气烧水　B　　金属块在砂石上磨擦　C　　用锯子锯木板　D

图 9.3-3

第十章　气　　压
(Pressure)

第一节　大气压的存在

（一）大气压的存在

想一想

思考下面现象（图 10.1-1 和图 10.1-2）产生的原因。

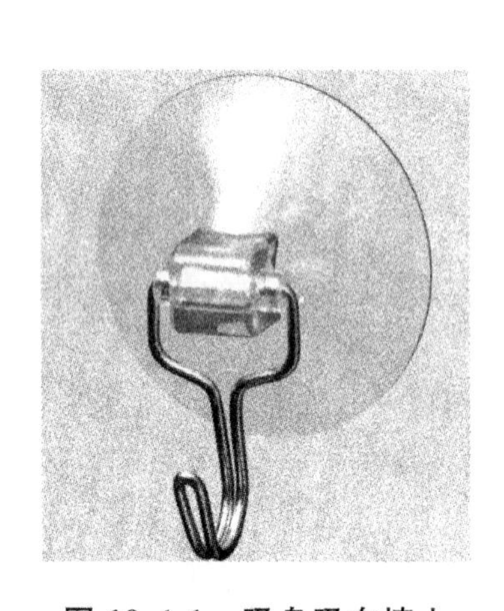

图 10.1-1　吸盘吸在墙上

图 10.1-2　用吸管吸果汁

这些现象是大气压引起的吗？

做一做

我们可以进一步实验：

1. 如果把塑料吸盘戳个小孔，空气通过小孔进入吸盘和光滑的墙面之间，与外部压力平衡，吸盘便不可能贴在光滑的墙面上；

2. 如果把饮料瓶口密封起来，使大气不再能够进入瓶内，我们便无法吸到饮料。

读一读

大气压强	dàqìyāqiáng	atmospheric pressure
吸盘	xīpán	sucker
吸管	xīguǎn	straw
塑料	sùliào	plastics
饮料	yǐnliào	drinks
密封	mìfēng	seal
马德堡半球	Mǎdébǎo bànqiú	Magdeburg hemispheres

学一学

实验证明，大气压强是确实存在的。大气压强通常简称为大气压或者气压。

科学故事

马德堡半球实验的故事

在17世纪那个时候，德国有一位热爱科学的市长，名叫奥托·冯·格里克。1654年，他听到托里拆利的事，又听说还有许多人不相信大气压；还听到有少数人在嘲笑托里拆利；再听说双方争论得很激烈，互不相让，针锋相对。

图 10.1-3　马德堡半球实验

此时格里克虽在远离意大利的德国，但很抱不平，义愤填膺（yīng）。有一天，他和助手做成两个半球（图 10.1-4），直径 14 英寸（约 37 厘米），并请来一大队人马，在市郊做起“大型实验”（图 10.1-3）。

这年 5 月 8 日的这一天，美丽的马德堡市风和日丽，碧空万里，十分晴朗，一大批人围在实验场上，熙熙攘攘，很是热闹。人们在议论着，争论着，在预言着；还有的人一边在大街小巷里往实验场跑，一边高声大叫：“市长演马戏了！市长演马戏了……”

图 10.1-4 马德堡半球实物

格里克和助手当众把这个黄铜的半球壳中间垫上橡皮圈；再把两个半球壳灌满水后合在一起；然后把水全部抽出，使球内形成真空；最后，把气嘴上的龙头拧紧封闭。瞬时，周围的大气把两个半球紧紧地压在一起。

格里克一挥手，4 个马夫牵来 16 匹高头大马。格里克一声令下，16 匹马背道而拉，好像在“拔河”似的。

“加油！加油！”实验场上黑压压的人群一边整齐地喊着，一边打着拍子。

4 个马夫，16 匹大马，都搞得浑身是汗。但是，铜球仍是原封不动。格里克只好摇摇手暂停一下。随后，增加人数。马夫们喝了些开水，擦擦额头上的汗水，又在准备着第二次表演。

实验场上的人群，更是伸长脖子，一个劲儿地看着，不时地发出“哗！哗！”的响声。

突然，“啪！”的一声巨响，铜球分开成原来的两半，格里克举起这两个重重的半球自豪地向大家高声宣告：

“先生们！女士们！市民们！你们该相信了吧！大气压是有的，大气压力是大得这样厉害！这么惊人！……”

动手动脑学物理

1. 做一做以下实验（如图 10.1-5 所示）：首先在瓶底铺层沙子，然后在瓶中点燃浸过酒精的棉花，最后用剥了皮的熟鸡蛋堵住瓶口，鸡蛋会怎样？为什么？

2. 做一做以下实验（如图 10.1-6 所示）：首先在杯子你装满水，然后用硬纸片盖上杯子，最后将杯子倒置过来，纸片会掉、水会洒吗？为什么？

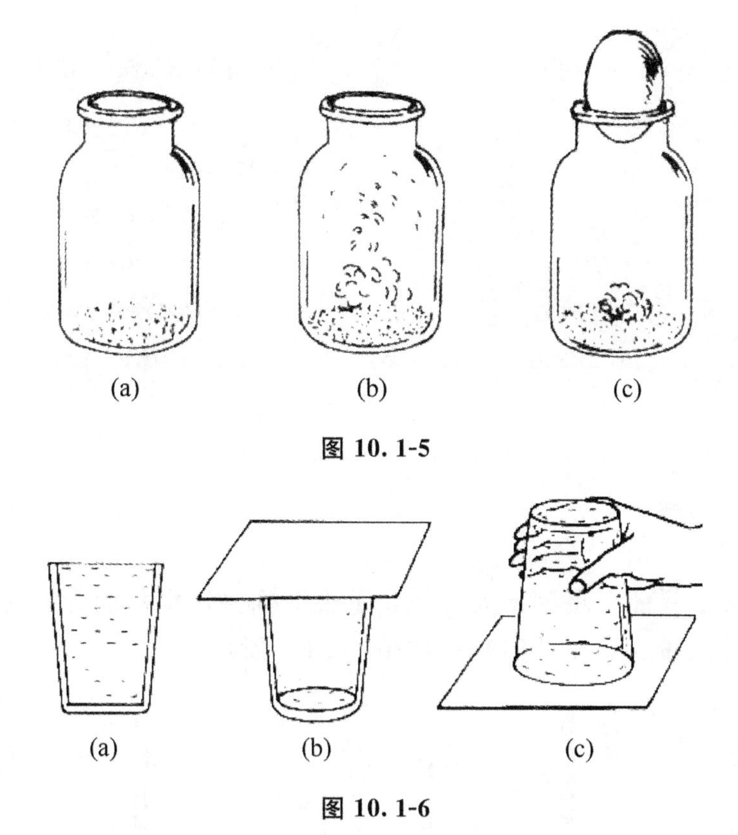

图 10.1-5

图 10.1-6

（二）大气压的测量

做一做

将蘸水的塑料挂钩的吸盘放在光滑水平板上，挤出里面的空气。用弹簧测力计钩着挂钩缓慢往上拉，直到吸盘脱离板面。如图 10.1-7 所示。记录刚刚拉脱时弹簧测力计的读数，这就是大气对吸盘的压力。量出吸盘与桌面的接触面积，算出大气压的大小。

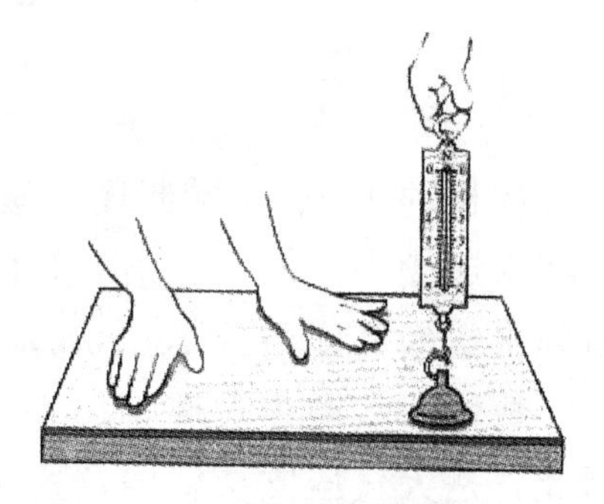

图 10.1-7　用吸盘测量大气压

读一读

水银　　shuǐyín　　mercury
托里拆利　　Tuōlǐchāilì　　Torricelli

标准大气压	biāozhǔn dàqìyā	standard atmospheric pressure
水银柱	shuǐyínzhù	mercury column
帕斯卡	pàsīkǎ	Pascal
海拔	hǎibá	height above sea level
血压	xuèyā	blood pressure
收缩压	shōusuōyā	systolic pressure
舒张压	shūzhāngyā	diastolic pressure

学一学

上面的方法只能粗略测出大气压，不很准确。这里我们介绍意大利科学家托里拆利做的测量大气压的实验（如图 10.1-8 所示）。

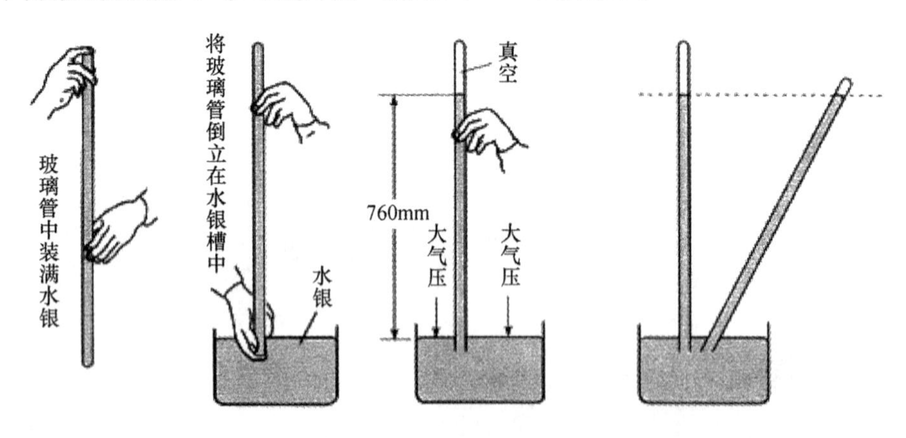

图 10.1-8 托里拆利实验

在长约 1 m、一端封闭的玻璃管里灌满水银，用手指将管口堵住，然后倒插在水银槽中。放开手指，管内水银面下降到一定高度时就不再下降，这时管内外水银面高度差约 760 mm，把管子倾斜，高度差也不发生变化。

解释 实验中玻璃管内水银面的上方时真空，管外水银面的上方是大气，因此，是大气压支持管内这段水银柱不落下，大气压的数值就等于这段水银柱所产生的压强。

通常把该实验测出的大气压叫做标准大气压：1 个标准大气压＝76 cm 水银柱高＝1.01×10^5 帕［斯卡］（Pa）。在粗略计算中，标准大气压也可取 1×10^5 Pa。

不同高度的大气压不一样，天气的变化也会影响大气压。在海拔 3000 m 以内，大约每升高 10 m，大气压减小 100 Pa。

动手动脑学物理

1. 屋顶的面积是 30 平方米，大气对屋顶的压力有多大？这么大的压力为什么没有把屋顶压塌呢？

2. 人血压的正常值（收缩压和舒张压）大约是标准大气压的多少分之一？自己找资料进行估算。

3. 甲、乙、丙三个学生在做测大气压实验时，测出水银柱高度分别是 752 mm，75.6 cm，0.76 m。已知其中一人是漏进了少量空气，另一人管子略有歪斜，则测量结果不准确的是（ ）。

A. 甲、乙　　B. 乙、丙　　C. 甲、丙　　D. 无法确定

4. 马德堡半球实验是第一个______的实验；托里拆利实验是第一个______的实验。

第二节 气体的体积、压强、温度之间的关系

（一）描述气体的状态参量

想一想

如果让你描述气体，你会用它的哪些特征来描述它呢？

读一读

状态参量	zhuàngtài cānliàng	state parameter
温度	wēndù	temperature
热力学温度	rèlìxué wēndù	thermodynamic temperature
摄氏温度	shèshì wēndù	centigrade temperature
压强	yāqiáng	pressure

学一学

一般我们用温度、体积、压强三种参量来描述气体。

温度　温度在宏观上表示物体的冷热程度，在微观上是分子平均动能的标志。

热力学温度是国际单位制中的基本量之一，符号 T，单位 K（Kelvin）；摄氏温度是导出单位，符号 t，单位℃（Celsius scale）。关系是 $t=T-T_0$，其中 $T_0=273.15\,\text{K}$。

体积　气体总是充满它所在的容器，所以气体的体积总是等于盛装气体的容器的容积。

压强　气体的压强是由于气体分子频繁碰撞器壁而产生的。

对于一定质量的气体来说，如果温度、体积和压强这三个量都不改变，我们就说气体处于一定的状态中。

（二）气体压强与体积的关系——气球的等温变化

做一做，想一想

如图 10.2-1，用手指堵住注射器前段的小孔，这时就在注射器内部保存了一定质量的空气。先将活塞向注射器内部推入，使管内的气体体积减小，然后往外拉活塞，使管内气体体积增大，体会管中空气对手指压力的变化。

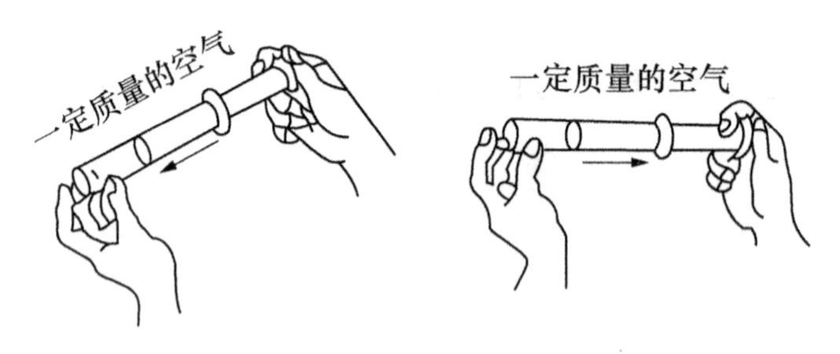

图 10.2-1

读一读

等温变化	děngwēn biànhuà	isothermal change

等温线	děngwēnxiàn	isotherm
玻意耳定律	Bōyì'ěr dìnglǜ	Boyle's Law

学一学

通过上述实验我们认识到，体积减小时，气体压强增大：体积增大时，气体压强减小。

假设气体体积变化时的温度不变，气体在温度不变的情况下所发生的状态变化叫做等温变化。根据实验数据得到玻意耳定律：

表述之一　一定质量的气体，在温度不变的情况下，它的压强和体积成反比。

数学表达式为　$\frac{p_2}{p_1}=\frac{V_1}{V_2}$ 或 $p_1V_1=p_2V_2$

其中 p_1、V_1 和 p_2、V_2 分别表示气体在 1、2 两个不同状态下的压强和体积。

表述之二　一定质量的气体，在温度不变的情况下，它的压强和体积的乘积是不变的。

数学表达式为 $pV=C$，式中 C 是一个常量。

表述之三　用图像表示玻意耳定律（如图 10.2-2）。纵轴表示气体的压强，横轴表示气体的体积。由图，我们看出，随着温度的升高，pV 变大。

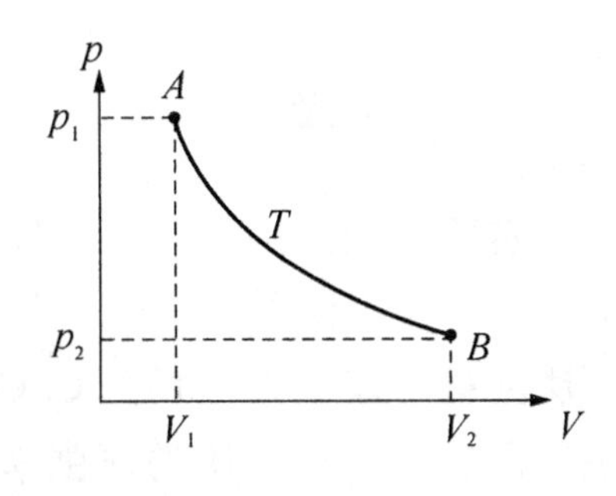

图 10.2-2　p-V 曲线

玻意耳定律的适用条件：一是温度不太低；二是压强不太大。

动手动脑学物理

同一气体，不同温度下等温线是不同的（如图 10.2-3），你能判断哪条等温线是表示温度较高的情形吗？你是根据什么理由作出判断的？

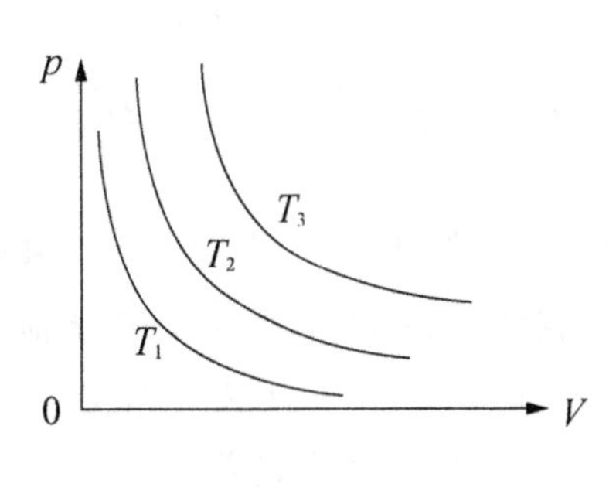

图 10.2-3

（三）气体压强与温度的关系——气体的等容变化

做一做，想一想

1. 滴液瓶中装有干燥的空气，用涂有少量润滑油的橡皮塞盖住瓶口，把瓶子放入热水中，会看到塞子飞出；把瓶子放在冰水混合物中，拔掉塞子时会比平时费力。

2. 冬天的气球从室外带进室内容易爆裂。

读一读

查理定律	Chálǐ dìnglǜ	Charles' Law
等容变化	děngróng biànhuà	isochoric change

学一学

由实验可知，一定质量的气体，保持体积不变，当温度升高时，气体的压强增大；当温度降低时，气体的压强会减小。

法国科学家查理（J. A. C. Charles）在分析了实验事实后发现，当气体的体积一定时，各种气体的压强 p 热力学温度 T 之间都有线性关系［图 10.2-4（a）］，我们把它叫做查理定律。

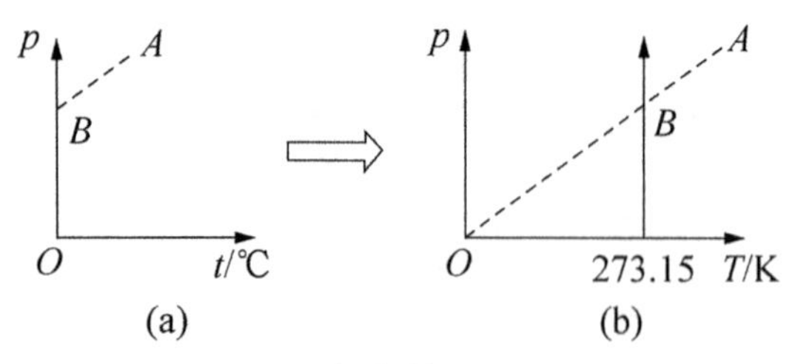

图 10.2-4　气体等容变化的图像

如果把图 10.2-4（a）中的直线 AB 延长至与横轴相交，把交点当作坐标原点，建立新的坐标系［图 10.2-4（b）］，那么压强与温度的关系就是正比例关系了。图（b）中，当压强不太大、温度不太低时，坐标原点代表的温度就是热力学温度的零度。查理定律可以表述为：一定质量的某种气体，在体积不变的情况下，压强 p 与热力学温度 T 成正比，即 $p \propto T$。

数学表达式：

$$p=CT \text{ 或 } \frac{p}{T}=C$$

其中 C 是比例常数。

“压强 p 与热力学温度 T 成正比”也可以表示为另外的形式，即

$$\frac{p_1}{T_1}=\frac{p_2}{T_2}$$

查理定律的适用条件：一是温度不太低；二是压强不太大。

（四）气体温度与体积与关系——等压变化

读一读

盖·吕萨克定律	Gài-lǚsàkè dìnglǜ	Gay-Lussac's Law
等压变化	děngyā biànhuà	isobaric change

学一学

通过实验研究一定质量的某种气体在压强不变的情况下其体积与温度的关系，可以得到 V-T 图像是一条过原点的直线（如图 10.2-5）。

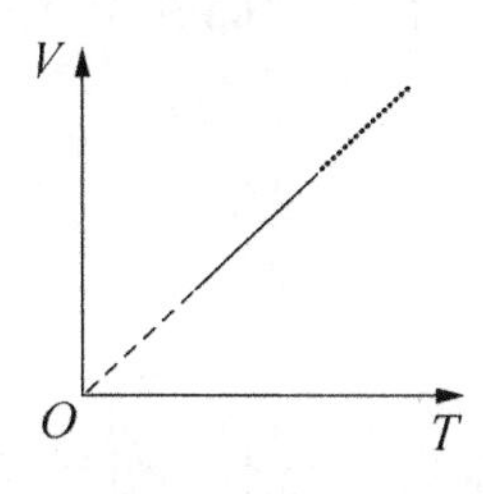

图 10.2-5

法国科学家盖·吕萨克（J. Gay-Lussac）首先通过实验发现了这一线性关系。我们把它叫做盖·吕萨克定律：一定质量的某种气体，在压强不变的情况下，其体积 V 与热力学温度 T 成正比，即

$$V=CT \text{ 或 } \frac{V}{T}=C$$

其中 C 是比例常数。盖·吕萨克定律表示成另外的形式就是

$$\frac{V_1}{T_1}=\frac{V_2}{T_2} \text{ 或 } \frac{V_1}{V_2}=\frac{T_1}{T_2}$$

盖·吕萨克定律的适用条件：一是温度不太低；二是压强不太大。

第三节　理想气体的状态方程

（一）理想气体

读一读

理想气体	lǐxiǎng qìtǐ	ideal gas

学一学

玻意耳定律、查理定律、盖·吕萨克定律等气体实验定律，都是在压强不太大（相对大气压强）、温度不太低（相对室温）的条件下总结出来的。当压强很大、温度很低时，上述定律的计算结果和实际测量结果有很大的差别。

在任何温度、任何压强下都遵从以上气体实验定律的气体叫做理想气体。

（二）理想气体的状态方程

读一读

理想气体状态方程	lǐxiǎng qìtǐ zhuàngtài fāngchéng	state equation of ideal gas

学一学

描述一定质量的某种理想气体状态的参量有三个：p、V、T。前面提到的每一个实验定律所谈的，都是当一个参量不变时另外两个参量的关系。本节我们将研究三个参量都可能变化的情况下，它们所遵从的数学表达式。

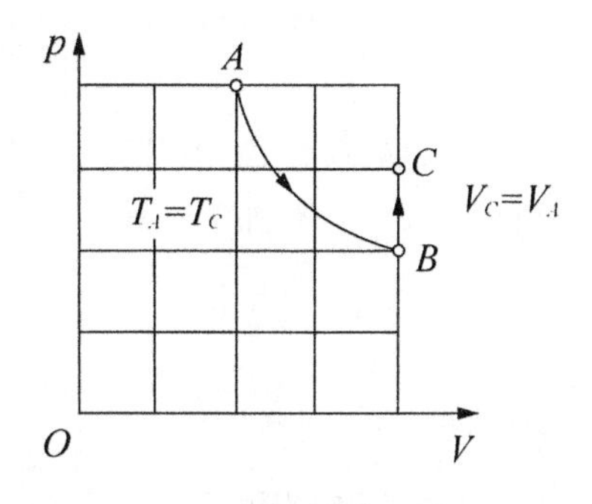

图 10.2-6 推导 p_A、V_A、T_A 与 p_C、V_C、T_C 的关系

如图 10.2-6，一定质量的某种理想气体从 A 到 B 经历了一个等温过程，从 B 到 C 经历了一个等容过程。分别用 p_A、V_A、T_A 和 p_B、V_B、T_B 以及 p_C、V_C、T_C 表示气体在 A、B、C 三个状态的状态参量。

把 $A\to B$ 的玻意耳定律方程和 $B\to C$ 的查理定律方程联立，消去两个方程中状态 B 的压强，便得到关系式

$$\frac{p_AV_A}{T_A}=\frac{p_CV_C}{T_C}$$

这里 A、C 是气体的两个任意状态。上式表明，一定质量的某种理想气体在从状态 1 变化到状态 2 时，尽管其 p、V、T 都可能改变，但是压强跟体积的乘积与热力学温度的比值保持不变。也就是说

$$\frac{p_1V_1}{T_1}=\frac{p_2V_2}{T_2}$$

或

$$\frac{pV}{T}=C$$

式中，C 是与 p、V、T 无关的常量。

上面两式都叫做一定质量的某种理想气体的状态方程。

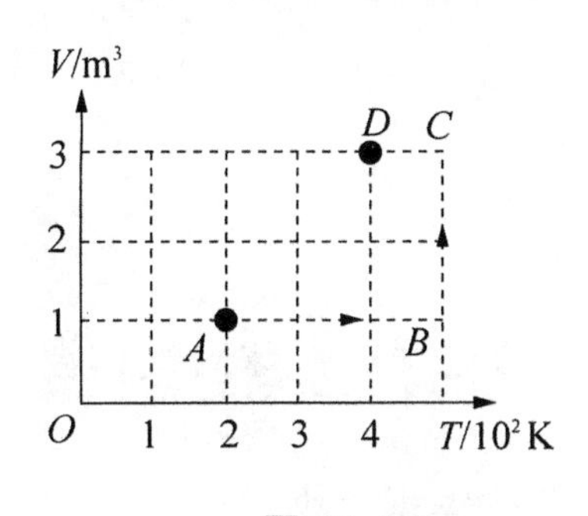

图 10.2-7

例题 1 一定质量的某种理想气体由状态 A 变为状态 D，其有关数据如图 10.2-7 所示。若状态 D 的压强是 10^4 Pa，状态 A 的压强是多少？

解 从题目所给的条件可以看出，A、D 两个状态中共有 5 个状态参量是已知的

$$V_A=1\ \mathrm{m^3}\mid T_A=200\ \mathrm{K}$$

$$V_D=3\ \mathrm{m^3}\mid T_D=400\ \mathrm{K}\mid p_D=10^4\ \mathrm{Pa}$$

待求的状态参量是 p_A。

根据题意，研究的对象是一种理想气体，而且质量是一定的。由理想气体状态方程把这些状态参量联系起来，即

$$\frac{p_AV_A}{T_A}=\frac{p_DV_D}{T_D}$$

由此解出

$$p_A=\frac{p_DV_DT_A}{V_AT_D}$$

代入数值后，得到状态 A 的压强

$$p_A=\frac{10^4\times3\times200}{1\times400}\text{Pa}=1.5\times10^4\ \text{Pa}$$

从这个例题可以看出，一定质量的理想气体的状态方程给出了两个状态间的联系，并不涉及气体从一个状态变到另一个状态的具体方式。

一节一练

一、选择题

1. 一定质量的理想气体，在某一平衡状态下的压强、体积和温度分别为 p_1、V_1、T_1，在另一平衡状态下的压强、体积和温度分别为 p_2、V_2、T_2，下列关系中正确的是（　　）。

A. $p_1=p_2$，$V_1=2V_2$，$T_1=T_2/2$　　B. $p_1=p_2$，$V_1=V_2/2$，$T_1=2T_2$

C. $p_1=2p_2$，$V_1=2V_2$，$T_1=2T_2$　　D. $p_1=2p_2$，$V_1=V_2$，$T_1=2T_2$

2. 一位质量为 60 kg 的同学为了表演“轻功”，他用打气筒给 4 只相同的气球以相等质量的空气（可视为理想气体），然后将这 4 只气球以相同的方式放在水平放置的木板上，在气球的上方放置一轻质塑料板，如图 10.2-8 所示。

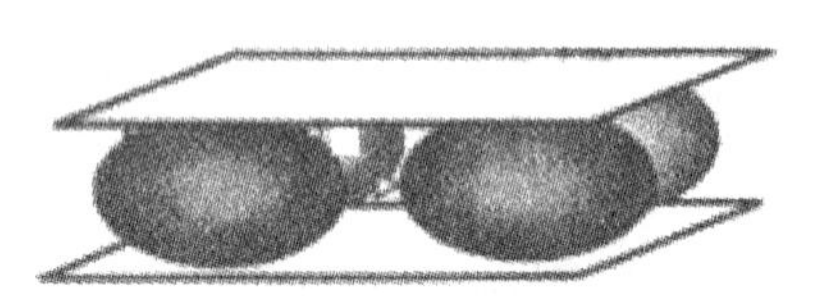

图 10.2-8

（1）关于气球内的气体的压强，下列说法中正确的是（　　）。

A. 大于大气压强

B. 是由于气体重力而产生的

C. 是由于气体分子之间的斥力而产生的

D. 是由于大量气体分子的碰撞而产生的

（2）在这位同学慢慢站上轻质塑料板中间位置的过程中，球内气体温度可视为不变。下列说法中，正确的是（　　）。

A. 球内气体体积变大　　B. 球内气体体积变小

C. 球内气体内能变大　　D. 球内气体内能不变

二、计算题

1. 一定质量的理想气体由状态 A 经状态 B 变为状态 C，其中 $A\to B$ 过程为等压变化，$B\to C$ 过程为等容变化。已知 $V_A=0.3\ \text{m}^3$，$T_A=T_0=300\ \text{K}$、$T_B=400\ \text{K}$。

（1）求气体在状态 B 时的体积。

（2）说明 $B\to C$ 过程压强变化的微观原因。

（3）设 $A\to B$ 过程气体吸收热量为 Q_1，$B\to C$ 过程气体放出热量 Q_2，比较 Q_1、Q_2 的大小说明原因。

第四节　气体压强的微观意义

（一）气体分子运动特点

想一想

四枚硬币，每投掷一次，正面朝上的硬币数是不一定的；若多次投掷后，正面朝上的硬币数存在一定的统计规律。我们知道，单个分子的运动是无规则的，那么大量气体分子的运动是否存在一定的规律？

读一读

杂乱无章	záluàn wúzhāng	chaotic
有规律	yǒuguīlǜ	regular
比例常数	bǐlì chángshù	proportional constant

学一学

每个气体分子的运动是杂乱无章的，但对大量分子的整体来说，分子的运动是有规律的。在某一时刻，向各个方向运动的分子都有，而且向各个方向运动的气体分子数目都相等。当然，这里的相等，是针对大量分子说的，实际数目会有微小的差别，由于分子数极多，其差别完全可以忽略。

尽管大量分子做无规则运动，速率有大有小，但分子的速率却按一定的规律分布。定量的分析可以得出：理想气体的热力学温度 T 与分子的平均动能 $\overline{E_k}$ 成正比，即

$$T=\alpha\overline{E_k}$$

式中，α 是比例常数。

这表明温度是分子平均动能的标志。

（二）气体压强的微观意义

做一做，想一想

把一颗豆粒拿到台秤上方约 10 cm 的位置，放手后使它落在秤盘上，观察秤的指针的摆动情况。

再从相同高度把 100 粒或者更多的豆粒连续地倒在秤盘上（如图 10.4-1 所示），观察指针的摆动情况。

使这些豆粒从更高的位置落在秤盘上，观察指针的摆动情况。

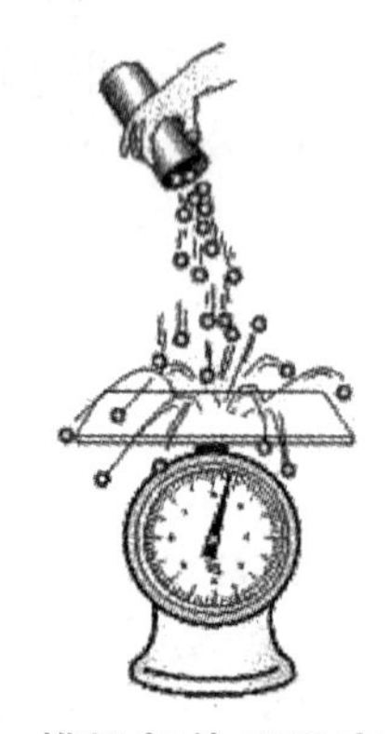

图 10.4-1 模拟气体压强产生机理实验

图 10.4-2 大量雨点对伞的撞击，使伞受到持续的作用力

读一读

冲力	chōnglì	impulsive force
微观意义	wēiguān yìyì	microscopic meaning

学一学

从微观的角度看，气体对容器的压强是大量气体分子对容器的碰撞引起的，这就好像密集的雨点打在伞上一样。雨滴的动能越大，雨滴越密集，产生的压力就越大。同样，单个分子碰撞容器的冲力是短暂的，但是大量分子频繁地碰撞器壁，就对器壁产生持续的、均匀的压力。从分子运动理论的观点来看，气体压强就是大量气体分子作用在容器壁单位面积上的平均作用力。

从微观角度来看，气体压强的大小跟两个因素有关：一个是气体分子的平均动能，一个是气体分子的密集程度。

动手动脑学物理

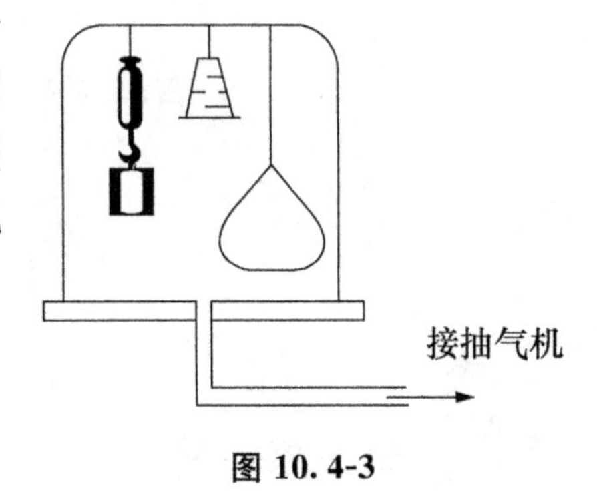

图 10.4-3

如图 10.4-3 所示，密闭的玻璃罩内放有三个小实验装置：一个是充气的气球，一个是弹簧测力计测重力，另一个是装满水的杯子，杯口用塑料薄片覆盖并倒置悬挂在玻璃罩内。在用抽气机不断抽去罩内空气的过程中，观察到的现象是：

（1）充气的气球____________。

（2）弹簧测力计的示数____________。

（3）玻璃杯中的水和塑料片____________。

（三）对气体实验定律的微观解释

学一学

用分子动理论可以很好地解释气体的实验定律。

一定质量的某种理想气体，温度保持不变时，分子的平均动能是一定的。在这种情况下，体积减小时，分子的密集程度增大，气体的压强就增大。这就是玻意耳定律的微观解释。

一定质量的某种理想气体，体积保持不变时，分子的密集程度保持不变。在这种情况下，温度升高时，分子的平均动能增大，气体的压强就增大。这就是查理定律的微观解释。

一定质量的理想气体，温度升高时，分子的平均动能增大。只有气体的体积同时增大，使分子的密集程度减小，才能保持压强不变。这就是盖·吕萨克定律的微观解释。

动手动脑学物理

一定质量的某种理想气体，当它的热力学温度升高为原来的 1.5 倍、体积增大为原来的 3 倍时，压强将变为原来的多少？请从压强和温度的微观意义来说明。

第十一章　电　　场
(Electric Field)

第一节　真空中的库仑定律

(一) 静电现象

想一想，做一做

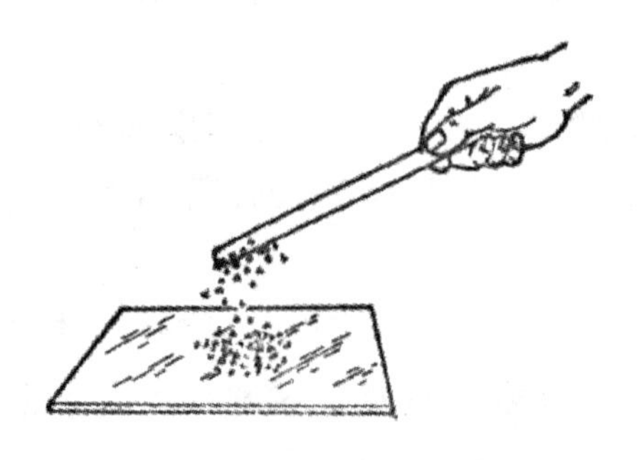

图 11.1-1　摩擦过的玻璃棒吸纸屑

图 11.1-2　衣服上的静电

通过以上的活动（图 11.1-1 和图 11.1-2），你能感受到电的存在么？

看一看

léi diàn
图 11.1-3 雷 电

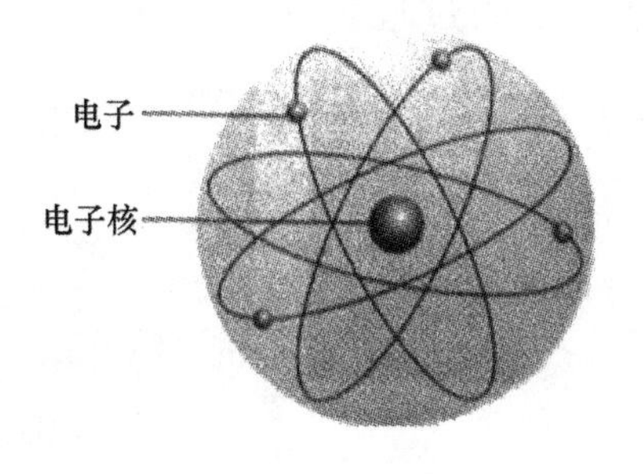

yuán zǐ
图 11.1-4 原 子

读一读

摩擦起电	mócā qǐdiàn	electrification by friction
正电荷	zhèngdiànhè	positive charge
负电荷	fùdiànhè	negative charge
丝绸	sīchóu	silk cloth
玻璃棒	bōlíbàng	glass rod
毛皮	máopí	animal fur
橡胶棒	xiàngjiāobàng	ebonite rod
原子	yuánzǐ	atom

学一学

摩擦起电是指用摩擦的方法使物体带上电荷的过程。这些电荷静止在物体上，这种现象就叫做静电现象。

在自然界只存在着两种电荷：正电荷和负电荷。用丝绸摩擦过的玻璃棒上所带的电荷是正电荷，用毛皮摩擦过的橡胶棒上所带的电荷是负电荷。

摩擦为什么能使物体带电呢？这是因为物体都是由原子组成的，原子由带负电的电子和带正电的原子核组成。通常，原子核带的正电荷与核外所有电子带的负电荷在数量上相等，原子呈电中性，由原子组成的物体看起来不带电。但是当两种不同的物体相互摩擦时，一个物体的一部分电子会转移到另一个物体上，这样，得到电子的物体因获得多余的电子而带负电荷，失去电子的物体因缺少电子而带等量的正电荷。所以物体带电实际上就是物体失去电子或获得多余电子的过程。

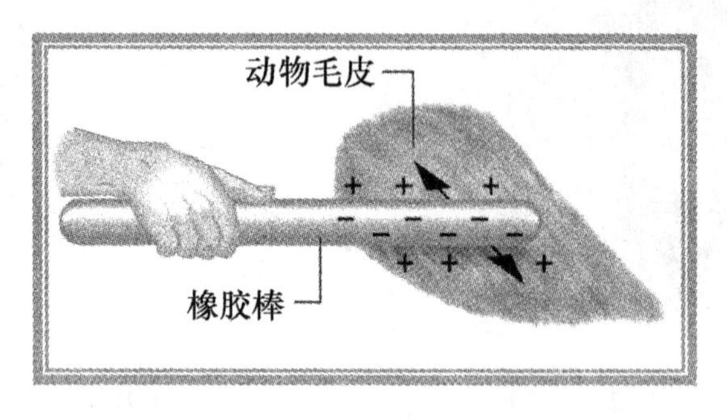

图 11.1-5　用毛皮摩擦橡胶棒

动手动脑学物理

生活中还有哪些地方存在静电现象?

(二) 静电感应

读一读

静电感应	jìngdiàn gǎnyìng	electrostatic induction
导体	dǎotǐ	conductor
带电体	dàidiàntǐ	charged body
同号电荷	tónghào diànhè	homocharge
异号电荷	yìhào diànhè	heterocharge
感应起电	gǎnyìng qǐdiàn	electrification by induction

学一学

当一个带电体靠近导体时，由于电荷之间相互吸引或排斥，导体中的自由电荷便会趋向或远离带电体，使导体靠近带电体的一端带异号电荷，远离带电体的一端带同号电荷。这种现象叫做静电感应。利用静电感应使金属导体带电的过程叫做感应起电（过程见图 11.1-6）。

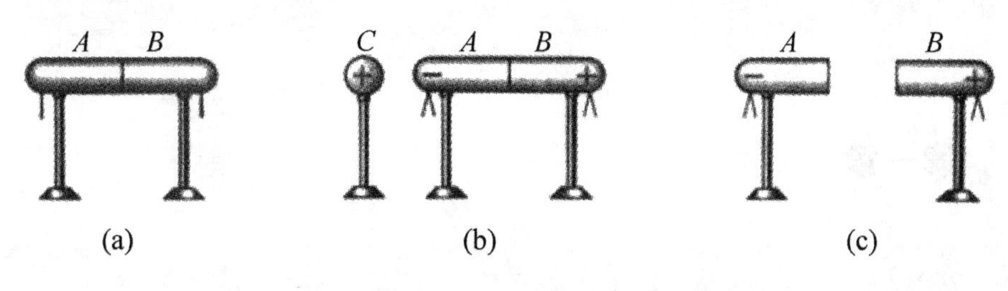

图 11.1-6 感应起电

（三）电荷及其电荷守恒定律

电荷

读一读

电荷量	diànhèliàng	quantity of electrici charge
库仑	kùlún	coulomb
元电荷	yuándiànhè	elementary charge
整数倍	zhěngshùbèi	integral multiple

学一学

电荷的多少叫做电荷量，用符号 Q 或 q 表示。电荷量有时简称电荷。在国际单位制中，电荷量的单位是库［仑］，简称库，用符号 C 表示。正电荷的电荷量为正值，负电荷的电荷量为负值。

科学实验发现的最小电荷量就是电子所带的电荷量。人们把这个最小的电荷量叫做元电荷，用 e 表示。元电荷的值为

$$e = 1.60217733 \times 10^{-19}\text{C}$$

在我们的计算中，可取

$$e = 1.6 \times 10^{-19}\text{C}$$

实验还指出，所有带电体的电荷量或者等于 e 或者是 e 的整数倍。这就是说，电荷量是不能连续变化的物理量。

电荷守恒定律

读一读

电荷守恒定律	diànhè shǒuhéng dìnglǜ	Law of conservation of charge
金属箔	jīnshǔbó	metal foil
验电器	yàndiànqì	electroscope

学一学

大量事实表明：电荷既不会创造，也不会消灭，它只能从一个物体转移到另一个物体，或者从物体的一部分转移到另一部分。在转移过程中，电荷的总量保持不变。这个结论叫做电荷守恒定律。

近代物理实验发现，在一定条件下，带电粒子可以产生和消灭。例如，由一个高能光子可以产生一个正电子和一个负电子。同样，反过来一对正、负电子可同时消灭，转化为光子。不过在这些情况下，带电粒子总是成对产生或消灭，两个粒子带电数量相等但正负相反，而光子又不带电，所以电荷的代数和仍然不变。因此，电荷守恒定律也可以表述为：一个与外界没有电荷交接的系统，电荷的代数和保持不变。它是自然界重要的基本规律之一。

英文备注

diàn hè jì bú huì chuàngzào yě bú huì xiāomiè tā zhǐ néngcóng yí gè wù tǐ zhuǎn yí dào lìng yí gè
电荷既不会创造，也不会消灭，它只能从一个物体转移到另一个
wù tǐ huòzhěcóng wù tǐ de yí bù fēn zhuǎn yí dào lìng yí bù fēn zài zhuǎn yí guòchéngzhōng diàn hè de
物体，或者从物体的一部分转移到另一部分。在转移过程中，电荷的
zǒngliàng bǎochí bú biàn
总量保持不变。(Charge can be neither created nor eliminated, but can be transferred from one body to another body or from one part of a body to another part. During the transference, the total amount of charge remains unchanged.)

实验探究

为了判断物体是否带电以及所带电荷的种类和多少，人们经常使用一种叫做验电器简单装置：玻璃瓶内有两片金属箔，用金属丝挂在一条导体棒的下端，棒的上端通过瓶塞从瓶口伸出［图 11.1-7（a)］。如果把金属箔换成指针．并用金属做外壳，这样的验电器叫静电计［图 11.1-7（b)］。

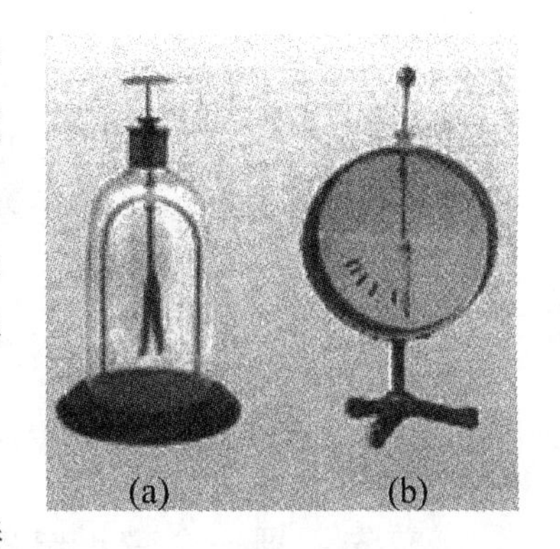

图 11.1-7　验电器和静电计

如何用验电器检验带电体带电的种类和相对数量？

注意观察：是否只有当带电体与导体棒的上端直接接触时，金属箔片才开始张开？解释看到的现象。

动手动脑学物理

1. 不带电的梳子与羊毛衣袖摩擦后带有 10^{-7}C 负电荷。这些电荷的电子数目跟地球人口数相比哪个大？相差多少倍？

2. 有三个完全一样的金属球，A 球带的电荷量为 q，B 球和 C 球均不带电。现要使 B 球带的电荷量为 $\frac{3q}{8}$，应该怎么办？

3. 在原子物理中，常用元电荷作为电量的单位，元电荷的电量为________；一个电子的电量为________，一个质子的电量为________；任何带电粒子，所带电量或者等于电子或质子的电量，或者是它们电量的________。

（四）电荷的相互作用

做做看看

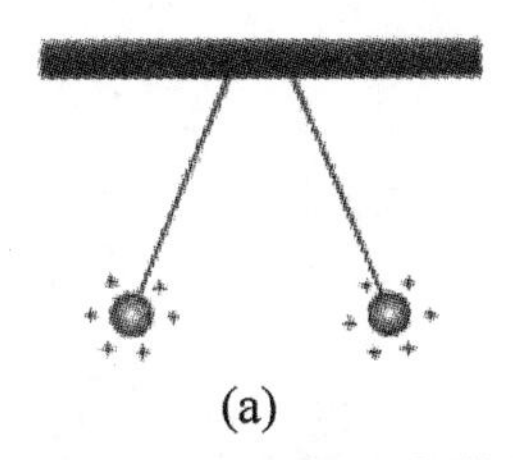

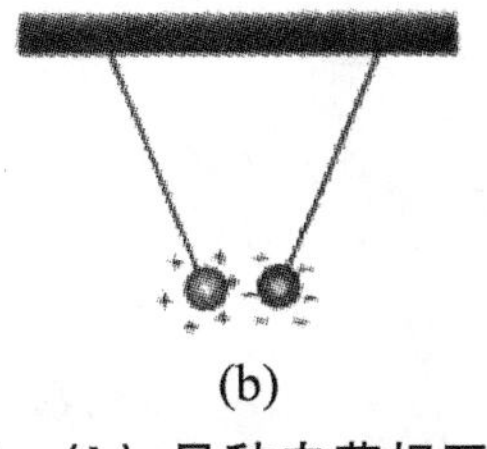

图 11.1-8　(a) 同种电荷相互排斥，(b) 异种电荷相互吸引

读一读

异种电荷	yìzhòng diànhè	opposite charge
同种电荷	tongzhòng diànhè	like charge

学一学

首先，把一个带正电的物体放在 A 处，然后把系在丝线上的带正电的小球先后挂在 P_1、P_2、P_3 等位置（图 11.1-9）。比较小球在不同位置所受作用力的大小。（小球所受作用力的大小可以通过丝线偏离竖直方向的角度显示出来，偏角越大，表示小球受到的作用力越大）。然后，将小球挂在同一位置，比较小球带不同电量时所受作用力的大小。我们可以得到这样的结论：电荷之间的相互作用力随着距离的增大而减小，随着电荷量的增大而增大。

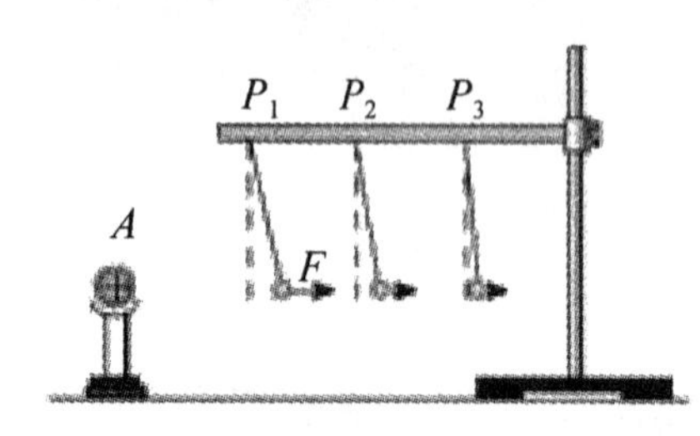

图 11.1-9　比较小球在不同位置、带不同电量所受作用力的大小

动手动脑学物理

电荷之间的相互作用力大小随着____的增大而减小，随着____的增大而增大。

（五）库仑定律

库仑定律

读一读

定性	dìngxìng	qualitative

点电荷	diǎndiànhè	point charge
猜测	cāicè	guess
库仑定律	Kùlún dìnglǜ	Coulomb's Law
静电力	jìngdiànlì	electrostatic force
库仑力	kùlúnlì	coulomb force
静电力常量	jìngdiànlì chángliàng	electrostatic force constant
电磁学	diàncíxué	electromagnetism

学一学

18 世纪，许多科学家都在探索电荷之间作用力的规律，由定性实验表现出来的规律使一些科学家猜测，电荷之间相互作用力的规律可能与万有引力定律具有相似的形式。在前人工作的基础上。法国物理学家库仑用实验研究了电荷之间的作用力，证实了这个猜测。

真空中两个静止点电荷之间的相互作用力，与它们电荷量的乘积成正比，与它们距离的二次方成反比，作用力的方向在它们的连线上。这个规律就是库仑定律。

电荷之间的这种相互作用力叫做静电力或库仑力。库仑定律中所说的“点电荷”指的是一种没有大小的带电体。一般来说，如果带电体之间的距离比它们自身线度的大小大得多，以至于带电体的形状和大小对相互作用力的影响可以忽略不计，这样的带电体就可以看作点电荷。点电荷是电学中的一个理想模型。

如果用 Q_1 和 Q_2 表示两个点电荷的电荷量，用 r 表示它们之间的距离，用 F 表示它们之间的相互作用力，如图 11.1-10 所示，库仑定律可以表示为

Q_1 F F Q_2 r

图 11.1-10

$$F = k\frac{Q_1Q_2}{r^2}$$

式中，k 是一个常量，叫做静电力常量。如果上式中各个物理量都采用国际单位制单位，电荷量的单位是库［仑］(C)、力的单位是牛［顿］(N)、距离的单位是米 (m)。由实验来测得的 k 大小为

$$k = 9\times10^9\ \mathrm{N\cdot m^2\cdot C^{-2}}$$

这就是说，两个电荷量为 1 C 的点电荷在真空中相距 1 m 时，相互作用力是 9×10^9 N，差不多相当于 100 万吨的物体所受的重力！由此可见，库仑是一个

非常大的电荷量单位。我们几乎不可能做到使相距 1 m 的两个物体都带 1 C 的电荷量。通常，一把梳子和衣服摩擦后所带的电量不到百万分之一库仑，但天空中发生闪电之前，巨大的云层中积累的电荷可达几百库仑。

库仑定律是电磁学的基本定律之一，它给出的虽然是点电荷间的静电力，但是任一带电体所带的电荷都可以看成是由许多点电荷组成的。因此，如果知道带电体上的电荷分布，根据库仑定律和力的合成法则，原则上就可以求出带电体间的静电力的大小和方向。

库仑扭秤实验

读一读

库仑扭秤	Kùlún niǔchèng	Coulomb's torsion balance

学一学

库仑做实验用的装置叫做库仑扭秤。如图 11.1-11 所示，细银丝的下端悬挂一根绝缘棒，棒的一端是一个带电的金属小球 A，另一端有一个不带电的球 B，B 与 A 所受的重力平衡。当把另一个带电的金属球 C 插入容器并使它靠近 A 时，A 和 C 之间的作用力使悬丝扭转，通过悬丝扭转的角度可以比较力的大小。改变 A 和 C 之间的距离 r，记录每次悬丝扭转的角度，便可找到力 F 与距离 r 的关系。结果是力 F 与距离 r 的二次方成反比，即

$$F \propto \frac{1}{r^2}$$

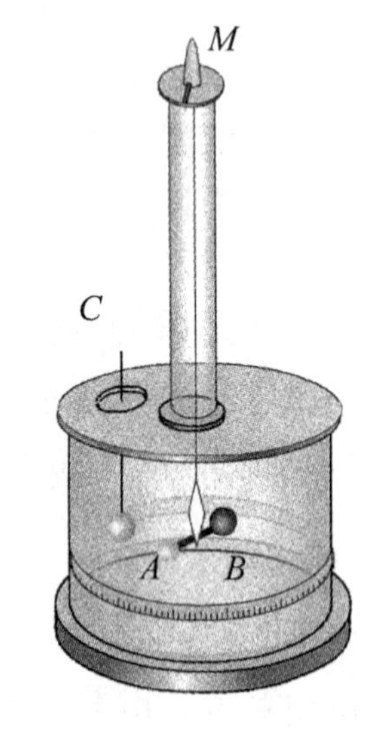

图 11.1-11　库仑扭秤

在库仑那个年代，还不知道怎样测量物体所带的电荷量，甚至连电荷量的单位都没有。库仑发现，两个相同的带电金属小球互相接触后。它们对相隔同样距离的第三个带电小球的作用力相等，所以他断定这两个小球所带的电荷量相等。

如果把一个带电金属小球与另一个不带电的完全相同的金属小球接触，前者的电荷量就会分给后者一半。库仑就用这个方法，把带电小球的电荷量 Q 分

为 $\frac{Q}{2}$，$\frac{Q}{4}$，$\frac{Q}{8}$，…

这样库仑又发现了电荷间的作用力与电荷量的关系，力 F 与 Q_1 和 Q_2 的乘积成正比，即 $F \propto Q_1Q_2$ 。用一个公式来表示库仑定律，就是 $F = k\frac{Q_1Q_2}{r^2}$ 。

英文备注

zhēnkōngzhōng liǎng gè jìng zhǐ diǎn diàn hè zhī jiān de xiāng hù zuò yòng lì yǔ tā men diàn hè liàng de
真空中两个静止点电荷之间的相互作用力，与它们电荷量的
chéng jī chéngzhèng bǐ yǔ tā men jù lí de èr cì fāngchéng fǎn bǐ zuò yòng lì de fāngxiàng zài tā men de
乘积成正比，与它们距离的二次方成反比，作用力的方向在它们的
liánxiànshàng
连线上。(The magnitude of the electrostatic force of interaction between two point charges is directly proportional to the scalar multiplication of the magnitudes of charges, and inversely proportional to the square of the distance between them. The force is along the straight line joining them.)

例题 1　在氢原子中，电子与质子的距离约为 5.3×10^{-11} m。求它们之间的万有引力和库仑力。(已知：$M = 1.67\times10^{-27}$ kg，$G = 6.67\times10^{-11}$ N·m^2·kg^{-2}，$m = 9.11\times10^{-31}$ kg)

解　它们之间的库仑力为

$$F_e = k\frac{e^2}{r^2} = 9\times10^9\ \text{N}\cdot\text{m}^2/\text{C}^2 \times \frac{(1.6\times10^{-19}\text{C})^2}{(5.3\times10^{-11}\ \text{m})^2} = 8.20\times10^{-8}\text{N}$$

万有引力为

$$F_G = G\frac{mM}{r^2}$$

$$= 6.67\times10^{-11}\ \text{N}\cdot\text{m}^2/\text{kg}^2 \times \frac{1.67\times10^{-27}\ \text{kg}\times9.11\times10^{-31}\ \text{kg}}{(5.3\times10^{-11}\ \text{m})^2}$$

$$= 3.61\times10^{-47}\text{N}$$

两者之比为 $F_e/F_G = 2.27\times10^{39}$ 。

可见，微观粒子间的万有引力远小于库仑力，因此在研究微观带电粒子的相互作用时，可以把万有引力忽略。

例题 2　真空中有三个点电荷，它们固定在边长 50 cm 的等边三角形的三个顶点上，每个点电荷都是 2×10^{-6} C，求它们各自所受的库仑力。

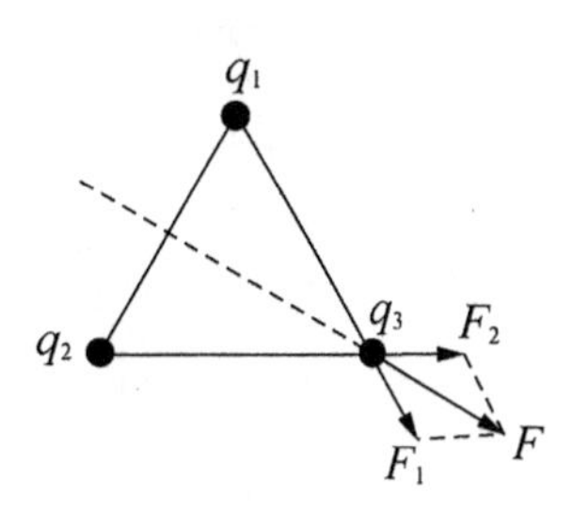

图 11.1-12

解　按题意作图 11.1-12，每个点电荷都受到其他两

个点电荷的斥力，情况相同，只要求出一个点电荷（例如 q_3）所受的力即可。

q_3 受到 F_1 和 F_2 两个库仑力的作用，因为 $q_1=q_2=q_3=q$，并且相互距离 r 都相同，所以

$$F_1=F_2=k\frac{q^2}{r^2}=\frac{9\times10^9\ \mathrm{N\cdot m^2\cdot C^{-2}}\times(2\times10^{-6}\ \mathrm{C})^2}{(0.5\ \mathrm{m})^2}=0.144\ \mathrm{N}$$

根据平行四边形定则，合力是

$$F=2F_1\cos30^\circ=0.25\ \mathrm{N}$$

合力的方向沿 q_1 和 q_2 连线的垂直平分线向外。

动手动脑学物理

1. 真空中两个同性点电荷 q_1、q_2，它们相距较近，保持静止状态。今释放 q_2，且 q_2 只在 q_1 的库仑力作用下运动，则 q_2 在运动过程中受到的库仑力（　　）

A. 不断减小　　B. 不断增大

C. 始终保持不变　　D. 先增大后减小

2. 两个点电荷相距为 d，相互作用力大小为 F，保持两点电荷的电荷量不变，改变它们之间的距离，使之相互作用力大小为 $4F$，则两点之间的距离应是（　　）

A. $4d$　　B. $2d$

C. $d/2$　　D. $d/4$

3. 两个质子在氦原子核中相距约为 10^{-15} m，它们的静电斥力有多大？

4. 真空中两个相同的带等量异号电荷的金属小球 A 和 B（均可以看作点电荷），分别固定在两处。两球间静电力为 F。现用一个不带电的同样的金属小球 C 先与 A 接触，再与 B 接触，然后移开 C，此时 A，B 球间的静电力变为多大？若再使 A、B 间距离增大为原来的 2 倍，则它们间的静电力又为多大？

5. 在边长均为 a 的正方形的每一个顶点都放置一个电荷量为 q 的点电荷，如果保持它们的位置不变，每个电荷受到其他三个电荷的静电力的合力是多大？

6. 如图 11.1-13，两个带有等量同种电荷的小球，质量均为 0.1g，用长 $l=50$ cm 的丝线挂在同一点，平衡时两球相距 $d=20$ cm，则每个小球的带电量为多少？（取 $g=10\ \mathrm{m/s^2}$）

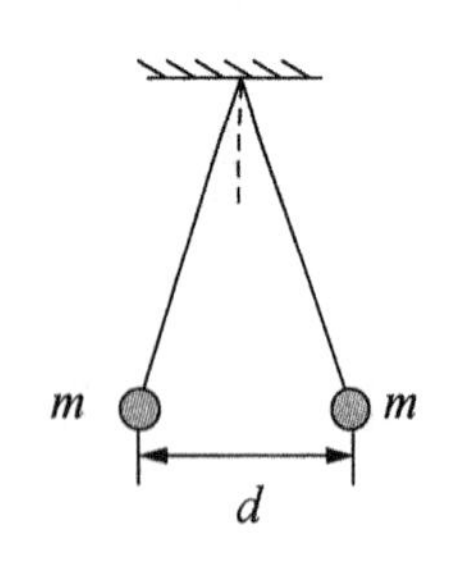

图 11.1-13

第二节　电场和电场强度

(一) 电　场

想一想

1. 弹力和摩擦力都是在两个物体互相接触的情况下产生的。而两个带电体没有接触，就可以发生静电力的作用（如图 11.2-1）。那么，电荷之间的相互作用是通过什么发生的？作用的媒介又是什么？

图 11.2-1　两个带电体没有接触，就可以发生静电力的作用

2. 在上实验基础上，在带电体 Q 上套一金属丝笼，观察现象。

图 11.2-1　在带电体 Q 上套一金属丝笼

读一读

电场	diànchǎng	electric field
静电场	jìngdiànchǎng	electrostatic field
客观世界	kèguān shìjiè	objective world
磁场	cíchǎng	magnetic field

学一学

经过长期的科学研究，人们认识到，电荷周围存在着一种叫做电场的物质，电荷之间是通过电场发生相互作用的。即电荷 A 对电荷 B 的作用，实际上是电荷 A 产生的电场对电荷 B 的作用；电荷 B 对电荷 A 的作用，实际上是电荷 B 产生的电场对电荷 A 的作用，如图 11. 2-2 所示。

图 11. 2-2

只要有电荷存在，电荷的周围就有电场。电场的基本性质是对其中的电荷有力的作用，这个力称为电场力。本节中只讨论静止电荷产生的电场，称为静电场。

场的概念的建立，是人类对客观世界认识的一个重要进展。现在，人们已经认识到，实物和场是物质存在的两种不同形式，虽然我们看不见电场和磁场，但它们也是客观存在的物质。

（二）电场强度

电场强度

想一想

电场看不见摸不着，怎样研究电场，怎样让电场的性质表现出来？

做一做

把三个带同样电量 q 的小球放在离带电体 Q 的不同距离处（图 11.2-3），观察现象。

图 11.2-3　带同样电量的三个小球因与带电体距离不同而摆角不同

读一读

试探电荷	shìtàn diànhè	test charge
电场强度	diànchǎng qiángdù	electric field strength/intensity

学一学

根据电荷在电场中受到力的作用。可以知道电场的存在。

为了研究电场，必须在电场中放入电荷。这个电荷的电荷量非常小，放入之后，不至于影响原来要研究的电场；它的体积也要充分小，便于研究电场中各点的情况。这样的电荷叫做试探电荷。

图 11.2-3 实验说明，电荷的周围存在电场，电场的最基本性质就是对放入其中的电荷有力的作用——电场力。电荷之间的相互作用是通过电场来发生的，在不同点受力大小不同，说明不同点电场的强度不同。

那么，我们可以直接用试探电荷所受电场力来表示电场强度吗？

根据图11.2-4所示实验表明，把三个带电量分别为q、$2q$、$3q$的试探电荷依次放在电荷Q产生的电场中的相同位置，发现试探电荷所受的电场力随自身所带电量的增大而增大。因此，电荷不同时，它在电场中同一点所受的电场力不同，不能直接用某电荷所受电场力的大小来客观表示电场的强弱。要描述电场需要寻找一个与试探电荷所带电量无关而直接由电场决定的物理量。

图 11.2-4 试探电荷所受的电场力随自身所带电量的增大而增大

实验表明，在电场中的同一点，电荷所受的电场力$\boldsymbol{F}$与它的电荷量q的比值$\frac{\boldsymbol{F}}{q}$是恒定的；在电场中的不同点，比值$\frac{\boldsymbol{F}}{q}$一般是不同的。这个比值由电荷q在电场中的位置所决定，跟电荷q无关。在物理学中，用比值$\frac{\boldsymbol{F}}{q}$来描述电场的强弱和方向。

我们将放入电场中某点的电荷所受电场力$\boldsymbol{F}$跟它的电荷量q的比值，叫做该点的电场强度，简称场强。电场强度通常用$\boldsymbol{E}$表示，也就是

$$\boldsymbol{E}=\frac{\boldsymbol{F}}{q}$$

如果力的单位用牛［顿］；电荷量的单位用库［仑］；电场强度的单位是牛每库，符号是N/C。

电场强度是矢量，不仅有大小，还有方向。物理学中规定，电场中某点的电场强度的方向跟正电荷在该点所受的电场力的方向相同。按照这个规定，负电荷在电场中某点所受的电场力的方向跟该点的场强的方向相反。

电场强度是描述电场性质的物理量，与放入电场中的电荷无关，它的大小是由电场本身来决定的。

如果知道电场中某一点的场强$\boldsymbol{E}$，就可以求出电荷q在这一点所受的电场力$\boldsymbol{F}$

$$\boldsymbol{F}=q\boldsymbol{E}$$

例题1　一个电荷量为4×10^{-8} C的正电荷在电场中某点所受的电场力为

6×10^{-4} N，求：

（1）该点的电场强度。

（2）若将一电荷量为 2×10^{-8} C 的负电荷置于该点，该点电场强度是否变化？求它所受的电场力大小和方向．

解　（1）根据电场强度的定义式有

$$E=\frac{F}{q}=\frac{6\times10^{-4}\ \mathrm{N}}{4\times10^{-8}\ \mathrm{C}}=1.5\times10^{4}\ \mathrm{N/C}$$

该点的电场强度的方向与正电荷在该点所受的电场力的方向相同。

（2）该点电场强度大小、方向与该处是否放电荷以及电荷的大小、正负均无关，所以该点电场强度不变。负电荷在该点所受电场力大小为

$$F=qE=2\times10^{-8}\ \mathrm{C}\times1.5\times10^{4}\ \mathrm{N/C}=3\times10^{-4}\ \mathrm{N}$$

力的方向与该点电场强度方向相反。

例题 2　如图 11.2-5 所示，真空中，点电荷 A 是电量 Q_1 为 4×10^{-8} C 的正电荷，点电荷 B 是电量 Q_2 为 2×10^{-8} C 的负电荷，它们之间的相互作用力大小为 1.8×10^{-4} N，求：

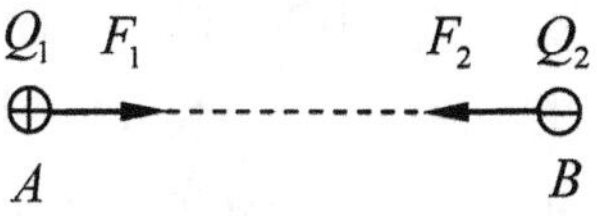

图 11.2-5

（1）点电荷 A 和 B 所在位置电场强度的大小。

（2）点电荷 A 和 B 所在位置电场强度的方向。

解　（1）由电场强度的定义式 $\boldsymbol{E}=\dfrac{\boldsymbol{F}}{q}$，可得电荷 A 和 B 所在位置电场强度的大小

$$\boldsymbol{E}_1=\frac{\boldsymbol{F}_1}{\boldsymbol{Q}_1}=\frac{1.8\times10^{-4}\ \mathrm{N}}{4\times10^{-8}\ \mathrm{C}}=4.5\times10^{3}\ \mathrm{N/C}$$

$$\boldsymbol{E}_2=\frac{\boldsymbol{F}_2}{\boldsymbol{Q}_2}=\frac{1.8\times10^{-4}\ \mathrm{N}}{2\times10^{-8}\ \mathrm{C}}=9\times10^{3}\ \mathrm{N/C}$$

（2）因为电场中某点的电场强度的方向，与正电荷在该点所受的电场力的方向相同，与负电荷在该点所受的电场力的方向相反。正电荷 A 受力水平向右，所以 E_1 的方向水平向右，负电荷 B 受力水平向左，所以 E_2 的方向水平右向，如图 11.2-6 所示。

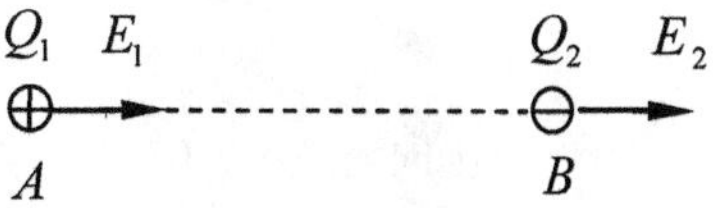

图 11.2-6

动手动脑学物理

1. 将电荷量为 3×10^{-6} C 的负电荷，放在电场中 A 点时，受到的电场力的大小为 6×10^{-3} N，方向水平向右，则 A 点的电场强度为（　　）。

A. 2×10^{3} N/C，方向水平向右　　B. 2×10^{3} N/C，方向水平向左

C. 2×10^{-3} N/C，方向水平向右　　D. 2×10^{-3} N/C，方向水平向左

2. 如图 11.2-7 所示，在 a 处放有一带电荷量为 1.2×10^{-5} C 的点电荷 Q，在 b 处有一带电荷量为 -3×10^{-9} C 的点电荷 q，现测得点电荷 q 在 b 点受到的电场力 $F=6\times10^{-5}$ N，方向沿 ab 连线向左，则点电荷 Q 在 b 处的电场强度是（　　）。

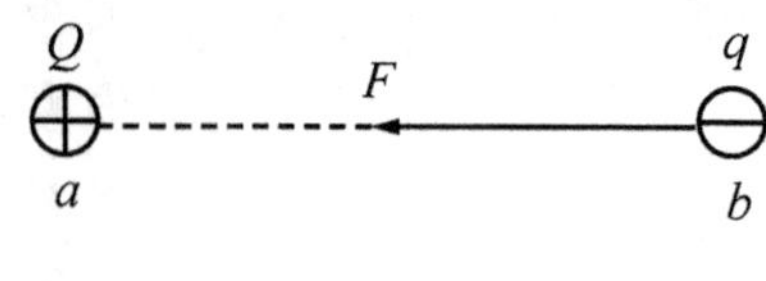

图 11.2-7

A. 大小为 2×10^{4} N/C，方向沿 ab 连线向右

B. 大小为 5 N/C，方向沿 ab 连线向左

C. 大小为 2×10^{4} N/C，方向沿 ab 连线向左

D. 大小为 5 N/C，方向沿 ab 连线向右

3. 真空中，A、B 两点上分别设置同种点电荷 Q_1、Q_2，已知两点电荷间引力为 10 N，$Q_1=1.0\times10^{-2}$ C，$Q_2=2.0\times10^{-2}$ C。则 Q_2 在 A 处产生的场强大小是______N/C，方向是______；若移开 Q_2，则 Q_1 在 B 处产生的场强的大小是______N/C，方向是______。

4. 把试探电荷 q 放到电场中的 A 点，测得它所受的静电力为 F，再把它放到 B 点，测得它所受的静电力为 nF，A 点和 B 点的场强之比 $\frac{E_A}{E_B}$ 是多少？再把另一电荷量为 nq 的试探电荷放到另一点 C，测得它所受的静电力也是 F，A 和 C 点的场强之比 $\frac{E_A}{E_C}$ 是多少？

点电荷的场强

读一读

场源电荷　　chǎngyuán diànhè　　field source charge

学一学

我们将产生电场的电荷称为场源电荷，点电荷是最简单的场源电荷，点电荷产生的电场有何特点呢？

设一点电荷的电荷量为 Q，它产生了一个电场，如图 11.2-8 所示。为了求与它相距 r 处的 P 点的电场强度，我们将一个电荷量为 q 的试探电荷放在 P 点，根据库仑定律，试探电荷所受的电场力为

$$F = k\frac{Qq}{r^2}$$

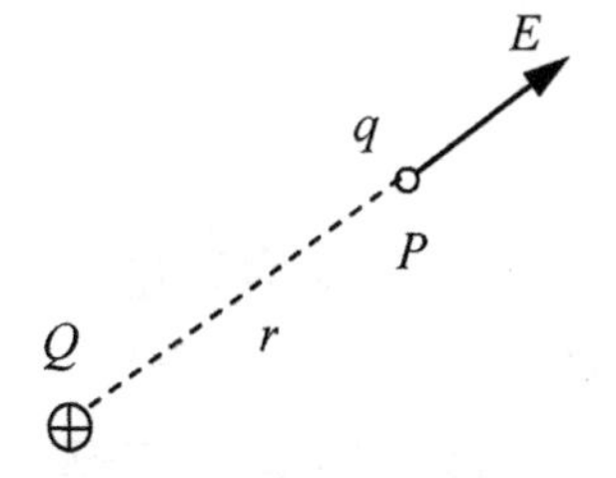

图 11.2-8　点电荷产生电场

由电场强度的定义式 $\boldsymbol{E}=\dfrac{\boldsymbol{F}}{q}$，可得 P 点处电场强度大小为

$$E = k\frac{Q}{r^2}$$

如果以 Q 为中心作一个球面，如图 11.2-9 所示，则球面上各点的电场强度大小相等。当 Q 为正电荷时，$\boldsymbol{E}$ 的方向沿半径向外；当 Q 为负电荷时，$\boldsymbol{E}$ 的方向沿半径向内。

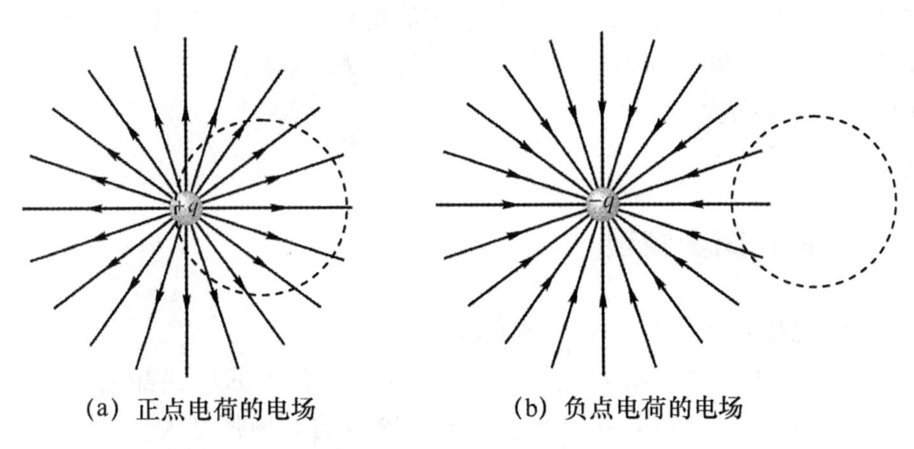

(a) 正点电荷的电场　　(b) 负点电荷的电场

图 11.2-9　点电荷的电场

例题 1　在真空中 O 点放一个点电荷，其带电量 $Q=1.0\times10^{-9}$ C，直线 MN 通过 O 点，OM 的距离 $r=30$ cm，在 M 点再放一个带电量 $q=-1.0\times10^{-10}$ C 的点电荷，如图 11.2-10 所示，求：

(1) q 在 M 点受到的作用力。

(2) M 点的场强。

(3) 拿走 q 后 M 点的场强。

(4) M、N 两点的场强哪点大？

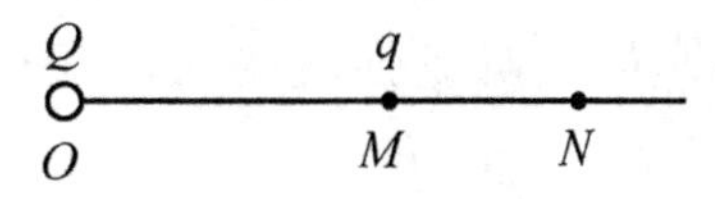

图 11.2-10

解　据题意，Q 是形成电场的源电荷，q 为试探电荷，为了方便，只用电荷量的绝对值计算。力和场强的方向可通过电荷的正负判断。

(1) 电荷 q 在电场中 M 点所受的作用力是电荷 Q 通过它的电场对 q 的作用力，根据库仑定律，得

$$F = k\frac{Qq}{r^2}$$

$$= \frac{9.0\times10^9\ \text{N}\cdot\text{m}^2\cdot\text{C}^{-2}\times1.0\times10^{-9}\ \text{C}\times1.0\times10^{-10}\ \text{C}}{(0.3\ \text{m})^2} = 1.0\times10^{-8}\ \text{N}$$

因为 Q 为正电荷，q 为负电荷，库仑力是吸引力，所以力的方向沿 MO 指向 O。

（2）M 点的场强

$$E = \frac{F}{q}$$

$$= \frac{1.0\times10^{-8}\ \text{N}}{1.0\times10^{-10}\ \text{C}} = 100\ \text{N}\cdot\text{C}^{-1}$$

因为场强的方向跟正电荷受电场力的方向相同，所以 M 点的场强方向沿 OM 连线向右。

（3）在 M 点拿走试探电荷 q，有的同学说 M 点的场强 $E=0$，这是错误的。其原因在于场强是反映电场本身性质的物理量，它是由形成电场的源电荷 Q 决定的，与试探电荷 q 是否存在无关，所以 M 点场强不变。

（4）M 点场强大。

动手动脑学物理

1. 关于电场，下列叙述中正确的是（　　）。

A. 以点电荷为圆心，r 为半径的球面上，各点的场强都相同

B. 正电荷周围的电场一定比负电荷周围的电场强度大

C. 在电场中某点放入检验电荷 q，该点的场强为 $\boldsymbol{E}=\boldsymbol{F}/q$，取走 q 后，该点场强不变

D. 电荷在电场中某点所受电场力很大，则该点电场一定很大

2. 在真空中，带电荷量为 q_1 的点电荷产生的电场中有一个点 P，P 点与 q_1 的距离为 r，把一个电荷量为 q_2 的检验电荷放在 P 点，它受的静电力为 F，则 P 点电场强度的大小等于（　　）。

A. $\frac{F}{q_1}$　　B. $\frac{F}{q_2}$

C. $k\frac{q_1}{r^2}$　　D. $k\frac{q_2}{r^2}$

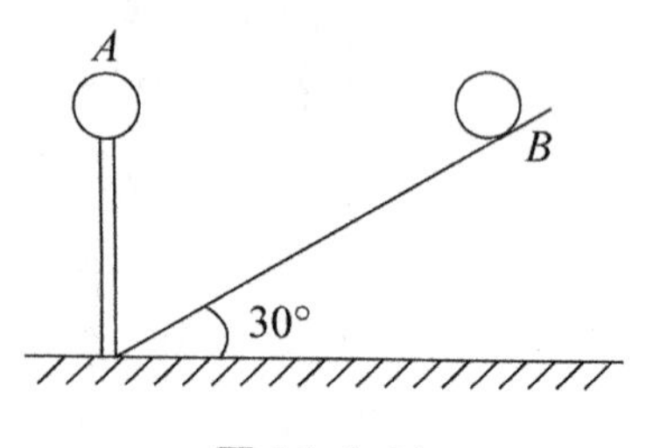

图 11.2-11

3. 如图 11.2-11 所示，A、B 是带等量同种电荷的小球，A 固定在竖直放置的 10 cm 长的绝缘支杆上，B 平衡于倾角为 30°的绝缘光滑斜面上时，

恰与 A 等高，若 B 的质量为 $30\sqrt{3}$ 克，则 B 带电荷量是多少？（g 取 $10\,\mathrm{m}\cdot\mathrm{s}^{-2}$）

电场强度的叠加原理

读一读

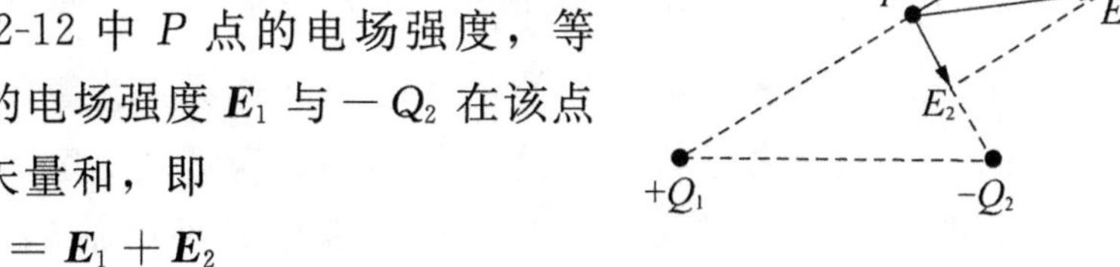

电场的叠加原理	diànchǎngde diéjiā yuánlǐ	the superposition of electric fields
中垂线	zhōngchuíxiàn	midperpendicular

学一学

如果场源是多个点电荷，事实表明，电场中某点的电场强度为各个点电荷单独在该点产生的电场强度的矢量和，这就是电场的叠加原理。这说明电场的作用是可以相互叠加的。例如，图 11.2-12 中 P 点的电场强度，等于 $+Q_1$ 在该点产生的电场强度 $\boldsymbol{E}_1$ 与 $-Q_2$ 在该点产生电场强度 $\boldsymbol{E}_2$ 的矢量和，即

$$\boldsymbol{E}_P=\boldsymbol{E}_1+\boldsymbol{E}_2$$

图 11.2-12 电场的叠加

一个比较大的带电物体不能看作点电荷。在计算它的电场时，可以把它分做若干小块，只要每个小块足够小，就可以把每小块所带的电荷看成点电荷，然后用点电荷电场强度叠相的方法计算整个带电体的电场。

例题 1 求相距为 l 的两个等量异号电荷 $+q$、$-q$，在它们的中垂线上距离中心 r 处的 B 点的场强，如图 11.2-13 所示。

解 正、负点电荷分别在 B 点产生的电场强度大小均为

$$E_+=E_-=\frac{q}{4\pi\varepsilon_0\left(r^2+\frac{l^2}{4}\right)}$$

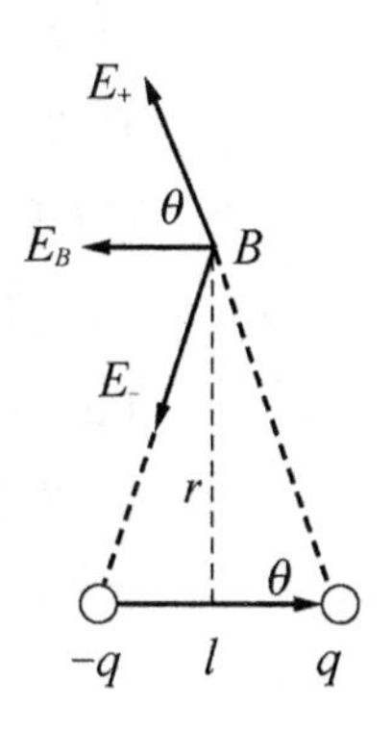

图 11.2-13

正、负点电荷分别在 B 点产生的电场方向如图中所示，根据电场的叠加原理，B 点的电场强度为正负电荷分别在 B 点产

生电场的矢量和。由的矢量叠加的平行四边形法则可以得到 B 点的场强方向水平向左，B 点的场强大小

$$E_B = E_+ \cos\theta + E_- \cos\theta$$

而 $\cos\theta = \dfrac{l}{2\sqrt{r^2 + \dfrac{l^2}{4}}}$

所以 $E_B = 2E_+ \cos\theta = \dfrac{ql}{4\pi\varepsilon_o\left(r^2 + \dfrac{l^2}{4}\right)^{\frac{3}{2}}}$

B 点的场强方向水平向左。

动手动脑学物理

1. 在 x 轴上有两个点电荷，一个带正电 Q_1，另一个带负电 $-Q_2$，且 $Q_1 = 2Q_2$，用 E_1 和 E_2 分别表示两个点电荷所产生的场强大小，则在 x 轴上(　　)。

A. $E_1 = E_2$ 之点只有一个，该处的合场强为零

B. $E_1 = E_2$ 之点共有两处，一处合场强为零，另一处合场强为 $2E_2$

C. $E_1 = E_2$ 之点共有三处，其中两处合场强为零，另一处合场强为 $2E_2$

D. $E_1 = E_2$ 之点共有三处，其中一处合场强为零，另两处合场强为 $2E_2$

2. 如图 11.2-14 所示，一个电子沿等量异种电荷的中垂线由 $A \to O \to B$ 匀速飞过，电子重力不计，则电子所受另一个外力的大小和方向变化情况是(　　)。

A. 先变大后变小，方向水平向左

B. 先变大后变小，方向水平向右

C. 先变小后变大，方向水平向左

D. 先变小后变大，方向水平向右

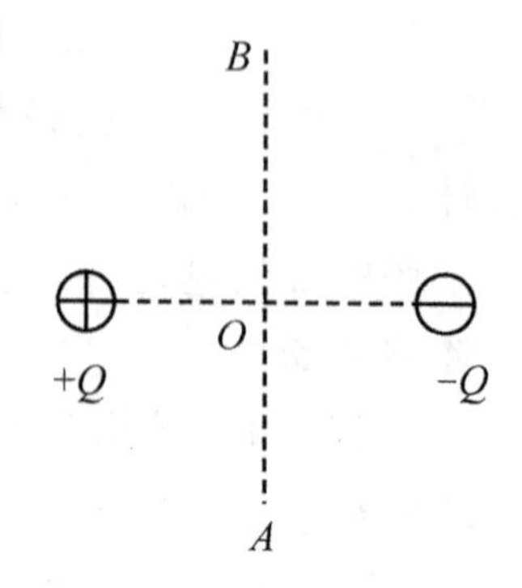

图 11.2-14

3. 如图 11.2-15，真空中有两个点电荷 $Q_1 = +4 \times 10^{-8}$C 和 $Q_2 = -1 \times 10^{-8}$C，分别固定在 x 坐标轴的 $x = 0$ 和 $x = 6$ cm 的位置上。

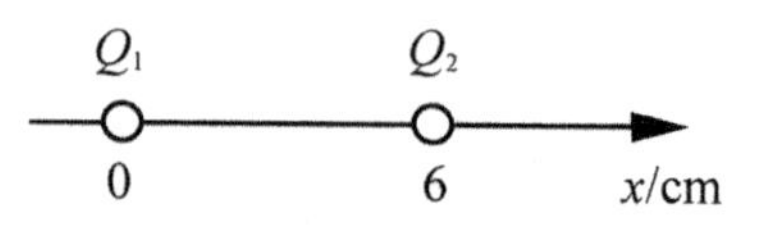

图 11.2-15

(1) x 坐标轴上哪个位置的电场强度为零？

(2) x 坐标轴上哪些地方的电场强度方向是 x 方向的？

（三）电场线　匀强电场

电场线

看一看

如图 11.2-16 所示，带电人体的头发由于静电斥力而竖起散开，其形状也大致显示出电场线的分布。

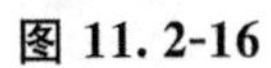

图 11.2-16

读一读

电场线	diànchǎngxiàn	electric field line
电极	diànjí	electrode
头皮屑	tóupíxiè	dandruff
蓖麻油	bìmáyóu	castor oil
悬浮	xuánfú	floating

学一学

电场和实物不同，电场看不见，摸不到，怎么能形象地表示它呢？英国物理学家法拉第采用了一个简洁的图示方法描述电场，这就是画电场线。

电场线是画在电场中的一组有方向的曲线，曲线上每点的切线方向表示该点的电场强度方向，如图 11.2-17 所示。

图 11.2-17

不同电场中，电场强度分布不同，描述电场的电场线形状、分布也不一样。图 11.2-18 是几种电场的电场线。

从图 11.2-18 可以看出，电场线有以下几个特点：

（1）电场线从正电荷或无限远出发，终止于无限远或负电荷；

（2）电场线在电场中不相交；

（3）在同一幅电场分布图中，电场强度较大的地方，电场线较密；电场越

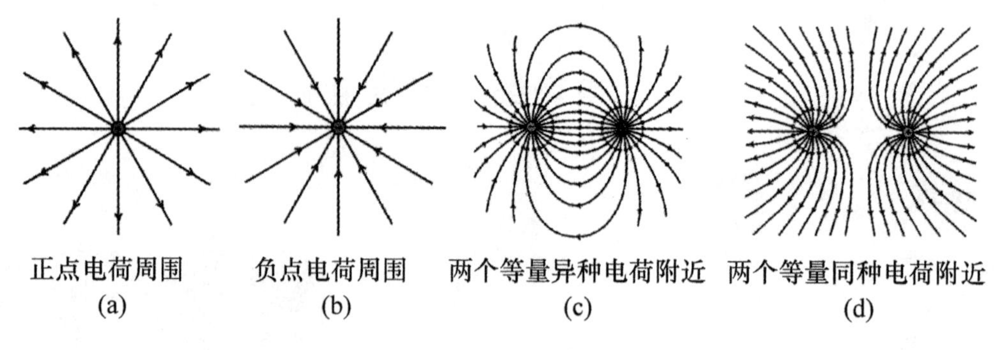

图 11.2-18 几种电场的电场线

强较小的地方，电场线较疏。

因此，用电场线不仅可以形象地表示电场强度的方向，而且在同一个电场线分布图上，还可以电场线的疏密大致表示电场强度的相对大小。

实验研究 模拟电场线

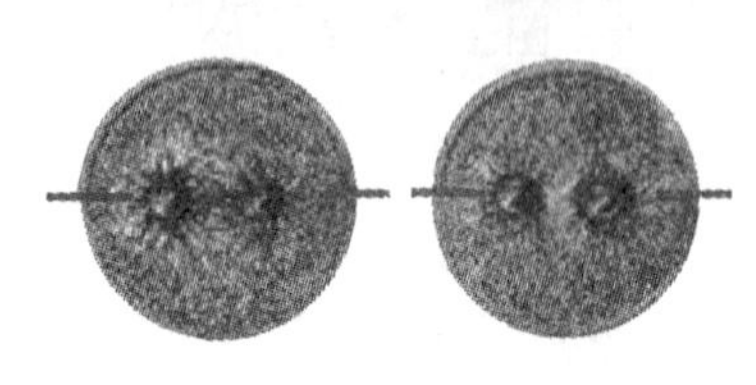

图 11.2-19 模拟电场线

电场线的形状可以用实验来模拟，把头皮屑悬浮在蓖麻油里，加上电极，形成电场，微屑就按照电场强度的方向排列起来，显示出电场线的分布情况，图 11.2-19 是两种情况下的照片。

应该指出，电场线不是实际存在的线，而是为了形象地描述电场而假想的线。这个实验只是用来模拟电场线的分布。

英文备注

diànchǎngxiàn shì huà zài diànchǎngzhōng de yì zǔ yǒufāngxiàng de qū xiàn qū xiànshàngměidiǎn de qiēxiànfāngxiàngbiǎo shì gāidiǎn de diànchǎngqiáng dù fāngxiàng

1. 电场线是画在电场中的一组有方向的曲线，曲线上每点的切线方向表示该点的电场强度方向。(A field line may be constructed by tracing a topographic path in the direction of the field. The tangent line to the path at each point is required to be parallel to the field at that point.)

diànchǎngxiàn de shū mì dà zhì biǎo shì diànchǎngqiáng dù de xiāng duì dà xiǎo

2. 电场线的疏密大致表示电场强度的相对大小。(The density of field lines at any location is proportional to the magnitude of the vector field at that point.)

动手动脑学物理

1. 两条电场线在电场中为什么不能相交？

2. 有人说，电场线一定是带电粒子在电场中受力的方向。你认为这种说法正确吗？为什么？

匀强电场

读一读

匀强电场　　yúnqiáng diànchǎng　　uniform electric field

学一学

如果电场中各点电场强度的大小相等，方向相同，这个电场就叫做匀强电场。由于方向相同，匀强电场中的电场线应该是平行的；又由于电场强度大小相等，电场线的密度应该是均匀的。所以匀强电场的电场线是间隔相等的平行线。

带有等量异号电荷的一对平行金属板，如果两板相距很近，它们之间的电场（除边缘部分外），可以看做匀强电场，在两板的外面几乎没有电场，如图 11.2-20 所示。

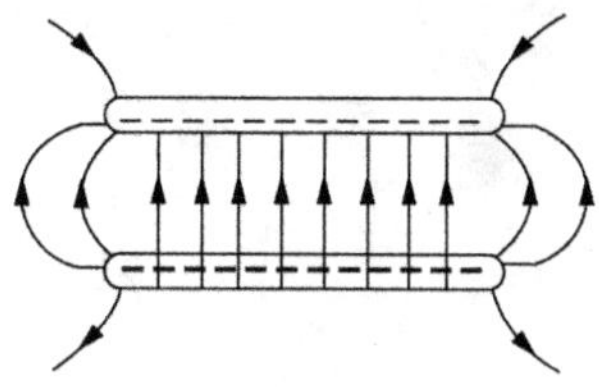

图 11.2-20　一对平行金属板间的匀强电场

动手动脑学物理

1. 在电场的某一区域，如果场强的______和______都相同，这个区域的电场叫匀强电场。

2. 如图 11.2-21 所示的一条直电场线有 A、B 两点，根据下列不同情况判断 A、B 两点的场强的大小：

图 11.2-21

(1) 若是正点电荷电场中的一根电场线，则有 E_A __________ E_B；

(2) 若是负点电荷电场中的一根电场线，则有 E_A __________ E_B；

(3) 若是匀强电场中的一根电场线，则有 E_A ____ E_B。

3. 如图 11.2-22 所示，是电场区域的电场线分布图，在图中画出 A、B、C 三点的电场强度的方向；A、B、C 三点相比，__________点的电场强度最大，__________点的电场强度最小。D 点没画出电场线，是否该点电场强度为零？

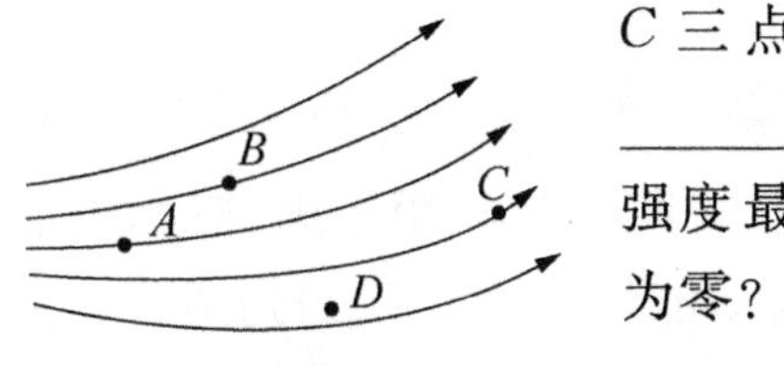

图 11.2-22

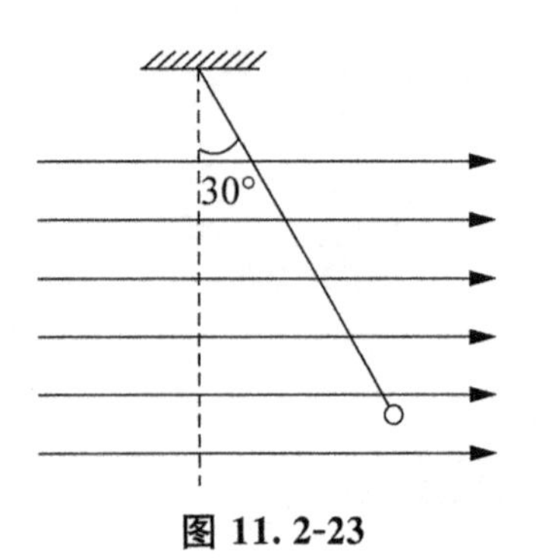

图 11.2-23

4. 用一条绝缘细绳悬挂一个带电小球，小球的质量为 10 g，所带电荷量为 2.0×10^{-8} C，现在加一个水平方向的匀强电场，平衡时绝缘细绳和铅垂线成 30°，如图 11.2-23 所示。求这个匀强电场的电场强度。

第三节　电势能、电势和电势差

（一）静电场力做功

看一看

图 11.3-1　直线加速器

读一读

加速器	jiāsùqì	accelerator
静电场力做功	jìngdiànchǎnglì zuògōng	work done by electrostatic field force

学一学

把一个静止的试探电荷放入电场中，它将在电场力的作用下做加速运动，经过一段时间以后获得一定的速度，试探电荷的动能增加了。我们知道，这是因为电场力做功的结果，而功是能量变化的量度，那么，在这一过程中，是什么能转化成试探电荷的动能呢？为此，我们首先来研究电场力做功的特点。

设有一个电场强度为 E 的匀强电场，沿着两条不同路径（直线 AB 和折线 AMB）把试探正电荷 q 从 A 点移动到 B 点，如图 11.3-2 所示，电场力对电荷做了多少功呢？

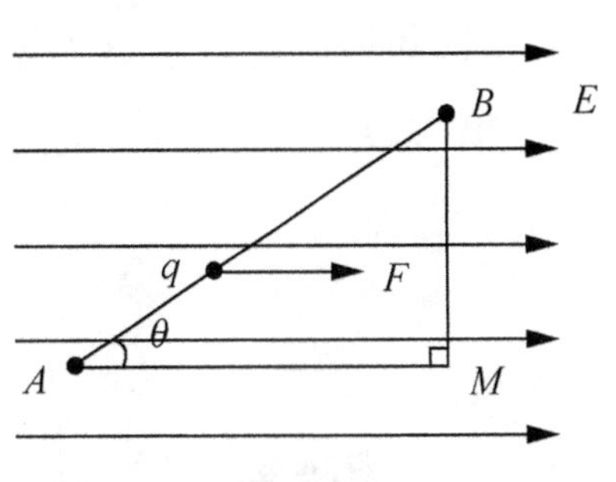

图 11.3-2　电场力做功

首先沿直线 AB 把试探正电荷从 A 点移动到 B 点，q 受到的电场力

$$F = qE$$

电场力做功为

$$W_{AB} = F\cos\theta \cdot AB = qE \cdot AM$$

再沿折线 AMB 把 q 从 A 点移动到 B 点，在线段 AM 上电场力对 q 所做的功 $W_1 = qE \cdot AM$，在线段 MB 上，由于移动方向与电场力垂直，电场力不做功，$W_2 = 0$，在整个移动过程中电场力对 q 所做的功 $W_{AMB} = W_1 + W_2$，所以

$$W_{AMB} = qE \cdot AM$$

再使 q 沿任意曲线 ANB 从 A 点移动到 B 点，如图 11.3-3 所示。此时我们可以用许多个跟电场力垂直和平行的短线所组成的折线来替代曲线 ANB。q 沿折线从 A 点移动到 B 点过程中，凡是 q 的移动方向与电场力垂直时，电场力都不做功；凡是 q 的移动方向与电场力平行时，电场力都做功，而这些与电场力平行的短线的长度之和等于 AM。因此，电场力所做的功还是

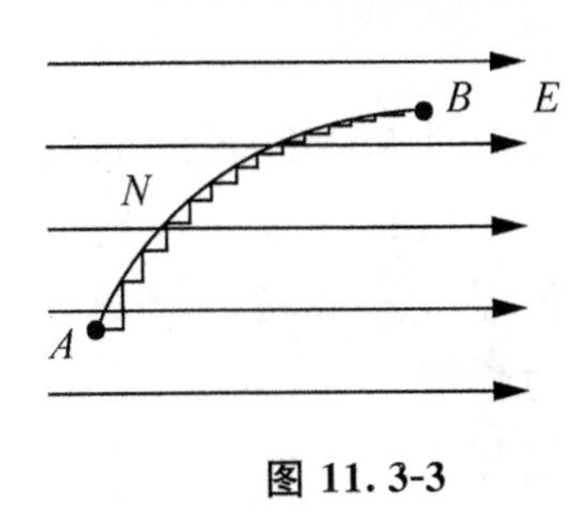

图 11.3-3

$$W_{ANB} = qE \cdot AM$$

可见，不论沿什么路经把 q 从 A 点移动到 B 点，电场力所做的功都是一样的。因此，我们可以得到这样的结论：在静电场中移动电荷时，电场力做的功与电荷经过的路径无关，只与电荷的起始位置和终止位置有关。

这个结论虽然是从匀强电场中推导出来的，但是可以证明，对于非匀强电场也是适用的。

动手动脑学物理

1. 如图 11.3-4 所示，在场强为 E 的匀强电场中有相距为 L 的 A、B 两点，连线 AB 与电场线的夹角为 θ，将一电荷量为 q 的正电荷从 A 点移到 B 点，若沿直线 AB 移动该电荷，电场力做的功 $W_1 =$ ______

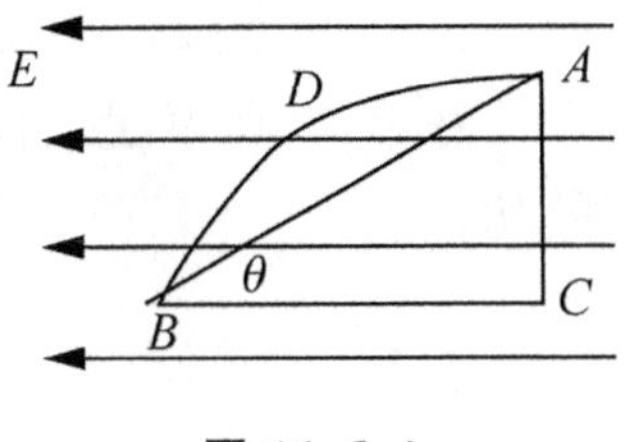

图 11.3-4

__；若沿路径 ACB 移动该电荷，电场力做的功 $W_2=$________；若沿曲线 ADB 移动该电荷，电场力做的功 $W_3=$________. 由此可知电荷在电场中移动时，电场力做功的特点是____________.

（二）电势能

读一读

电势能 diànshìnéng electric potential energy，electrostatic potential energy
保守力 bǎoshǒulì conservative force
保守场 bǎoshǒuchǎng conservative field

学一学

在力学的学习中，我们已经知道如果一个力对物体做的功与物体经过的路径无关，只与物体的起始位置和终止位置有关，那么这个力就是保守力，这个力对应的力场一定是保守场，物体在这个保守场中具有能量——势能。例如重力是保守力，重力场是保守场，物体在重力场中具有重力势能。

同样的，由于移动电荷时静电场力做的功与移动的路径无关，因此静电场力是保守力，电荷在静电场中也具有势能，这种势能叫做电势能，用 E_p 表示，单位为焦［耳］(J)。

物体在地面附近下降时，重力对物体做正功，物体的重力势能减少；物体上升时，重力对物体做负功，物体的重力势能增加。重力做的功等于重力势能的减少量。

与此相似，当正电荷在静电场中从 A 点移动到 B 点时，电场力做正功，电荷的电势能减少，如图 11.3-5 (a) 所示；当正电荷从 B 点移动到 A 点时，电场力做负功，即电荷克服电场力做功，电荷的电势能增加，如图 11.3-5 (b) 所示。电场力做的功在数值上等于电势能的减少量。若用 E_{pA} 和 E_{pB} 分别表示电荷在 A 点和 B 点的电势能，则电荷从 A 点移动到 B 点的过程中电场力做的功

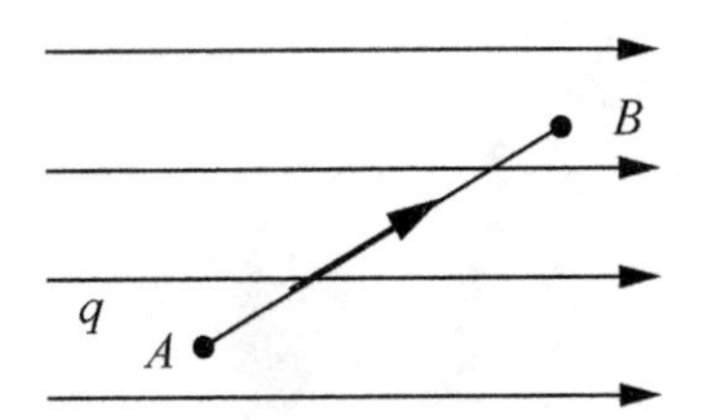

(a) 从A点移动到B点时电场力做正功，电荷的电势能减少

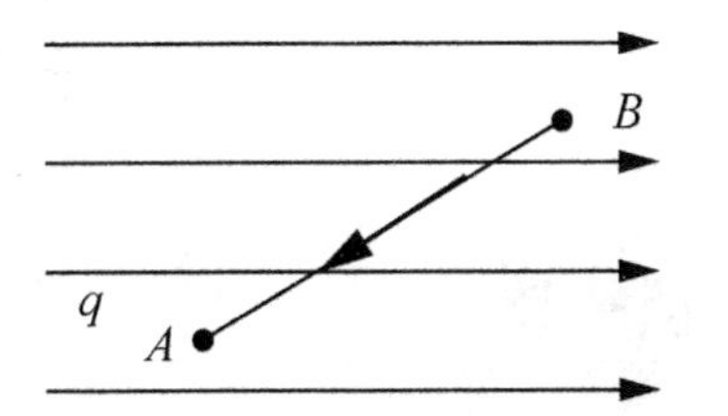

(b) 从B点移动到A点时，电场力做负功，电荷的电势能增加

图 11.3-5

$$W_{AB}=E_{pA}-E_{pB}$$

我们在讨论重力势能的时候，要先规定物体在某一位置的重力势能为零，然后才能确定物体在其他位置的重力势能。同样，我们在讨论电势能的时候，也要先规定电荷在电场中某一位置的电势能为零，然后才能确定电荷在其他位置的电势能。例如，若规定电荷在 B 点的电势能 E_{pB} 为零，则电荷在 A 点的电势能 E_{pA} 就等于 W_{AB} 。也就是说，电荷在某点的电势能等于电场力把它从该点移动到电势能为零处所做的功。

通常取电荷在无限远处的电势能为零，或把电荷在大地表面上的电势能规定为零。

动手动脑学物理

1. 在图 11.3-5 的电场中，如果将一个负电荷从 A 点移到 B 点，电荷的电势能是增加了，还是减少了？

2. 如图 11.3-6 所示为某一点电荷 Q 产生的电场中的一条电场线，A、B 为电场线上的两点，一个电子以某一速度沿电场线由 A 运动到 B 的过程中，动能增加。若在运动过程中只受到电场力的作用，则可以判断（　　）。

A. 电场线方向由 B 指向 A

B. 场强大小 $E_A>E_B$

C. 若 Q 为负电荷，则 Q 在 B 点右侧

D. Q 不可能为正电荷

A　　B

图 11.3-6

（三）电　势

读一读

路径无关	lùjìng wúguān	path-independence
电势	diànshì	electric potential
伏特	fútè	volt

学一学

我们通过静电力的研究认识了电场强度，现在要通过电势能的研究来认识另一个物理量——电势，它同样也是一个描述电场性质的重要物理量。

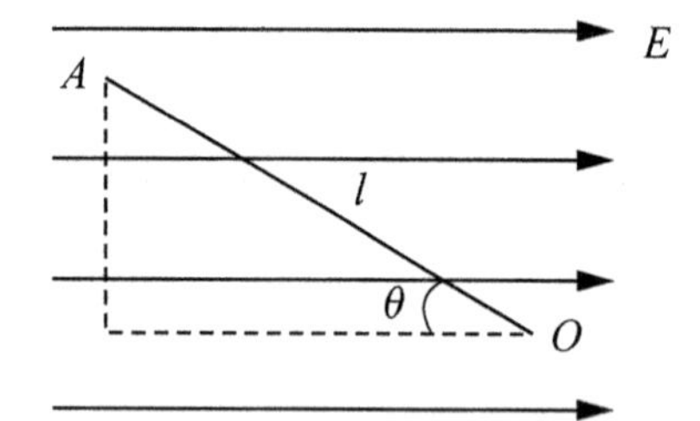

图 11.3-7　电荷在某点的电势能与荷量的比值，与电荷量的大小无关

有一电场强度为 E 的匀强电场，如图 11.3-7 所示，规定电荷在 O 点的电势能为零。A 为电场中的任意一点，把一个电荷 q 放在 A 点，它在 A 点的电势能 E_{pA} 等于电荷 q 由 A 点移至 O 点的过程中静电力做的功。由于静电力做功与路径无关，为方便起见，选择直线路径 AO 进行计算。设 AO 的长度为 l，则 $E_{pA}=qEl\cos\theta$。可见，电荷 q 在电场中 A 点的电势能 E_{pA} 与电荷自身所带的电量 q 成正比。也就是说，处于 A 点的电荷，无论电荷量大小是多少，它的电势能与电荷量的比值 $\frac{E_{pA}}{q}$ 都是相同的。对电场中的不同位置，由于 l 和 θ 不同，所以这个比值一般是不同的。可见这个比值是由电场中这点的性质决定的，与加入电场的电荷无关，它反映电场本身的一种性质。

我们将电荷在电场中某一点的电势能 E_p 与它的电荷量 q 的比值，叫做这一点的电势。如果用 U 表示电势，则

$$U=\frac{E_p}{q}$$

电势只有大小，没有方向，是个标量。在国际单位制中，电势的单位是伏[特]，符号为 V。$1\,V=1\,J\cdot 1\,C^{-1}$。

在图 11.3-7 中，假如正电荷沿着电场线从左向右移向 O 点，电场力做正功，它的电势能逐渐减少，电势逐渐降低，因此，电场线指向电势降低的方向。

与电势能的情况相似，应该先规定电场中某处的电势为零，然后才能确定电场中其他各点的电势。在物理学的理论研究中常取无限远处的电势为零，在实际应用中常取大地的电势为零。

在规定了电势零点之后．电场中各点的电势可以是正值，也可以是负值。

英文备注

diànchǎngxiàn zhǐ xiàngdiàn shì jiàng dī de fāngxiàng
电场线指向电势降低的方向。(Field lines start at sources and end at sinks of the vector field.)

动手动脑学物理

有一电场的电场线如图 11.3-8 所示，场中 A、B 两点的场强和电势分别用 E_A、E_B 和 U_A、U_B 表示，则（　　）。

A. $E_A>E_B$、$U_A>U_B$

B. $E_A>E_B$、$U_A<U_B$

C. $E_A<E_B$、$U_A>U_B$

D. $E_A<E_B$、$U_A<U_B$

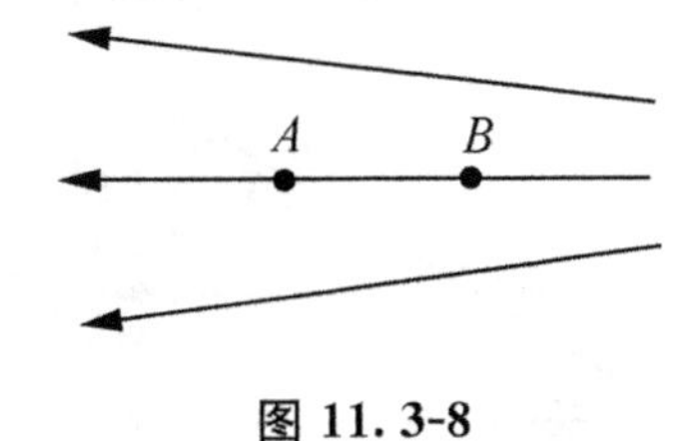

图 11.3-8

看一看

图 11.3-9　高压电线落在地面上，会造成跨步电压触电

（四）电势差

读一读

电势差	diànshìchà	electric potential difference
电压	diànyā	voltage
触电	chù diàn	get an electric shock

学一学

我们知道，用不同的位置作为测量高度的起点，同一地方的高度的数值就不相同，但两个地方的高度差却保持不变。同样的道理，选择不同的位置作为电势零点，电场中某点电势的数值也会改变，但电场中任意两点间的电势的差值却保持不变，正是因为这个缘故，在物理学中，电势的差值往往比电势更重要。

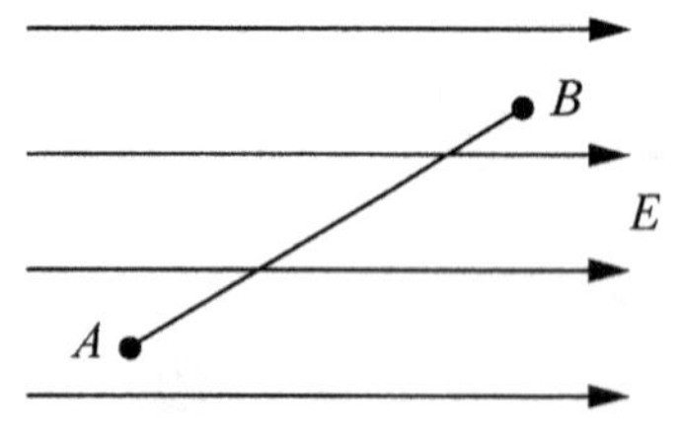

图 11.3-10

电场中两点间的电势的差值叫做电势差。也叫电压。设电场中 A 点的电势为 U_A，B 点的电势为 U_B，如图 11.3-10 所示，则它们之间的电势差 U_{AB} 可以表示为

$$U_{AB}=U_A-U_B$$

电势差只有大小，没有方向，是个标量。在国际单位制中，电势差的单位是伏［特］，符号为 V。$1\,\text{V}=1\,\text{J}\cdot 1\,\text{C}^{-1}$。

当 A 点电势比 B 点高时，U_{AB} 为正值；当 A 点电势比 B 点低时，U_{AB} 为负值。

电荷 q 在电场中从 A 移动到 B 时，静电力做的功 W_{AB} 等于电荷在 A、B 两点的电势能之差。由此可以导出静电力做的功与电势差的关系

$$\begin{aligned}W_{AB}&=E_{PA}-E_{PB}\\&=qU_A-qU_B=q(U_A-U_B)=qU_{AB}\end{aligned}$$

因此，知道了电场中两点的电势差，就可以很方便地计算在这两点间移动电荷时静电力做的功，而不必考虑静电力和电荷移动的路径。

电场力做功的过程是电势能和其他形式的能量相互转化的过程，电场力做了多少功，就有多少电势能和其他形式的能量发生相互转化。

例题 1　在电场中把 $q=2.0\times10^{-9}$ C 的正电荷从 A 点移到 B 点，静电力

做功 1.5×10^{-7} J。

再把这个电荷从 B 点移到 C 点，静电力做功 -4.0×10^{-7} J，问

（1）A、B、C 三点中哪点电势最离？哪点电势最低？

（2）A、B 间，B、C 间，A、C 间的电势差各是多大？

（3）把 -1.5×10^{-9} C 的电荷从 A 点移到 C 点，静电力做多少功？

（4）根据以上所得结果，定性地画出电场分布的示意图，标出 A、B、C 三点可能的位置。

解　（1）电荷从 A 移动到 B，静电力做正功，所以 A 点电势比 B 点高。电荷从 B 移动到 C，静电力做负功，所以 C 点电势比 B 点高。但 C、B 间电势差的绝对值比 A、B 间电势差的绝对值大，所以 C 点电势最高，A 点次之，B 点电势最低。

（2）根据静电力做的功与 A、B 两点的电势差的关系 $W_{AB}=qU_{AB}$，得

$$U_{AB}=\frac{W_{AB}}{q}=\frac{+1.5\times10^{-7}\ \text{J}}{+2.0\times10^{-9}\ \text{C}}=75\ \text{V}$$

A 点电势比 B 点电势高 75 V。

同理，B、C 间的电势差

$$U_{BC}=\frac{W_{BC}}{q}=\frac{-4.0\times10^{-7}\ \text{J}}{+2.0\times10^{-9}\ \text{C}}=-200\ \text{V}$$

C 点电势比 B 点电势高 200 V。

（3）A、C 间的电势差

$$U_{AC}=U_{AB}+U_{BC}=75\ \text{V}-200\ \text{V}=-125\ \text{V}$$

将 $q'=-1.5\times10^{-9}$ C 的电荷从 A 点移到 C 点，静电力做功为

$$\begin{aligned}W_{AC}&=q'U_{AC}\\&=-1.5\times10^{-9}\ \text{C}\times(-125\ \text{V})=1.875\times10^{-7}\ \text{J}\end{aligned}$$

即静电力做正功 1.875×10^{-7} J。

在第（1）小题中我们已经知道。A 点电势比 C 点低，而 q' 是负电荷，它从电势低的位置向电势高的位置移动时，静电力应该做正功，所得结果正是这样。

（4）电场分市示意图和 A、B、C 三点可能的位置，如图 11.3-11 所示。

图 11.3-11

动手动脑学物理

1. 关于电场中电荷的电势能的大小，下列说法中正确的是（　　）。

A. 在电场强度越大的地方，电荷的电势能也越大

B. 正电荷沿电场线移动，电势能总增大

C. 负电荷沿电场线移动，电势能一定增大

D. 电荷沿电场线移动，电势能一定减小

2. 在某电场中，已知 A、B 两点的电势差 $U_{AB}=20\ \text{V}$，$q=-2\times10^{-9}\ \text{C}$ 的电荷由 A 点移动到 B 点。静电力做的功是多少？电势能是增加还是减少？增加或者减少多少？

3. 在研究微观粒子时常用电子伏［特］（eV）做能量的单位。leV 等于一个电子经过 1 V 电压加速后所增加的动能。请推导电子伏［特］与焦［耳］的换算关系。

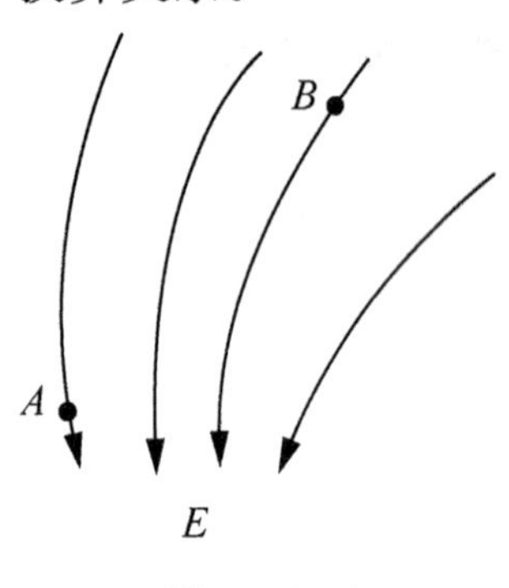

图 11.3-12

4. 如图 11.3-12 所示，回答以下问题。

(1) A、B 哪点的电势比较高？负电荷在哪点的电势能比较大？

(2) 负电荷由 B 移到 A 时，静电力做正功还是负功？

(3) A、B 两点的电势差 U_{AB} 是正值还是负值？U_{BA} 呢？

（五）电势差和电场强度的关系

学一学

电场强度和电势都是描述电场的物理量，它们之间有什么关系？本节以匀强电场为例进行讨论。

如图 11.3-13 所示，匀强电场的电场强度为 E，电荷 q 从 A 点移动到 B 点，静电力做的功 W_{AB} 与 A、B 两点的电势差 U_{AB} 的关系为

$$W_{AB}=qU_{AB}$$

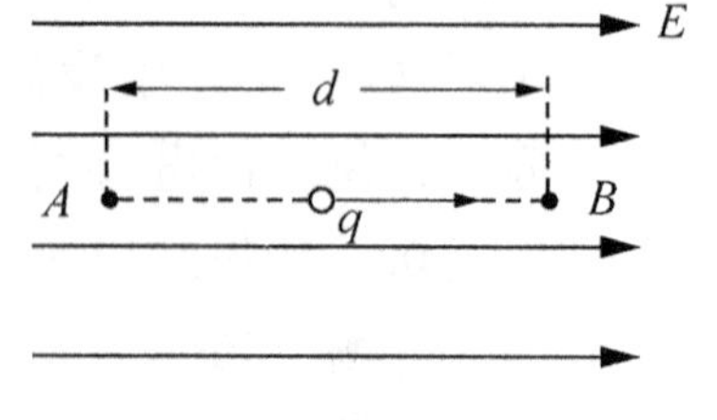

图 11.3-13 匀强电场中的场强与电势差的关系

我们也可以从 q 所受的静电力来计算功。这个力是

$$F=qE$$

因为匀强电场中电场强度 E 处处相等，所以电荷 q 所受的静电力 $\boldsymbol{F}$ 是一个恒力，它所做的功为

$$W_{AB}=Fd=qEd$$

比较功的两个计算结果，得到

$$U_{AB}=Ed$$

即：匀强电场中两点间的电势差等于电场强度与这两点沿电场方向的距离的乘积。我们还可以把上式改写为

$$E=\frac{U_{AB}}{d}$$

上面这个等式说明，在匀强电场中，电场强度的大小等于两点间的电势差与两点沿电场强度方向距离的比值。也就是说，电场强度的大小等于沿电场强度方向上单位距离上的电势差。由此我们可以得到电场强度的另一个单位：V/m。

英文备注

diànchǎngqiáng dù de dà xiǎoděng yú yándiànchǎngqiáng dù fāngxiàngshàngdānwèi jù lí shàng de diàn shì chā

电场强度的大小等于沿电场强度方向上单位距离上的电势差。(The electric field intensity in a uniform field equals the electric potential difference per unit distance along the direction of the field.)

动手动脑学物理

1. 上面讨论中 A、B 两点位于同一条电场线上。如果它们不在同一条电场线上，如图 11.3-14，还能得出以上结论吗？

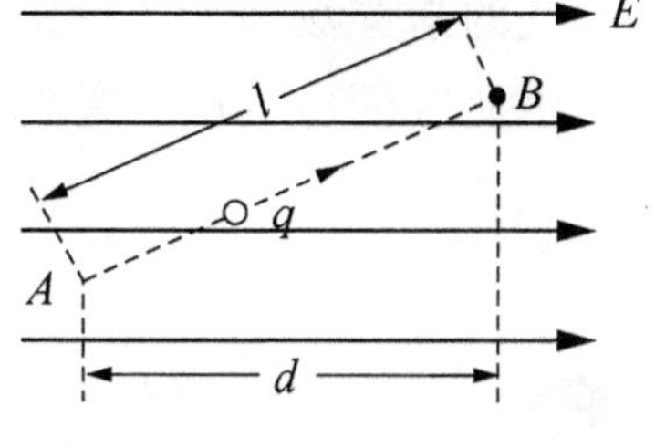

图 11.3-14

2. 根据试探电荷的电势能来判断电场中两点电势的高低？

(1) $+q$ 在 A 点的电势能比在 B 点大，A、B 两点哪点电势高？

(2) $-q$ 在 C 点的电势能比在 D 点大，C、D 两点哪点电势高？

(3) $+q$ 在 E 点的电势能为负值，$-q$ 在 F 点的电势能也是负值，E、F 两点哪点电势高？

3. 如图 11.3-15 所示，根据电场线来判断电场中两点电势的高低？

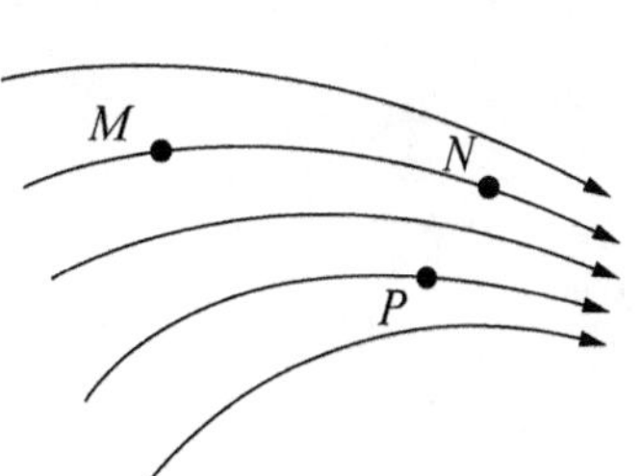

图 11.3-15

(1) M、N 是同一条电场线上的两点，哪点电势高？

(2) M、P 是同一电场中不在同一条电场线上的两点，哪点电势高？

4. 把 $q_1=4\times10^{-9}$ C 的试探电荷放在电场中的 A 点，具有 6×10^{-8} J 的电势能，求 A 点的电势。若把 $q_2=2\times10^{-10}$ C 的试探

电荷放在电场中的 A 点，电荷所具有的电势能是多少？

5. 两块带电的平行金属板相距 10 cm，两板之间的电势差为 9.0×10^3 V。在两极板之间与两极板等距离处有一粒灰尘，其带有 -1.6×10^{-7} C 的电量。这粒灰尘受到的静电力是多大？这粒灰尘在静电力的作用下运动到带正电的金属板，静电力所做的功是多少？

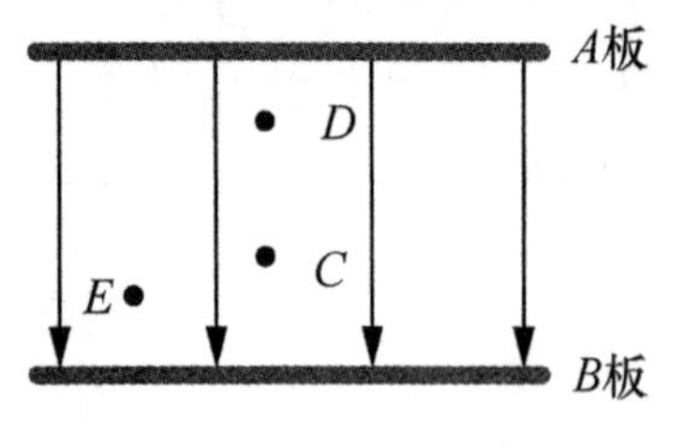

图 11.3-16

6. 带有等量异号电荷，相距 10 cm 的平行板 A 和 B 之间有一个匀强电场，如图所示。电场强度 $E=2\times10^4$ V/m，方向向下。电场中 C 点距 B 板 3 cm，D 点距 A 板 2 cm。

(1) C、D 两点哪点电势高？两点的电势差 U_{AC} 等于多少？

(2) 如果令 B 板接地（即电势 $U_B=0$），则 C 点和 D 点的电势各是多少？如果令 A 板接地，则 C 点和 D 点的电势又各是多少？在这两种情况中，U_{CD} 相同吗？

(3) 一个电子从 C 点移动到 D 点，静电力做功多少？如果使电子先移到 E 点，再移到 D 点，静电力做的功是否会发生变化？

7. 空气是不导电的，但是如果空气中的电场很强，使得气体分子中带正、负电荷的微粒所受的相反的静电力很大，以至于分子破碎，于是空气中出现了可以自由移动的电荷，空气变成了导体。这个现象叫做空气的“击穿”。已知空气的击穿场强为 $E=3\times10^6$ V/m。如果观察到某次闪电的火花长约 100 m，发生此次闪电的电势差约为多少？

（六）等 势 面

看一看

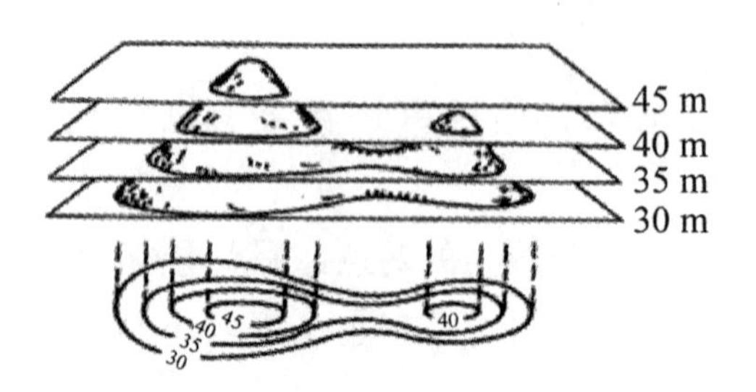

图 11.3-17 等高线来表示地势的高低

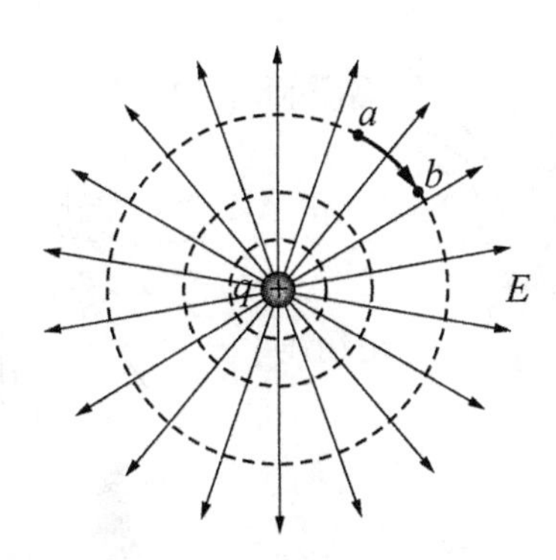

图 11.3-18　虚线为正点电荷的等势面，它表示电势的高低

读一读

等势面	děngshìmiàn	equipotential surface
等势面一定	děngshìmiàn yīdìng	the equipotential surface
跟电场线垂直	gēn diànchǎngxiàn chuízhí	is everywhere perpendicular to the field lines

学一学

在地图中常用等高线来表示地势的高低，如图 11.3-17 所示。与此相似，在电场的图示中常用等势面来表示电势的高低。

电场中电势相同的各点构成的面叫做等势面，如图 11.3-18 中的虚线表示一个带正电的点电荷周围电势的分布。与电场线的功能相似，等势面也是用来形象地描绘电场的。等势面与电场线有什么关系呢?

在同一个等势面上，任何两点间的电势差等于零（比如图 11.3-18 中 $U_a-U_b=0$），所以在同一等势面上移动电荷时静电力不做功。由此可知，等势面一定跟电场线垂直，即与电场强度的方向垂直。因为假如两者不垂直，电场强度就有一个沿着等势面的分量，在等势面上移动电荷时静电力就要做功，这个面也就不是等势面了。又因为沿着电场线的方向，电势越来越低。所以电场线不仅与等势面垂直，并且总是由电势高的等势面指向电势低的等势面。

图 11.3-19 是几种电场的等势面和电场线。每幅图中，两个相邻的等势面间的电势之差是相等的。

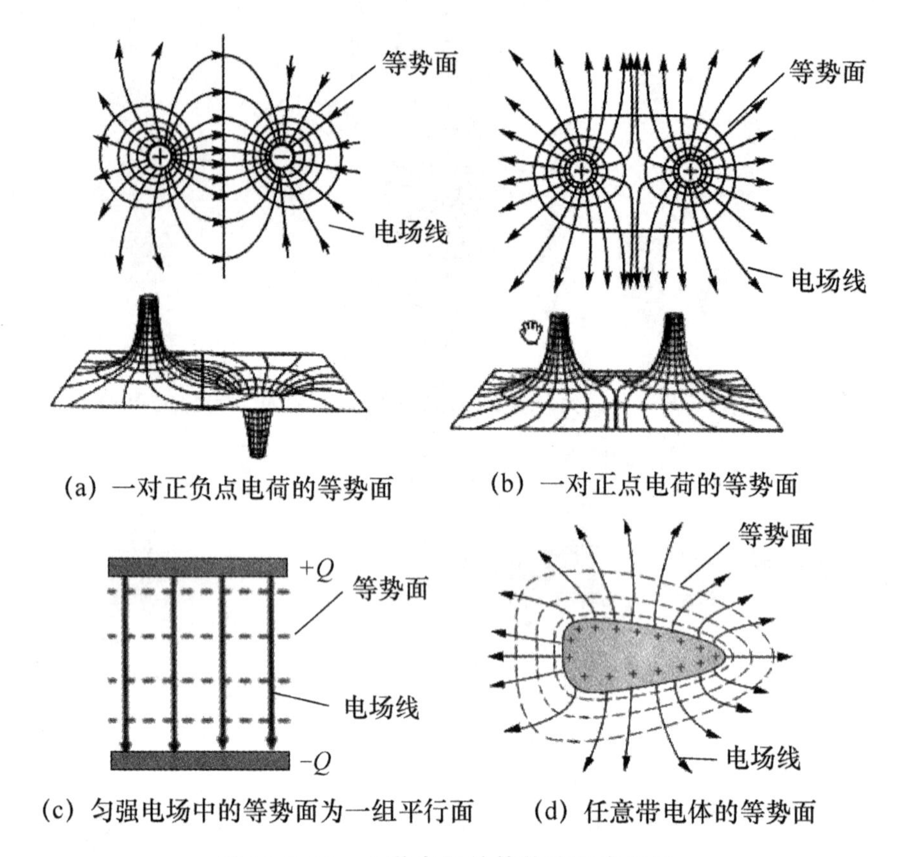

(a) 一对正负点电荷的等势面　　(b) 一对正点电荷的等势面

(c) 匀强电场中的等势面为一组平行面　　(d) 任意带电体的等势面

图 11.3-19　几种电场的等势线和电场线

实际测量电势比测量电场强度容易，所以常用等势面研究电场。先测绘出等势面的形状和分布，再根据电场线与等势面的关系，绘出电场线的分布，于是就知道电场的情况了。

动手动脑学物理

1. 如图 11.3-20 所示，圆形虚线表示固定于 O 点的某点电荷电场中的部分等势线，实线为某个电子在该电场中由 a 点经 b 点和 c 点的运动轨迹，该轨迹与其中一条等势线相切于 b 点。若电子只受该电场的作用，则下列说法正确的是

A. O 点的点电荷带正电

B. a 点的电势高于 c 点的电势

C. 电子在 a 点的加速度大于在 c 点的加速度

D. 电子运动过程中，在 b 点的电势能最大

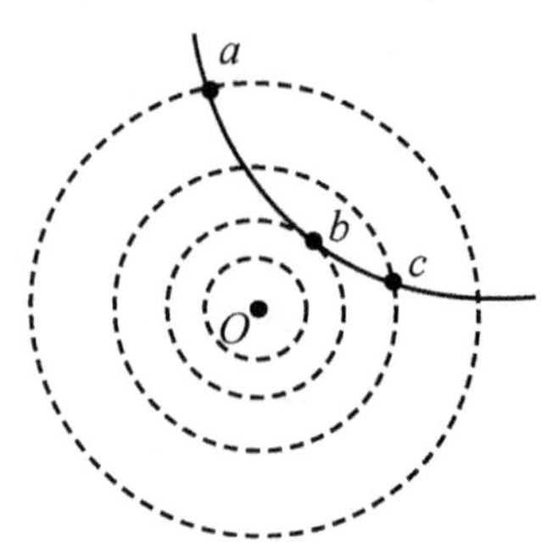

图 11.3-20

2. 某电场的等势面如图 11.3-21 所示。

(1) 试画出电场线的大致分布

(2) 若单位正电荷 q 沿任一路经从 A 点移到 B 点，静电力所做的功是多少？

(3) 正电荷 q 从 A 点移到 C 点，跟从 B 点移到 C 点，静电力所做的功是否相等？

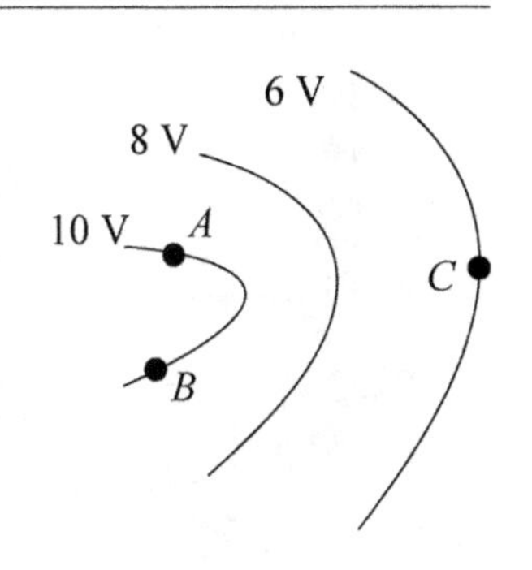

图 11.3-21

(七) 火花放电

看一看，做一做

图 11.4-1 高压电线之间的火花放电

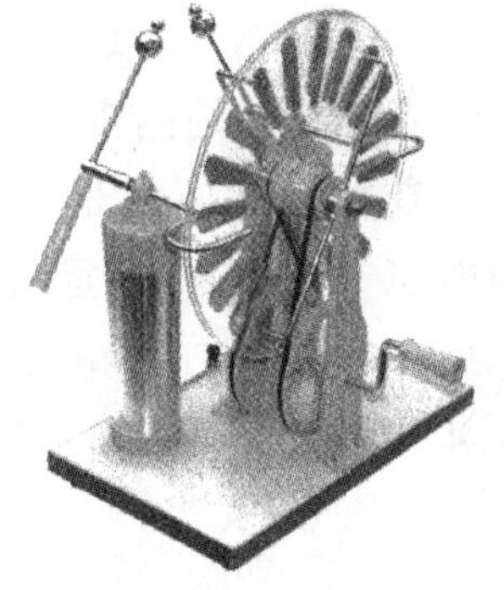

图 11.4-2 感应起电机的两个金属球之间也能发生火花放电

读一读

放电现象	fàngdiàn xiànxiàng	electric discharge phenomenona
化纤	huàxiān	chemical fiber
火花放电	huǒhuā fàngdiàn	spark discharge
微弱	wēiruò	weak
噼啪声	pīpāshēng	crackling
击穿	jīchuān	breakdown

电闪雷鸣	diànshǎn léimíng	thunder and lightning
绝缘体	juéyuántǐ	insulator
感应起电机	gǎnyìng qǐdiànjī	induction machine
导体	dǎotǐ	conductor
导电橡胶	dǎodiàn xiàngjiāo	conductive rubber
电离	diànlí	ionization
汽油	qìyóu	gasoline

学一学

火花放电是最常见的放电现象。在干燥的天气里脱去化纤衣服时，由于摩擦，身体上会积累大量电荷，这时如果手指靠近金属物品，会感到电击，看到微弱的火花，听到噼啪声。这就是火花放电。此外，云层和地面之间的电闪雷鸣；实验室中感应起电机的两个导电杆之间，也能发生火花放电，如图 11.4-2 所示。

产生火花放电的原因是：当电荷在物体上大量积累时，在物体周围就会产生很强的电场。如果电场足够强，原来是绝缘体的空气被强电场击穿变为导体，这一现象称为空气的电离。强大的电流通过电离的空气时发声、发光、产生电火花并发出大量的热，产生火花放电现象。

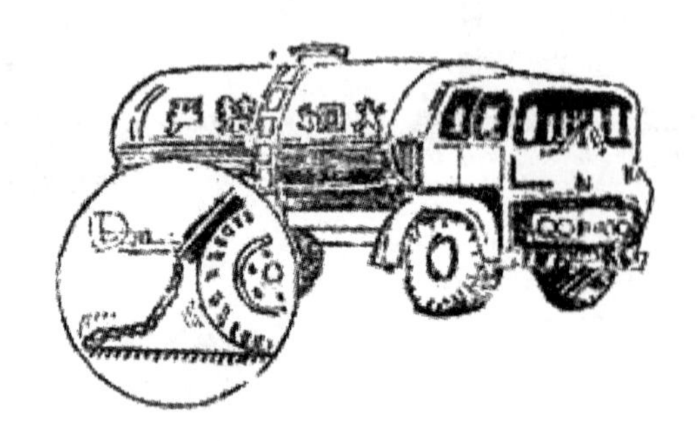

图 11.4-3 运输汽油等易燃易爆物品的车辆总有一条铁链拖在地面进行接地放电

在生活生产中．为了防止电荷在导体上过量聚集，常常用导线把带电导体与大地连接起来、进行接地放电。运输汽油等易燃易爆物品的车辆总有一条铁链拖在地面，如图 11.4-3 所示，可以把静电荷引入大地，避免放电时产生的火花引起爆炸。飞机轮胎用导电橡胶制成，也是为了在着陆时避免机身积累电荷。

(八) 尖端放电和避雷针

看一看，做一做

图 11.4-4　闪电亲吻自由女神

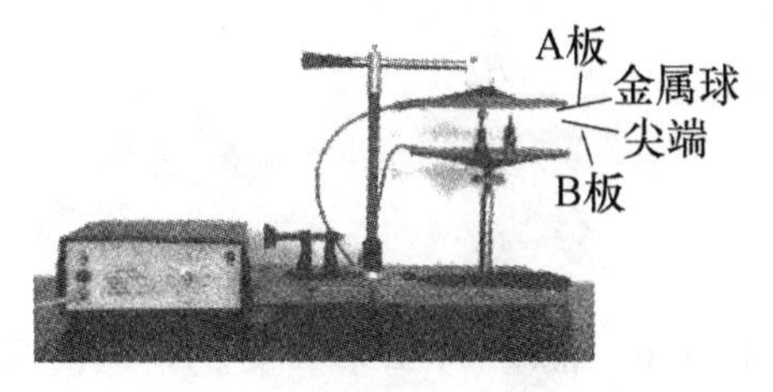

图 11.4-5　尖端放电实验

如图 11.4-5 所示，两块导体平行板 A 和 B，在 B 板上放置两个等高的金属杆，左边的金属杆的头部是一个金属球，右边金属杆的头部是一个尖端。现在在平行板 A 和 B 之间加上高压电，我们会观察到尖端和 A 板之间有电火花产生，而金属球和 A 板之间没有电火花。

读一读

尖端放电	jiānduān fàngdiàn	point discharge
避雷针	bìléizhēn	lightning rod
高压电	gāoyādiàn	high voltage
中和电荷	zhōnghé diànhè	charge neutralization

学一学

在图 11.4-5 所示的实验中，两个等高的金属杆与 A 板之间电势差相等，为什么尖端会放电，而金属球那一端不发电呢？要解释这一现象，首先要观察电荷在导体上是如何分布的。如图 11.4-6 所示，把导体安放在绝缘支架上，并使导体带电。然后用带绝缘柄的验电球 P 接触它的 A 点，再与验电器接触，检验 A 点的带电情况。按同样的方法也可以检验 B、C 点的带电情况。

实验表明，验电球跟带电体的 A 处接触后，再接触验电器的小球，验电器的金属箔张角较小；跟 B 处接触后，验电器的金属箔张角较大；跟尖端 C 处接触后，验电器的金属箔张角最大。这表明，电荷在导体表面的分布是不均匀的：在表面突出的位置，电荷比较密集（例如 C 处）；平坦的位置，电荷比较稀疏（例如 A 处）。图 11.4-7 显示了电荷在导体表面的分布情况。

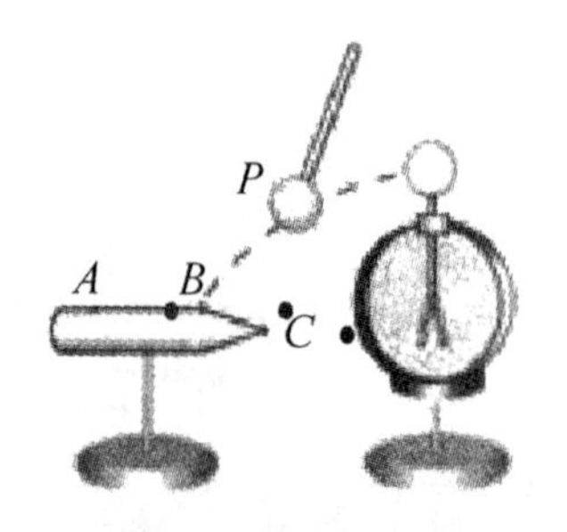

图 11.4-6　检验 A、B 和 C 处的带电情况

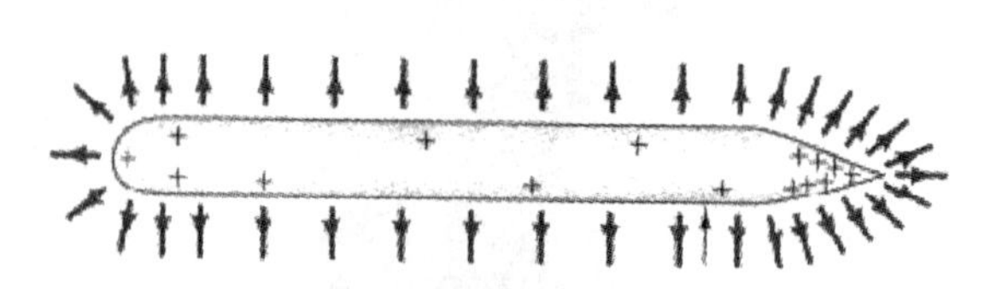

图 11.4-7　电荷在导体表面的分布情况

导体尖端部位的电荷特别密集，尖端附近的电场就特别强，使得空气分子电离，产生了大量的带电粒子，如图 11.4-8 所示，那些所带电荷与导体尖端电荷的符号相反的粒子，由于被吸引奔向尖端，与尖端上的电荷中和，这相当于导体从尖端失去电荷。这个现象叫做尖端放电。避雷针就是应用了尖端放电的原理。

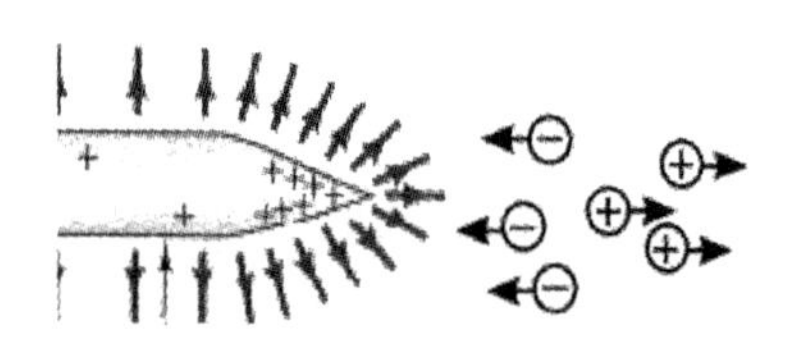

图 11.4-8　尖端放电

当带电的云层接近建筑物时，同号电荷受到排斥，流入大地，建筑物上留下了异号电荷，如图 11.4-9 所示。当电荷积累到一定程度时，会发生强烈放电现象，产生耀眼的闪电，闪电的电流可以高达几十万安［培］，会使建筑物严重损坏（图 11.4-10）。

图 11.4-9　带电的云层接近建筑物时，建筑物上留下了异号电荷

图 11.4-10　闪电的电流可以高达几十万安［培］，会使建筑物严重损坏

避雷针是利用尖端放电避免雷击的一种设施。它是一个或几个尖锐的金属棒，安装在建筑物的顶端，用粗导线与埋在地下的金属板连接，保持与大地的良好接触，如图 11.4-11 所示。当带电的云层接近建筑物时，金属棒上出现与云层相反的电荷。通过尖端放电，这些电荷不断向大气释放，中和空气中的电荷，达到避免雷击的目的。

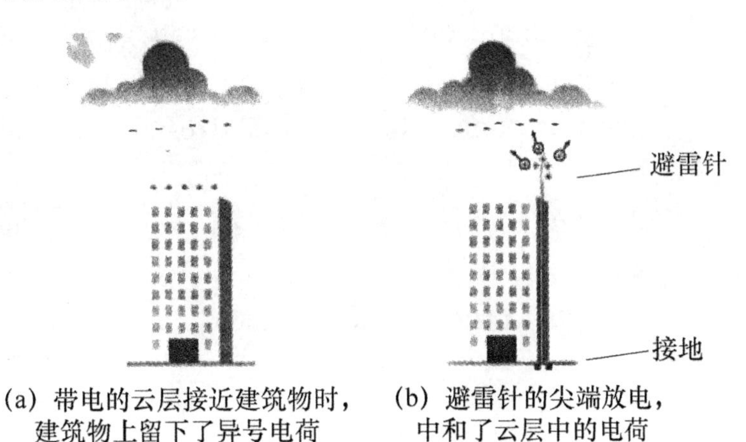

图 11.4-11　避雷针的原理

（九）静电的利用和防范

看一看

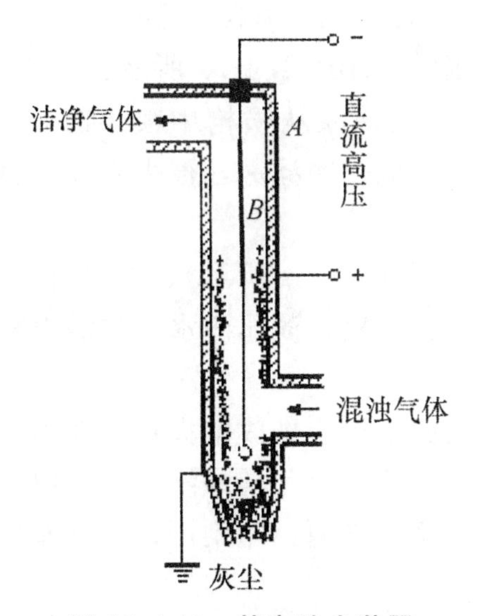

图 11.4-12　静电除尘装置

读一读

静电除尘	jìngdiàn chúchén	electrostatic dust removal
高压电源	gāoyā diànyuán	high voltage power
混浊气体	hùnzhuó qìtǐ	Turbid gas
静电喷涂	jìngdiàn pēntú	electrostatic painting
喷嘴	pēnzuǐ	nozzle
静电复印	jìngdiàn fùyìn	electrostatic copying
湿度	shīdù	humidity
潮湿空气	cháoshī kōngqì	moist air

学一学

静电在工业和生活中有很重要的用途，有时又会带来很多危害，需要防止。

例如，在生产中利用静电除尘。其装置如图 11.4-12 所示：圆筒的中心有一长金属杆，接高压电源负极；外壁金属筒连接高压电源正极。接通电源，筒内的烟雾就会带上一定量的负电荷，这些带负电烟雾微粒在电场力的作用下，就会向正电极运动，最后被吸附在连接正电极的外壁金属筒上，烟雾很快就消失了。在粉尘较多的场所，用静电除尘的方法可以除去有害的微粒，还可以回收烟气中的粉尘或金属粉末。

此外，比如静电喷涂，如图 11.4-13 所示：喷嘴与电源正极相连，物体（车轮）与电源负极相连，当油漆从喷枪中喷出时，喷嘴使油漆微粒带正电，它们相互排斥，扩散开来形成一团漆雾，被吸附在带负电的物体表面，这种静电喷漆的方法省漆而均匀。

还有像静电复印（如图 11.4-14 所示）、静电印花等，已在工业生产和生活中得到广泛应用。静电也开始在淡化海水，喷洒农药、人工降雨、低温冷冻等许多方面大显身手。

关于静电的危害，前面已经谈到放电火花可能引起易燃物的爆炸，燃烧的事故。在印染厂里，棉纱、毛线、化学纤维上的静电会吸引空气中的尘埃，使印染质量下降。为了解决这一难题，印染厂设法在车间保持一定的湿度，让静电通过潮湿空气传导走。

计算机的配件都有防静电的包装，如图 11.4-15 所示。请你不要用手直接去触摸它们的金属部分，因为你手上和身上的静电可能使这些“娇气”的器件损伤（图 11.4-16）。为了防止身上的静电对器件损伤，我们需要穿防止静电的衣服和带防止静电的手套（图 11.4-17）。

图 11.4-13　静电喷涂

图 11.4-14　静电复印是利用静电的吸附作用工作的

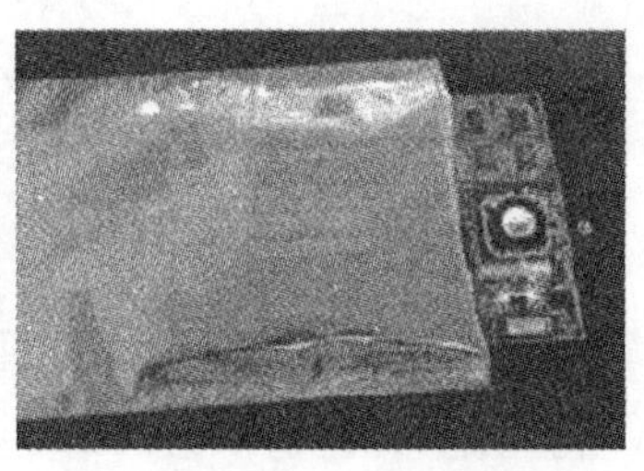

图 11.4-15　计算机的配件都有防静电的包装

图 11.4-16　手上的静电可能使器件损坏

图 11.4-17　防止静电的手套

动手动脑学物理

1. 静电的防范有哪些方法？

2. 在气候干燥的季节，小明脱掉外衣后去拉门的金属把手时，被电击得吓了一跳，他赶紧缩回手，觉得很奇怪。他决定再试一下，用手小心地去摸金属把手，然而又一切都正常。这是什么原因？

3. 雷雨来临时，怎样防止雷击，保障人身安全？在不同的场合（例如在旷野、在森林、在输电线附近…）应该采取什么行之有效的避雷措施？

第十二章　磁　　场
(Magnetic Field)

候鸟在长途迁徙时不会迷失方向，它们凭借的“秘密武器”之一，就是它们对地球磁场（图 12.1-1）的感知能力，它们能利用地磁场“导航”。

人类对磁场的利用就更多了，利用磁场进行电能和机械能的相互转换，人们制造出发电机、电动机和电磁起重机（图 12.1-3）；和用磁性材料的磁化和退磁，人们广泛使用着磁卡、磁盘、磁带；地球的磁场还能为我们导航（图 12.1-2）、找矿等。可以说大到天体，小到粒子，磁现象最无处不在。

第一节　磁现象

看一看

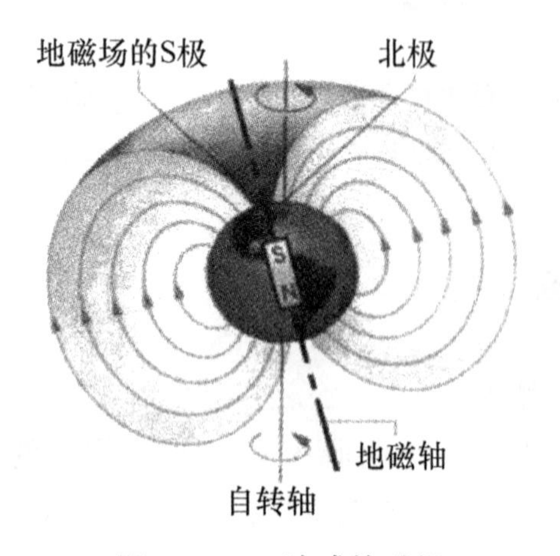

图 12.1-1　地球的磁场

图 12.1-2　司南勺

图 12.1-3　电磁起重机

读一读

磁铁	cítiě	magnet
磁性	cíxìng	magnetism
南北方向	nánběi fāngxiàng	north-south orientation
地磁场	dìcíchǎng	earth magnetic field
南极	nánjí	south pole
北极	běijí	north pole
磁力	cílì	magnetic forces
指南针	zhǐnánzhēn	compass
钴	gǔ	cobalt
镍	niè	nickel
氧化物	yǎnghuàwù	oxide
磁悬浮列车	cíxuánfú lièchē	maglev train
磁针	cízhēn	magnetic needle

学一学

古代人们很早就发现了天然磁铁（magnet）能吸引铁器的现象。我国春秋战国时期的一些著作已有关于磁铁的记载和描述，指南针是我国古代四大发明之一。

人们最早发现的天然磁铁的主要成分是 Fe_3O_4。现在使用的磁铁，多是用铁、钴、镍等金属或用某些氧化物制成的。磁铁能吸引铁质物体，我们把这种性质叫做磁性。磁体的各部分磁性强弱不同，磁性最强的区域叫做磁极。如果将条形磁铁或小磁针悬挂或支撑起来，使它能在水平面内自由转动，则静止时两磁极总是分别指向地球的南北方向。指南的一端叫做南极，指北的一端叫做北极，如图 12.1-4 所示。

当两个磁铁的磁极靠近时，它们之间会产生相互作用的磁力：同名磁极互相推斥，异名磁极互相吸引（图 12.1-5）。磁极之间相互作用的磁力是通过磁场发生的，磁铁在周围的空间里产生磁场，磁场对处在它里面的磁极有磁场力的作用。

图 12.1-4　磁铁的磁极

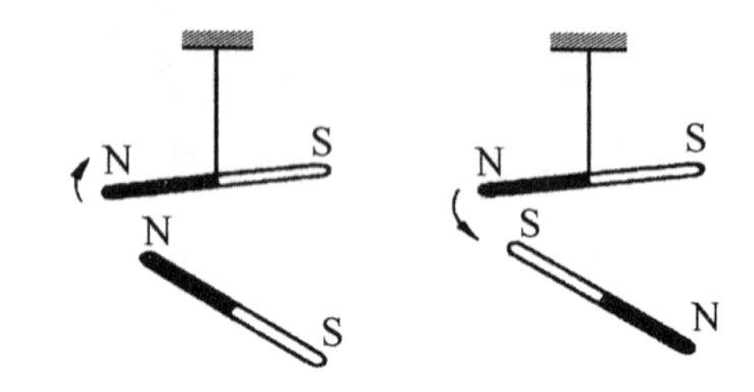

图 12.1-5　磁铁互相吸引、排斥

英文备注

tóngmíng cí jí hù xiāng tuī chì　yì míng cí jí hù xiāng xī yǐn

同名磁极互相推斥，异名磁极互相吸引。（Like magnet poles repel and unlike magnet poles attract each other.）

新技术——磁悬浮列车

磁悬浮列车是利用磁极吸引力和排斥力的高科技交通工具（图 12.1-6）。简单地说，排斥力使列车悬起来，吸引力使列车开动。磁悬浮列车车厢上装有超导磁铁，铁路底部安装线圈。通电后，地面线圈产生的磁场极性与车厢的电磁体极性总保持相同，两者“同性相斥”，排斥力使列车悬浮起来，如图 12.1-7 所示。与常规的动力来自于机车头的火车不同，磁悬浮列车的动力来自于轨道。轨道两侧装有线圈，交流电使线圈变为电磁体，它与列车上的磁铁相互作用。列车行驶时，车头的磁铁（比如 N 极）被轨道上靠前一点的电磁体（S 极）所吸引，同时被轨道上稍后一点的电磁体（N 极）所排斥——结果是前面“拉”，后面“推”，使列车前

图 12.1-6　磁悬浮列车

进，如图 12.1-8 所示。

磁悬浮列车与普通轮轨列车相比，具有低噪音、无污染、安全舒适和高速高效的特点，是一种具有广阔前景的新型交通工具，特别适合城市轨道交通。

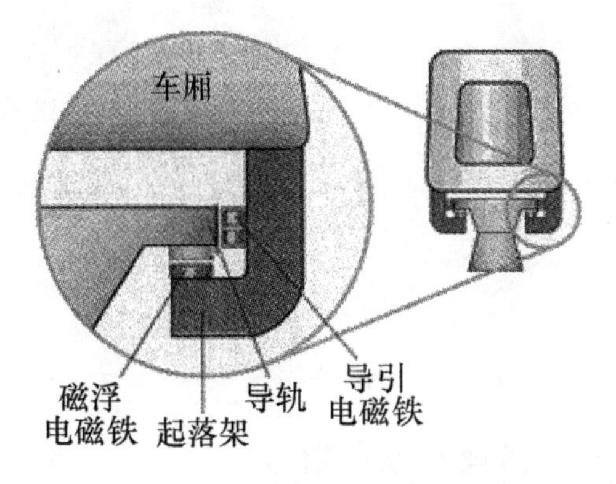

图 12.1-7　排斥力使列车悬浮起来

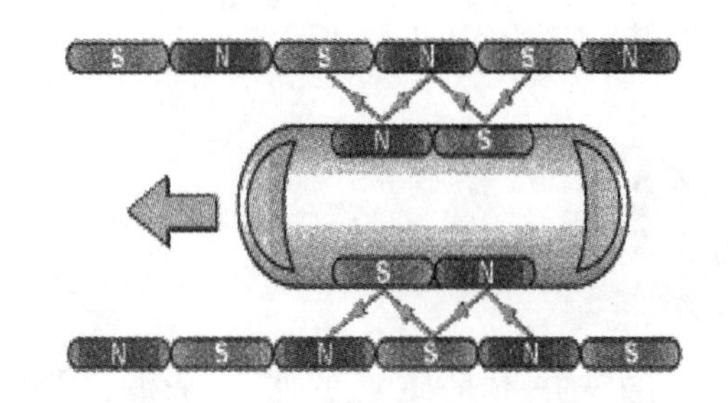

图 12.1-8　排斥力和吸引力使使列车前进

动手动脑学物理

在日常生活中，还有哪些磁现象？

第二节　磁　场

（一）电流产生磁场

做一做，想一想

把一条导线平行地放在磁针的上方，给导线通电，磁针就发生偏转（图 12.2-1）。为什么？

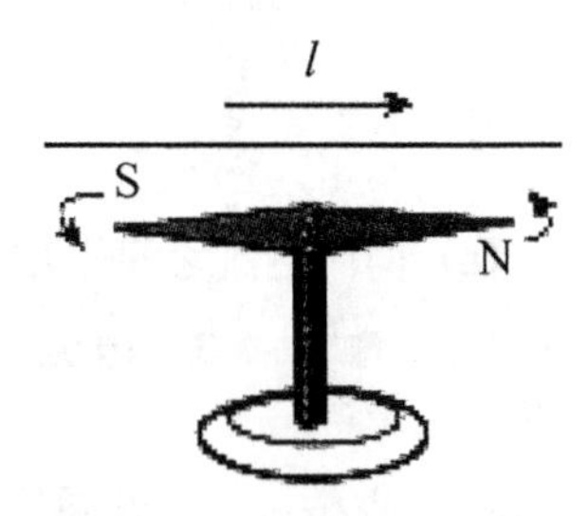

图 12.2-1　通电导线放在磁针上方，磁针发生偏转

读一读

导线	dǎoxiàn	wire
偏转	piānzhuǎn	deflection

学一学

磁铁并不是磁场的唯一来源。1820 年丹麦物理学家奥斯特（1777－1851）做过下面的实验：把一条导线平行地放在磁针的上方，给导线通电，磁针就发生偏转，如图 12.2-1 所示。这说明不仅磁铁能产生磁场，电流也能产生磁场。

电流能够产生磁场，那么电流在磁场中又会怎样呢？把一段直导线放在磁铁的磁场里，当导线中有电流通过时，可以看到导线因受力而发生运动，如图 12.2-2 所示。可见，磁场不仅对磁极产生力的作用，对电流也产生力的作用。

电流能够产生磁场，而磁场对电流又有力的作用，那么电流和电流之间自然应该通过磁场发生作用。通过图 12.2-3 的实验看到，两条平行直导线，当通以相同方向的电流时，它们之间相互吸引，当通以相反方向的电流时，它们相互排斥。这时每个电流都处在另一个电流的磁场里，因而受到磁场力的作用。也就是说，电流和电流之间，就像磁极和磁极之间一样，也会通过磁场发生相互作用。

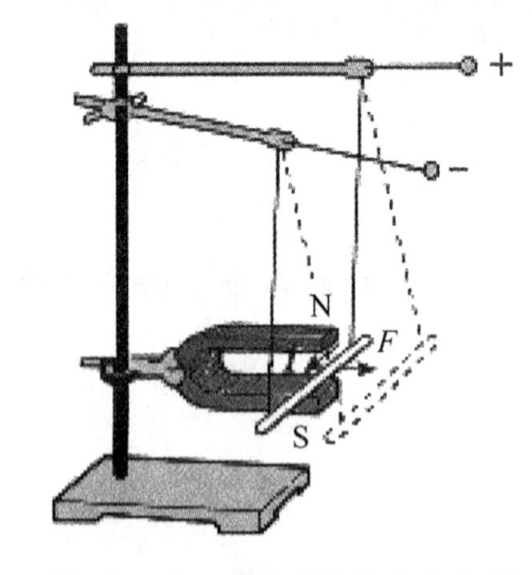

图 12.2-2 磁场对电流产生作用

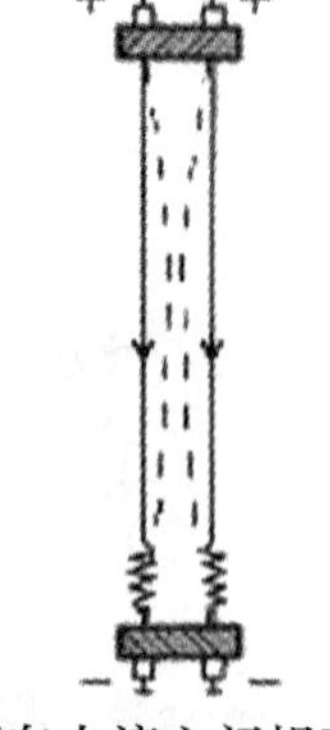

(a) 同向电流之间相互吸引

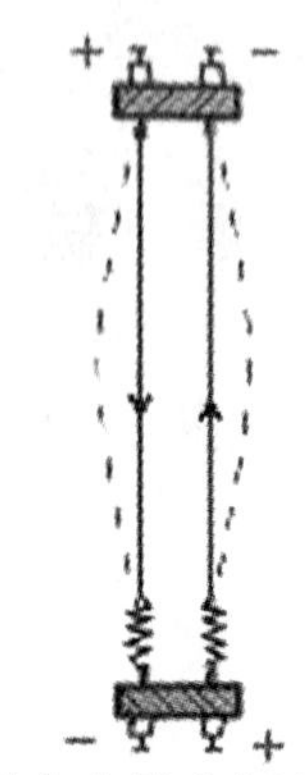

(b) 反向电流之间相互排斥

图 12.2-3 电流和电流之间通过磁场发生作用

综上所述，我们认识到，磁体或电流在其周围空间里产生磁场，而磁场对处在它里面的磁极或电流有磁场力的作用。这样，我们对磁极和磁极之间、磁极和电流之间、电流和电流之间的相互作用获得了统一认识，所有这些相互作用都是通过磁场来传递的。

（二）磁场的方向磁感应线

看一看

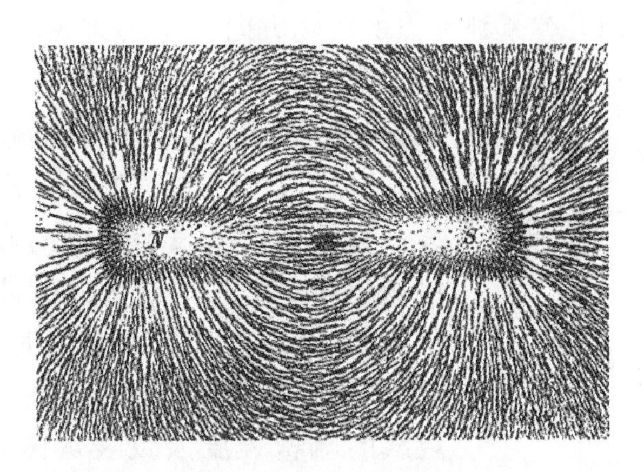

图 12.2-4 铁屑在磁场作用下有规则地排列起来，显示出磁感应线的形状

读一读

磁感应线	cígǎnyìngxiàn	magnetic field lines
铁屑	tiěxiè	iron filings
切线方向	qiēxiàn fāngxiàng	tangential direction
磁感应线的疏密程度	cígǎnyìngxiànde shūmì chéngdù	density of the magnetic field lines
马蹄形磁铁	mǎtíxíng cítiě	horse-shoe magnet
条形磁铁	tiáoxíng cítiě	bar magnet
右手螺旋定则	yòushǒu luóxuán dìngzé	right-hand screw rule
环形电流	huánxíng diànliú	circular current
安培定则	ānpéi dìngzé	Ampere's rule
直线电流	zhíxiàn diànliú	straight line current
匀强磁场	yúnqiáng cíchǎng	uniform magnetic field
螺线管	luóxiànguǎn	solenoid

学一学

把小磁针放在磁体或电流的磁场中，小磁针因受磁场力的作用，它的两极就会指向某一个方向。在磁场中的不同点，小磁针指的方向一般并不相同。这个事实说明，磁场是有方向性的。物理学规定：在磁场中的任一点，小磁针静止时北极所指的方向，就是那一点的磁场方向。

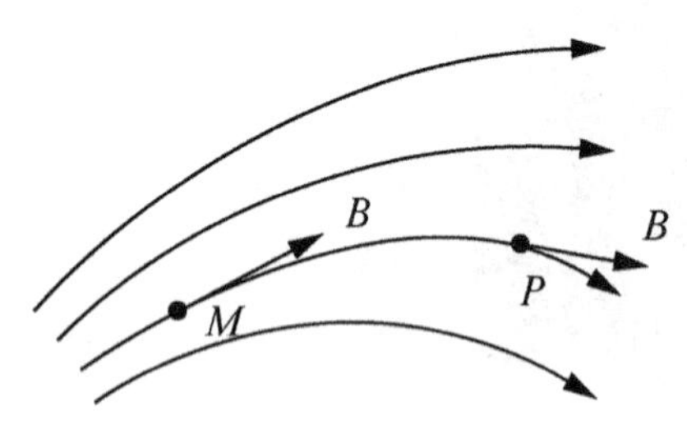

图 12.2-5 磁感应线上每一点的切线方向就是该点的磁场方向

磁场是我们五官无法直接感知的，为了形象地描述磁场，人们引入了假想的曲线来描述它，这些假想的曲线被称为磁感应线。磁感应线一方面可以来表示各点的磁场方向，即：在磁场中画出的一些有方向的曲线，在这些曲线上的每一点的切线方向就是该点的磁场方向(如图 12.2-5 所示)；另一方面，也可以用磁感应线的疏密程度大致表示磁感应强度的大小。在同一个磁场的磁感应线分布图上，磁感应线越密的地方，表示那里的磁感应强度越大，磁感应线稀疏的地方，表示那里的磁感应强度小。这样，从磁感线的分布就可以形象地表示出磁场的强弱和方向。

实验中常用铁屑在磁场中被磁化的性质来显示磁感线的形状，在磁场中放一块玻璃板，在玻璃板上均匀地撒一层细铁屑，细铁屑在磁场里被磁化成“小磁针”。轻敲玻璃板使铁屑能在磁场作用下转动，铁屑会有规则地排列起来，就显示出磁感线的形状，如图 12.2-4 所示。

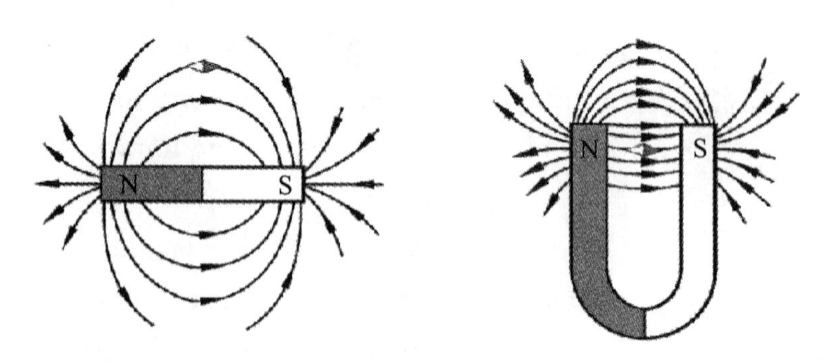

图 12.2-6 条形磁铁和马蹄形磁铁的磁感应线分布

图 12.2-6 中表示条形磁铁和马蹄形磁铁的磁感应线分布情况。磁铁外部的磁感线是从磁铁的北极出来，进入磁铁的南极。

英文备注

1. 物理学规定：在磁场中的任一点，小磁针静止时北极所指的方向，就是那一点的磁场方向。（We define the direction of the magnetic field as the direction which the north pole of a small magnetic needle will indicate if placed in the field.）

2. 磁铁外部的磁感线是从磁铁的北极出来，进入磁铁的南极。（The lines outside the magnet emerge from the north pole，and enter the south pole.）

（三）安培定则

学一学

图 12.2-7（a）表示直线电流磁场的磁感应线分布情况。直线电流磁场的磁感应线是一些以导线上各点为圆心的同心圆，这些同心圆都在跟导线垂直的平面上。实验表明，改变电流的方向，各点的磁场方向都变成相反的方向，即磁感应线的方向随着改变。直线电流的方向跟它的磁感应线方向之间的关系可以用安培定则，也叫右手螺旋定则来判定：用右手握住导线，让伸直的大拇指所指的方向跟电流的方向一致，弯曲的四指所指的方向就是磁感应线的环绕方向，如图 12.2-7（b）所示。

图 12.2-8（a）表示环形电流磁场的磁感应线分布情况。环形电流磁场的磁感应线是一些围绕环形导线的闭合曲线。在环形导线的中心轴线上，磁感线和环形导线的平面垂直。环形电流的方向跟中心轴线上的磁感线方向之间的关系，也可以用安培定则来判定：让右手弯曲的四指和环形电流的方向一致，伸直的大拇指所指的方向就是环形导线中心轴线上磁感应线的方向，如图 12.2-8（b）所示。

图 12.2-9 中表示通电螺线管磁场的磁感线分布情况。螺线管通电以后表现出来的磁性，很像是一根条形磁铁，一端相当于北极，另一端相当于南极。改变电流的方向，它的南北极就对调。通电螺线管外部的磁感应线和条形磁铁外部的磁感应线相似，也是从北极出来，进入南极。通电螺线管内部具有磁场，内部的磁感应线跟螺线管的轴线平行，方向由南极指向北极，并和外部的磁感线连接，形成一些环绕电流的闭合曲线。通电螺线管的电流方向跟它的磁感线方向之间的关系，也可用安培定则来判定：用右手握住螺线管，让弯曲的四指所指的方向跟电流的方向一致，大拇指所指的方向就是螺线管内部磁感线的方向。也就是说，大拇指指向通电螺线管的北极。

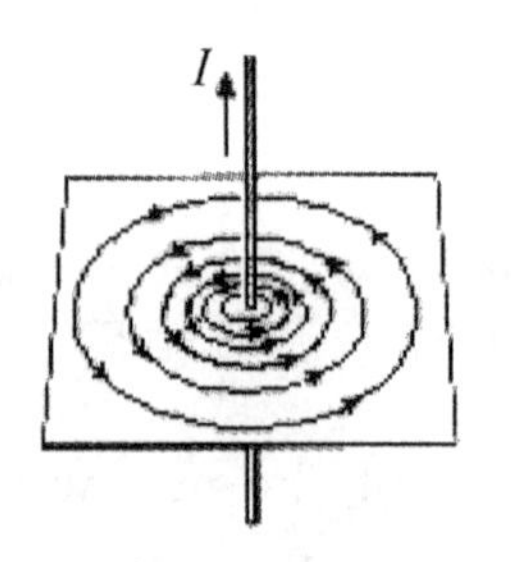

(a) 磁感应线分布

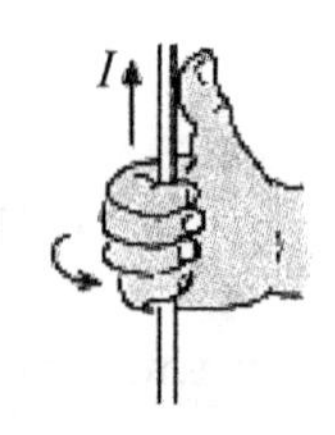

(b) 安培定则

图 12. 2-7　直线电流的磁场

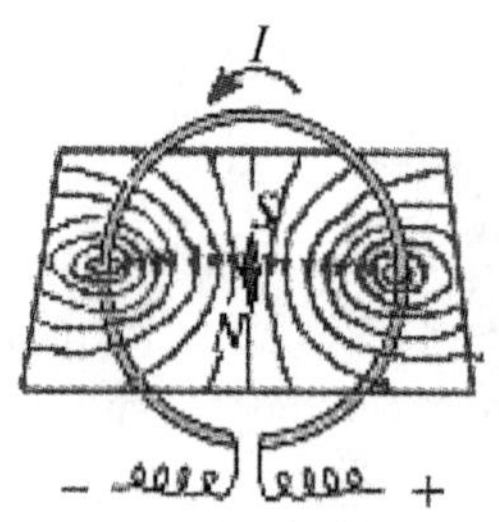

(a) 磁感应线分布

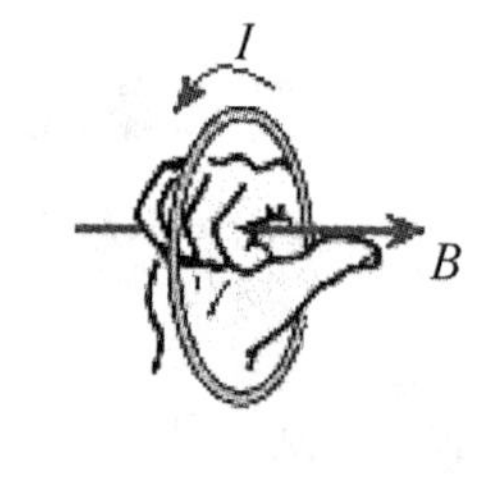

(b) 安培定则

图 12. 2-8　环形电流的磁场

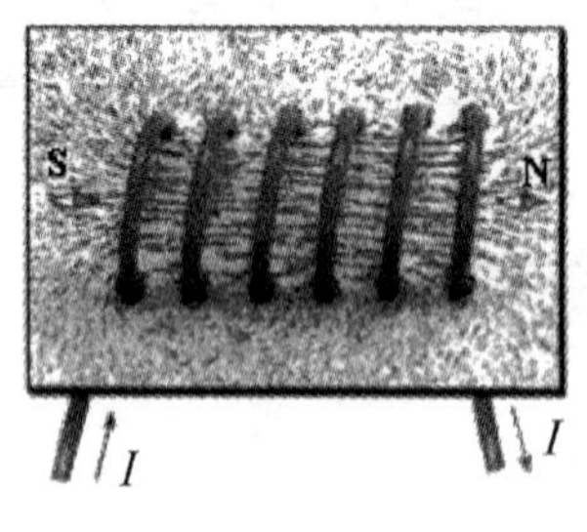

(a) 磁感应线分布

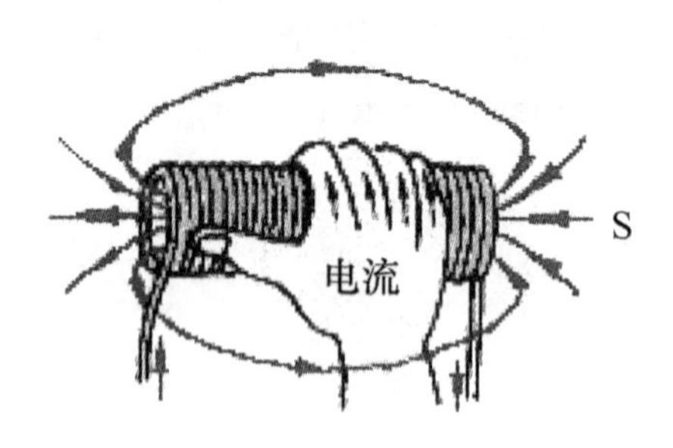

(b) 安培定则

图 12. 2-9　通电螺线管的磁场

与天然磁铁相比，电流磁场的强弱和有无容易调节和控制，因而在实际中有很多重要的应用。电磁起重机、电话、电动机、发电机等，都离不开电流的磁场。

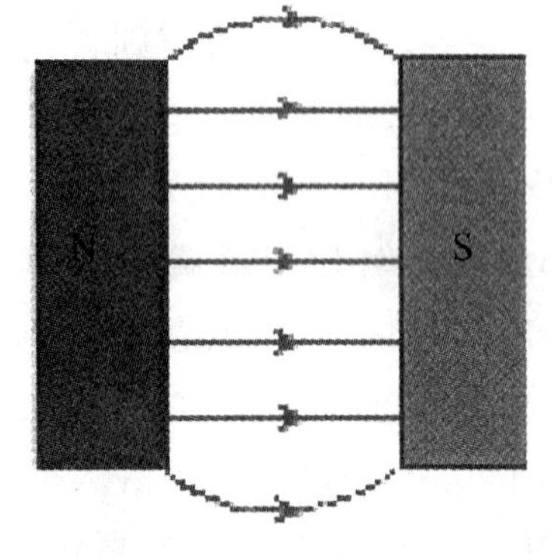

图 12. 2-10　匀强磁场

如果在磁场的某一区域里，磁感应强度的大小和方向处处相同，这个区域的磁场叫做匀强磁场。匀强磁场是最简单但又是很重要的磁场，在电磁仪器和科学实验中有重要的应用。距离很近的两个异名磁极之间的磁场（图 12. 2-10 所示）、通电螺线管内部的磁场，除边缘部分外，都可认为是匀强磁场。

英文备注

zhíxiàndiàn liú cí chǎng de cí gǎnyìngxiàn shì yì xiē yǐ dǎoxiànshàng gè diǎnwéiyuán xīn de tóng xīn

1. 直线电流磁场的磁感应线是一些以导线上各点为圆心的同心

yuán zhè xiē tóngxīnyuándōuzài gēndǎoxiànchuí zhí de píngmiànshàng

圆，这些同心圆都在跟导线垂直的平面上。(The magnetic field lines in straight line current field are concentric circles lying in surfaces perpendicular to the wire, centering at the intersection of the wire.)

yòngyòushǒu wò zhùdǎoxiàn　ràngshēn zhí de dà mǔ zhǐ suǒ zhǐ de fāngxiànggēndiàn liú de fāngxiàng yí zhì
2. 用右手握住导线，让伸直的大拇指所指的方向跟电流的方向一致，
wān qū de sì zhǐ suǒ zhǐ de fāngxiàng jiù shì cí gǎnyìngxiàn de huán rào fāngxiàng
弯曲的四指所指的方向就是磁感应线的环绕方向。(Grasp the wire in your right hand with your extended thumb pointing in the direction of current, your fingers will then naturally curl around in the direction of the magnetic field lines.)

ràngyòushǒuwān qū de sì zhǐ hé huánxíngdiàn liú de fāngxiàng yí zhì　shēn zhí de dà mǔ zhǐ suǒ zhǐ de
3. 让右手弯曲的四指和环形电流的方向一致，伸直的大拇指所指的
fāngxiàng jiù shì huánxíngdǎoxiànzhōng xīn zhóuxiànshàng cí gǎnyìngxiàn de fāngxiàng
方向就是环形导线中心轴线上磁感应线的方向。(If your curl the fingers of your right hand in the direction of the current in the loop, your thumb will point in the direction of the field at the center of the loop.)

yòngyòushǒu wò zhù luó xiànguǎn　ràngwān qū de sì zhǐ suǒ zhǐ de fāngxiànggēndiàn liú de fāngxiàng
4. 用右手握住螺线管，让弯曲的四指所指的方向跟电流的方向
yí zhì　dà mǔ zhǐ suǒ zhǐ de fāngxiàng jiù shì luóxiànguǎnnèi bù cí gǎnxiàn de fāngxiàng　yě jiù shì shuō　dà
一致，大拇指所指的方向就是螺线管内部磁感线的方向。也就是说，大
mǔ zhǐ zhǐ xiàngtōngdiànluóxiànguǎn de běi jí
拇指指向通电螺线管的北极。(When you wrap your right hand around the solenoid with your fingers in the direction of the conventional current, your thumb will point in the direction of the field inside the solenoid. That means your thumb will point in the direction of the north pole of solenoid.)

动手动脑学物理

1. 如图 12.2-11 所示，把小磁针放在磁场中，说明小磁针将怎样转动，并停在哪个方向？

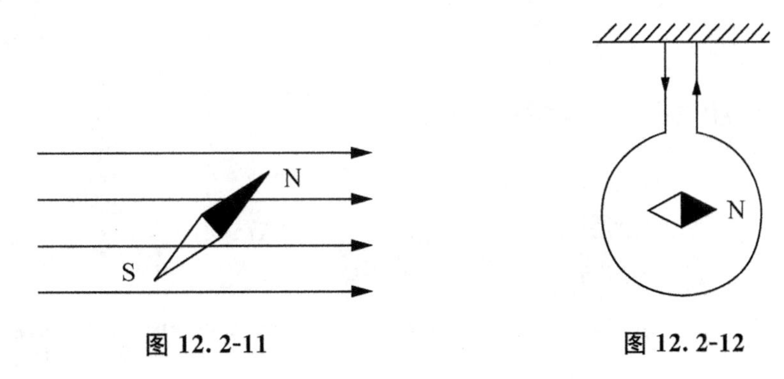

图 12.2-11　　图 12.2-12

2. 在竖直放置的圆形通电线圈中的圆心位置放一个能自由转动的小磁针，如图 12.2-12，当通以图中所示方向的电流时，小磁针的 N 极将（　　）。

A. 静止不动，指向不变　　B. 转动 180°，指向左边

C. 转动 90°，垂直指向纸外　　D. 转动 90°，垂直指向纸内

3.（多选）有一个电源，不知道它的正负极。现在把它和一个螺线管相

连，在螺线管的附近放置一个小磁针如图 12.2-13 所示。闭合开关后，下面的一些判断中正确的是（　　）。

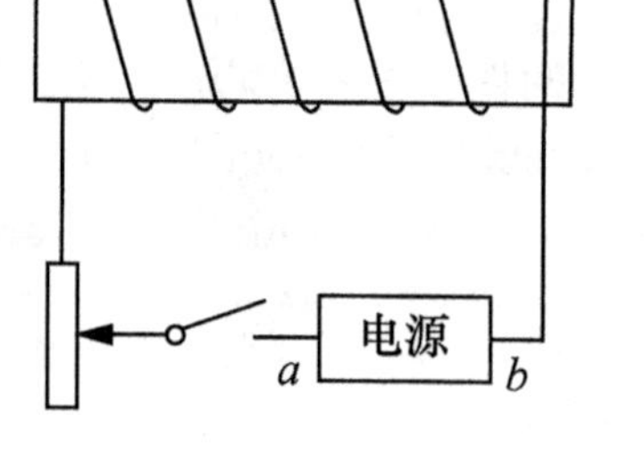

图 12.2-13

A. 如果小磁针的 N 极向右转动，电源的 a 端是正极

B. 如果小磁针的 N 极向右转动，电源的 b 端是正极

C. 如果小磁针的 N 极向左转动，电源的 a 端是正极

D. 如果小磁针的 N 极向左转动，电源的 b 端是正极

（四）安培力磁感应强度

做一做

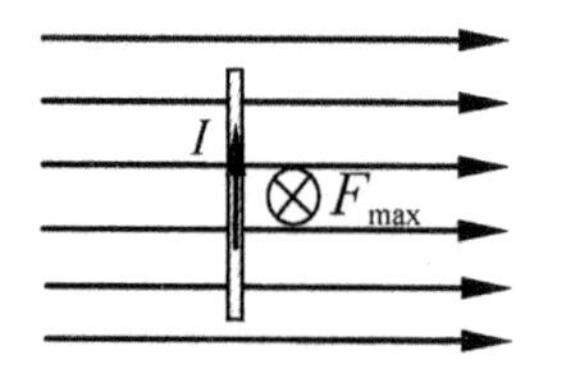

(a) 导线方向与磁场方向垂直时，导线所受的力最大F_{max}

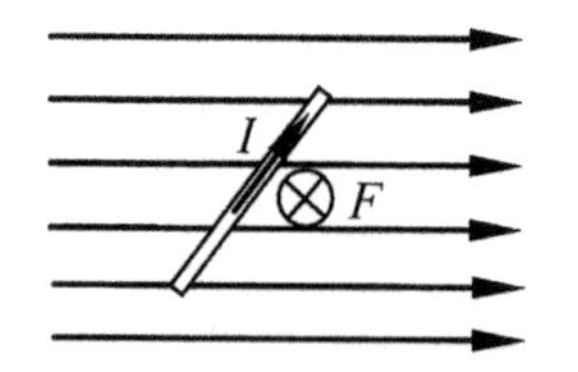

(b) 导线方向与磁场方向斜交时，导线所受的力$0<F<F_{max}$

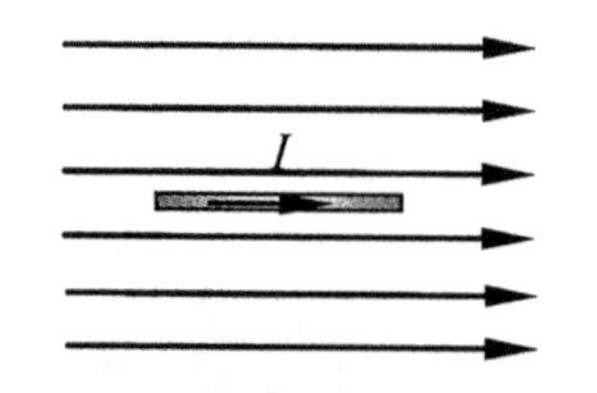

(c) 导线方向与磁场方向一致时，导线所受的力等于零

图 12.2-14　把一段通电直导线以不同的方位放在磁场中，观察其受力

读一读

安培力	ānpéilì	Ampere force
特斯拉	tèsīlā	tesla
磁感应强度	cígǎnyìng qiángdù	magnetic induction

学一学

磁场不仅有方向性，而且有强弱的不同。我们怎样定量来表示磁场的强弱呢？与电场强度类似，研究磁场的强弱，我们要从分析电流在磁场中的受力情

况着手，找出表示磁场强弱的物理量。

磁场对电流的作用力通常称为安培力。这是为了纪念法国物理学家安培(1775－1836)，他研究磁场对电流的作用力有杰出的贡献。

安培

在图 12.2-14 的实验中表明：把一段通电直导线放在磁场里，当导线方向与磁场方向垂直时，电流所受的安培力最大；当导线方向与磁场方向一致时，电流所受的安培力最小，等于零；当导线方向与磁场方向斜交时，所受安培力介于最大值和最小值之间。

通电导线长度一定时，电流越大，导线所受安培力就越大；电流一定时，通电导线越长，安培力也越大。在图 12.2-14 (a) 的实验中，改变导线的长度和电流的大小发现：通电导线在磁场受到的安培力的大小 F，与导线的长度 L 和导线中的电流强度 I 成正比，其比值 $\frac{F}{IL}$ 与 I 和 L 无关，反映了磁场的本身性质，我们把这个比值定义为磁感应强度的大小，用 B 表示，用公式表示为

$$B=\frac{F}{IL}$$

即：在磁场中垂直于磁场方向的通电导线，所受的安培力 F 跟电流 I 和导线长度 L 的乘积 IL 的比值叫做磁感应强度。

在不同的磁场中做图 12.2-14 (a) 的实验，将会发现：在同一磁场中，不管电流 I、导线长度 L 怎样改变，比值 B 总是确定的。但是在不同的磁场中，比值 B 一般是不同的。可见，B 是由磁场本身决定的。在电流 I、导线长度 L 相同的情况下，载流导线所受的安培力 F 越大，比值 B 越大，表示磁场越强。因此磁感应强度的大小反映了磁场的强弱。

磁感应强度 B 的单位是由 F、I 和 L 的单位决定的，在国际单位制中，磁感应强度的单位是特 [斯拉]，简称特，国际符号是 T。

$$1\,\mathrm{T}=1\,\frac{\mathrm{N}}{\mathrm{A\cdot m}}$$

地面附近地磁场的磁感应强度大约是 $0.3\times10^{-4}\sim0.7\times10^{-4}$ T，永磁铁的磁极附近的磁感应强度大约是 $10^{-3}\sim1$ T，在电机和变压器的铁芯中，磁感应强度可达 0.8～1.4 T。

磁场不但有大小还具有方向性，我们把磁场中某一点的磁场方向定义为该点磁感应强度的方向，这样磁感应强度这一矢量就可以全面地反映出磁场的强弱和方向了。

英文备注

zài cí chǎngzhōngchuí zhí yú cí chǎngfāngxiàng de tōngdiàndǎoxiàn suǒshòu de ān péi lì gēndiàn liú
在磁场中垂直于磁场方向的通电导线，所受的安培力 F 跟电流
hé dǎoxiànchángdù de chéng jī de bǐ zhí jiàozuò cí gǎnyìngqiáng dù
I 和导线长度 L 的乘积 IL 的比值叫做磁感应强度。(We define the magnitude of the magnetic induction as the ratio of the force F which exerted on a current segment perpendicular to the field to the product IL of that segment.)

第三节 磁场对通电导线的作用

(一) 左手定则 安培定律

做一做

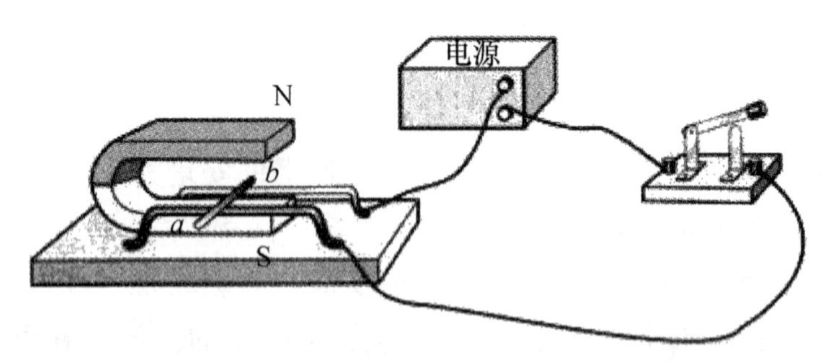

图 12.3-1 导线 ab 通电后将在轨道上运动

读一读

左手定则	zuǒshǒu dìngzé	left-hand rule

学一学

引入了磁感应强度的概念，由公式 $B=\frac{F}{IL}$ 知道，在匀强磁场中，若通电直导线与磁场方向垂直时，通电直导线所受的安培力 F 等于磁感应强度 B、电

流 I 和导线长度 L 三者的乘积，即

$$F = BIL$$

在非匀强磁场中，公式 $F = BIL$ 适用于很短的一段通电导线，这是因为导线很短时，它所在处各点的磁感应强度的变化很小，可近似认为磁场是匀强磁场。

安培力的方向既跟磁场方向垂直，又跟电流方向垂直，也就是说，安培力的方向总是垂直于磁感应线和通电导线所在的平面。

通电直导线所受安培力的方向和磁场方向、电流方向之间的关系，可以用左手定则来判定：伸开左手．使大拇指跟其余 4 个手指垂直，并且都跟手掌在一个平面内，把手放入磁场中，让磁感线垂直穿入手心，并使伸开的四指指向电流的方向，那么，大拇指所指的方向就是通电导线在磁场中所受安培力的方向，如图 12.3-2 所示。

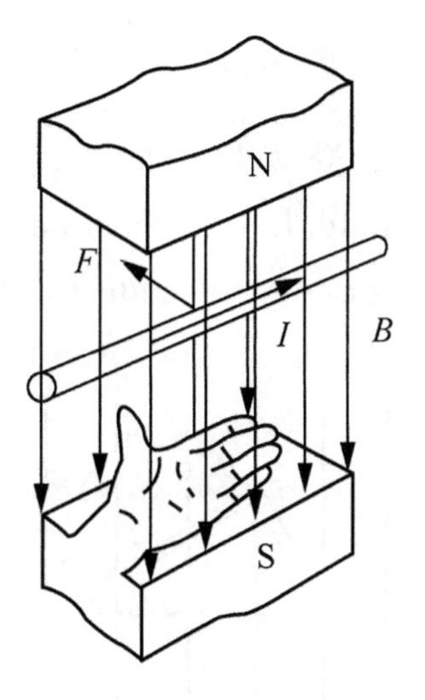

图 12.3-2　左手定则

如果通电导线方向不跟磁场方向垂直，如何计算导线受到的安培力呢？

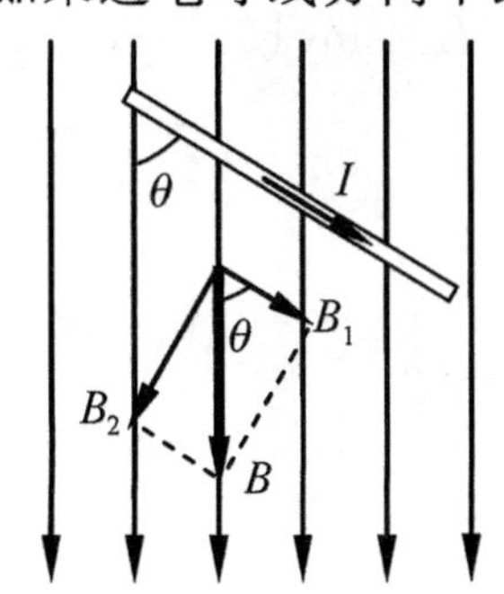

图 12.2-3　通电导线方向与磁场方向有夹角时，导线受到的安培力

如图 12.3-3 所示，当通电导线方向与磁场方向有一个夹角 θ 时，我们可以把磁感应强度 $\boldsymbol{B}$ 分解为两个分量：一个是跟通电导线方向平行的分量 $B_1 = B\cos\theta$，另一个是跟通电导线方向垂直的分量 $B_2 = B\sin\theta$，B_1 与通电导线方向平行，对导线没有作用力，导线受到的力是由 B_2 决定的，即

$$F = B_2 IL$$

将 $B_2 = B\sin\theta$ 代入上式，得到

$$F = BIL\sin\theta$$

这就是在匀强磁场中，通电导线方向与磁场方向成某一角度 θ 时的安培力公式，也称为安培定律。此时安培力的方向仍旧可以用左手定则来判定，只是这时磁感线是倾斜进入手心的。

注意　左手定则判定的是磁场对电流作用力的方向，而不一定是载流导体运动的方向。载流导体是否运动，要看它所处的具体情况而定。例如：两端固定的载流导体，即使受安培力作用，它也不能运动。

英文备注

shēn kāi zuǒ shǒu　shǐ dà mǔ zhǐ gēn qí yú sì gè shǒu zhǐ chuí zhí　bìng qiě dōu gēn shǒu zhǎng zài yí gè píng

伸开左手，使大拇指跟其余4个手指垂直，并且都跟手掌在一个平

miànnèi bǎ shǒufàng rù cí chǎngzhōng ràng cí gǎnxiànchuí zhí chuān rù shǒu xīn bìng shǐ shēnkāi de sì zhǐ
面内，把手放入磁场中，让磁感线垂直穿入手心，并使伸开的四指
zhǐ xiàngdiàn liú de fāngxiàng nà me dà mǔ zhǐ suǒ zhǐ de fāngxiàng jiù shì tōngdiàndǎoxiàn zài cí chǎngzhōng
指向电流的方向，那么，大拇指所指的方向就是通电导线在磁场中
suǒshòu ān péi lì de fāng xiàng
所受安培力的方向。（Open your left hand and put it into the magnetic field. Let the magnetic field lines be perpendicular to your palm, and let the four fingers indicate the direction of the current, then the thumb will indicate the direction of the force.）

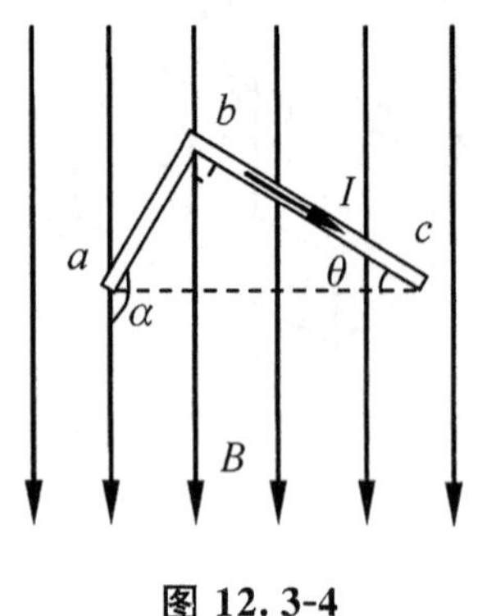

图 12.3-4

例题 1 如图 12.3-4 所示，一根通有电流 I 的导线在 b 处弯成 90°，ab 段的长度为 L_1，bc 段的长度为 L_2。现在把它放入磁感应强度为 B 匀强磁场中，并使得 ac 连线与磁场方向垂直，求通电导线 abc 受到的安培力？

解 载流导线 abc 在磁场中的受力可以看成载流直导线 ab 和 bc 在磁场中受到的安培力的合力。根据安培定律，ab 段受到的安培力为

$$F_1 = BIL_1\sin\alpha = BIL_1\sin(180° - \theta) = BIL_1\sin\theta$$

方向垂直于纸面向里。

bc 段受到的安培力为

$$F_2 = BIL_2\sin(90° - \theta) = BIL_2\cos\theta$$

方向垂直于纸面向里。

所以，载流导线 abc 在磁场中的受力

$$\begin{aligned} F = F_1 + F_2 &= BIL_1\sin\theta + BIL_2\cos\theta \\ &= BI\frac{L_1^2}{\sqrt{L_1^2+L_2^2}} + BI\frac{L_2^2}{\sqrt{L_1^2+L_2^2}} \\ &= \frac{BI}{\sqrt{L_1^2+L_2^2}}(L_1^2+L_2^2) \\ &= BI\sqrt{(L_1^2+L_2^2)} \end{aligned}$$

方向垂直于纸面向里。

在直角三角形 abc 中，$\sqrt{(L_1^2+L_2^2)}$ 就是 ac 段的长度，因此我们可以用载流直线 ac 段在磁场中的受力来等效载流折线 abc 的受力。

将上述结论推广：在匀强磁场中，任意一段载流曲线所受的安培力可以等效为从曲线的两个端点作直线的载流直导线所受的安培力。

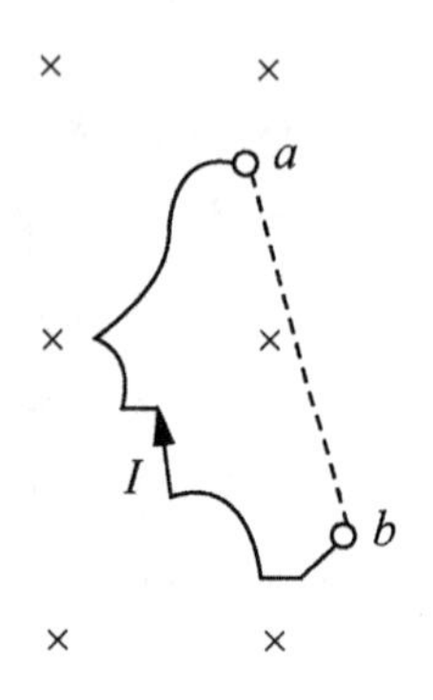

图 12.3-5 载流曲线所受的安培力可以等效为从曲线的两个端点作的载流直线所受的安培力

如图 12.3-5 所示，载流曲线 ab 所受的安培力可以用载流直导线 ab（图中虚线表示）来等效。

例题 2　如图 12.3-6 所示，通电直导线 ab 质量为 m、长为 L，水平地放置在倾角为 θ 的光滑斜面上，通以图示方向的电流，电流强度为 I。整个装置放在一个方向竖直向上的磁场中，为了使导线 ab 静止在斜面上，磁场的磁感应强度为多大？

解　导线受到重力 mg，斜面对它的支持力 F_N，以及磁场的作用力 F，因为磁场方向竖直向上，从 a 向 b 观察，导线受力情况如图 12.3-7 所示。

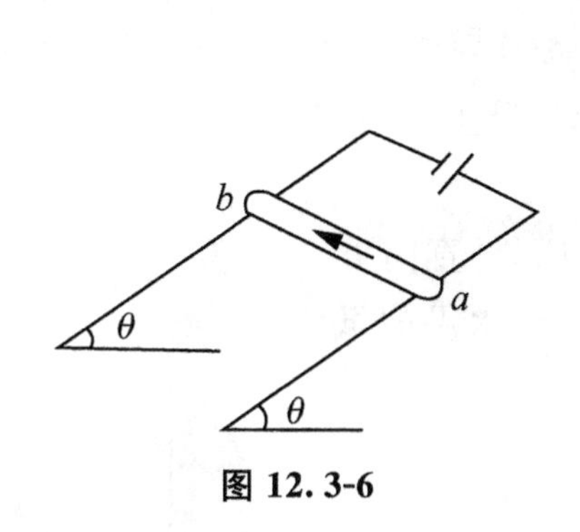

图 12.3-6

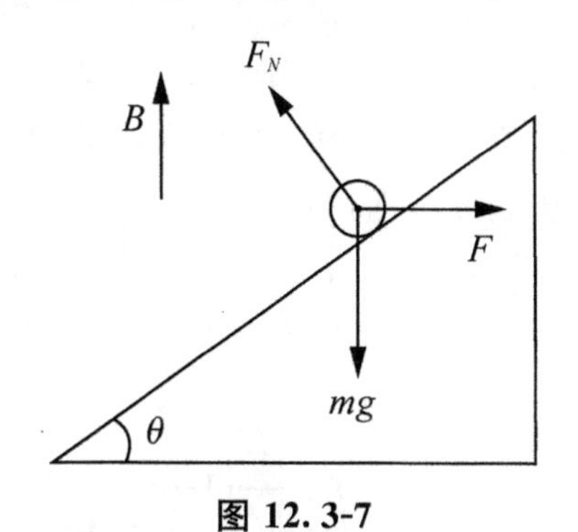

图 12.3-7

由平衡条件得：

在水平方向上　　$F - F_N\sin\theta = 0$

在竖直方向上　　$mg - F_N\cos\theta = 0$

其中磁场的作用力　　$F = BIL$

联立，可解得

$$B = \frac{mg\tan\theta}{IL}$$

动手动脑学物理

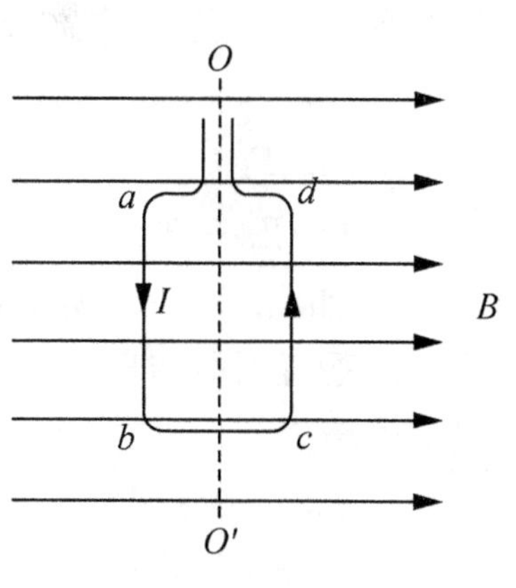

图 12.3-8

1. 如果放在磁场中的不是一段通电直导线，而是一个通电矩形线圈 $abcd$，如图 12.3-8 所示，会发生什么现象？

2. 画出 12.3-9（a）～（b）图中各磁场对通电导线的安培力的方向

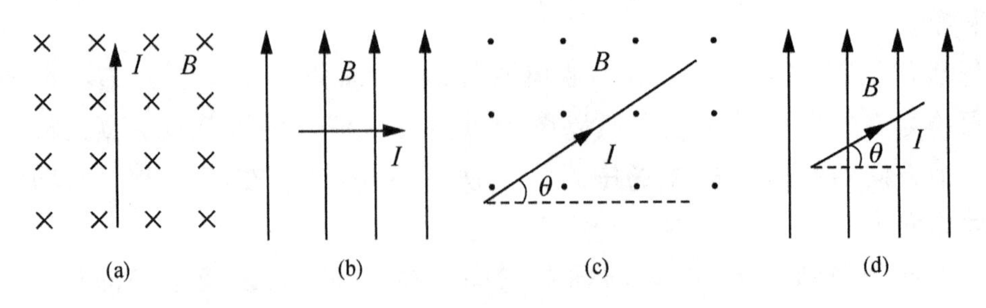

图 12.3-9

3. 在图 12.3-10 中，PQ，MN 为光滑金属导轨，ab 为金属棒，与电源组成闭合电路，该装置在竖直平面内。为使 ab 静止，可将该装置放在匀强磁场中，其磁场方向应是（　　）。

A. 竖直向上　　B. 竖直向下

C. 水平向纸外　　D. 水平向纸内

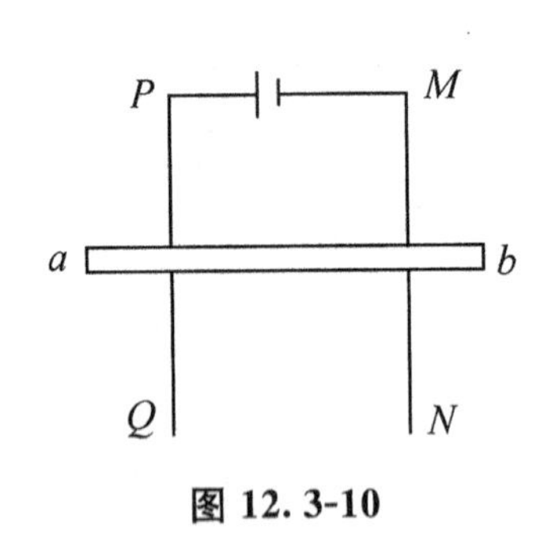

图 12.3-10

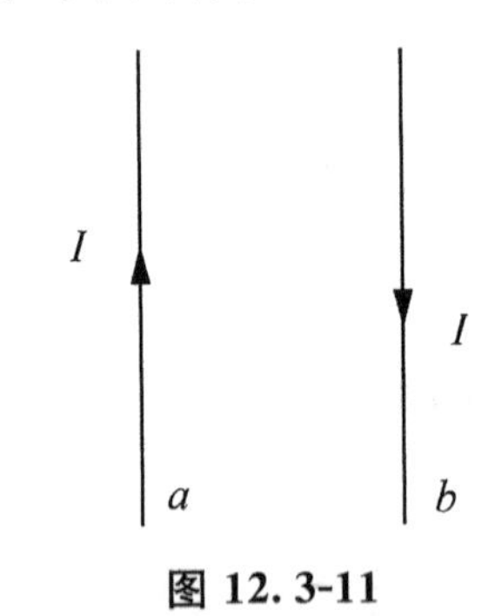

图 12.3-11

4. 如图 12.3-11 所示，两根平行放置的长直导线 a 和 b 载有大小相同方向相反的电流，a 受到的磁场力大小为 F_1，当加入一个与导线所在平面垂直的匀强磁场后，a 受到的磁场力大小变为 F_2，则此时 b 受到的磁场力大小变为（　　）。

A. F_2　　B. F_1-F_2

C. F_1+F_2　　D. $2F_1-F_2$

5. 如图 12.3-12 所示，将通电导线圆环平行于纸面缓慢地竖直向下放入水平方向垂直纸面向里的匀强磁场中，则在通电圆环完全进入磁场的过程中，所受的安培力大小（　　）。

A. 逐渐变大　　B. 先变大后变小

C. 逐渐变小　　D. 先变小后变大

6. 如图 12.3-13 所示，矩形通电线框 $abcd$，可绕其中心轴 OO''转动，它处在与 OO' 轴垂直的匀强磁场中，在磁场力作用下线框开始转动，最后静止在平衡位置，则平衡后（　　）。

A. 线框四边都不受磁场力作用

B. 线框四边都受到指向线框外部的磁场力的作用，但合力为零

C. 线框四边都受到指向线框内部的磁场力的作用，但合力为零

D. 线框的一边受到指向线框外部的磁场力的作用，另一边受到指向线框内部的磁场力的作用，合力为零

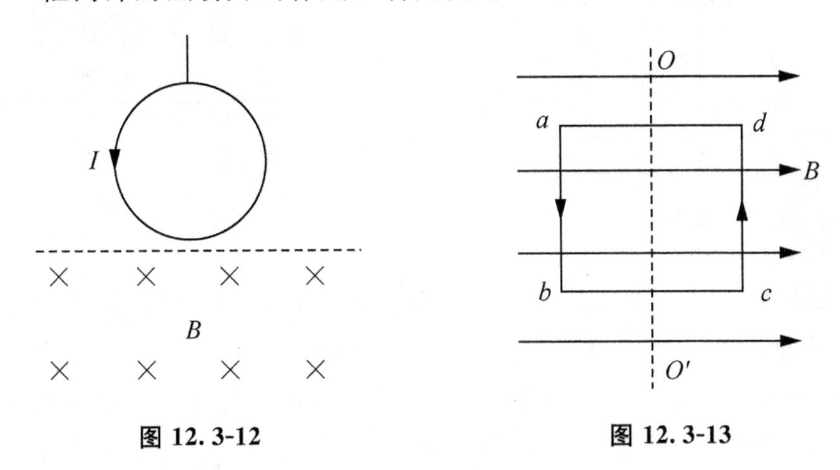

图 12.3-12　　图 12.3-13

7. 如图 12.3-14 所示，竖直向上的匀强磁场的磁感应强度 $B=0.4\text{T}$，一段长 $L=1\text{m}$ 的通电直导线放在该磁场中，导线与水平方向的夹角为 37°，导线中电流 $I=0.5\text{A}$，则此导线所受安培力大小为______N。

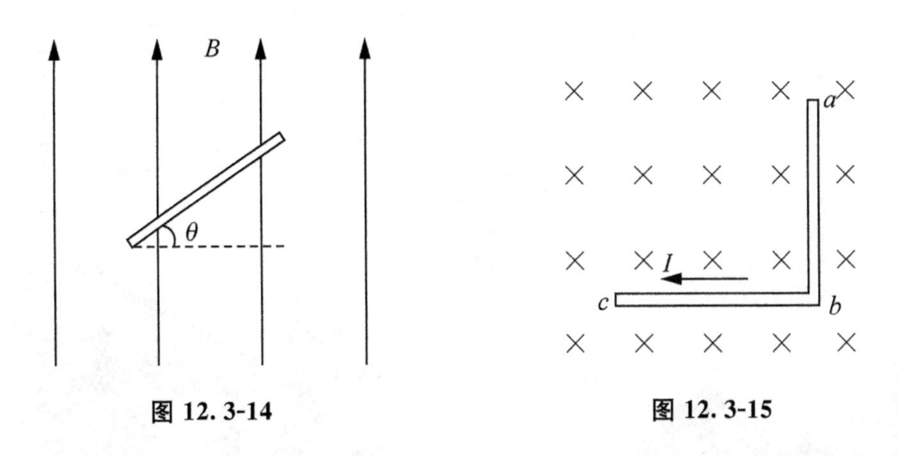

图 12.3-14　　图 12.3-15

8. 如图 12.3-15 所示，在垂直纸面向里的匀强磁场中，有一段折成直角的金属导线 abc，$ab=bc=L$，导线中通有如图的电流，电流强度为 I，磁感应强度为 B，要使该导线保持静止不动，应在 b 点加一多大的力，方向如何？（导线所受重力不计）

9. 如图 12.3-16 所示，ab，cd 为两根相距 2 m 的平行金属导轨，水平放置在竖直向下的匀强磁场中，通以 5A 的电流时，棒沿导轨做匀速运动；当棒中

电流增加到 8A 时，棒能获得 $2\,m/s^2$ 的加速度，求匀强磁场的磁感应强度的大小。

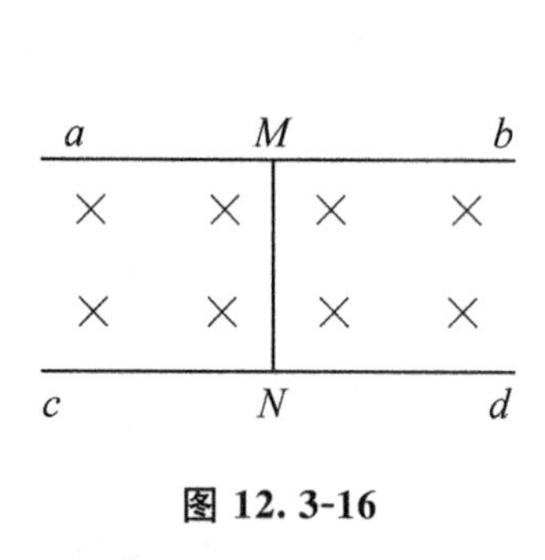

图 12.3-16

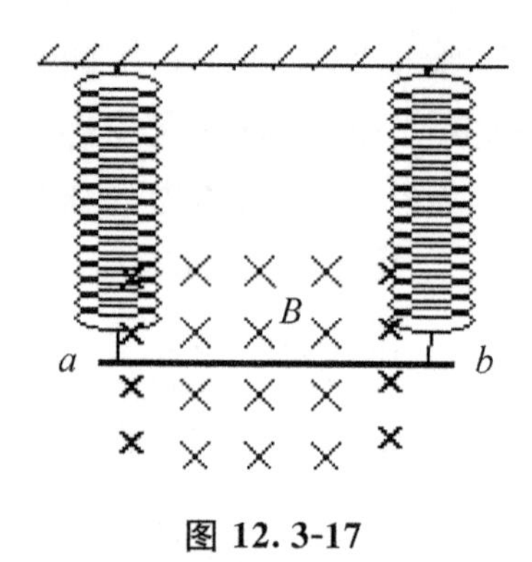

图 12.3-17

10. 如图 12.3-17 所示，长 L、质量为 m 的金属杆 ab，被两根竖直的金属丝静止吊起，金属杆 ab 处在方向垂直纸面向里的匀强磁场中。当金属杆中通有方向 $a \rightarrow b$ 的电流 I 时，每根金属丝的拉力大小为 T。当金属杆通有方向 $b \rightarrow a$ 的电流 I 时，每根金属丝的拉力大小为 $2T$。求磁场的磁感应强度 B 的大小。

（二）直流电动机

看一看

图 12.3-18 电动机

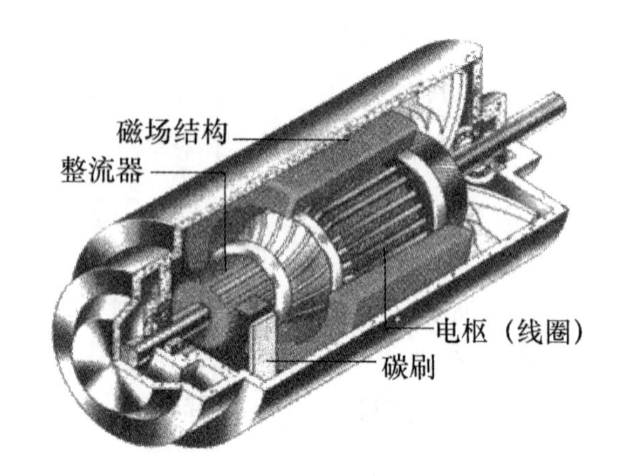

图 12.3-19 电动机内部结构

读一读

电动机	diàndòngjī	motor
换向器	huànxiàngqì	commutator
电刷	diànshuā	electric brush

学一学

电动机（图 12.3-18）是我们使用的最多的动力设备，它是把电能转化为机械能的一种装置（图 12.3-19）。在车、船上使用的大型电动机可达数十至数百千瓦；而一些微型电动机比米粒还小，它可以在人体的血管中工作。在家用电器中，例如电冰箱、洗衣机、电风扇、吸尘器等中都有电动机。

简单的直流电动机的内部结构如图 12.3-20 所示，一组线圈（图中只画了一匝）的两端分别接在两个半圆形金属换向器 E、F 上，压在换向器上的一对电刷 A、B 通过导线与电源相连，整个线圈放置于两个永磁体产生的磁场中。

接通电源，如图 12.3-20（a）所示，则有直流电流从电刷 B 流入，经过线圈 $abcd$，从电刷 A 流出，根据安培定律，载流导体 ab 和 cd 收到安培力的作用，其方向可由左手定则判定，两段导体受到的力形成了一个转动力矩，使得线圈逆时针转动。如果线圈转到如图 12.3-20（b）所示的位置，电刷 B 和换向器的 F 接触，电刷 A 和换向片 E 接触，此时电流从电刷 B 流入，在线圈中的流动方向是 $dcba$，从电刷 A 流出，载流导体 ab 和 cd 受到安培力的作用方向同样可由左手定则判定，它们产生的转动力矩仍然使得线圈逆时针转动，这样线圈就能持续的逆时针转动，并将动力通过转轴向外输出，这就是直流电动机的工作原理。

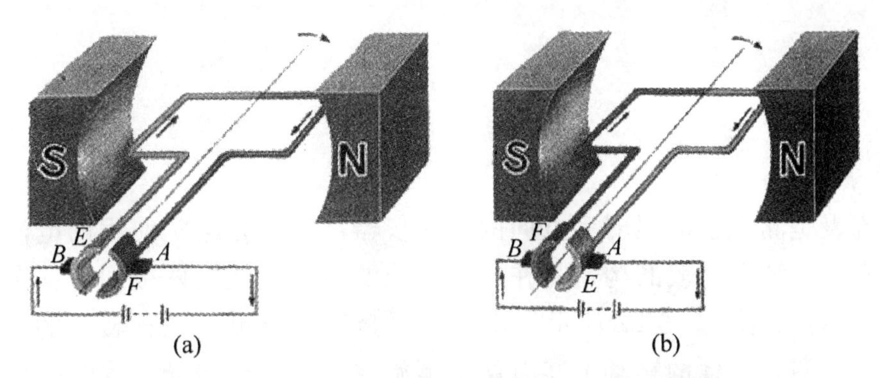

图 12.3-20　直流电动机的内部结构和工作原理

动手动脑学物理

你还看到哪些电器上有电动机？

（三）电流表的工作原理

看一看

图 12.3-21　电流表

读一读

电流表	diànliúbiǎo	ampere meter, amperemeter
灵敏度	língmǐndù	sensitivity
磁电式仪表	cídiànshì yíbiǎo	moving-coil instrument
辐向分布	fúxiàng fēnbù	radial distribution
铁芯	tiěxīn	iron core

学一学

电流表是测定电流强弱和方向的电学仪器，实验时经常使用的电流表是磁电式仪表，这种电流表的构造是在一个很强的蹄形磁铁的两极间有一个固定的圆柱形铁芯，如图 12.3-22 所示：铁芯外面套有一个可以绕轴转动的铝框，铝框上绕有线圈，铝框的转轴上装有两个螺旋弹簧和一个指针。线圈的两端分别接在这两个螺旋弹簧上，被测电流经过这两个弹簧流入线圈。

蹄形磁铁和铁芯间的磁场是均匀地辐向分布的，如图 12.3-23 所示，不管通电线圈转到什么角度，它的平面都跟磁感线平行。当电流通过线圈的时候，线圈上跟圆柱形铁芯轴线平行的两边都受到安培力，这两个力产生的力矩使线圈发生转动。线圈转动时，螺旋弹簧被扭动，产生一个阻碍线圈转动的力矩，其大小随线圈转动角度的增大而增大，当这种阻碍线圈转动的力矩增大到同安培力产生的使线圈发生转动的力矩相平衡时，线圈停止转动。

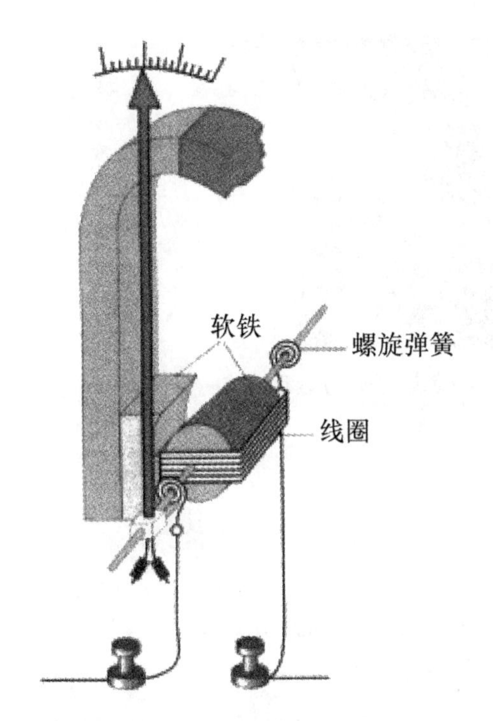

图 12.3-22　电流表的内部结构

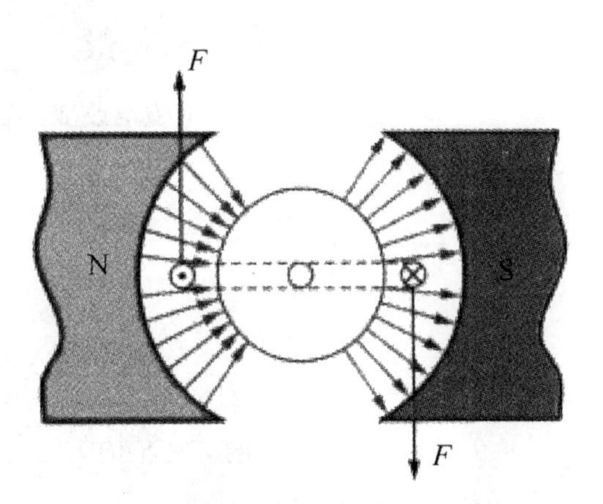

图 12.3-23　电流表的工作原理

磁场对电流的作用力跟电流成正比，因而线圈中的电流越大，安培力产生的力矩也越大，线圈和指针偏转的角度也就越大。因此，根据指针偏转角度的大小，可以知道被测电流的强弱。

当线圈中的电流方向改变时，安培力的方向随着改变，指针的偏转方向也随着改变。所以，根据指针的偏转方向，可以知道被测电流的方向。

磁电式仪表的优点是灵敏度高，可以测出很弱的电流；缺点是绕制线圈的导线很细，允许通过的电流很弱（几十微安到几毫安），如果通过的电流超过允许值，很容易把它烧坏，这一点我们在使用时一定要特别注意。

第四节　磁场对运动电荷的作用

（一）洛 伦 兹 力

看一看

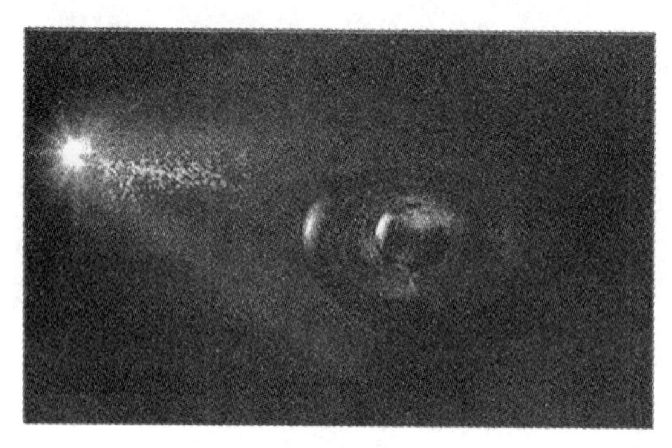

图 12.4-1　地磁场改变宇宙射线中带电粒子的运动方向

读一读

电子射线管	diànzǐshèxiànguǎn	electron-ray tube
荧光屏	yíngguāngpíng	screen
电子束	diànzǐshù	electron beam
洛伦兹力	Luòlúnzīlì	Lorentz force
宇宙射线	yǔzhòu shèxiàn	cosmic rays
横截面积	héngjiémiànjī	cross-sectional area
高能离子流	gāonénglízǐliú	high energy ion flow

学一学　洛伦兹力

磁场对电流有力的作用，电流是由电荷的定向移动形成的，由此自然会想到：这个力可能是作用在运动电荷上的，而作用在通电导线上的安培力是作用在许多运动电荷上的力的宏观表现。

图 12.4-2 是电子射线管的结构，从阴极发射出来的电子束，在阴极和阳

极间的高电压作用下，轰击到长条形的荧光屏上，激发出荧光可以显示出电子束运动的径迹。实验表明：在没有外磁场时，电子束是沿直线前进的；如果把射线管放在蹄形磁铁的两极间，荧光屏上显示的电子束运动的径迹就发生了弯曲，如图 12.4-3 所示。这表明，运动电荷确实受到了磁场的作用力，这个力通常叫做洛伦兹力。

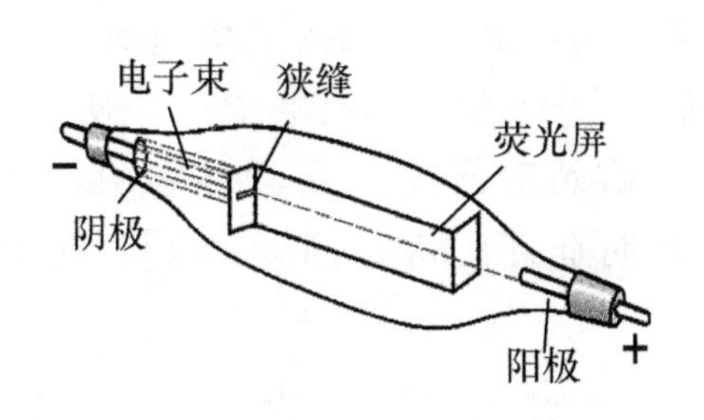

图 12.4-2　电子射线管

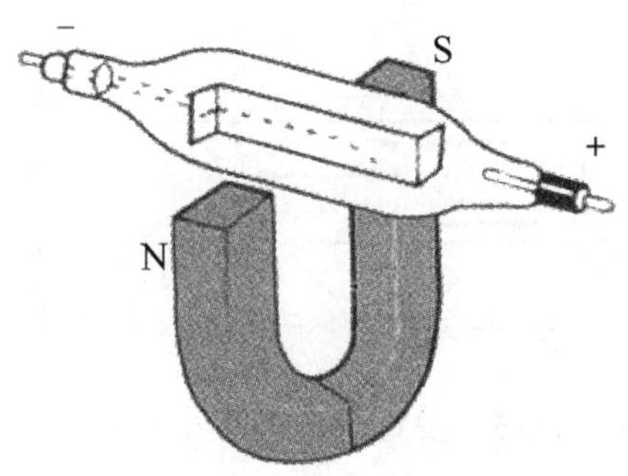

图 12.4-3　电子束在磁场中偏转

荷兰物理学家洛伦兹（1853－1928）首先提出了运动电荷产生磁场和磁场对运动电荷有作用力的观点，为纪念他，人们称这种力为洛伦兹力。

洛伦兹

学一学　洛伦兹力的方向

洛伦兹力的方向也可用左手定则来判定：伸开左手，使大拇指跟其余四指垂直，且处于同一平面内，如图 12.4-4 所示，把手放入磁场中，让磁感线垂直穿入手心，四指指向正电荷运动的方向，那么，拇指所指的方向就是正电荷所受洛伦兹力的方向。运动的负电荷在磁场中所受的洛伦兹力，方向跟正电荷相反。

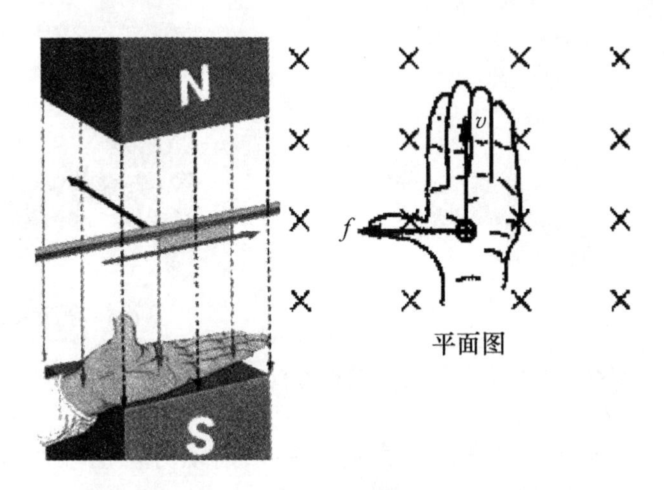

图 12.4-4　左手定则判定洛伦兹力方向

学一学　洛伦兹力的大小

现在来确定洛伦兹力的大小，设有一段长度为 L 的通电导线，横截面积为 S，单位体积中含有的自由电荷数为 n，每个自由电荷的电荷量为 q，定向移动的平均速率为 v，导线中的电流为 $I=nqvS$，如图 12.4-5 所示。把这段导线放入磁感应强度为 B 的磁场中，导线方向与磁场方向垂直［图 12.4-6（a）］，导线所受的安培力

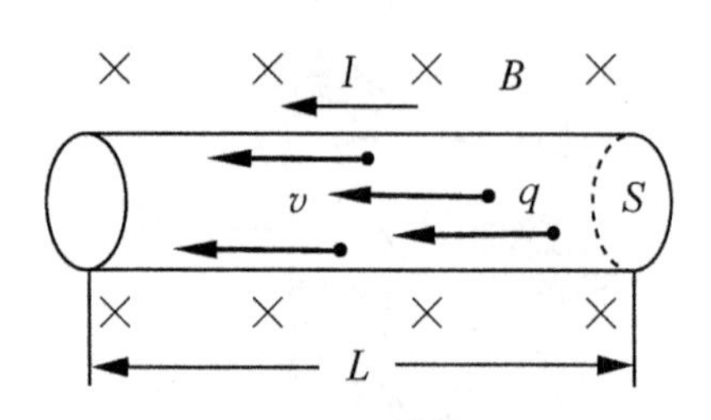

图 12.4-5　安培力是作用在运动电荷上磁力的宏观表现

$$F = BIL = B(nqvS)L$$

安培力 F 可以看做是作用在每个运动电荷上的洛伦兹力 f 的合力。这段导线中含有的运动电荷数为 nLS，每个运动电荷所受的洛伦兹力 $f=\dfrac{F}{nLS}$，即

$$f = qvB$$

上式中各量的单位分别为 N、C、m/s、T。

如果导线不是垂直地放入磁场［图 12.4-6（b）］，这时安培力的公式是 $F=BIL\sin\theta$。重复上面的推导过程，可得此时洛伦兹力

$$f = qvB\sin\theta$$

这时的洛伦兹力的方向仍用左手定则来判定，只是此时磁感应线是斜着穿入手心的。

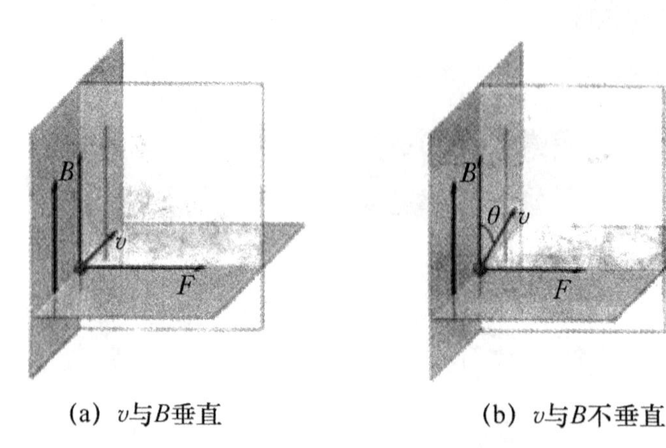

(a) v与B垂直　　(b) v与B不垂直

图 12.4-6　洛伦兹力与粒子运动方向，磁感应强度方向的关系

运动电荷在磁场中受到洛伦兹力的作用，运动方向会发生偏转，这一点对地球上的生命来说有十分重要的意义。从太阳或其他星体上，时刻都有大量的

高能粒子流放出，称为宇宙射线。这些高能离子流，如果都到达地球，将对地球上的生物带来危害。庆幸的是，地球周围存在地磁场，宇宙射线中带电粒子进入地磁场时，受到洛伦兹力的作用改变了运动方向，如图12.4-7所示，地磁场对宇宙射线起了一定的阻挡作用。

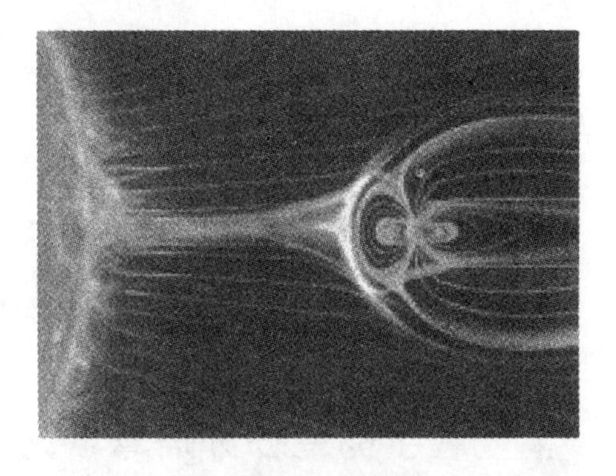

图 12.4-7　地磁场改变宇宙射线中带电粒子的运动方向

动手动脑学物理

1. 试判断12.4-8图中所示的带电粒子刚进入磁场时所受的洛伦兹力的方向。

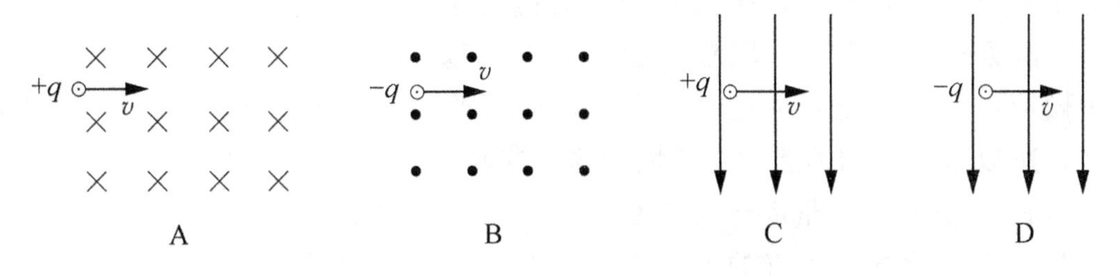

图 12.4-8

2. 电子的速率 $v=3\times10^6$ m/s，垂直射入 $B=0.10$ T 的匀强磁场中，它受到的洛伦兹力是多大？

3. 来自宇宙的质子流，以与地球表面垂直的方向射向赤道上空的某一点，则这些质子在进入地球周围的空间时，将（　　）。

A. 竖直向下沿直线射向地面　　B. 相对于预定地面向东偏转

C. 相对于预定点稍向西偏转　　D. 相对于预定点稍向北偏转

（二）带电粒子在磁场中的运动

带电粒子的运动方向与磁场方向平行

学一学

若带电粒子的运动方向与磁场方向平行，如图12.4-9所示。此时 $v/\!/B$，

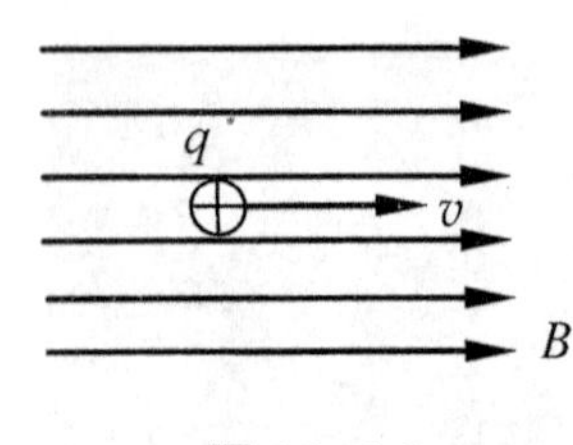

图 12.4-9

$\sin\theta=0$，由洛伦兹力 $f=qvB\sin\theta$，可得

$$f=0$$

带电粒子不受洛伦兹力的作用，它将保持自己原有的运动状态，做匀速直线运动。

带电粒子的运动方向与磁场方向垂直

学一学

若带电粒子的运动方向与匀强磁场方向垂直，如图 12.4-10 所示。在洛伦兹力 $f=qvB$ 的作用下，带电粒子将会偏离原来的运动方向。因为洛伦兹力总是跟粒子的运动方向垂直，不对粒子做功，它只改变粒子运动的方向，而不改变粒子的速率，所以粒子运动的速率 v 是恒定的。这时洛伦兹力 $f=qvB$ 的大小不变，即带电粒子受到一个大小不变、方向总与粒子运动方向垂直的力，因此带电粒子做匀速圆周运动，其向心力就是洛伦兹力。

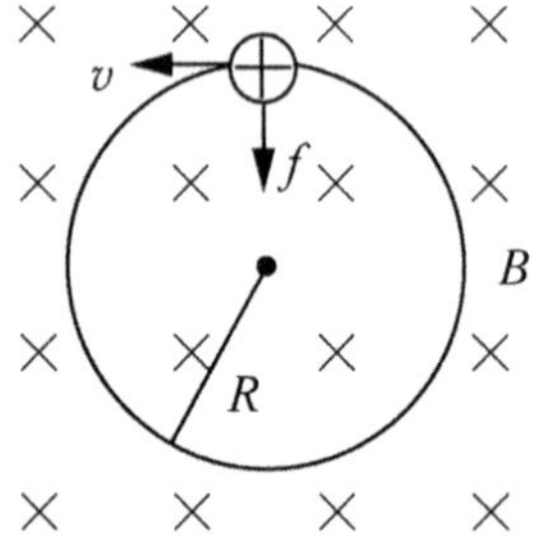

图 12.4-10

圆周运动轨道半径和周期

设一个带电粒子的质量为 m，电荷量为 q，速率为 v，它在磁感应强度为 B 的匀强磁场中做匀速圆周运动，其向心力就是洛伦兹力

$$f=qvB=m\frac{v^2}{R}$$

其中 R 为圆周运动的半径，且

$$R=\frac{mv}{qB}$$

上式告诉我们，在匀强磁场中做匀速圆周运动的带电粒子，它的轨道半径跟粒子的运动速率成正比，运动的速率越大，轨道的半径也越大。

将上式代入匀速圆周运动的周期公式 $T=\frac{2\pi R}{v}$，得

$$T=\frac{2\pi m}{qB}$$

这个式子告诉我们，带电粒子在磁场中做匀速圆周运动的周期跟轨道半径和运动速率无关。

带电粒子的运动方向与磁场方向有一个夹角

读一读

螺旋线	luóxuánxiàn	helix

学一学

普遍情形下，带电粒子的速度方向 v 与 B 成任意夹角 θ，如图 12.4-11 所示。将速度 v 分解为平行于磁场方向的分量 $v_{/\!/}=v\cos\theta$ 和垂直于磁场方向的分量 $v_{\perp}=v\sin\theta$。若只有 $v_{\perp}$ 分量，粒子将在垂直于 B 的平面内作匀速圆周运动；若只有 $v_{/\!/}$ 分量，磁场对粒子没有作用力，粒子将沿 B 的方向（或其反方向）作匀速直线运动。当两个分量同时存在时，粒子的轨迹将合成为一条螺旋线。

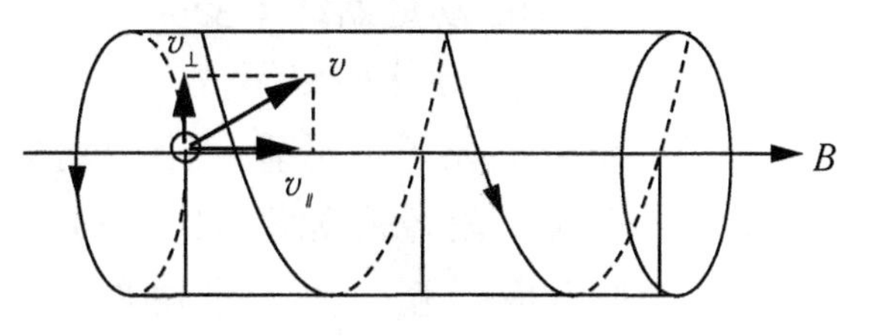

图 12.4-11

动手动脑学物理

1. 如图 12.4-12 所示，在垂直于纸面向内的匀强磁场中，垂直于磁场方向发射出两个电子 1 和 2，其速度分别为 v_1 和 v_2. 如果 $v_2=2v_1$，则 1 和 2 的轨道半径之比 $r_1:r_2$ 及周期之比 $T_1:T_2$ 分别为（　　）。

A. $r_1:r_2=1:2$，$T_1:T_2=1:2$

B. $r_1:r_2=1:2$，$T_1:T_2=1:1$

C. $r_1:r_2=2:1$，$T_1:T_2=1:1$

D. $r_1:r_2=1:1$，$T_1:T_2=2:1$

图 12.4-12

2. 如图 12.4-13 所示，有一弯管，其中心线是半径为 R 的一段圆弧，将它置于一个给定的匀强磁场中，磁场方向垂直于圆弧所在平面，并且指向纸外，有一束粒子对准左端射入弯管，粒子具有不同的质量、不同的速度，但都带有相同的电量（　　）。

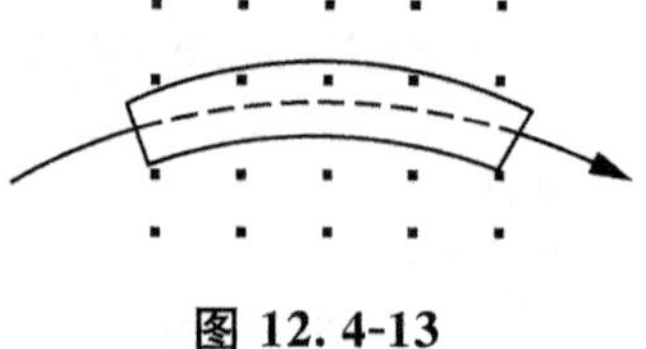
图 12.4-13

A. 只有速度大小一定的粒子可以沿中心线通过弯管

B. 只有质量大小一定的粒子可以沿中心线通过弯管

C. 只有动量大小一定的粒子可以沿中心线通过弯管

D. 只有能量大小一定的粒子可以沿中心线通过弯管

3. 电子以初速 v 垂直进入磁感应强度为 B 的匀强磁场中，则（　　）。

A. 磁场对电子的作用力始终不变

B. 磁场对电子的作用力始终不做功

C. 电子的动量始终不变

D. 电子的动能始终不变

4. 一个带电粒子，沿垂直于磁场的方向射入一个匀强磁场，粒子的一段径迹如图 12.4-14 所示，径迹上的每一小段可近似看成圆弧。由于带电粒子使沿途的空气电离，粒子的能量逐渐减小（带电量不变）。从图中可以确定（　　）。

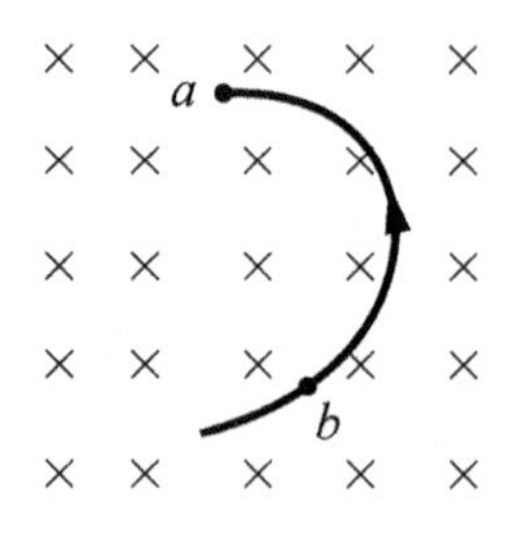

图 12.4-14

A. 粒子从 a 到 b，带正电

B. 粒子从 b 到 a，带正电

C. 粒子从 a 到 b，带负电

D. 粒子从 b 到 a，带负电

5. 三个相同的带电小球 1、2、3，在重力场中从同一高度由静止开始落下，其中小球 1 通过一个附加的水平方向的匀强电场，小球 2 通过一个附加的水平方向匀强磁场，设三个小球落到同一高度时的动能分别为 E_1、E_2 和 E_3，忽略空气阻力，则（　　）。

A. $E_1=E_2=E_3$　　　　B. $E_1>E_2=E_3$

C. $E_1<E_2=E_3$　　　　D. $E_1>E_2>E_3$

6. 真空中同时存在着竖直向下的匀强电场和垂直纸面向里的匀强磁场，三个带有等量同种电荷的油滴 a、b、c 在场中做不同的运动：其中 a 静止，b 向右做匀速直线运动，c 向左做匀速直线运动，则三油滴质量大小关系为（　　）。

A. a 最大　　　　B. b 最大

C. c 最大　　　　　　　　　　D. 都相等

7. 一个带正电荷的微粒（重力不计）穿过图 12.4-15 中匀强电场和匀强磁场区域时，恰能沿直线运动，则欲使电荷向下偏转时应采用的办法是（　　）。

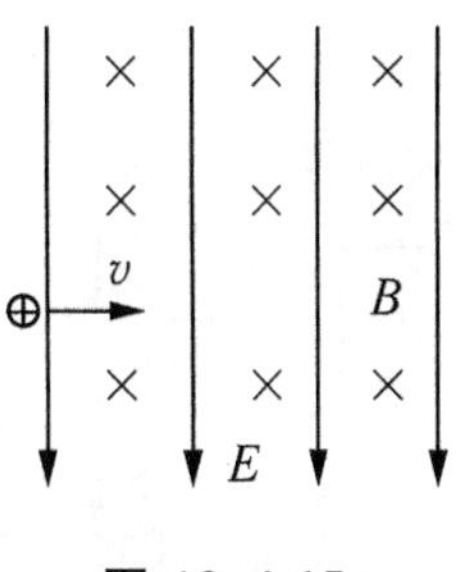

图 12.4-15

A. 增大电荷质量

B. 增大电荷电量

C. 减少入射速度

D. 增大磁感强度

E. 减小电场强度

8. 一个电子在匀强磁场中运动而不受到磁场力的作用，则电子运动的方向是________。

9. 电子以 1.6×10^{6} m/s 的速度沿着与磁场垂直的方向射入 $B=2.0\times10^{-4}$ T 的匀强磁场中，求电子做匀速率圆周运动的轨道半径和周期。

（三）带电粒子在磁场中的运动

电场可以对带电粒子施加影响，磁场也可以对运动的带电粒子施加影响，当然，电场和磁场共同存在时对带电粒子也会施加影响，这一知识在现代科学技术中有着广泛的应用。

速度选择器

读一读

速度选择器	sùdù xuǎnzéqì	velocity selector
射线源	shèxiànyuán	ray source

学一学

在科学研究中，常需要获得具有确定速度的带电粒子，而一般射线源发射出来的带电粒子速度各不相同，因此人们根据带电粒子在电场和磁场中的运动规律，设计出能够选择具有确定速度的带电粒子的装置，称为速度选择器。

如图 12.4-16 所示，在平行板器件中，电场强度 E 和磁感应强度 B 相互垂直。由射线源发出的具有不同水平速度的带电粒子通过 S_1 缝后，射入速度选择器，带电粒子的速度 v 与 E 和 B 三者相互垂直，带电粒子在速度选择器内受到的电场力 $F = qE$，受到的磁场力 $f = qvB$，两者方向恰好相反（忽略粒子的重力）。调节 E 和 B 的大小，就可以控制电场力 F 和磁场力 f 的大小，从而控制粒子的运动方向。当 $F > f$ 时，粒子向下偏转，不能通过 S_2 缝；当 $F < f$ 时，粒子向上偏转，也不能通过 S_2 缝；只有当 $F = f$ 时，粒子做匀速直线运动，能够通过 S_2 缝，此时从速度选择器射出的粒子速度为 v

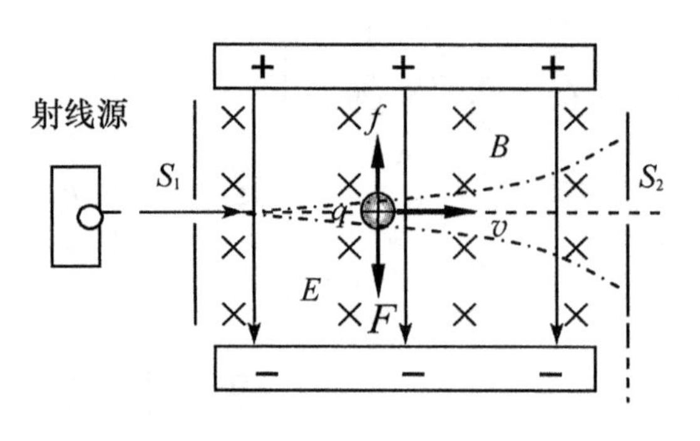

图 12.4-16 速度选择器

$$qE = qvB$$

$$v = \frac{E}{B}$$

从上式可知，通过调节 E 和 B 的大小，就可获得所需的带电粒子的速度。

质谱仪

读一读

质谱仪	zhìpǔyí	mass spectrometer
同位素	tóngwèisù	isotope
照相底片	zhàoxiàng dǐpiàn	photographic film
谱	pǔxiàn	spectrum
离子源	lízǐyuán	ion source

学一学

质谱仪是用物理方法来测量带电粒子的质量和分析同位素的重要工具仪器。

如图 12.4-17 所示，由离子源 O 射出的离子经电压 U 加速后，射入速度选择器。速度选择器内有匀强电场 E，方向向下；匀强磁场的磁感应强度为 B_1，方向向里。能够通过速度选择器从 S_2 缝射出的离子，立即进入磁感应强度为 B_2 的另一个匀强磁场。在只有磁场 B_2 的区域中，离子受到磁场力的作用，作半径为 R 的匀速率圆周运动，最终射在照相底片上形成一条谱线。

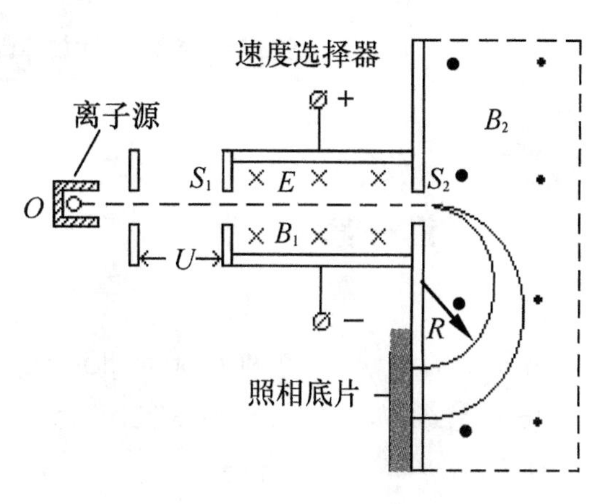

图 12.4-17　质谱仪

能够通过速度选择器从 S_2 缝射出的离子的速度

$$v=\frac{E}{B_1}$$

进入磁场 B_2 中，做匀速率圆周运动的半径为（“带电粒子的运动方向与磁场方向垂直时带电粒子在磁场中的运动规律”中已推导

$$R=\frac{mv}{qB_2}$$

上面两式消去 v 后，得到离子的质量

$$m=\frac{qB_1B_2R}{E}$$

在场 E、B_1 和 B_2 的值为已知时，离子的质量 m 与其运动轨道半径成正比。假设从离子源 O 射出的一组离子具有相同的电荷量 q，而质量 m 有微小差别，根据上式可知，它们进入磁场 B_2 后将沿着不同的半径 R 做圆周运动，从而在照相底片的不同位置，形成若干谱线状的细条纹，每一条条纹对应于一定质量的离子。从谱线的位置可以测量出圆周的半径 R，从而就可以算出相应的质量，所以这种仪器叫做质谱仪。利用质谱仪对某种元素进行测量，可以准确地测出各种同位素的原子量。

动手动脑学物理

1. A、B 是两种同位素的原子核，它们具有相同的电量、不同的质量。为了测定它们的质量比，使它们以同一速度，同时射入质谱仪，在照相底片上形成了两条谱线。通过测量谱线的位置得知 A、B 在磁场中运动的直径之比为 1.08∶1，求 A、B 的质量之比。

第五节 安培分子电流假说

读一读

分子电流假说	fēnzǐ diànliú jiǎshuō	molecular current hypothesis
杂乱无章	záluàn wúzhāng	chaotic
磁化	cíhuà	magnetization
磁现象的本质	cíxiànxiàngde běnzhì	the nature of magnetic phenomena

学一学

磁铁和电流都能产生磁场，磁铁的磁场和电流的磁场是否有相同的起源呢？电流是电荷的运动产生的，所以电流的磁场应该是由于电荷的运动产生的。那么，磁铁的磁场是否也是由电荷的运动产生的呢？我们知道，通电螺线管外部的磁场与条形磁铁的磁场很相似。

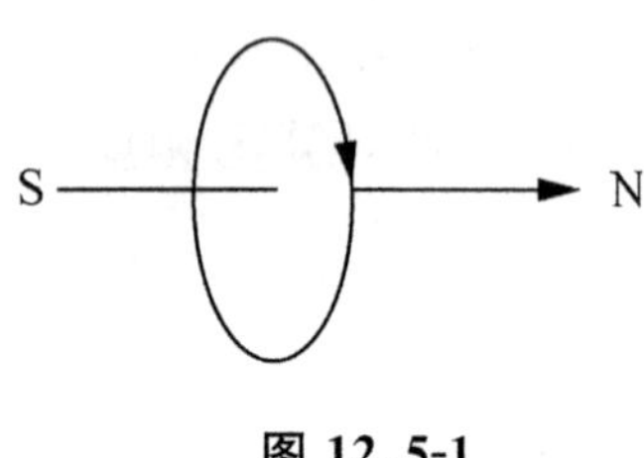

图 12.5-1

法国学者安培由此受到启发，提出了著名的分子电流的假说。他认为，物质是由原子和分子等微粒构成，在原子、分子内部存在着一种环形电流，称为分子电流。分子电流使每个物质微粒都成为微小的磁体，它的两侧相当于两个磁极，如图 12.5-1 所示。

安培的假说能够解释一些磁现象。一根铁棒，在未被磁化的时候，内部各分子电流的取向是杂乱无章的，它们的磁场互相抵消，对外界不显磁性，如图 12.5-2（a）所示。当铁棒受到外界磁场的作用时，各分子电流的取向变得大致相同，如图 12.5-2（b）所示，铁棒被磁化了，其两端对外界显示出较强的磁性，形成磁极。磁体受到高温或猛烈的敲击会失去磁性。这是因为在激烈的热运动或机械振动的影响下，分子电流的取向又变得杂乱了。

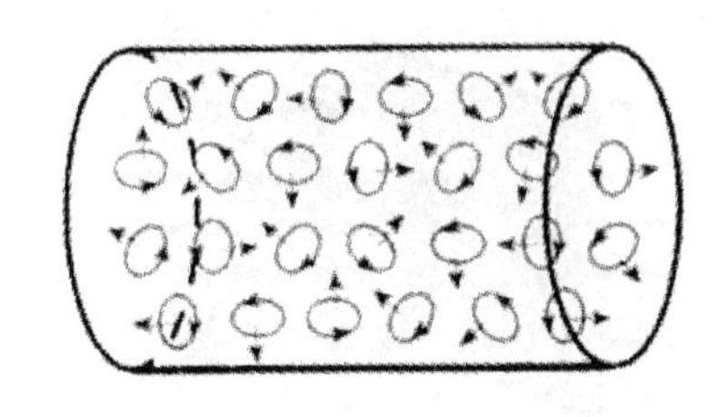

(a) 无外磁场时，铁棒不显磁性

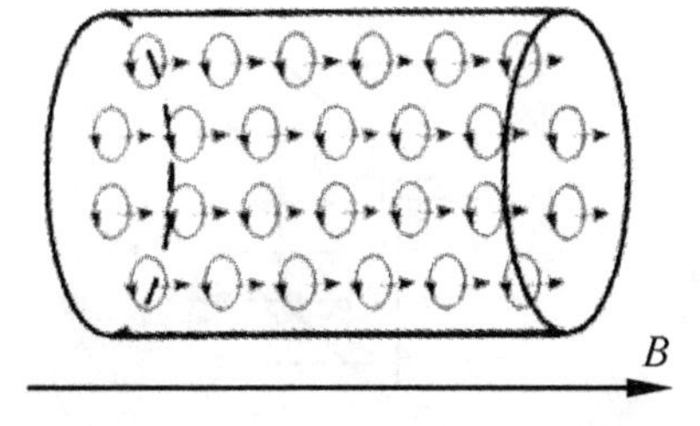

(b) 有外磁场B，铁棒显示磁性

图 12.5-2

在安培所处的时代，人们对物质内部为什么会有分子电流还不清楚。直到20世纪初，才知道分子电流是由原子内部电子的运动形成的。安培分子电流的假说，揭示了磁铁磁性的起源，它使我们认识到：磁铁的磁场和电流的磁场是相同的，都是由电荷的运动产生的，这就是磁现象的本质。

第六节　磁 通 量

读一读

磁通量	cítōngliàng	magnetic flux
磁通密度	cítōng mìdù	magnetic flux density

学一学

在电磁学里常常要讨论穿过某一个面的磁场，为此需要引入一个新的物理量，称为磁通量。设在匀强磁场中有一个与磁场方向垂直的平面，如图 12.6-1 (a) 所示。磁场的磁感应强度为 B，平面的面积为 S，我们定义磁感应强度 B 与面积 S 的乘积，叫做穿过这个面的磁通量，简称磁通。如果用 Φ 表示磁通量，则有

$$\Phi = BS$$

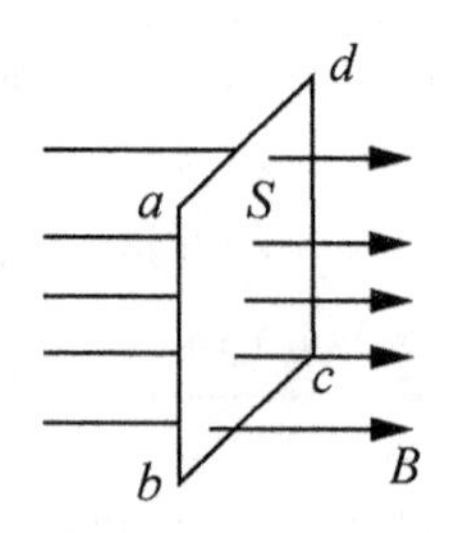

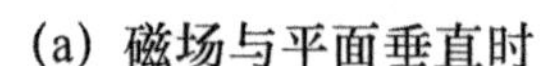
(a) 磁场与平面垂直时

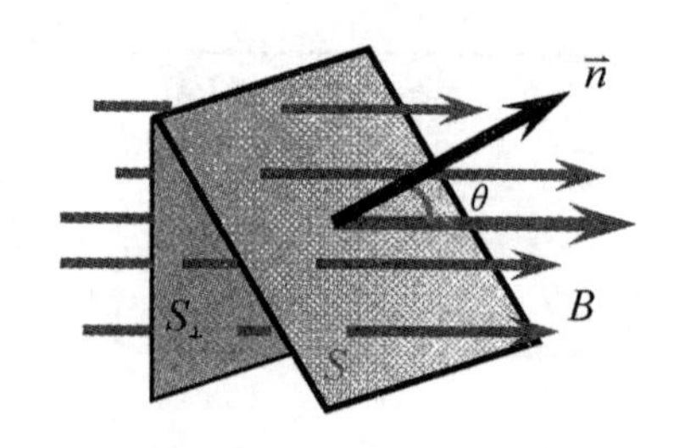

(b) 磁场与平面不垂直时

图 12.6-1　磁通量

磁通量的意义可以用磁感线形象地加以说明。我们知道在同一磁场的图示中，磁感线越密的地方，也就是穿过单位面积的磁感线条数越多的地方，磁感应强度 B 越大。因此，B 越大，S 越大，穿过这个面的磁感线条数就越多，磁通量就越大。

如果平面跟磁场方向不垂直，如图 12.6-1（b）所示，我们可以做出它在垂直于磁场方向上的投影平面 $S_\perp$。从图中可以看出，穿过斜面 S 和投影面 $S_\perp$ 的磁感线条数相等，即磁通量相等，此时通过平面 S 的磁通量为

$$\Phi = BS_\perp = BS\cos\theta$$

因此，同一个平面，当它跟磁场方向垂直时，穿过它的磁感线条数最多，磁通量最大。当它跟磁场方向平行时，没有磁感线穿过它，即穿过的磁通量为零。

在国际单位制中，磁通量的单位是韦［伯］，简称韦，符号是 Wb。

$$1\ \mathrm{Wb} = 1\ \mathrm{T} \cdot 1\ \mathrm{m}^2$$

从 $\Phi = BS$ 可以得出

$$B = \frac{\Phi}{S}$$

这表明磁感应强度等于穿过单位面积的磁通量，因此常把磁感应强度叫做磁通密度，并且用 $\mathrm{Wb/m^2}$ 作单位。它与磁感应强度是同一物理量。

例题 1　如图 12.6-2 所示，在磁感应强度为 B 的匀强磁场中有一面积为 S 的矩形线圈 $abcd$，垂直于磁场方向放置，现使线圈以 ab 边为轴转 180°，求此过程磁通量的变化？

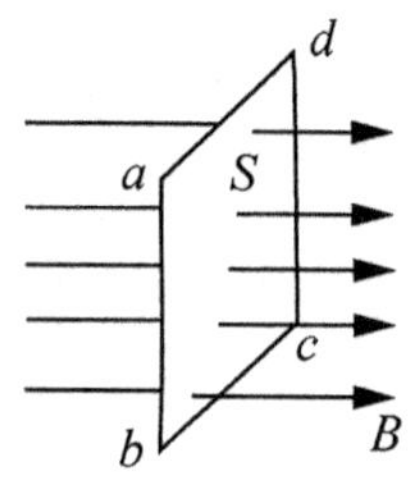

图 12.6-2

解　初态中 $\Phi_1 = BS$，末态 $\Phi_2 = -BS$，故磁通量的变化量

$$\Delta\Phi = |\Phi_2 - \Phi_1| = 2BS$$

如果按照下面解法就错了：初态 $\Phi_1 = BS$，末态 $\Phi_2 = BS$，故 $\Delta\Phi = |\Phi_2 - \Phi_1| = 0$，因为磁通量是有正、负之分的。

动手动脑学物理

1. 如图 12.6-3，距形线圈 $abcd$ 绕 OO' 轴在匀强磁场中匀速转动，下列说法中正确的是（　　）。

A. 线圈从图示位置转过 90°的过程中，穿过线圈的磁通量不断减小

B. 线圈从图示位置转过 90°的过程中，穿过线圈的磁通量不断增大

C. 线圈从图示位置转过 180°的过程中，穿过线圈的磁通量没有发生变化

D. 线圈从图示位置转过 360°的过程中，穿过线圈的磁通量没有发生变化

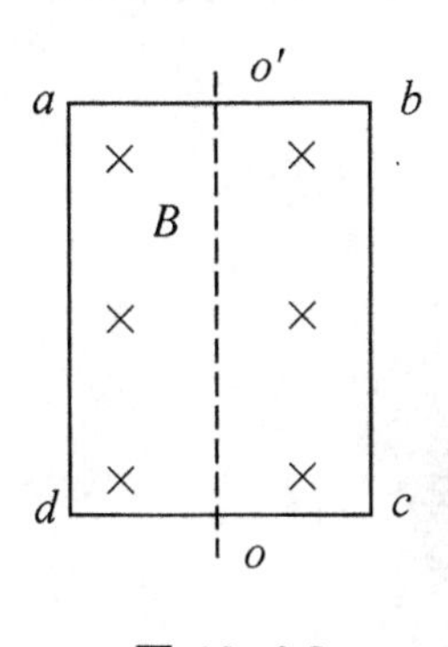

图 12.6-3

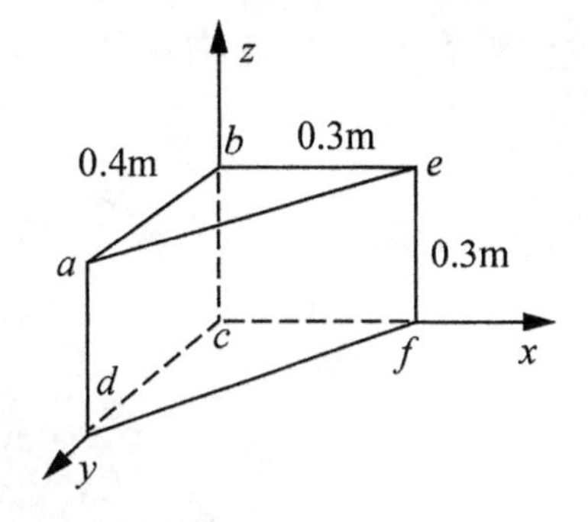

图 12.6-4

2. 匀强磁场的磁感强度是 2 T，其方向沿 x 轴正方向。有一个棱柱如图 12.6-4 放置，它的尺寸已标在图上。求：

（1）穿过 $abcd$ 面的磁通量

（2）穿过 $befc$ 面的磁通量

（3）穿过 $aefd$ 面的磁通量

第十三章　电磁感应
(Electromagnetic Induction)

现在越来越多的家庭使用电磁炉（图 13.1-1）来烧水、做饭，用电磁炉加热与普通的加热不同，它是运用电磁感应原理来工作的。在生活和生产中，有很多地方都用到电磁感应原理，例如唱歌用的话筒、播放声音的扬声器、飞机场中检查乘客身上金属物品的安检门（图 13.1-2）等。

图 13.1-1　电磁炉在烧水

图 13.1-2　飞机场的安检门

什么是电磁感应现象？电磁感应现象有什么规律？这一章我们就来学习这些非常重要、非常有用的知识。

第一节　电磁感应现象

做一做

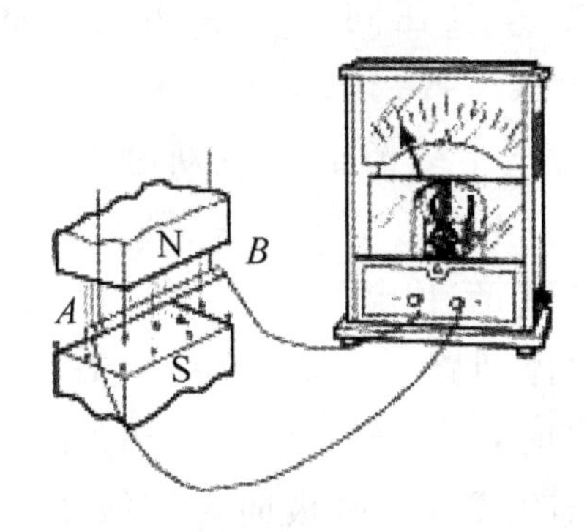

图 13.1-3　当导体 *AB* 棒做切割磁感线运动时，回路中产生了电流

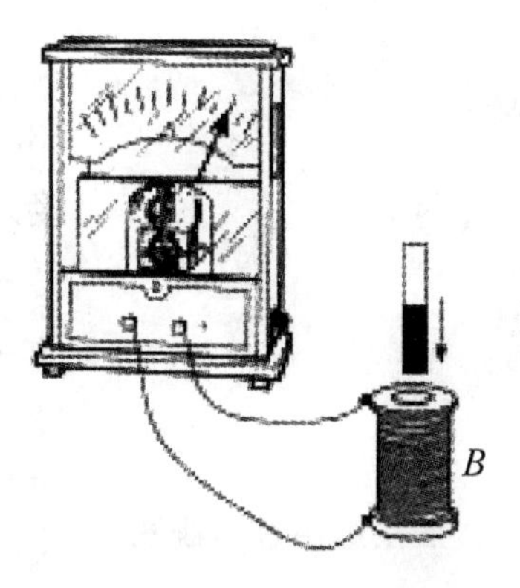

图 13.1-4　把磁铁的某一个磁极向导体线圈中插入或从线圈中拔出，导体回路中产生了电流

读一读

电磁感应现象	diàncí gǎnyìng xiànxiàng	electromagnetic induction phenomena
感应电流	gǎnyìng diànliú	induced current
闭合电路	bìhé diànlù	closed circuit
切割磁感线	qiēgē cígǎnxiàn	cutting across the lines of induction
线圈	xiànquān	coil
蒸汽机	zhēngqìjī	steamer
伏打电池	fúdǎ diànchí	voltaic cell

学一学

1820 年奥斯特发现了电流能产生磁场，震动了整个科学界，它表明电现象和磁现象是有联系的。人们很自然地会去思考：既然电流能产生磁场，那么反过来，磁场是否会产生电流呢？

图 13.1-5　法拉第用过的线圈

人们做了许多实验，但直到 1831 年，英国物理学家法拉第才第一次发现了“磁产生电”的现象。他把两个线圈绕在同一个铁环上，如图 13.1-5 所示，一个线圈接到电源上，另一个线圈接入电流表。当给一个线圈通电或断电的瞬间，另一个线圈中出现了电流。之后法拉第又设计并动手做了许多“磁产生电”的实验，例如图 13.1-3，当闭合导体回路的一部分导体 AB 棒做切割磁感线运动时，回路中产生了电流；图 13.1-4，当把磁铁的某一个磁极向导体线圈中插入，或从线圈中拔出，线圈中产生了电流，等等。这种由磁场产生电流的现象称为电磁感应现象，产生的电流称为感应电流。

电磁感应的发现使人们对电和磁的内在联系的认识更加完善，宣告了电磁学作为一门统一学科的诞生。

科学家的故事

法拉第出生在英国的一个铁匠家庭，曾经在装订工厂当过学徒。他利用这个条件，阅读了很多科学书籍，通过自学获得了丰富的知识。他喜欢做实验，还积极参加科学报告会。1813 年，22 岁的法拉第毛遂自荐，成为了英国著名化学家戴维的助理实验员。

法拉第

法拉第生活的时代，正值第一次工业革命完成，人类进入了机械化时代，各种机器均需要动力推动，而蒸汽机的效率十分低下，迫切需要新能源。在当时，电力应用的前景已经显露。法拉第看到，伏打电池昂贵，产生的电流小。而自然界中的天然磁石比较丰富。如果可以由磁产生电，就能获得廉价的电力。他说“我因为对当时产生电的方法感到不满意，因此急于发现磁和感应电流的关系，觉得电学在这条路上一定可以充分发展。”

法拉第能够发现电磁感应现象，是因为他坚信各种自然现象是相互联系的，各种自然力是统一的，可以相互转化的。他还认为，电磁相互作用是通过介质来传递的，并把这种介质叫做“场”。他以惊人的想象力创造性地引入了“力线”（即前面两章中的电场线和磁感应线）的概念，用其形象地描绘“场”的物理图像。

法拉第把一生都奉献给了科学事业，生活在电气化时代的我们，应该永远怀念他。

动手动脑学物理

1. 发现电磁感应现象的科学家是（　　）

A. 安培　　B. 库仑

C. 法拉第　　D. 奥斯特

2. 下列现象中，属于电磁感应现象的是（　　）

A. 磁场对载流直导线产生力的作用

B. 变化的磁场使闭合电路中产生电流

C. 闭合电路中的开关闭合时，电路中产生电流

D. 载流直导线在其周围产生磁场

3. 如图 13.1-6 所示线圈两端接在电流表上组成闭合回路。在下列情况中，电流表指针不发生偏转的是（　　）

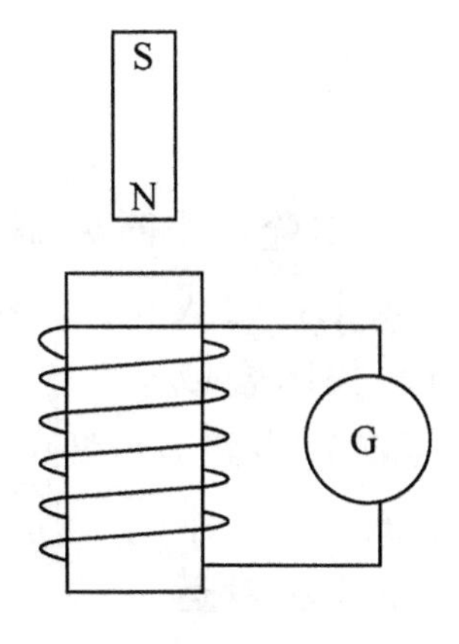

图 13.1-6

A. 线圈不动，磁铁插入线圈

B. 线圈不动，磁铁从线圈中拔出

C. 磁铁不动，线圈上、下移动

D. 磁铁插在线圈内不动

第二节　产生感应电流的条件

想一想

在图 13.1-3 所示的实验中，导体 AB 棒与电流计组成闭合电路，当 AB 棒左右平动切割磁感应线，电路中有感应电流产生；上下平动，AB 棒不切割磁感应线，没有感应电流产生。

在图 13.1-4 所示的实验中，一个导体线圈与电流计相连组成闭合电路，当把磁铁的某一个磁极向线圈中插入或从线圈中拔出时，线圈中产生了感应电流，而当磁铁静止地放在线圈中时，线圈中没有感应电流，从上面两个实验是否得出只有当磁铁和回路相对运动时，才会产生感应电流呢？

读一读

变阻器	biànzǔqì	slide rheostat
开关	kāiguān	switch

学一学

我们来分析图 13.2-1 所示的实验，线圈 A 通过变阻器和开关连接到电源上，线圈 B 的两端连接到电流表上，把线圈 A 放在线圈 B 的里面，当开关闭合或断开的瞬间，线圈 B 中产生了感应电流，当线圈 A 中电流恒定时，无电流产生。本实验表明，线圈 A 和线圈 B 没有相对运动也能产生感应电流。那么产生感应电流的条件究竟是什么呢？下面我们作进一步分析。

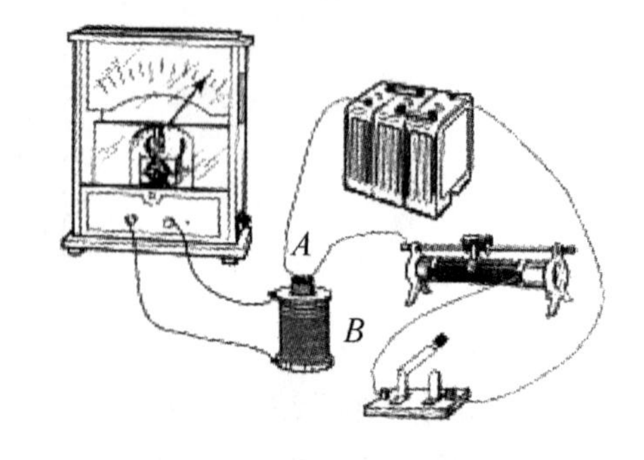

图 13.2-1　开关闭合或断开的瞬间，线圈 *B* 中产生了感应电流

图 13.1-3 所示的实验可以简化为图 13.2-2 所示的电路，AB 棒与电流计组成

闭合电路$ABCD$，当AB棒切割磁感应线的过程中，磁场不变，但电路$ABCD$的面积发生了变化，从而穿过闭合电路的磁通量变化，从而产生感应电流；图13.1-4所示的实验中，磁铁插入、拔出线圈，线圈面积不变，但磁场变化，同样导致线圈中磁通量变化（如图13.2-3所示），从而产生感应电流；而当磁铁静止地放在线圈中时，线圈中磁通量无变化，就没有感应电流。图13.2-1所示的实验中，通、断电的瞬间，都引起线圈A中电流的变化，线圈A产生的磁场也相应发生变化，最终导致通过线圈B中磁通量变化（如图13.2-4所示），从而产生感应电流；当线圈A中电流恒定时，线圈内磁场不变化，线圈B中磁通量无变化，就没有感应电流。从这三个实例可见，感应电流产生的条件，应是穿过闭合电路的磁通量变化。

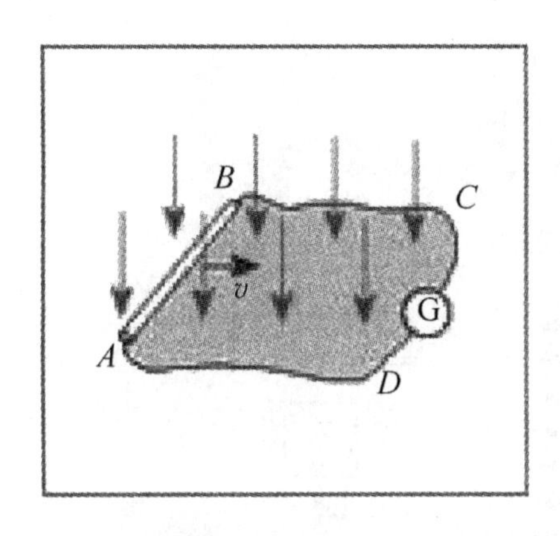

图13.2-2　*AB*棒切割磁感应线的过程中，磁场不变，但电路*ABCD*的面积发生了变化

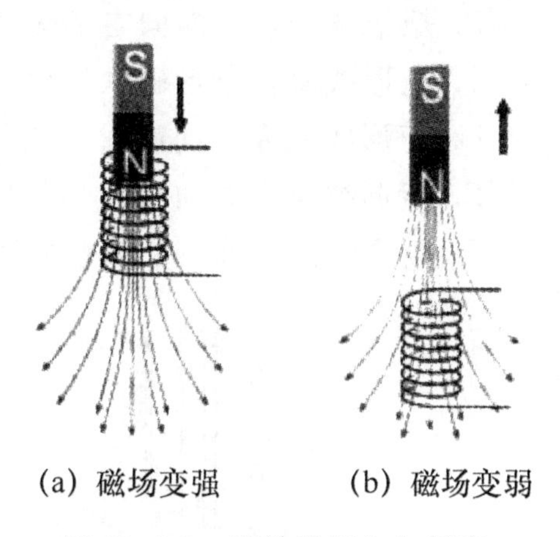

图13.2-3　磁铁的插入与拔出，线圈中的磁场在变化

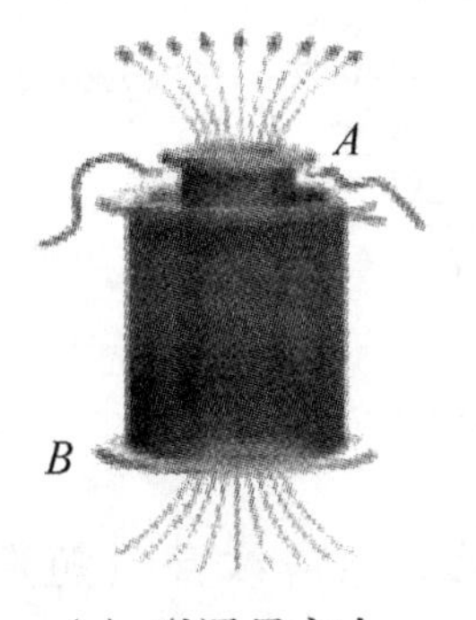

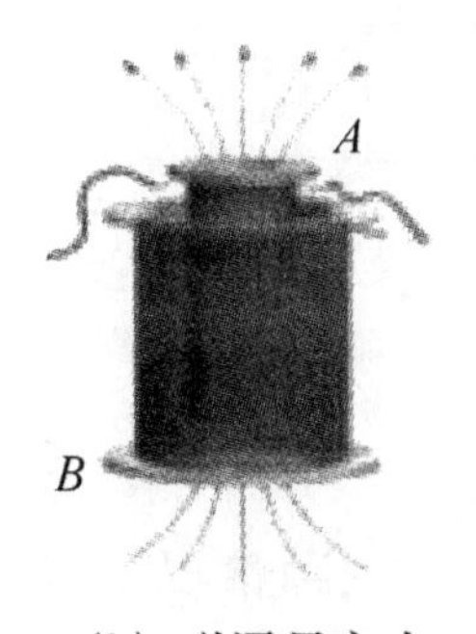

图13.2-4　线圈*A*中电流的变化，线圈*B*中磁场也在变化

引起感应电流的表面因素很多，但本质的原因是磁通量的变化。因此，电磁感应现象产生的条件可以概括为：只要穿过闭合电路的磁通量变化，闭合电路中就有感应电流产生。

英文备注

zhǐ yào chuān guò bì hé diàn lù de cí tōng liàng biàn huà bì hé diàn lù zhōng jiù yǒu gǎn yìng diàn liú chǎn shēng
只要穿过闭合电路的磁通量变化，闭合电路中就有感应电流产生。(Any change in the magnetic flux through a closed circuit causes an induced current in it.)

例题 1 在图 13.2-5 所示的条件下，闭合矩形线圈中能产生感应电流的是( )。

A. 矩形线圈在方向向上的匀强磁场中绕 O 轴旋转

B. 矩形线圈在方向向右的匀强磁场中向上平动

C. 矩形线圈在条形磁铁产生的磁场中向下平动

D. 矩形线圈在方向向里的匀强磁场中绕转动

E. 矩形线圈在方向向右的匀强磁场中绕 OO' 轴旋转

F. 矩形线圈在通有交流电的螺线管右侧静止

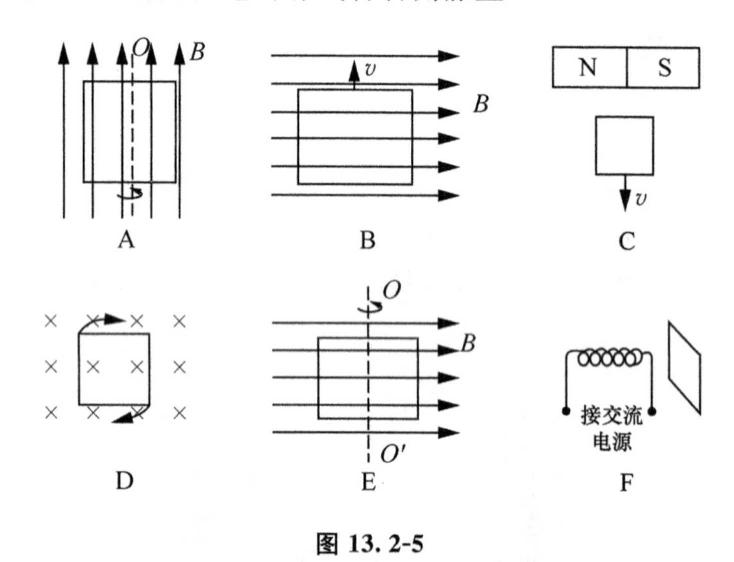

图 13.2-5

解 在 A、B、C 三种情况下，均无磁感应线穿过矩形线圈，所以通过线圈的磁通量始终为零，线圈内无感应电流；D 情况下，虽然有磁感应线穿过矩形线圈，但通过线圈的磁通量始终不变，线圈内也无感应电流；E 情况下，图示位置时通过线圈的磁通量为零，转过 90°时通过线圈的磁通量为最大，所以通过线圈的磁通量发生了变化，线圈内能产生感应电流；F 情况下，通有交流电的螺线管产生的是一个变化的磁场，所以通过线圈的磁通量会发生变化，线圈内能产生感应电流。

例题 2 如图 13.2-6 (a) 所示，有一通电直导线 MN 水平放置，通入向

右的电流 I，另有一闭合矩形线圈 P 位于导线正下方且与导线位于同一竖直平面内。问在线圈 P 竖直向上运动到达 MN 上方的过程中，穿过 P 的磁通量是如何变化的？在何位置时 P 中会产生感应电流？

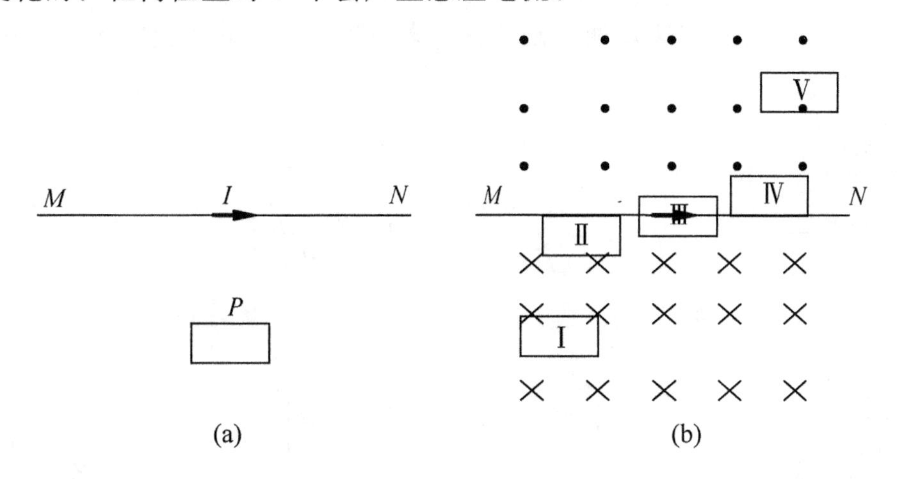

图 13.2-6

解　根据直线电流产生的磁场特点，靠近导线处磁场强，远离导线处磁场弱。把线圈 P 从 MN 下方运动到上方过程中的几个特殊位置如图 13.2-6（b）所示，可知Ⅰ→Ⅱ磁通量增加，Ⅱ→Ⅲ磁通量减小，Ⅲ→Ⅳ磁通量增加，Ⅳ→Ⅴ磁通量减小，所以整个过程磁通量变化经历了增加→减小→增加→减小，所以在整个过程中 P 中都会有感应电流产生。

动手动脑学物理

1. 摇绳能发电吗？

把一条大约 10 m 长的电线的两端和一个灵敏电流表相连，形成闭合电路，如图 13.2-7 所示。两个同学快速摇动这条电线，可以发电吗？

你认为两个同学沿哪一个方向站立时，摇绳发电的可能性比较大？

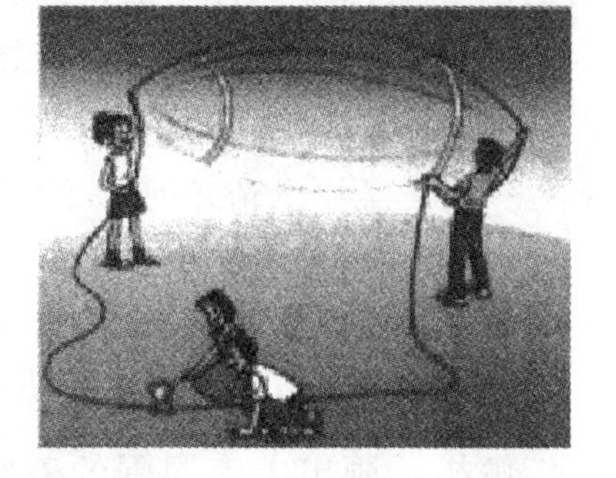

图 13.2-7

2. 关于感应电流，下列说法中正确的是(　　)。

A. 只要穿过线圈的磁通量发生变化，线圈中就一定有感应电流

B. 只要闭合导线做切割磁感线运动，导线中就一定有感应电流

C. 若闭合电路的一部分导体不做切割磁感线运动，闭合电路中一定没

有感应电流

D. 当穿过闭合电路的磁通量发生变化时，闭合电路中一定有感应电流

3. 如图 13.2-8 所示，一个有限范围的匀强磁场，宽为 d，一个边长为 l 正方形导线框以速度 v 匀速地通过磁场区。若 $d>l$，则在线框中不产生感应电流的时间就等于（　　）。

A. $\frac{d}{v}$　　B. $\frac{l}{v}$

C. $\frac{d-l}{v}$　　D. $\frac{d-2l}{v}$

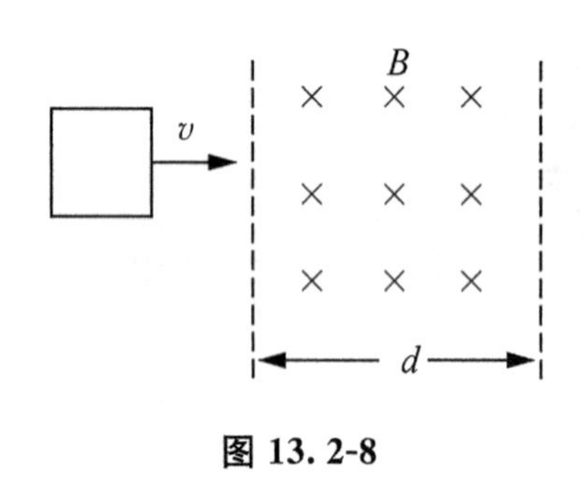

图 13.2-8

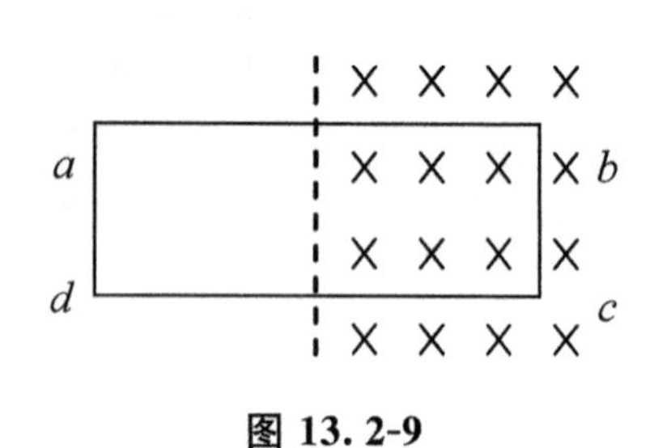

图 13.2-9

4. 如图 13.2-9 所示，矩形线框与磁场垂直，且一半在匀强磁场内一半在匀强磁场外，下述过程中使线圈产生感应电流的是（　　）。

A. 以 bc 为轴转动 45°

B. 以 ad 为轴转动 45°

C. 将线圈向下平移

D. 将线圈向上平移

5. 在一长直导线中通以如图 13.2-10 所示的恒定电流时，套在长直导线上的闭合线环（环面与导线垂直，长直导线通过环的中心），当发生以下变化时，肯定能产生感应电流的是（　　）。

A. 保持电流不变，使导线环上下移动

B. 保持导线环不变，使长直导线中的电流增大或减小

C. 保持电流不变，使导线在竖直平面内顺时针（或逆时针）转动

D. 保持电流不变，环在与导线垂直的水平面内左右水平移动

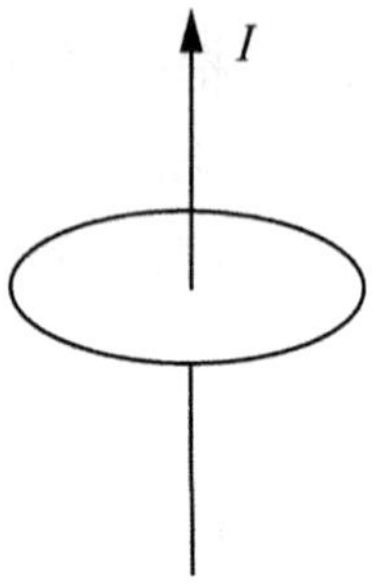

图 13.2-10

解析：画出电流周围的磁感线分布情况。

第三节　楞次定律

做一做

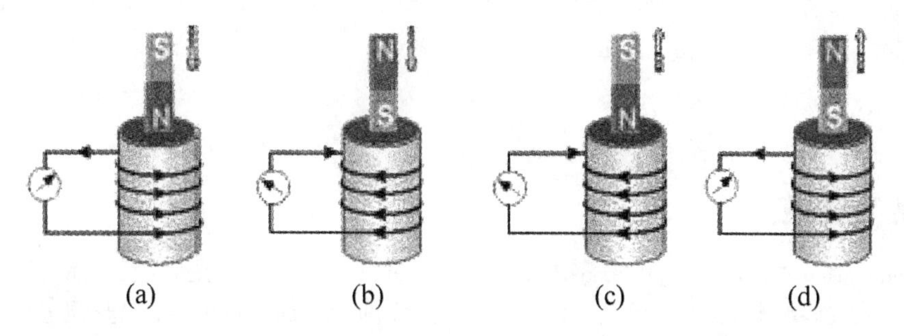

图 13.3-1　将磁铁的 N 极或 S 极分别插入或拔出线圈，观察线圈中产生感应电流的方向

读一读

楞次定律	Léngcì dìnglǜ	Lenz's Law
阻止	zǔzhǐ	prohibit
延缓	yánhuǎn	delay

学一学

当穿过闭合线圈的磁通量变化时，闭合线圈中就会产生感应电流。感应电流的方向与线圈中的磁通量增加或减少有什么关系？

在图 13.3-1（a）和（b）所示实验中，将磁铁的 N 极或 S 极分别插入线圈时，穿过线圈的磁通量增加，线圈中产生的感应电流如图 13.3-1（a）和（b）中箭头所示，这时感应电流产生的磁场与磁铁的磁场方向相反；在图 13.3-1（c）和（d）所示实验中，将磁铁的 N 极或 S 极分别拔出线圈时，穿过线圈的磁通量减少，线圈中产生的感应电流如图 13.3-1（c）和（d）中箭头所示，这时感应电流产生的磁场与磁铁的磁场方向相同。上面的实验结论可以归纳为：感应电流产生的磁场都是阻碍原磁通量的变化。

1834年，物理学家楞次在分析了许多实验结果后，得到如下结论：感应电流具有这样的方向，就是感应电流的磁场总是要阻碍引起感应电流的磁通量的变化。这就是楞次定律。

楞次

楞次定律中最关键的两个词是“阻碍”，而不是“阻止”，它只是延缓了原磁通量的变化，电路中的磁通量还是在变化的。例如当原磁通量增加时，虽然有感应电流产生的磁场阻碍，磁通量还是在增加，只是增加的慢一点而已。

英文备注

gǎnyìngdiàn liú jù yǒuzhèyàng de fāngxiàng jiù shì gǎnyìngdiàn liú de cí chǎngzǒng shì yào zǔ ài yǐn qǐ gǎnyìngdiàn liú de cí tōngliàng de biànhuà

感应电流具有这样的方向，就是感应电流的磁场总是要阻碍引起感应电流的磁通量的变化。(An induced current in a closed circuit is always so directed that the magnetic field opposes the change of the magnetic flux that causes the current.)

例题1 如图13.3-2所示，判断磁铁的S极在插入或拔出螺线管时，螺线管中产生的感应电流方向。

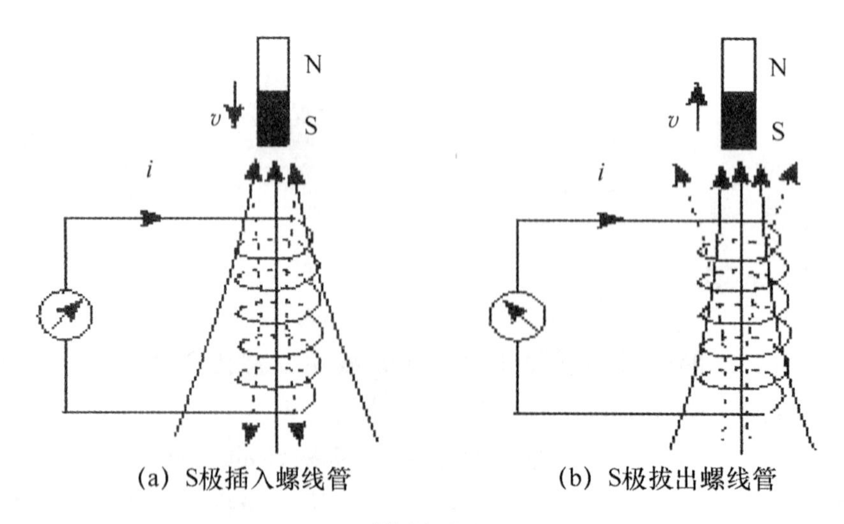

(a) S极插入螺线管 (b) S极拔出螺线管

图 13.3-2

解 磁铁产生的原磁场方向向上，在磁铁的S极在插入螺线管的过程中，穿过螺线管的磁通量增加，由楞次定律可知，感应电流产生的磁场要阻碍原磁通量的增加，因此感应电流产生的磁场方向和原磁场方向相反，即感应电流产生的磁场方向向下，图13.3-2 (a) 中虚线所示，知道了感应电流产生的磁场方向，再利用安培定则就可以确定感应电流 i 的方向。在磁铁的 S 极在拔出螺线管的过程中，穿过螺线管的磁通量减少，由楞次定律可知，感应电流产生的磁场要阻碍原磁通量的增加，因此感应电流产生的磁场方向和原磁场方向相同，即感应电流产生的磁场方向向上。图 13.3-2（b）中虚线所示，知道了感应电流产生的磁场方向，再利用安培定则就可以确定感应电流 i 的方向。

运用楞次定律判断感应电流方向的思路可以概括为以下步骤：

（1）确定原磁场的方向

（2）判断原磁通量的变化情况。（增加还是减少）

（3）根据楞次定律，确定感应电流的磁场方向。（原磁通量增时两磁场方向相反，原磁通量减少时两磁场方向相反）

（4）利用安培定则判断出感应电流的方向。

例题 2　在图 13.2-6 中，当矩形线圈 P 竖直向上运动到达 MN 上方的过程中，线圈中产生的感应电流 i 方向如何？

解　我们首先分析线圈 P 从 Ⅰ→Ⅱ 运动过程中，线圈中产生的感应电流方向。

（1）直线 MN 的电流产生的磁场方向是：在直线的下方，磁场方向垂直纸面向里；在直线的上方，磁场方向垂直纸面向外，如图 13.3-3 所示。

（2）直线 MN 的电流产生的磁场大小是：靠近导线处磁场强，远离导线处磁场弱。线圈 P 从 Ⅰ→Ⅱ 运动过程中，磁通量增加。

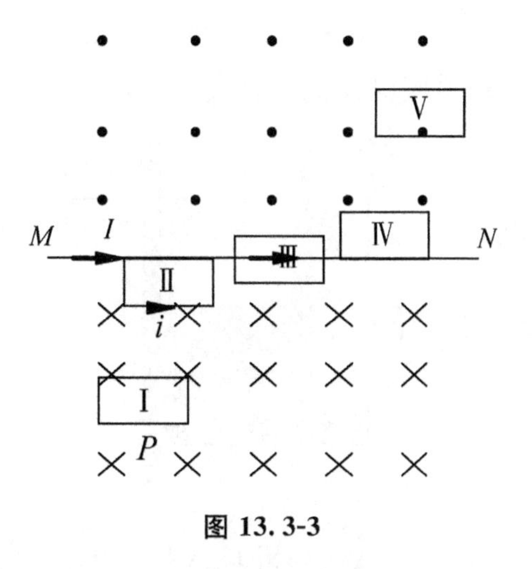

图 13.3-3

（3）根据楞次定律，感应电流的磁场方向与原磁场方向相反，方向向外。

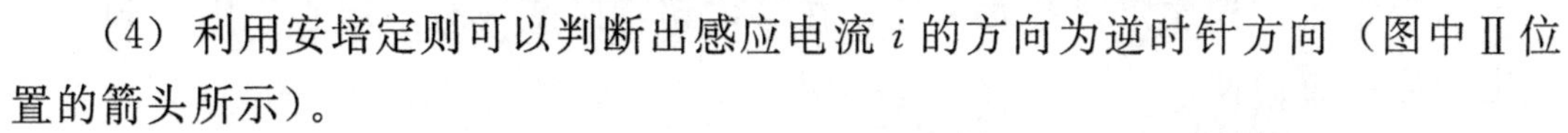
（4）利用安培定则可以判断出感应电流 i 的方向为逆时针方向（图中Ⅱ位置的箭头所示）。

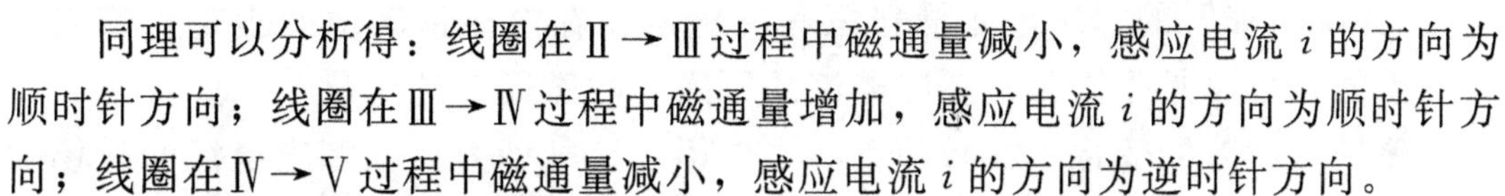
同理可以分析得：线圈在Ⅱ→Ⅲ过程中磁通量减小，感应电流 i 的方向为顺时针方向；线圈在Ⅲ→Ⅳ过程中磁通量增加，感应电流 i 的方向为顺时针方向；线圈在Ⅳ→Ⅴ过程中磁通量减小，感应电流 i 的方向为逆时针方向。

如果线圈 P 在Ⅰ位置保持静止，直导线 MN 上通过的电流 I 逐渐增大，线圈中是否会有感应电流？如果有感应电流，它的方向如何？

例题 3　在图 13.1-3 所示的实验中，导体 AB 棒做切割磁感线运动时，AB 棒上的感应电流 i 方向如何？

解　图 13.1-3 所示的实验可以简化为图 13.3-4。

（1）磁场方向垂直纸面向里

（2）在 ab 棒向右做切割磁感线运动的过程中，回路 $abcd$ 的面积增大，通过回路的磁通量也增大。

（3）根据楞次定律，感应电流的磁场方向与原磁场方向相反，方向向外。

（4）利用安培定则可以判断出感应电流 i 的方向为逆时针方向，ab 棒上的感应电流 i 方向是 $b \to a$。

通常我们也可以用右手定则（right-hand rule）来判断定导体切割磁感线时产生的感应电流方向。右手定则的内容是：伸开右手，使大拇指跟其余四个手指垂直，并且都跟手掌在一个平面内，把右手放入磁场中，让磁感线垂直穿入手心，并使大拇指指向导体运动方向，这时四指所指的方向就是感应电流的方向。（Open your right hand and put it into the magnetic field. Let the magnetic field lines be perpendicular to your palm，and at your thumb indicate the direction of motion of conductor，then the fingers will indicate the direction of the induced current.）如图 13. 3-5 所示。运用右手定则容易判定例题 3 中 ab 棒上的感应电流的方向是 $b \to a$。

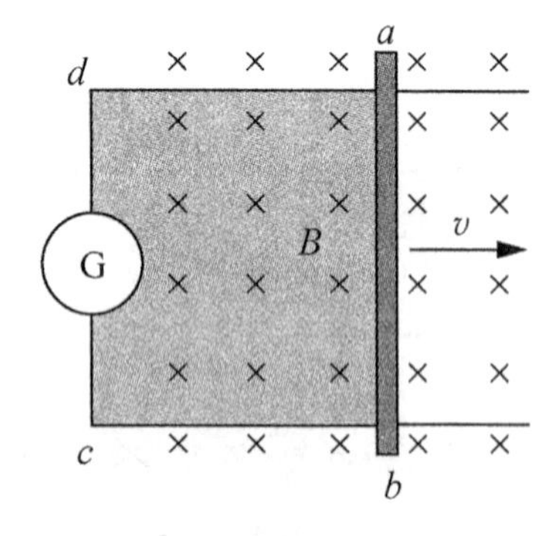

图 13. 3-4

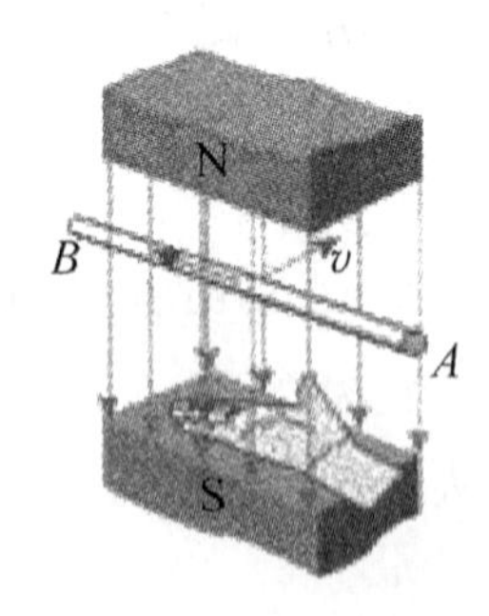

图 13. 3-5　右手定则断定感应电流方向

右手定则与楞次定律本质一致，在导体切割磁感线时，用右手定则判断感应电流方向更简便。

“楞次定律”的本质是能量守恒和转化定律在电磁运动中的表现，感应电流产生的磁场总是阻碍引起感应电流的原磁场的磁通量的变化，因此，为了维持原磁场磁通量的变化，就必须有动力作用，这种动力克服感应电流的磁场的阻碍作用做功，将其他形式的能量转变为感应电流的电能，所以“楞次定律”中的阻碍过程，实质上就是能量转化的过程。例如，当条形磁铁从闭合线圈中插进与拔出的过程中，按照楞次定律，把磁铁插入线圈或从线圈中拔出，都必须克服磁场的斥力或引力做功，实际上，正是这一过程消耗机械能转化为电能。

动手动脑学物理

1. 图 13.3-6 所示，一根细杆放在支点 O 上，细杆的两端有两个很轻的铝环 A 和 B，铝环 A 是闭合的，铝环 B 是断开的。现在将磁铁的任意一极插入 A 环，会产生什么现象？将磁铁从 A 环中拔出，会产生什么现象？如果将磁铁的任意一极插入或拔出 B 环，又会产生什么现象？

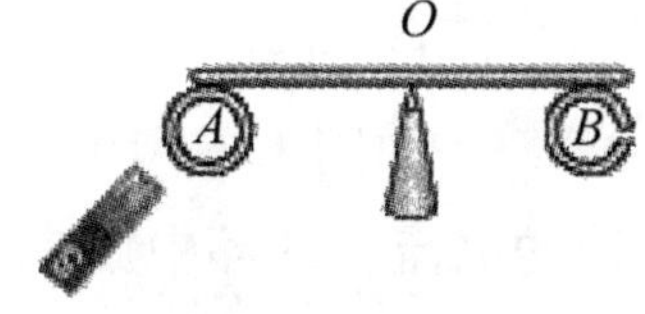

图 13.3-6

2. 据楞次定律知，感应电流的磁场一定是(　　)。

A. 与引起感应电流的磁场反向

B. 阻止引起感应电流的磁通量变化

C. 阻碍引起感应电流的磁通量变化

D. 使电路磁通量为零

3. 如图 13.3-7 所示，将一条形磁铁 N 极向下插入一个闭合的螺线管中的过程中，螺线管中产生感应电流，则下列说法正确的是(　　)。

A. 螺线管的下端是 N 极

B. 螺线管的上端是 N 极

C. 流过电流表的电流是由上向下

D. 流过电流表的电流是由下向上

S
N
G

图 13.3-7

4. 如图 13.3-8 当磁铁运动时，流过电阻的电流是由 A 经 R 到 B，则磁铁可能是(　　)。

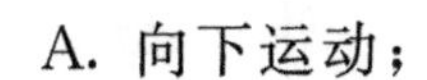

A. 向下运动；　　B. 向上运动；

C. 向左运动；　　D. 以上都可能

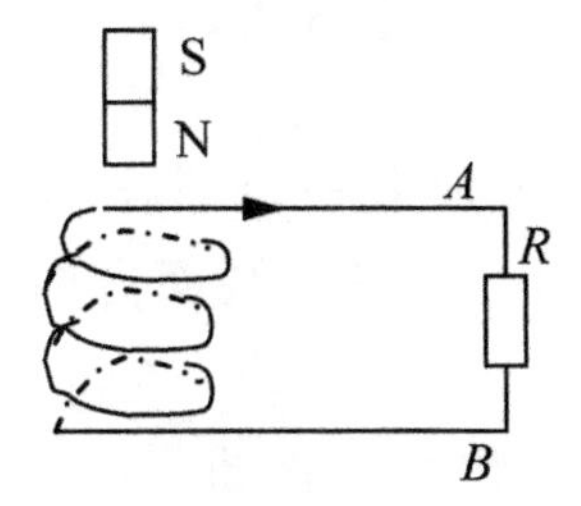

图 13.3-8

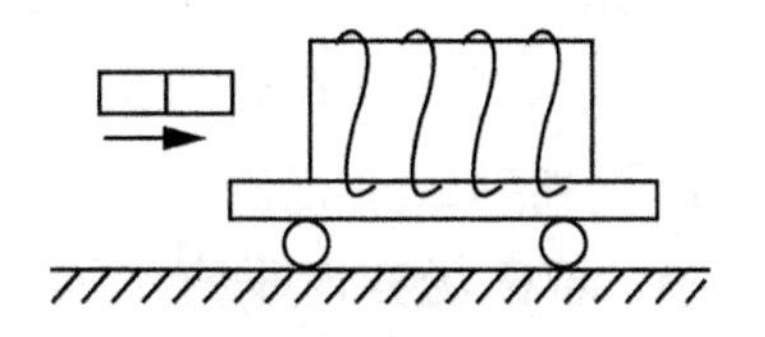

图 13.3-9

5. 如图 13.3-9 所示，将一条形磁铁插入一闭合螺线管中，螺线管固定在停在光滑水平面的车中，在插入过程中（　　）。

A. 车将向右运动

B. 条形磁铁会受到向左的力

C. 由于没标明条形磁铁极性，因此无法判断受力情况

D. 车会受向左的力

6. 如图 13.3-10 所示，A 和 B 是两个共面同心的导体环，A 环中通有顺时针的电流，B 环中原来无电流。当 A 环上的电流增加时，在图中画出 B 环中感应电流的方向。

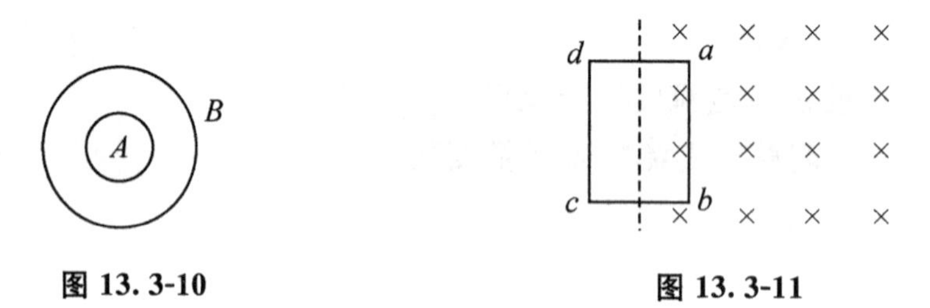

图 13.3-10　　图 13.3-11

7. 如图 13.3-11 所示，将一矩形导体框拉入一匀强磁场，在进入过程中穿过线圈的磁通量变化情况是________，感应电流的磁场对磁通量变化起________作用，导体框中感应电流方向是________。

8. 如图 13.3-12 所示，导体棒 ab 沿轨道向左匀速滑动，在图中画出感应电流方向？

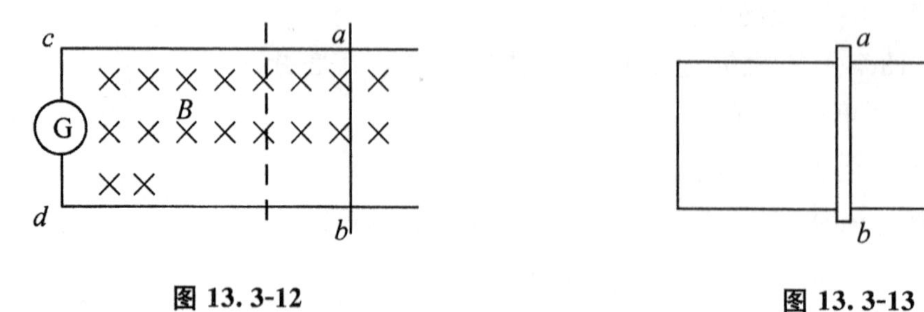

图 13.3-12　　图 13.3-13

9. 在水平面上有一固定的 U 形金属框架，框架上放置一金属杆 ab，如图 13.3-13 所示，杆 ab 在光滑的金属框架可以自由滑动。在垂直纸面方向有一匀强磁场，下列判断中正确的是（　　）。

A. 若磁场方向垂直纸面向外并增大时，杆 ab 将向右移动

B. 若磁场方向垂直纸面向外并减少时，杆 ab 将向右移动

C. 若磁场方向垂直纸面向里并增大时，杆 ab 将向右移动

D. 若磁场方向垂直纸面向里并减少时，杆 ab 将向右移动

10. 如图 13.3-14 所示，一定长度的导线围成闭合的正方形线框，使框面垂直于磁场放置，若因磁场的变化而导致线框突然变成圆形，则：(　　)。

A. 因 B 增强而产生逆时针的电流

B. 因 B 减弱而产生逆时针的电流

C. 因 B 减弱而产生顺时针的电流

D. 以上选项均不正确

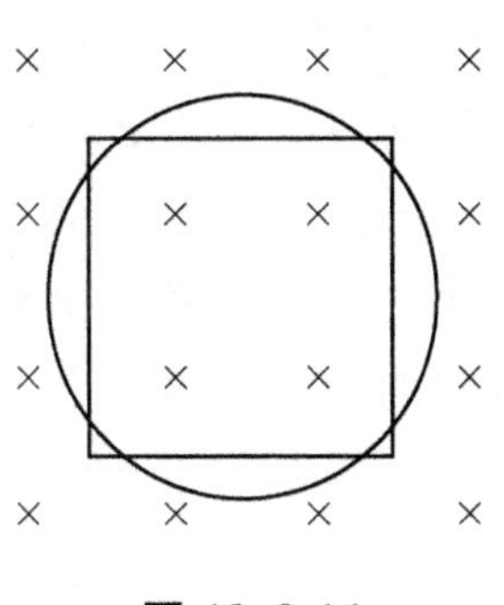

图 13.3-14

第四节　法拉第电磁感应定律

读一读

法拉第电磁感应定律	Fǎlādì diàncí gǎnyìng dìnglǜ	Faraday's Law of Electromagnetic Induction
电动势	diàndòngshì	electromotive force
变化率	biànhuàlǜ	the rate of change
感应电动势	gǎnyìng diàndòngshì	induced electromotive force
平均感应电动势	píngjūn gǎnyìng diàndòngshì	average induced electromotive force
瞬时值	shùnshízhí	instantaneous value

学一学

穿过闭合电路的磁通量发生变化，电路中就会产生感应电流。既然闭合电路中有感应电流，电路中就一定有电动势。如果电路没有闭合，这时虽然没有感应电流，但是电动势依然存在。在电磁感应现象中产生的电动势叫做感应电动势。产生感应电动势的那部分导体就相当于电源。

感应电动势的大小和哪些因素有关呢？

在图 13.1-3 实验中，导体 AB 运动的速度越快，磁铁的磁场越强，产生的感应电流就越大；在图 13.1-4 实验中，磁铁的磁场越强，插入或拔出的速度越快，产生的感应电流就越大。这些实验结果向我们提示，感应电动势可能与磁通量变化的快慢有关，我们用磁通量的变化率来描述磁通量变化的快慢，它是磁通量的变化量与这个变化所有时间的比值。

设时刻 t_1 时穿过闭合电路的磁通量为 Φ_1 ，设时刻 t_2 时穿过闭合电路的磁通量为 Φ_2 ，则在时间 $\Delta t = t_2 - t_1$ 内磁通量的变化量为 $\Delta\Phi = \Phi_2 - \Phi_1$ ，磁通量的变化率应该表示为 $\dfrac{\Delta\Phi}{\Delta t}$ 磁铁与导体的相对运动速度越大，产生的磁通量变化 $\Delta\Phi$ 所用的时间 Δt 就越小，所以 $\dfrac{\Delta\Phi}{\Delta t}$ 就越大，产生的感应电动势也越大。

精确的实验表明：电路中感应电动势的大小，与穿过这一电路的磁通量的变化率成正比，这就是法拉第电磁感应定律。

如果用 E 表示感应电动势，则

$$E = \frac{\Delta\Phi}{\Delta t}$$

式中，电动势 E 的单位是伏［特］（V），磁通量的单位是韦［伯］（Wb），时间的单位表示秒（s）。

闭合电路常常是由 n 匝线圈构成，每匝线圈中的感应电动势都是 $\dfrac{\Delta\Phi}{\Delta t}$ ，n 匝线圈串联在一起，整个线圈中的感应电动势是单匝线圈的 n 倍，即

$$E = n\frac{\Delta\Phi}{\Delta t}$$

因此，为了获得较大的感应电动势，常采用多匝线圈。

根据法拉第电磁感应定律，只要知道了磁通量的变化率，就可以算出感应电动势。常见的一种情况是，导体做切割磁感应线运动而使磁通量发生变化，如图 13.1-3 所示。这时法拉第定律可以表示为一种更简单、更便于应用的形式。

如图 13.4-1 所示，把矩形线框 $abcd$ 放在磁感应强度为 B 的匀强磁场中，线框平面与磁感应线垂直。设线框可动部分 ab 的长度为 l，它以速度 v 向右运动，在 Δt 的时间内由原来的位置 ab 移到 a_1b_1，这个过程中线框的面积变化量为

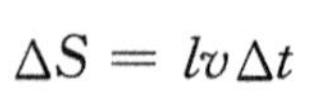

$$\Delta S = lv\Delta t$$

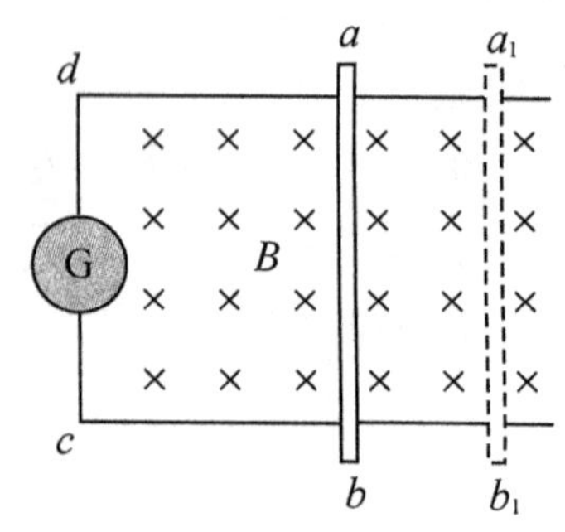

图 13.4-1 导体切割磁感应线产生的电动势

穿过闭合回路磁通量的变化量则为

$$\Delta\Phi = B\Delta S = Blv\Delta t$$

根据法拉第电磁感应定律，$E = \dfrac{\Delta\Phi}{\Delta t}$，由此求得闭合电路的感应电动势

$$E = Blv$$

在国际单位制中，B、l、v 的单位分别是特［斯拉］（T）、米（m）、米每秒（m/s），E 的单位是伏（V）。

如果导线的运动方向与导线本身垂直，但是它与磁感应线的方向有一个夹角 θ，如图 13.4-2 所示。此时可将速度分解为垂直磁感应线的分量 $v_1 = v\sin\theta$ 和平行磁感线的分量 $v_2 = v\cos\theta$，后者不切割磁感线，不产生感应电动势。前者切割磁感线，产生的感应电动势为

$$E = Blv_1 = Blv\sin\theta$$

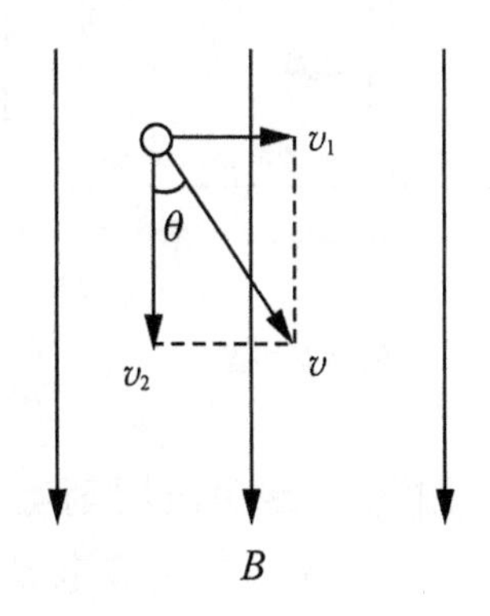

图 13.4-2　导线的运动方向不与磁感应线的方向垂直的情况

值得注意：法拉第电磁感应定律反映的是 Δt 一段时间内产生的平均感应电动势，只有当 Δt 趋近于零时，才是瞬时值。而公式 $E = Blv$ 中：若 v 是瞬时速度，则对应 E 是瞬时值；若 v 是平均速度，则对应 E 是平均感应电动势。

英文备注

diàn lù zhōnggǎnyìngdiàndòng shì de dà xiǎo　yǔ chuānguòzhè yí diàn lù de cí tōngliàng de biànhuà lǜ chéngzhèng bǐ

电路中感应电动势的大小，与穿过这一电路的磁通量的变化率成正比。(The induced electromotive force is proportional to the rate of the change of the magnetic flux piecing in the area enveloped by the circuit.)

例题 1　如图 13.4-3 所示，将一条形磁铁插入某一闭合线圈，第一次用 0.05 s，第二次用 0.1 s。设插入方式相同，试求：

（1）两次线圈中的平均感应电动势之比？

（2）两次线圈之中电流之比？

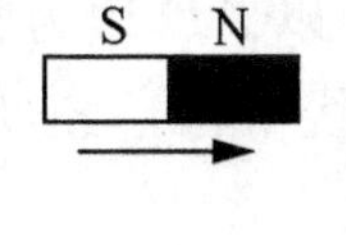

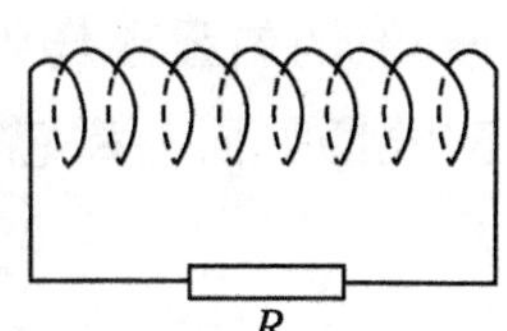

图 13.4-3

解　（1）根据法拉第电磁感应定律 $E = \dfrac{\Delta\Phi}{\Delta t}$ 两次线圈中的平均感应电动势之比为

$$\frac{E_1}{E_2} = \frac{\Delta\Phi}{\Delta t_1} \cdot \frac{\Delta t_2}{\Delta\Phi} = \frac{\Delta t_2}{\Delta t_1} = \frac{2}{1}$$

（2）线圈之中电流 $I=\dfrac{E}{R}$，两次线圈之中电流之比为

$$\frac{I_1}{I_2}=\frac{E_1}{R}\cdot\frac{R}{E_2}=\frac{E_1}{E_2}=\frac{2}{1}$$

例题 2　如图 13.4-4 所示，是一个水平放置的导体框架，宽度 $L=0.50\,\text{m}$，接有电阻 $R=0.20\Omega$，设匀强磁场和框架平面垂直，磁感应强度 $B=0.40\text{T}$，方向如图。今有一导体棒 ab 放在框架上，并能无摩擦地沿框滑动，框架及导体 ab 电阻均不计，当 ab 在外力作用下以 $v=4.0\,\text{m/s}$ 的速度向右匀速滑动时，试求：

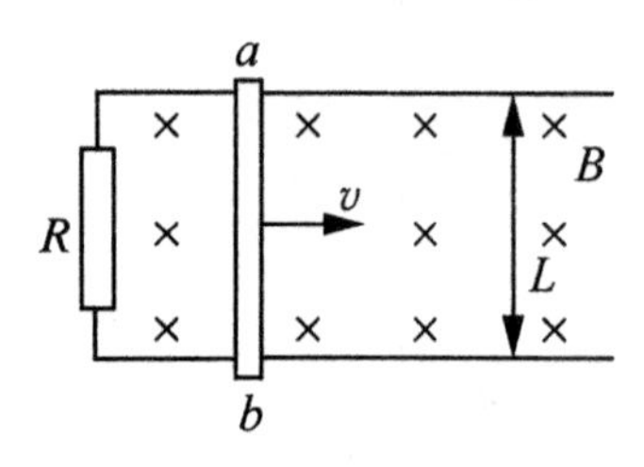

图 13.4-4

（1）导体 ab 上的感应电动势的大小

（2）回路上感应电流的大小和方向

（3）金属棒所受的安培力的大小和方向。

解析　已知做切割运动的导线长度、切割速度和磁感应强度，可直接运用公式 $E=Blv$ 求感应电动势；再由欧姆定律求电流强度，最后求出安培力

解　（1）导体 ab 上的感应电动势的大小

$$E=BLv=0.40\,\text{T}\times0.50\,\text{m}\times4.0\,\text{m/s}=0.8\,\text{V}$$

（2）导体 ab 相当于电源，由电路的欧姆定律得感应电流

$$I=\frac{E}{R}=4.0\,\text{A}$$

回路上感应电流的方向逆时针方向。

（3）既然 ab 上有感应电流，那么它在磁场中一定会受到安培力的作用，安培力

$$F=BIL=0.40\,\text{T}\times4.0\,\text{A}\times0.50\,\text{m}=0.8\,\text{N}$$

安培力的方向为向左。

例题 3　如图 13.4-5 所示，边长为 0.1 m 正方形线圈 $ABCD$ 在大小为 0.5T 的匀强磁场中以 AD 边为轴匀速转动。初始时刻线圈平面与磁感线平行，经过 0.1 s 线圈转了 90°，求：

（1）线圈在 0.1 s 时间内产生的感应电动势平均值。

（2）线圈在 0.1 s 末时的感应电动势大小。

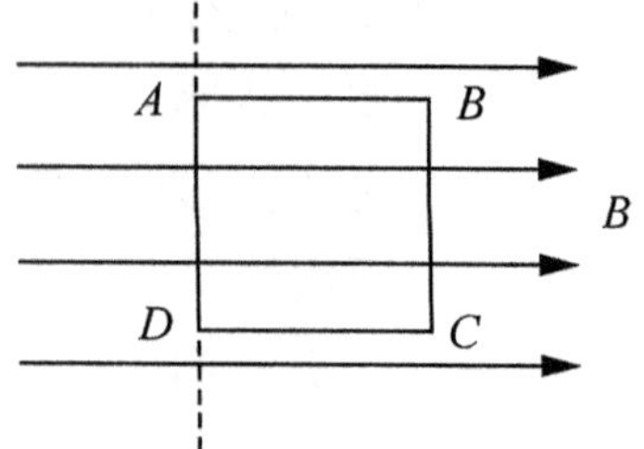

图 13.4-5

解析　初始时线圈平面与磁感线平行，所以穿过线圈的磁通量为零，而 0.1 s 末线圈平面与磁感线垂直，磁通量最大，故有磁通量变化，线圈中有感应电动势产生。

解 （1）根据法拉第电磁感应定律计算 0.1 s 时间内平均电动势。

$$E=\frac{\Delta\Phi}{\Delta t}=\frac{0.5\ \mathrm{V\cdot s/m^2}\times(0.1\ \mathrm{m})^2-0}{0.1\ \mathrm{s}}=0.05\ \mathrm{V}$$

（2）0.1 s 末的感应电动势是指瞬时值，应该用 $E=Blv$ 来进行计算。当线圈转了 0.1 s 时，恰好转了 90°，此时线圈的速度方向与磁感线的方向平行，线圈的 BC 段不切割磁感线，所以线圈不产生感应电动势，此时

$$E=0$$

动手动脑学物理

1. 如果导线的运动方向与磁感应线的方向垂直，但是它与导线本身有一个夹角 θ，如图 13.4-6 所示，则导线中产生的感应电动势如何计算？

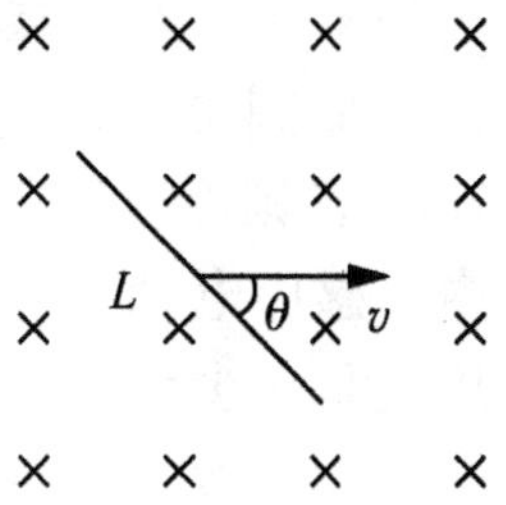

图 13.4-6

2. 法拉第电磁感应定律可以这样表述：闭合电路中感应电动势的大小（　　）。

A. 跟穿过这一闭合电路的磁通量成正比

B. 跟穿过这一闭合电路的磁感应强度成正比

C. 跟穿过这一闭合电路的磁通量的变化率成正比

D. 跟穿过这一闭合电路的磁通量的变化量成正比

3. 关于电磁感应，下列说法中正确的是（　　）。

A. 导体相对磁场运动，一定会产生电流

B. 导体切割磁感线，一定会产生电流

C. 闭合电路切割磁感线就会产生电流

D. 穿过电路的磁通量发生变化，电路中就一定会产生感应电动势

4. 在竖直向下的匀强磁场中，一根水平放置的金属棒沿水平方向抛出，初速度方向和棒垂直，如图 13.4-7 所示。若棒在运动过程中始终保持水平，则棒两端产生的感应电动势将（　　）。

A. 随时间增大　　B. 随时间减小

C. 不随时间变化　　D. 难以确定

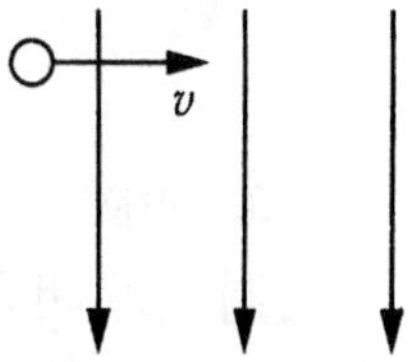

图 13.4-7

5. 有一个 n 匝线圈面积为 S，在 Δt 时间内垂直线圈平面的磁感应强度变化了 ΔB，则这段时间内穿过 n 匝线圈的磁通量的变化量为__________，磁通量的变化率为__________，穿过一匝线圈的磁通量的变化量为__________，磁通量的变化率为__________。

6. 如图 13.4-8 所示，一根金属棒放在光滑的轨道上，金属棒的电阻为 R，

轨道电阻不计。当金属棒分别以速率 v_1、v_2 从 ab 处匀速滑到 $a'b'$ 处，若 $v_1:v_2=1:2$，则在前后两次运动过程中，金属棒产生的感应电动势之比为，回路中感应电流之比为。

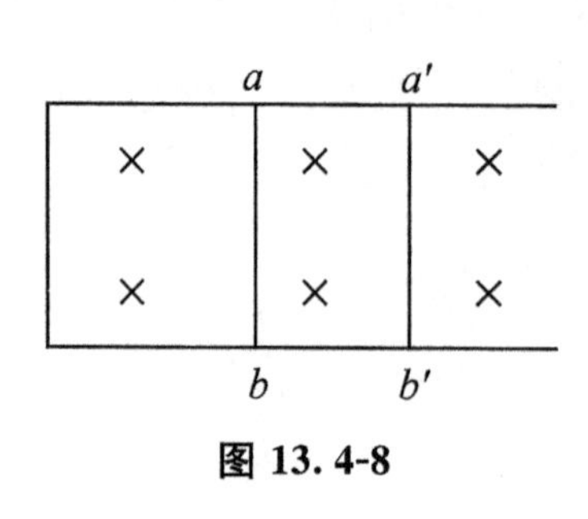

图 13.4-8

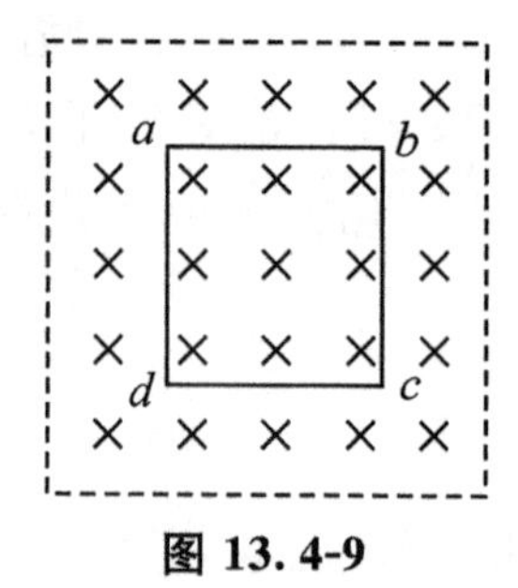

图 13.4-9

7. 如图 13.4-9 所示，正方形单匝线圈处于匀强磁场中，磁感线垂直穿过线圈平面，线圈每边长 20 cm，若磁场的磁感应强度在 $\Delta t_1=0.1\,\mathrm{s}$ 内由 0.1T 均匀增加到 0.4T，并在紧接着的 $\Delta t_2=0.25\,\mathrm{s}$ 的时间内由 0.4T 均匀增加到 1.6T，则在 Δt_1 的时间内线框中的感应电动势的大小是多少伏？在 Δt_2 时间内，感应电动势的大小又是多少伏？在（$\Delta t_1+\Delta t_2$）时间内，感应电动势的平均值是多少伏？

8. 如图 13.4-10 所示，在磁感应强度为 $B=0.2\mathrm{T}$ 的匀强磁场中，电阻为 $0.5\,\Omega$ 的金属杆以速度 $v=5\,\mathrm{m/s}$ 匀速向右平移，已知电阻 $R=1.5\,\Omega$，导轨间距 $L=0.2\,\mathrm{m}$ 且光滑，则电阻 R 两端的电压是多少伏？

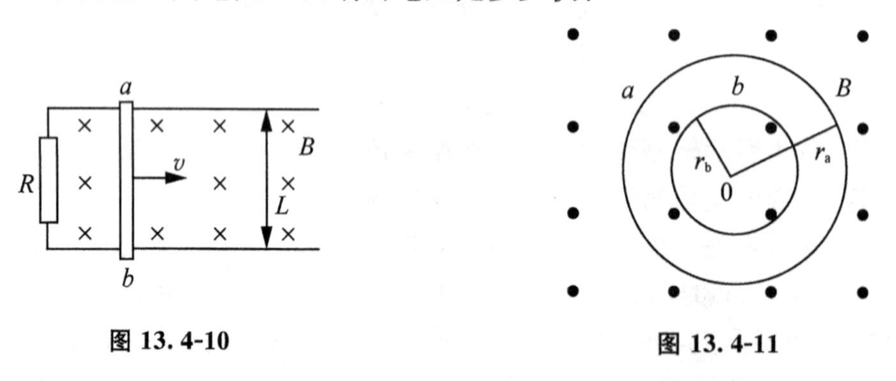

图 13.4-10　　图 13.4-11

9. 如图 13.4-11 所示，在一个匀强磁场中，有两个用粗细相同的同种金属导线制成的闭合圆环 a 和 b，它们半径之比为 2∶1，线圈平面与磁场方向垂直。如果匀强磁场的磁感应强度随时间均匀增大，则 a、b 环中感应电流之比为多少？

第五节　电磁感应定律的应用

电磁感应现象在技术中有许多应用，以下是几个与我们生活密切联系的实例。

(一) 动圈式话筒

看一看

图 13.5-1　动圈式话筒

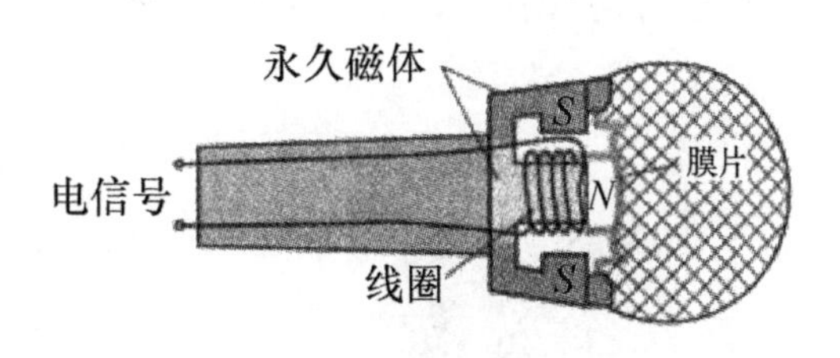

图 13.5-2　动圈式话筒结构

读一读

动圈式话筒	dòngquānshì huàtǒng	dynamic microphone
扬声器	yángshēngqì	loudspeaker
振动膜片	zhèndòng mópiàn	vibration film
结构	jiégòu	structure
声信号	shēngxìnhào	sound signal
电信号	diànxìnhào	electric signal
扩音器	kuòyīnqì	amplifier

学一学

话筒的种类很多，动圈式话筒是其中常见的一种，它的结构如图 13.5-2，在一个振动膜片的后面粘贴着一个小线圈，小线圈套在圆柱形永久磁铁的一个磁极上，并且可以在磁铁的磁场中振动。

我们对着话筒说话时，声波就会引起膜片的振动，膜片的振动就带动了套在磁极上的线圈前后振动，而线圈在磁场中的运动就会切割了磁感应线，从而在线圈中产生了感应电流。感应电流的大小和频率随声波的振幅和频率而变化，这样就把声信号转化成了电信号，由小线圈的两端输出，输出的电信号经扩音器放大后传给扬声器（图 13.5-3），又还原成声音信号。

动手动脑学物理

扬声器的工作过程和动圈式话筒完全相反的，它是把电信号又转换成声信号。它的结构如图 13.5-4 所示，说一说它的工作原理？

图 13.5-3 扬声器

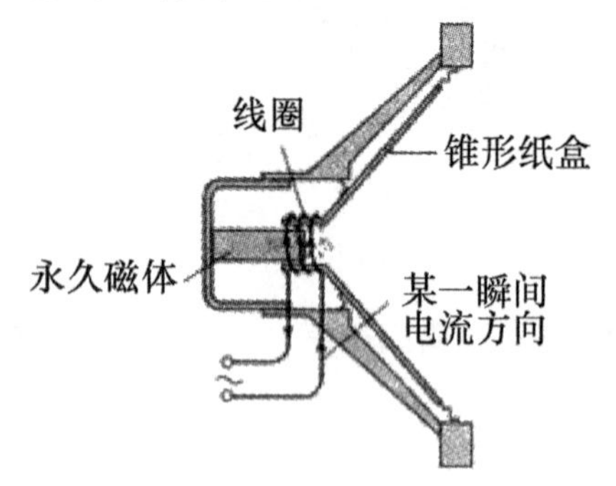

图 13.5-4 扬声器结构

（二）无线充电器

看一看

图 13.5-5 无线充电器给手机充电

图 13.5-6 电动汽车的无线充电站

读一读

无线充电器	wúxiàn chōngdiànqì	wireless charger

智能手机	zhìnéng shǒujī	smart phone
电动汽车	diàndòng qìchē	electric car

学一学

无线充电已经在电动牙刷、电动剃须刀、无线电话等家电产品中广泛使用，现在其应用范围又扩大到了智能手机等领域。

无线充电就是运用了电磁感应原理，如图 13.5-7 所示，左边的发射线圈与交流电源相连，右边的接收线圈与要充电的设备相连。接通电源后，左边线圈中的电流在不断的变化，它就会产生一个变化的磁场，这将引起右边线圈中的磁通量发生变化，从而在右边线圈中产生感应电动势，这个电动势可以给电器充电。

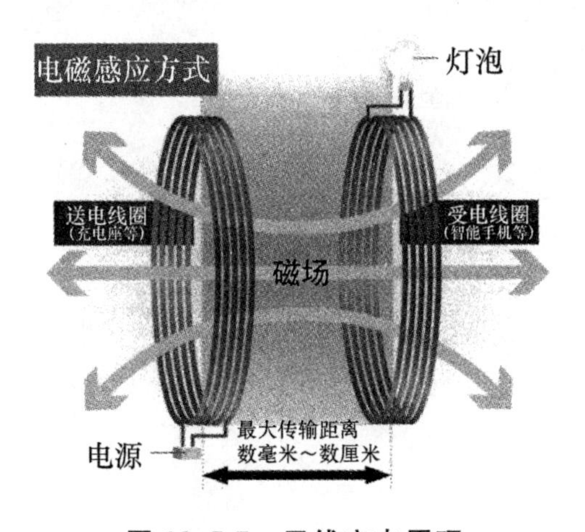

图 13.5-7　无线充电原理

图 13.5-8　充电器结构

在手机内部安装一定匝数的接受线圈，接受线圈与手机中的电池相连；在充电器中安装有发射线圈。把手机放在充电器上，如图 13.5-8 所示。当发射线圈与交流电相连后，就会在接收线圈中产生感应电动势，感应电动势给手机中的电池充电，这样就实现了对手机的无线充电。

未来不仅是小功率电器，常见的家用电器设备、医疗设备、电动工具和交通工具等都可以实现无线充电了。

动手动脑学物理

在无线充电技术的基础上，有人提出了“无线供电”的设想，即一边传输电能一边使用电能，那时用电器不再需要类似电池的电源设备。比如我们可以在地下铺设线路，随时为我们手中的手机，甚至行进中的汽车供电。你认为这个想法可行吗？

（三）涡电流及其应用

看一看

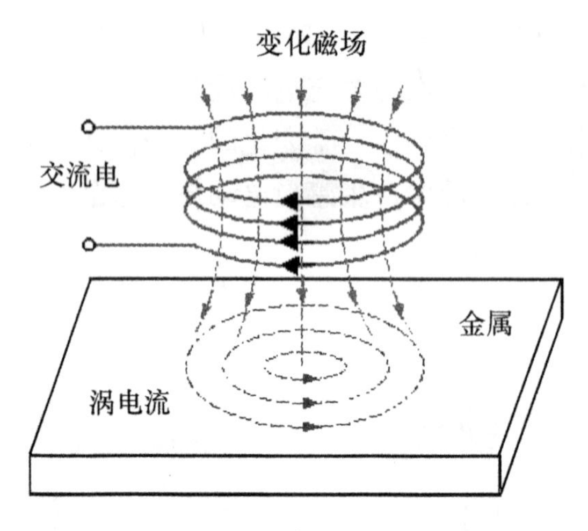

图 13.5-9　导体中产生涡电流

读一读

涡电流	wōdiànliú	eddy current
电磁炉	diàncílú	electromagnetic cooker
热效应	rèxiàoyìng	thermal effects
金属探测器	jīnshǔ tàncèqì	metal detector
旋涡	xuánwō	swirl
交变电流	jiāobiàndiànliú	alternating current
电机	diànjī	motor
变压器	biànyāqì	transformer
硅钢片	guīgāngpiàn	silicon steel sheet
绝缘	juéyuán	insulation

学一学

如图 13.5-9 所示，把金属块（片）放到变化的磁场中，金属块内会产生感应电流。这种电流在金属片内流动，很像水的旋涡，因此叫做涡电流，简称涡流（eddy current）。由于金属块的电阻很小，所以涡流有时很强。

现在很多家庭用电磁炉来烹饪食物，不仅无明火，而且电磁炉本身不会发热，十分安全、方便。电磁炉为什么会有这些“神奇”的特性呢？原来电磁炉是根据电磁感应的原理工作的。

电磁炉内的线圈中通有频率很高的交变电流，它产生一个变化的磁场，穿过放在炉上的金属锅的磁通量不断快速变化，在金属锅内产生很强的涡电流，如图 13.5-10 所示。涡电流的热效应能把水烧开，煮熟食物。用明火烧开一壶水大约需要 8～10 分钟，用电磁炉 3 分钟即可。

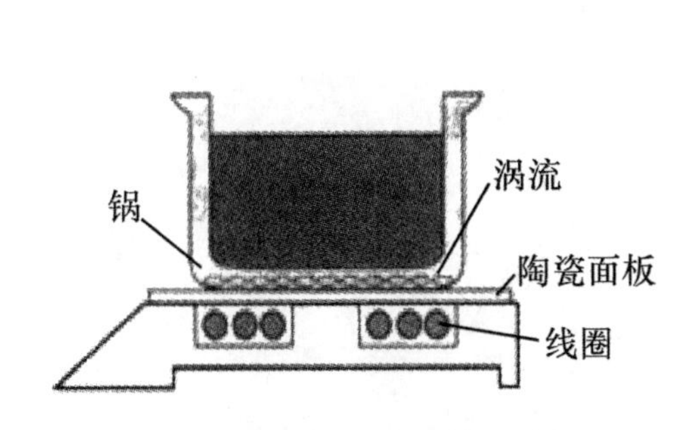

图 13.5-10　电磁炉工作原理

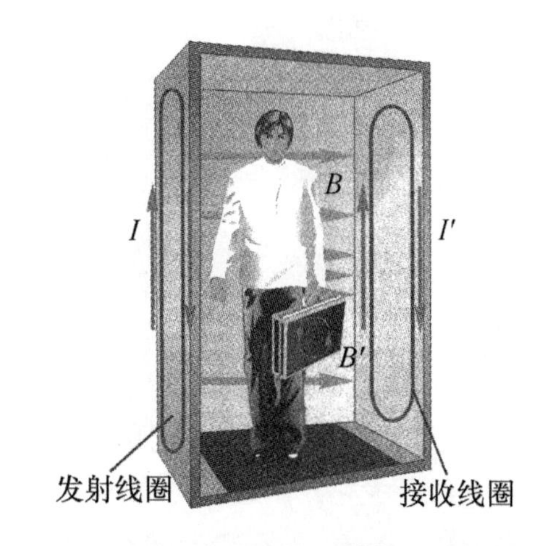

图 13.5-11　金属探测器的工作原理

金属探测器常在飞机场、火车站用于安全检查。金属探测器的工作原理如图 13.5-11 所示，交变电流通过金属探测器的发射线圈时，会产生变化的磁场。如果探测器周围有金属，金属内就会产生涡电流，涡电流本身又会产生磁场反过来影响原来的磁场，空间的磁场由于金属物体的出现而产生了变化，探测器的接收线圈就会探测出磁场的变化，从而引发探测器发出鸣叫声。

涡电流有时也会损坏电器。例如，为了增加磁场，电机、变压器（如图 13.5-12 所示）中的线圈都绕在铁芯上，当线圈中通过交变电流时，在铁芯中就会产生涡电流，这会使铁芯变热，若铁芯过热，就会烧坏电机或变压器。解决的方法是把这些铁芯用很薄且电阻率较大的硅钢片叠成（如图 13.5-13 所示），硅钢片之间相互绝缘，这样就能大大地减小涡电流，保护电器。

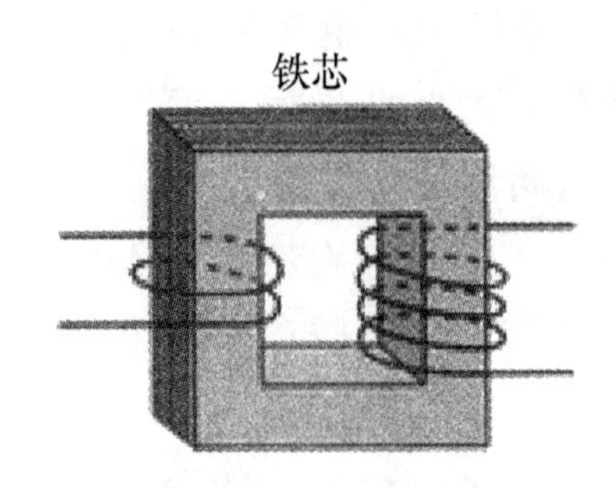

图 13.5-12　变压器

图 13.5-13　用硅钢片叠成的铁芯

第十四章　几何光学的基本知识
(Basic Knowledge of Geometrical Optics)

第一节　光 现 象

(一) 光 的 色 散

太阳光

看一看

tài yáng
图 14.1-1　太 阳

shǎn diàn
图 14.1-2　闪 电

wǔ tái
图 14.1-3　舞 台上的灯光

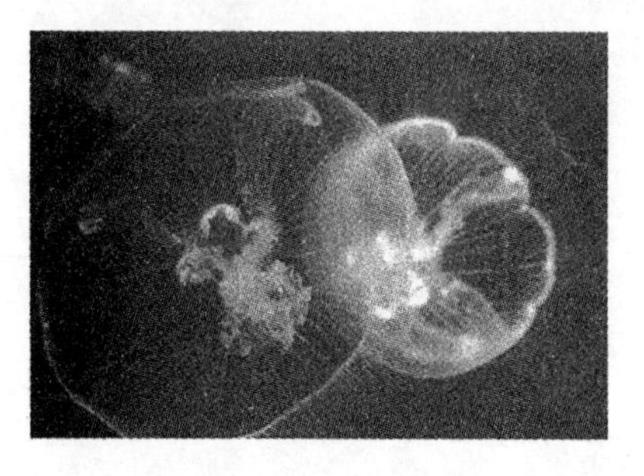

shuǐ mǔ
图 14.1-4　发光的水 母

读一读

闪电	shǎndiàn	lightning
水母	shuǐmǔ	jellyfish
红橙黄绿蓝靛紫	hóng chéng huáng lǜ lán diàn zǐ	red orange yellow green blue indigo purple
色散	sèsàn	dispersion
棱镜	léngjìng	prism

学一学

17 世纪前，人们认为在五光十色的世界中太阳光是最单纯的，真是这样的吗？

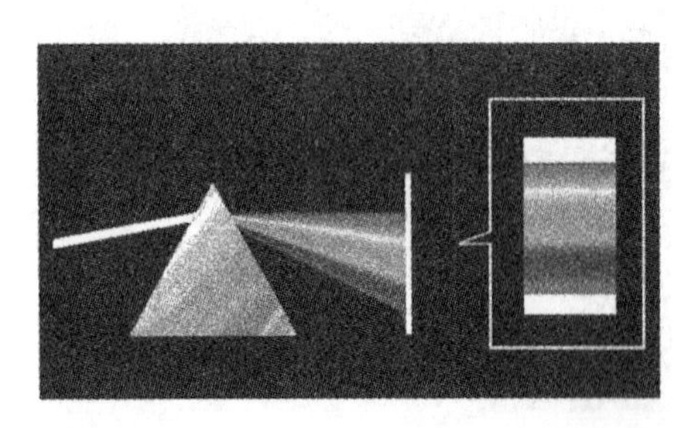

图 14.1-5　一束太阳光通过棱镜后

由探究活动可知，太阳光可以分解为——红橙黄绿蓝靛紫等色光（图 14.1-5）。这表明，太阳光是由多种色光组成的。

上述实验显示的现象叫做光的色散。最早通过实验研究光的色散现象的是英国物理学家牛顿。牛顿还将分解得到的各种色光混合还原成白光，这一发现使人类在认识光的道路上迈出了重要的一步。

动手动脑学物理

1. 太阳光可以分解为________________等七种色光。

色光的混合

做一做，想一想

1. 怎样用一种简单的方法从白光中得到一种色光？

2. 当太阳光通过红色（或蓝色、绿色）玻璃纸时，你会看到什么现象？自己可以试一下。通过尝试发现：红色玻璃纸只能通过红光；蓝色玻璃纸只能通过蓝光；绿色玻璃纸只能通过绿光。

3. 摄影中，为了改变拍摄影像的色调，常将某种颜色的玻璃挡在照相机镜头前，将通过的光加以过滤，只允许某种色光通过而吸收某种色光。这些玻璃被称为滤色镜（如图 14.1-6 所示）。

图 14.1-6　滤色镜

读一读

玻璃纸	bōlízhǐ	glass paper，cellophane
摄影	shèyǐng	photograph
滤色镜	lǜsèjìng	color filter
三原色	sānyuánsè	three-primary colors

学一学

红、绿、蓝这三色叫做光的三原色。三原色按照不同的比例混合，能产生任何一种其他颜色的光（如图 14.1-7 所示），而自身却无法用其他的色光混合而成。

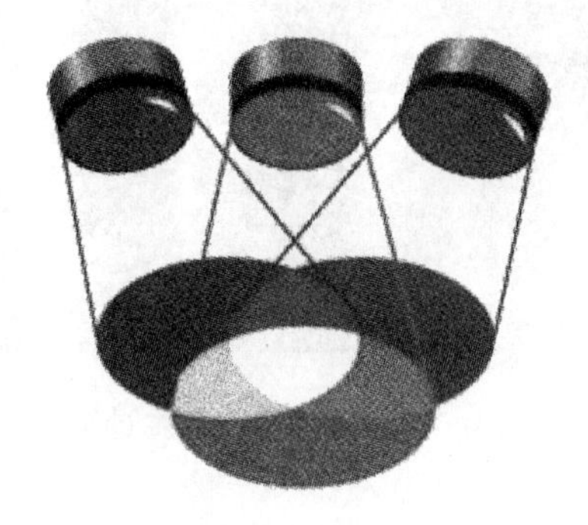

图 14.1-7

物体的颜色

想一想

图 14.1-8 彩色风车

1. 当没有光照射在彩色风车（如图 14.1-8 所示）上时，你能看到它身上的颜色吗？

2. 为什么我们能看到不发光物体的颜色？

读一读

风车	fēngchē	windmill
反射	fǎnshè	reflection
色光	sèguāng	colored light

学一学

研究表明，当白光照射在物体上时，一部分光被物体反射；一部分光被物体吸收；若物体是有色透明的，则还有一部分光会透过它。我们所看到的不透明物体的颜色，是由它反射的色光决定的；我们所看到的透明物体的颜色，是由透过它的色光决定的（如图 14.1-9 所示，蓝玻璃只透过蓝光）。

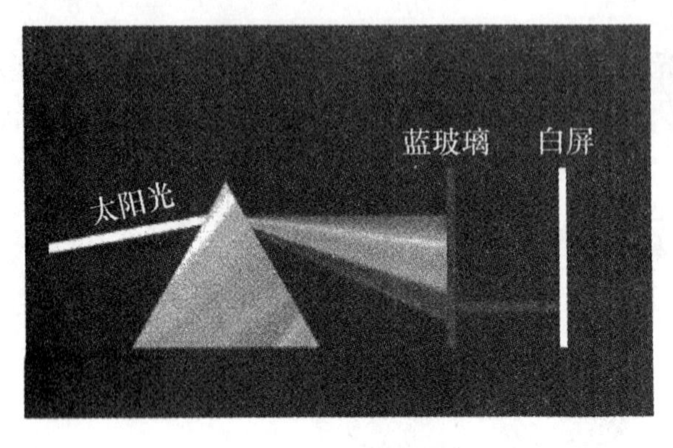

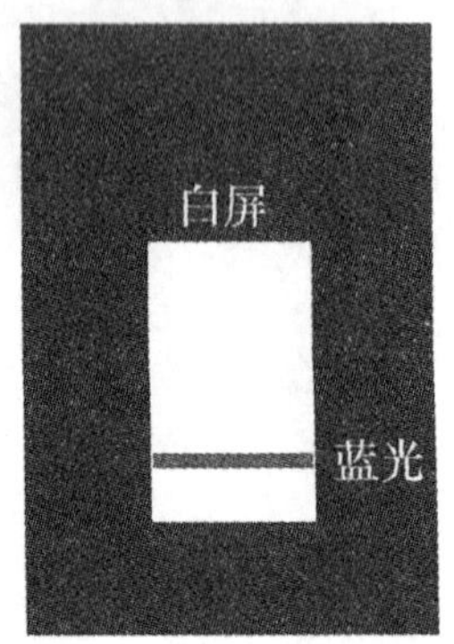

图 14.1-9 蓝玻璃只透过蓝光

动手动脑学物理

1. 花为什么是红的，叶子为什么是绿的（图 14.1-9）？
2. 放电影用的银幕为什么做成白色的？

光能

读一读

胶卷	jiāojuǎn	roll film
太阳能	tàiyángnéng	solar energy
光合作用	guānghé zuòyòng	photosynthesis
光能	guāngnéng	luminous energy

学一学

光不仅能使周围变得明亮、变得温暖，还能使胶卷感光，太阳能还能够发电等（图 14.1-10 和图 14.1-11）……所以，光具有能量，这种能叫做光能。

图 14.1-10　太阳能发电站

图 14.1-11　植物的光合作用

（二）人眼看不见的光

读一读

红外线	hóngwàixiàn	infrared ray
紫外线	zǐwàixiàn	ultraviolet ray
验钞机	yànchāojī	currency detector

学一学

1800年英国科学家赫胥尔（Hershel）在研究各种色光的热效应时，发现了一个奇怪的现象：当温度计放在色散光带红光的外侧时，温度计的示数比在可见光区还高，经过多次实验依然如此。

研究表明：人眼能感觉到特定频率范围内的光（图14.1-11）。还有一些光，人眼无法察觉，这些光叫做不可见光。太阳光色散区域中，红光外侧的不可见光叫做红外线。红外线能使被照射的物体发热，具有热效应。太阳的热主要就是以红外线的形式传递到地球上的。

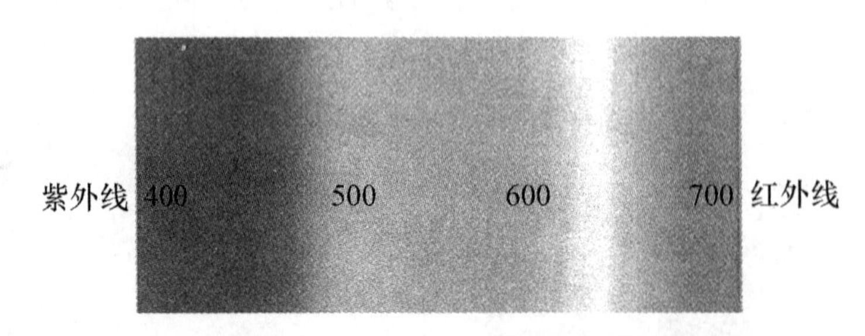

图14.1-11 人眼能感觉到特定频率范围内的光（单位：纳米）

德国物理学家里特（Johann Wilhelm Ritter）有一次把氯化银的照相底片放到太阳光色散区域的紫光外侧，发现底片被感光了。他没有忽视这个小问题，反复进行探究，终于发现了这里有一种看不见的光——紫外线。紫外光最显著的性质是能使荧光物质发光。紫外线在日常生活中有很多应用。例如，验钞机（图14.1-12）是利用荧光物质在紫外线的照射下能够发光的原理制成的，医院常用紫外线灭菌（图14.1-13）等。

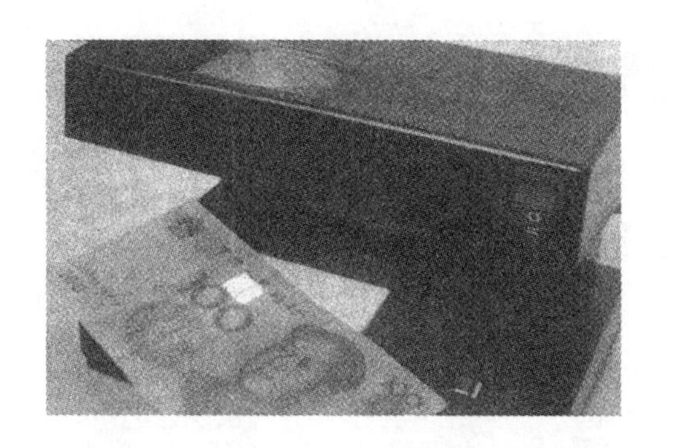

图 14.1-12　验钞机

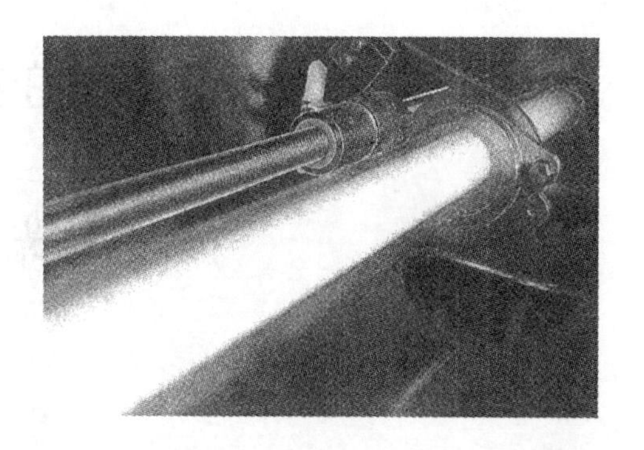

图 14.1-13　医院饭店用紫外线灭菌

适当的紫外线对人体有益，过量的紫外线照射却对人体有害，它能引发白内障，导致皮肤过早衰老，甚至发生癌变。因此人们越来越重视防止紫外线的过量照射（图 14.1-14 和图 14.1-15）。

图 14.1-14　防紫外线伞

图 14.1-15　工人在焊接时戴上防紫外线的面罩

动手动脑学物理

1. 下列关于紫外线的几种说法中，正确的是（　　）。
   A. 紫外线是一种紫色的可见光
   B. 紫外线的频率比红外线的频率低
   C. 紫外线可使钞票上的荧光物质发光
   D. 利用紫外线可以进行电视机等电器的遥控

第二节 光的直线传播和光速

(一) 光的直线传播

想一想，做一做

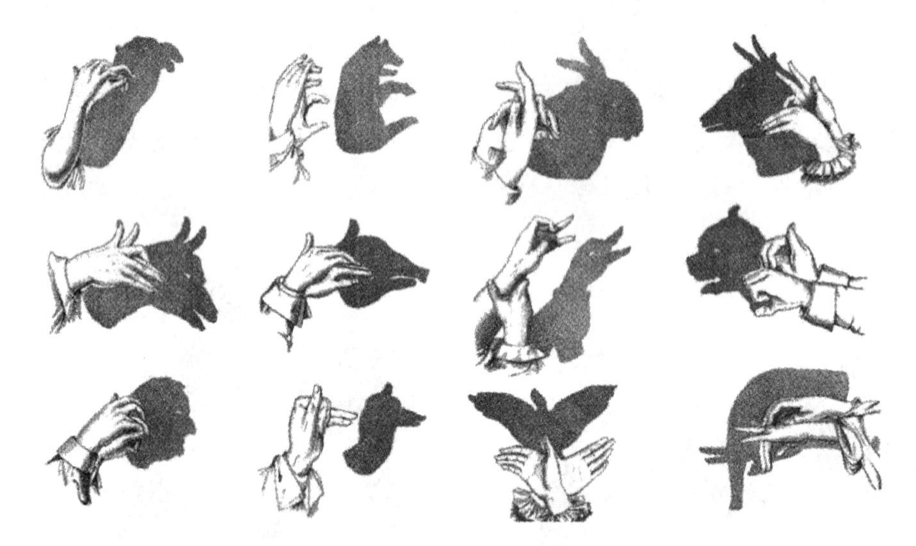

图 14.2-1 有趣的手影

影子的形成说明了什么？

读一读

影	yǐng	shadow
光线	guāngxiàn	ray
介质	jièzhì	medium
光束	guāngshù	beam
平行光束	píngxíng guāngshù	parallel beam
发散光束	fāsàn guāngshù	divergent beam
会聚光束	huìjù guāngshù	convergent beam
抽象	chōuxiàng	abstract

月食	yuèshí	lunar eclipse
日食	rìshí	solar eclipse
小孔成像	xiǎokǒng chéngxiàng	image through a hole

学一学

许多事实表明，光在均匀介质中是沿直线传播的。在研究光的传播方向时，常用到光线的概念。在光的传播方向上作一条线，并标上箭头，表示光的传播方向，这样的线就叫做光线。光线是光束的抽象结果，实际是不存在的，而光束客观存在的。光束可分为平行光束、发散光束、会聚光束三种情况。

自然界中的许多现象，例如：影、月食、日食（图 14.2-2）和小孔成像（图 14.2-3）等，都是由于光沿直线传播的。

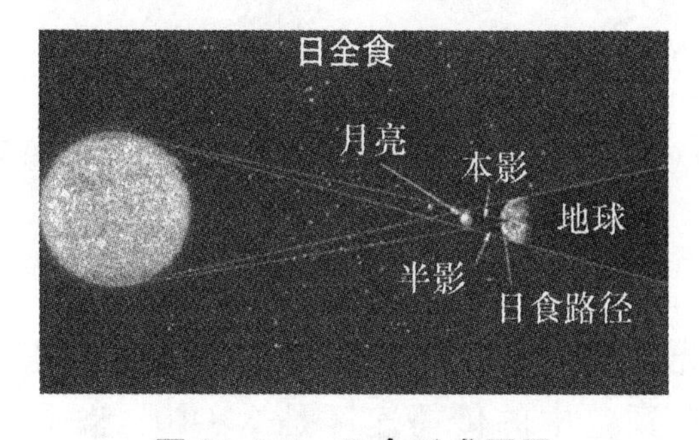

图 14.2-2　日食形成原因

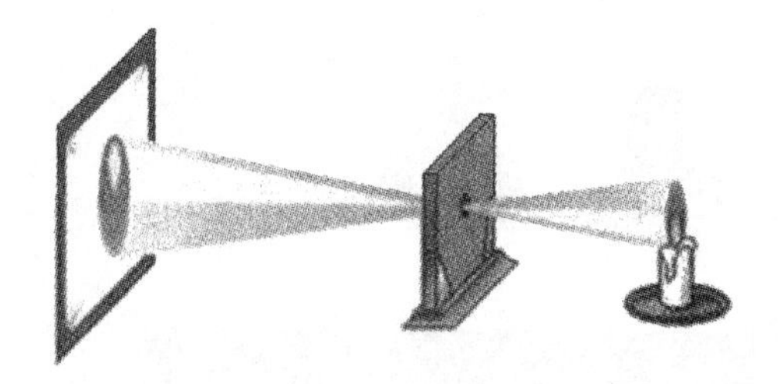

图 14.2-3　小孔成像

动手动脑学物理

1. 小光同学在路灯下行走，他的影子（　　）。
   A. 不断变长　　B. 不断变短
   C. 变长后变短　　D. 先变短后变长
2. 下列说法中，正确的是（　　）。
   A. 光总是沿直线传播
   B. 光在同一种介质中总是沿直线传播
   C. 光在同一种均匀介质中总是沿直线传播
   D. 小孔成像是光沿直线传播形成的

（二）光　速

想一想

小明说：打开电灯，房间立即被照亮，光传播当然不需要时间。小红说：不一定！也可能是光传播得太快，传播时间极短，人们无法察觉到。

光的传播需要时间吗？

读一读

光速	guāngsù	velocity of light
激光测距仪	jīguāng cèjùyí	laser range finder

学一学

图 14.2-4　激光测距仪

光从光源发出，在介质的传是有一定的速度的。光在真空中的传播速度是 3×10^8 米/秒 $=3\times10^5$ 千米/秒。

月亮离我们有多远？有没有能测出月亮与地球间距离的"直尺"？知道了光速后，人们利用光制造出能测量长距离的"直尺"——激光测距仪（如图 14.2-4）。

激光测距仪工作时，向目标发射脉冲击光束，并接受由目标反射回来的激光，测出激光往返所经过的时间，进而算出它们之间的距离。现在，利用激光测距仪测得的月亮和地球间距离的精度已达到±10 cm 左右。

动手动脑学物理

1. 做广播操时，站队要横平竖直，横平是指要在一直线上，竖直是指前后纵向要在一直线上。要做到纵向在一直线上很简单，只要第一位同学站正位置，他以后的每一位同学向前看时，只能看到他前一位同学的后脑勺，而不会看到再前一位同学的后脑勺，就说明纵向在一直线上了。这里应用了________的道理。

2. 在百米赛跑中，终点计时员必须在看到发令枪冒烟时揿表，而不是听到枪声揿表。这是因为（　　）。

A. 看枪冒烟揿表较方便

B. 看枪冒烟不会受到场地嘈杂声的干扰

C. 听枪声揿表计时不准确，会使运动员的成绩偏高

D. 听枪声揿表计时不准确，会使运动员的成绩偏低

3. 手影的形成是由于（　　）。

A. 光的直线传播　　B. 光的折射

C. 光的反射　　D. 凸透镜成像

第三节　光的反射

光线传播到两种介质的分界面所发生的现象：反射和折射现象可能同时发生，也可能只发生反射现象，但有折射现象的同时一定有反射现象，只是反射现象有时极不明显而不考虑。

光的反射定律

读一读

光的反射	guāngde fǎnshè	reflection of light
入射光线	rùshè guāngxiàn	incident ray
反射光线	fǎnshè guāngxiàn	reflection ray
法线	fǎxiàn	normal line
入射角	rùshèjiǎo	angle of incidence
反射角	fǎnshèjiǎo	angle of reflection

学一学

光的反射定律：反射光线和入射光线和法线在同一平面内，反射光线和入射光线分别位于法线的两侧，反射角等于入射角（图 14. 3-1）。

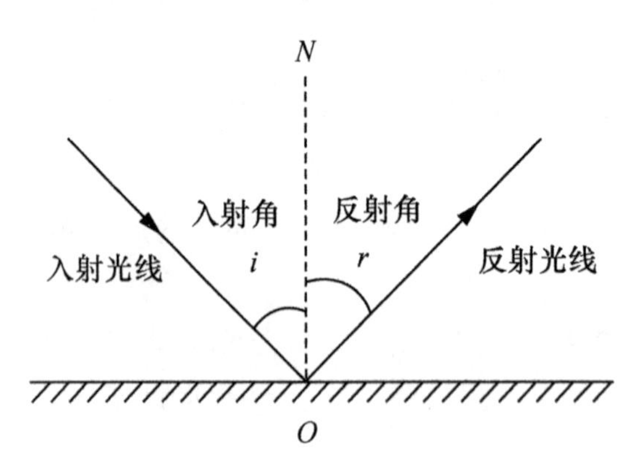

图 14. 3-1　光的反射示意图

镜面反射和漫反射

做一做

在暗室里，将一个小平面镜平放在一张白纸上，用手电筒的光正对着镜面照射，从侧面看去，镜面和白纸哪个显得更亮？

读一读

镜面反射	jìngmiàn fǎnshè	specular reflection
漫反射	mànfǎnshè	diffuse reflection

学一学

当一束平行光射到平面镜上，反射光仍是平行的，这种反射叫镜面反射[见图 14. 3-2 (a)]。如果你的眼睛不在反射光束的方向上，镜面看上去就是黑的。

当一束平行光照射在白纸上，虽然对于每一条光线而言，它都遵循光的反射定律，但由于纸的表面凹凸不平，反射光就会射向各个不同的方向。这种反射叫做漫反射［见图 14.3-2（b)］。

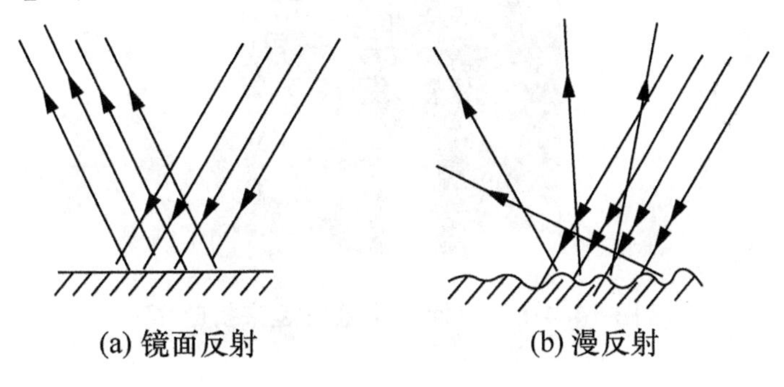

图 14.3-2　镜面反射和漫反射

动手动脑学物理

1. 如果入射光线向法线靠近，反射光线如何变化（　　）。

A. 靠近法线　　B. 远离法线

C. 先靠近法线，后远离法线　　D. 不动

2. 一束光线射到平面镜上，若入射角增大 15°，反射光线和入射光线恰好成直角，则原来的入射角是（　　）。

A. 15°　　B. 30°

C. 45°　　D. 60°

3. 室内的墙壁和天花板一旦用白色涂料粉刷后，都显得格外明亮，这是因为____________。

第四节　光的折射

看一看，想一想

1. 如图 14.4-1 所示，为什么铅笔看起来折断了？

图 14.4-1 为什么铅笔看起来折断了？

读一读

光的折射	guāngde zhéshè	refraction
折射角	zhéshèjiǎo	angle of refraction
折射率	zhéshèlǜ	index of refraction

学一学

光的折射定律：折射光线跟入射光线和法线在同一平面内，折射光线和入射光线分别位于法线的两侧，入射角的正弦和折射角的正弦成正比，如果用 n 来表示这个比例常数，就有

$$n=\frac{\sin i}{\sin r}$$

折射率 n 跟介质有关系。光从真空射入某种介质时的折射率，叫做某种介质的折射率。因为空气的折射率很接近 1，所以在近似计算中，认为空气和真空相同。折射率无单位，任何介质的折射率不能小于 1。水的折射率为 1.33，玻璃的折射率一般为 1.50。

研究证明：某种介质的折射率，等于光在真空中的速度跟光在这种介质中的速度之比。

$$n=\frac{c}{v}$$

由于光在真空中的传播速度 c 大于光在其他任何介质中的传播速度 v，所以任

何介质的折射率 n 都大于1。

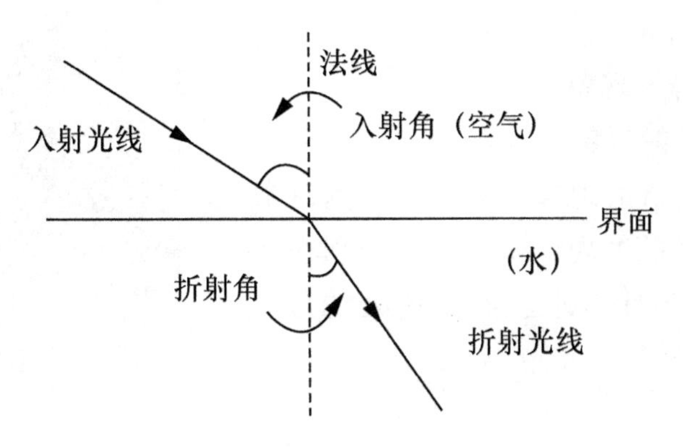

图 14.4-2　光的折射

例题1　光线从空气射入甲介质中时，入射角 $i=45°$，折射角 $r=30°$，光线从空气中射入乙介质中时，入射角 $i'=60°$，折射角 $r'=30°$。求光在甲、乙两种介质中的传播速度比。

解　设光在甲介质中传播的速度为 $v_甲$，光在乙介质中传播的速度为 $v_乙$。

根据折射率的定义式，得

$$n_1=\frac{\sin i}{\sin r}=\frac{\sin 45°}{\sin 30°}=\frac{\sqrt{2}/2}{1/2}=\sqrt{2}$$

$$n_1=\frac{\sin i'}{\sin r'}=\frac{\sin 45°}{\sin 30°}=\frac{\sqrt{3}/2}{1/2}=\sqrt{3}$$

根据折射率与光速的关系，得

$$n_甲=\frac{c}{v_甲},\quad n_乙=\frac{c}{v_乙}$$

得到

$$v_甲=\frac{c}{n_甲},\quad v_乙=\frac{c}{n_乙}$$

所以

$$\frac{v_甲}{v_乙}=\frac{c/n_甲}{c/n_乙}=\frac{n_乙}{n_甲}=\frac{\sqrt{3}}{\sqrt{2}}$$

动手动脑学物理

1. 若入射角大于折射角，则光可能是（　　）。

A. 从水中斜射入空气中　　B. 从空气中斜射入水中

C. 从水中垂直射向空气中　　D. 从空气中垂直射向水中

2. 人看到水池里月亮和鱼的像，它们的形成分别是哪种现象（　　）。

A. 都是折射现象

B. 都是反射现象

C. 前者是折射现象，后者是反射现象

D. 前者是反射现象，后者是折射现象

3. 分析一下为什么水里的鱼所处的位置比看起来深（如图 14.4-3）？

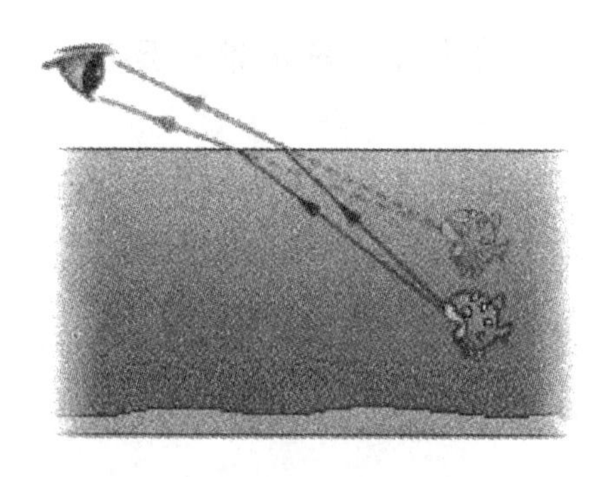

图 14.4-3

第五节　全反射

全反射现象

读故事

在沙漠或柏油马路会出现“海市蜃楼”的景象（图 14.5-1）。在海面平静的日子，站在海滨，有时可以看到远处的空中出现了高楼耸立、街道棋布、山峦重叠等景象。这种现象的出现是有原因的。当大气层比较平静时，空气的密度随温度的升高而减小，对光的折射率也随之减小，海面上空的空气温度比空中低，空气的折射率下层比上层大。下层的折射率较大，远处的景物发出的光线射向空中时，不断被折射。光线从高空的空气层中通过空气的折射逐渐返回折射率较低的下一层。在地面附近的观察者就可以观察到由空中射来的光线形成的虚像（图 14.5-2）。这就是海市蜃楼的景象。

图 14.5-1　海市蜃楼奇观

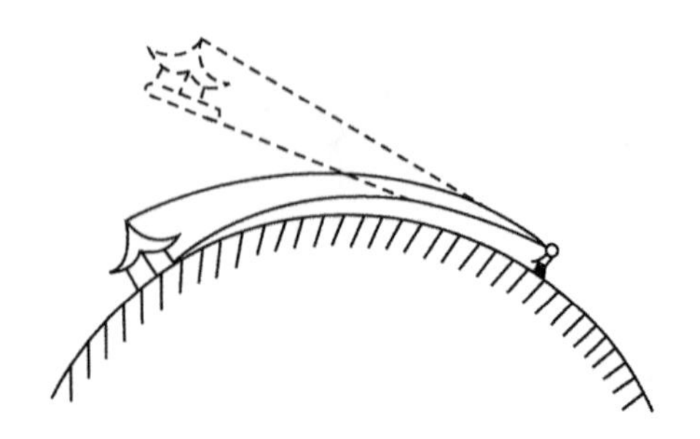

图 14.5-2　海市蜃楼形成示意图

读一读

海市蜃楼	hǎishì shènlóu	mirage，flyaway
全反射	quánfǎnshè	total internal reflection

学一学

海市蜃楼就是一种全反射的现象。

光传播到两种介质的界面时，通常要发生反射和折射现象。若满足了某种条件，光线不再发生折射现象，而全部返回到原介质中传播的现象叫做全反射现象。

发生全反射的条件

读一读

光密介质	guāngmì jièzhì	optically denser medium
光疏介质	guāngshū jièzhì	optically thinner medium
临界角	línjièjiǎo	critical angle

学一学

1. 光密介质和光疏介质

对于两种介质来说，光在其中传播速度较小的介质，即折射率较大的介质，叫做光密介质。而光在其中传播速度较大的介质，即折射率较小的介质，叫做光疏介质。例如，水、空气和玻璃三种物质相比较，水对空气来说是光密介质，而水对玻璃来说是光疏介质。根据折射定律可知，光线由光疏介质射入光密介质时（例如从空气射入水），折射角小于入射角；光线由光密介质射入光疏介质时（例如从水射向空气），折射角大于入射角。

2. 临界角

折射角等于90°时的入射角叫做临界角，用符号C表示。光从折射率为n

的某种介质射到空气（或真空）时的临界角C就是折射角等于90°时的入射角，根据折射定律可知

$$\sin C=\frac{1}{n}$$

3. 发生全反射的条件

（1）光从光密介质进入光疏介质；（2）入射角等于或大于临界角。

动手动脑学物理

已知某介质的折射率为1.4，一束光从该介质射入空气时入射角为60°，其正确的光路图如图14.5-3中哪一幅所示？（　　）。

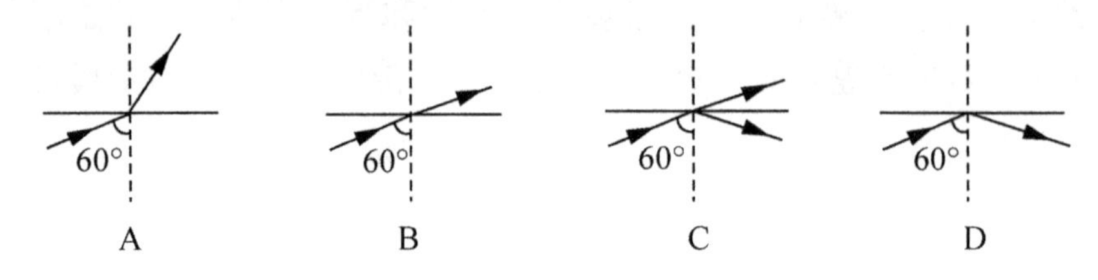

图 14.5-3

光导纤维

读一读

光导纤维	guāngdǎo xiānwéi	light-guide fiber
光纤	guāngxiān	optical fiber
容量	róngliàng	volume，capacity
衰减	shuāijiǎn	attenuation
抗干扰性	kànggānrǎoxìng	anti-interference performance

学一学

光导纤维也称作光纤。实际用的光导纤维（图14.5-4）是非常细的特质玻璃丝。直径在几微米到一百微米之间；由内芯和外套两层组成，内芯的折射率比外套的大。光在传播时，在内芯和外套的界面处发生全反射（图14.5-5）。

光纤通信的主要优点是容量大，衰减小，抗干扰性强。

图 14.5-4　光导纤维实物图

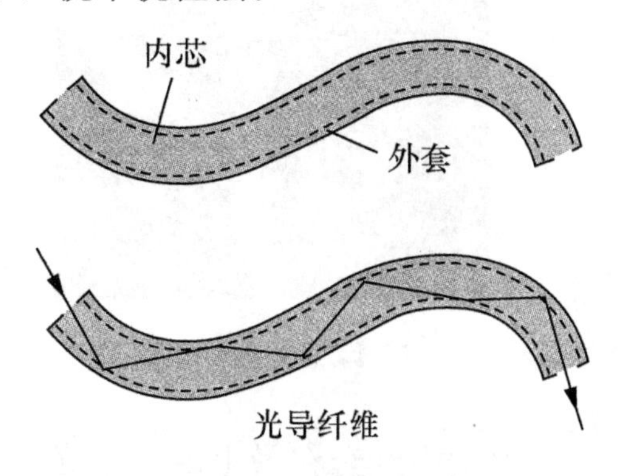

图 14.5-5　光导纤维原理图

第六节　棱镜和透镜

（一）棱　镜

读一读

折射面	zhéshèmiàn	plane of refraction
顶角	dǐngjiǎo	vertex angle
偏角折	piānzhéjiǎo	deflection angle
光谱	guāngpǔ	spectrum

学一学

透明材料（如玻璃、水晶等）做成的多面体称为棱镜（图 14.6-1 所示为各种棱镜）。根据主截面的形状可分成三棱镜、直角棱镜、五角棱镜等。三棱镜的主截面是三角形。三棱镜有两个折射面，它们的夹角叫顶角，顶角所对的平面为底面。

根据折射定律光线经过三棱镜，将两次向底面偏折，出射光线与入射光线的夹角叫做偏折角，其大小由棱镜介质的折射率和入射角决定。

图 14.6-1 各种棱镜

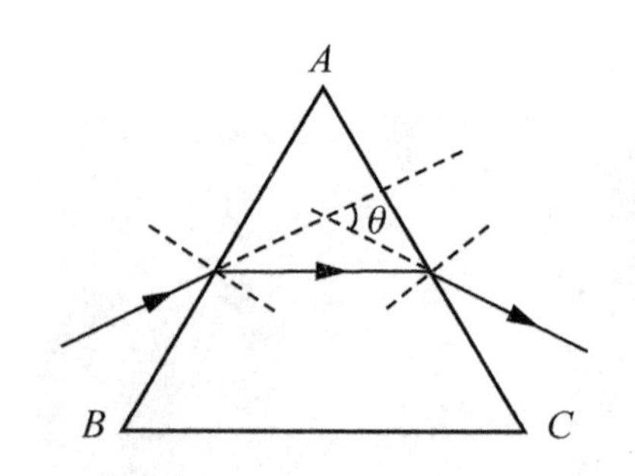

图 14.6-2 偏折角

光谱中红光在最上端，紫光在最下端。中间是橙、黄、绿、蓝、靛等色光。这表明各种色光通过棱镜后的偏折角度不同（见图 14.6-3）。红光的偏折角度最小，紫光的偏折角度最大。偏折角度不同，说明棱镜材料对于各色光的折射率不同（见表 14.6-1）。红光的偏折角度小，表明棱镜材料对红光的折射率小；紫光的偏折角度大，表明棱镜材料对紫光的折射率大。

表 14.6-1 某种玻璃对各种色光的折射率

各种色光	紫	蓝	绿	黄	橙	红
折射率	1.532	1.528	1.519	1.517	1.514	1.523

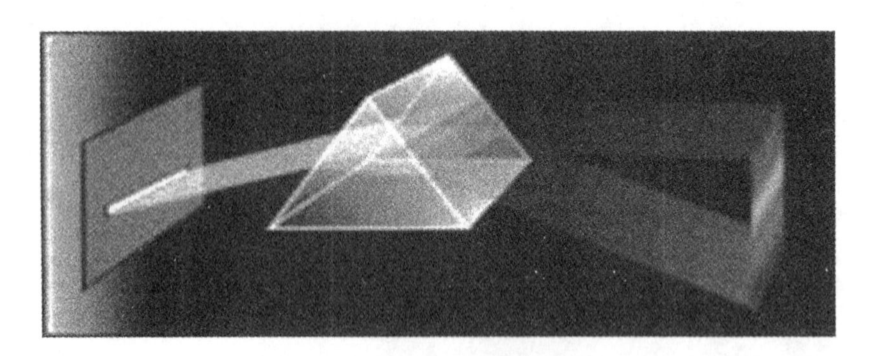
图 14.6-3 棱镜使光线发生偏折

(二) 透 镜

透镜和透镜分类

读一读

矫正	jiǎozhèng	correction

放大镜	fàngdàjìng	magnifying lens
显微镜	xiǎnwēijìng	microscope
望远镜	wàngyuǎnjìng	telescope
照相机	zhàoxiàngjī	camera
摄像机	shèxiàngjī	video camera
投影仪	tóuyǐngyí	projector
放映机	fàngyìngjī	projector
透镜	tòujìng	lens
凸透镜	tūtòujìng	convex lens
凹透镜	āotòujìng	concave lens

学一学

眼镜使得人的视力得到矫正：放大镜、显微镜、望远镜，使人的视觉不断扩展；照相机、摄像机，可以捕捉美好的瞬间；投影仪、放映机，可以展现历史的画卷。而这些形形色色的光学仪器，以至于我们的眼睛，它们的主要部件都是“透镜”。

透镜通常可以分为凸透镜和凹透镜：

中间厚，边缘薄的透镜叫凸透镜；中间薄，边缘厚的透镜凹透镜（见图 14.6-5）。

有关透镜的几个概念

想一想

1. 一束平行光线（如太阳光）通过凸透镜，将会发生什么现象？通过凹透镜，又会有什么结果？

2. 怎么辨别凸透镜和凹透镜呢？

做一做

设计一种方法来辨别：近视眼镜和远视眼镜的镜片是凸透镜还是凹透镜。

读一读

会聚	huìjù	convergence
发散	fāsàn	divergence
薄透镜	báotòujìng	thin lens
主光轴	zhǔguāngzhóu	principal optical axis
光心	guāngxīn	optic core
焦点	jiāodiǎn	focal point
焦距	jiāojù	focal distance
焦平面	jiāopíngmiàn	focal plane
副光轴	fùguāngzhóu	secondary optical axis
副焦点	fùjiāodiǎn	secondary focal point
物距	wùjù	object distance
像距	xiàngjù	image distance

学一学

凸透镜对光线有会聚作用，所以凸透镜［图 14.6-5 (a)］又叫会聚透镜。凹透镜［图 14.6-5 (b)］对光有发散作用，所以凹透镜又叫发散透镜。

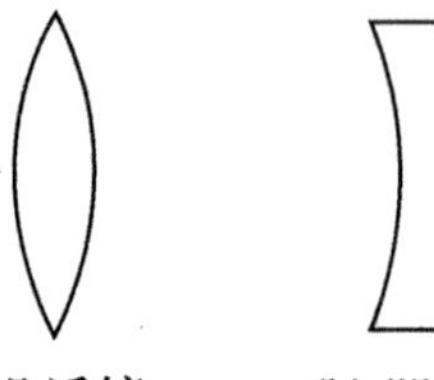

(a) 凸透镜　(b) 凹透镜

图 14.6-5　凸透镜和凹透镜

凸透镜和凹透镜对光线的作用原理可以用棱镜对光线的偏折作用来说明。透镜可以被看作是由许多个小三棱镜组成的，由光线经过棱镜后向底面偏折的知识可知，凸透镜使光线会聚，凹透镜使光线发散。

1. 薄透镜

通常把厚度比球面的半径小得多的透镜，叫做薄透镜。我们只研究薄透镜，可以用特定符号表示两类透镜：凸透镜符号↕，凹透镜符号⌶。

2. 主光轴

透镜的两个球面都有自己的球心，通过两球心的直线，叫做透镜的主光轴，简称主轴。用点画线来表示。

3. 光心

主轴跟透镜的两面各有一个交点，对于薄透镜来说，这两个交点可以看作是重合在一起的，这一点叫做透镜的光心。用 O 来表示。通过薄透镜光心的光线，传播方向不发生改变。

4. 焦点

平行于主轴的光线，通过凸透镜后会聚于主轴上的一点，这个点叫做凸透镜的交点。用 F 和 F' 来表示（见图 14.6-6）。平行于主轴的光线通过凹透镜后变得发散，这些发散的光线看起来好像是从它们的反向延长线的交点 F 发出来的，点 F 也是在主轴上，叫做凹透镜的焦点。凸透镜的交点是实焦点，凹透镜的焦点是虚焦点。

5. 焦距

从透镜的焦点到光心的距离，叫透镜的焦距，用 f 来表示。透镜两侧各有一个焦点，只要透镜两侧的介质相同，两个焦点对光心是对称的，两个焦距相等。

6. 焦平面、副光轴、副焦点

通过主焦点垂直于主轴的平面，叫焦平面；除了主轴以外其他过光心的直线，叫副光轴，简称副轴；副光轴与焦平面的焦点，叫副焦点。

7. 物距

物到镜心的距离叫物距，用 u 表示。

8. 像距

像到镜心的距离叫像距，用 v 来表示。

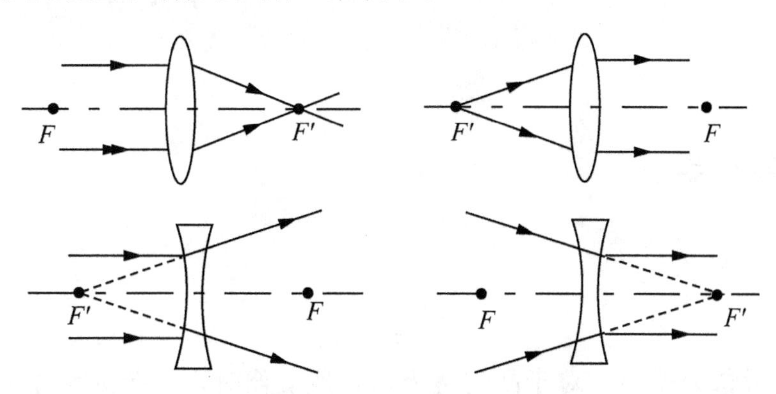

图 14.6-6　光线透过凸透镜和凹透镜

动手动脑学物理

1. 凸镜、凹透镜、凸透镜和平面镜中，能会聚太阳光的是__________镜。

透镜成像规律

意外的发现

小明在实验时发现：当凸透镜距电灯较近时，通过透镜可以看到灯丝正立、放大的像；适当增加凸透镜与电灯间的距离，在墙上竟能看到灯丝倒立、放大的像！再增加透镜与电灯间的距离，在墙上又能看到灯丝倒立、缩小的像。

为什么会出现这种现象呢？

读一读

透镜的成像公式	tòujìngde chéngxiàng gōngshì	lens imaging formula
放大率	fàngdàlǜ	magnification
实像	shíxiàng	real image
虚像	xūxiàng	virtual image
正立的	zhènglìde	erected
倒立的	dàolìde	inverted
放大的	fàngdàde	magnified
缩小的	suōxiǎode	diminished
同侧	tóngcè	the same side
异侧	yìcè	not the same side

学一学

1. 透镜的成像公式

$$\frac{1}{u}+\frac{1}{v}=\frac{1}{f}$$

在透镜成像公式中，对于凸透镜来说，成实像时，物距 $u>0$，像距 $v>0$；成虚像时，物距 $u>0$，像距 $v<0$。对于凹透镜来说，焦距 $f<0$，像距 $v<0$。

2. 放大率

透镜所成的像跟物体相比，可以是放大的或者是缩小的，也可以跟物体大小相等。像的长度跟物体的长度之比，叫做像的放大率。因为像距与物距的比等于像与物的长度之比，所以常用公式 $m=\left|\frac{v}{u}\right|$ 计算放大率。放大率为正值。

3. 透镜成像规律

（1）凸透镜成像规律

物距	像的性征			物像与镜的位置	像距 v	光屏能否承接	应用
u	正方还是倒立	放大还是缩小	实像还是虚像				
u＝∞	缩成一个极小的亮点			异侧	$v=f$	能	测焦距
$u>2f$	倒立	缩小	实像	异侧	$f<v<2f$	能	照相
$u=2f$	倒立	等大	实像	异测	$v=2f$	能	像缩小、放大的分界点
$f<u<2f$	倒立	放大	实像	异测	$v=2f$	能	幻灯机
$u=f$	不成像						实像、虚像的分界点
$u<f$	正立	放大	虚像	同侧	$\lvert v \rvert>u$	不能	放大镜

图 14.6-7　凸透镜成像规律

（2）凹透镜成像规律

只在凸透镜同侧成正立、缩小的虚像。

4. 三条特殊的光线

（1）跟主轴平行的光线，折射后通过焦点。

（2）通过焦点的光线，折射后跟主轴平行。

（3）通过光心的光线经过透镜后方向不变。

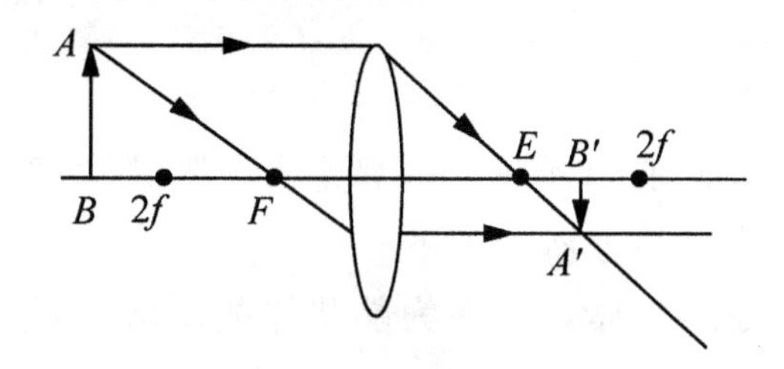

图 14.6-8　三条特殊的光线

英文备注

gēnzhǔzhóupíngxíng de guāngxiàn zhé shè hòu tōngguò jiāo diǎn

1. 跟主轴平行的光线，折射后通过焦点。(The incident ray that parallels to the principal axis passes through the focal point after refracted.)

tōngguòjiāodiǎn de guāngxiàn zhé shè hòu gēn zhǔ zhóu píngxíng

2. 通过焦点的光线，折射后跟主轴平行。(The incident ray that passes through the focal point parallels to the principal axis after refracted.)

tōngguòguāngxīn de guāngxiànjīngguò tòujìnghòufāngxiàng bú biàn

3. 通过光心的光线经过透镜后方向不变。(The incident ray that passes through the core remains the direction after refracted.)

动手动脑学物理

1. 下列光学仪器中，不属于凸透镜应用的是（　　）。

A. 放大镜　　B. 近视眼镜　　C. 照相机　　D. 显微镜

2. 关于四种光学仪器的成像情况，下列说法中正确的是（　　）。

A. 放大镜成正立、放大的实像

B. 照相、机成正立、缩小的实像

C. 幻灯机成倒立、放大的实像

D. 近视眼镜成正立、放大的虚像

3. 凸透镜的焦距是 12 cm，将物体放在主轴上距透镜中心 7 cm 处，物体所成的像是（　　）。

A. 倒立、缩小的实像　　B. 倒立、放大的实像

C. 正立、放大的虚像　　D. 正立、等大的虚像

透镜的应用

你知道吗?

常见的视力缺陷有近视和远视，这都是由于眼睛的调节功能降低，不能使物体的像清晰地成在视网膜上所引起的。

近视眼看不清远处的物体，是因为晶状体的厚薄经过调节后，远处物体的像仍然落在视网膜的前方（图 14.6-9）。

远视眼看不清近处的物体，是因为晶状体的厚薄经过调节后，近处物体的像仍然落在视网膜的后面（图 14.6-10）。

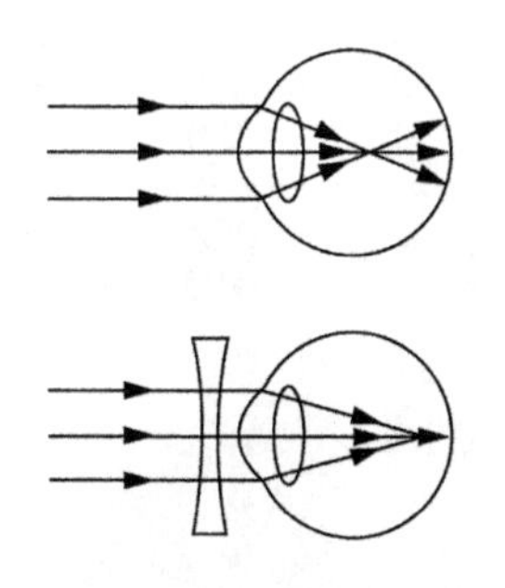

图 14.6-9　近视眼成像和戴上近视眼镜后眼球成像

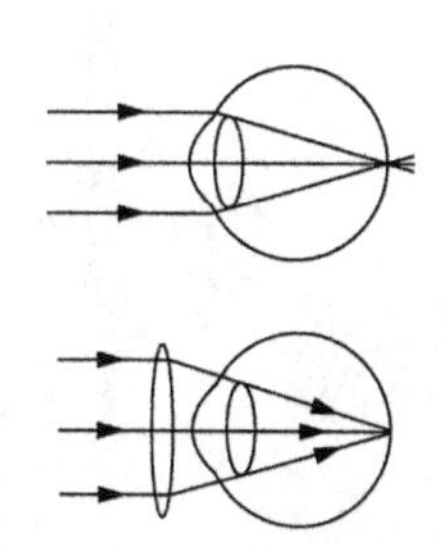

图 14.6-10　远视眼成像和戴上远视眼镜后眼球成像

动手动脑学物理

1. 常见的视力缺陷有近视和远视。图 14.6-11 是一位视力缺陷人员的眼球成像示意图，他的视力缺陷类型及矫正视力需要配戴的透镜种类是（　　）。

A. 远视眼，凸透镜

B. 远视眼，凹透镜

C. 近视眼，凸透镜

D. 近视眼，凹透镜

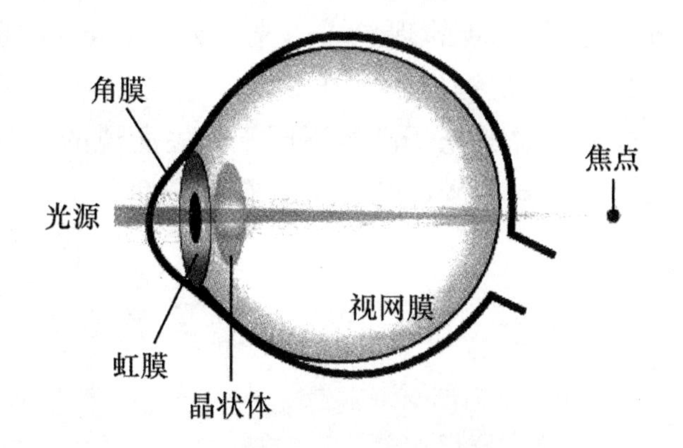

图 14.6-11　某种视力缺陷人员眼球成像图

第十五章　光的本性
(Nature of Light)

光到底是什么？这个问题很早就引起了人们的注意，不过在很长的时期内对它的认识却进展很慢。

直到 17 世纪科学界才形成了两种学说：一是牛顿主张的微粒说，认为光是从光源发出的一种物质微粒，在均匀介质上以一定的速度传播；另一种是波动说，是惠更斯首先提出的，认为光是在空间传播的某种波。微粒说和波动说都能解释一些光现象，但又不能解释当时观察到的全部光现象。

到了 19 世纪初，人们在实验中观察到了光的干涉和衍射现象，这是波动的特征，不能用微粒说解释，因而证明了波动说的正确性。19 世纪 60 年代，麦克斯韦预言了电磁波的存在，并认为光也是一种电磁波。此后，赫兹在实验中证实了这种假说，这样光的电磁说使光的波动理论发展到相当完美的地步，取得了巨大的成功。

但是，19 世纪又发现了新的现象——光电效应，这种现象用波动说无法解释。爱因斯坦于 20 世纪初提出了光子说，认为光具有粒子性，从而解释了光电效应。不过，这里所说的光子已经不同于过去所说的“微粒”了。

现在人们认识到光既具有波动性，又具有粒子性。

第一节　光的干涉

光的干涉现象

想一想

1. 雨过天晴，汽车驶过积水的柏油马路，会形成一片片油膜（图 15.1-1），在阳光下呈现出美丽的颜色。原来无色透明的汽油，怎么会变成彩色的呢？

2. 肥皂泡在阳光下呈现出美丽的颜色（图 15.1-2），原来无色的肥皂水，怎么会变成彩色的呢？

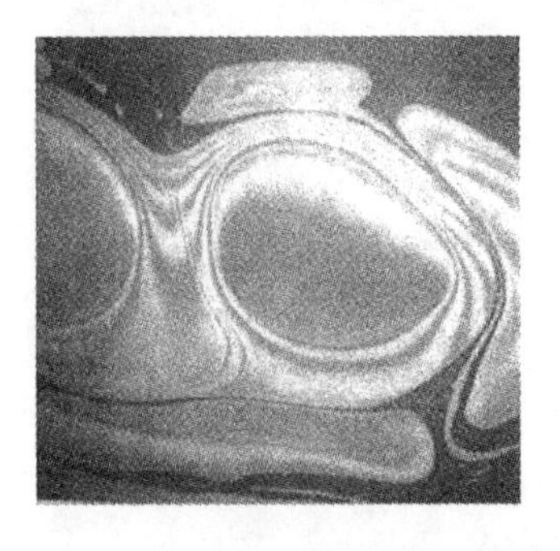

图 15.1-1　地上的油膜

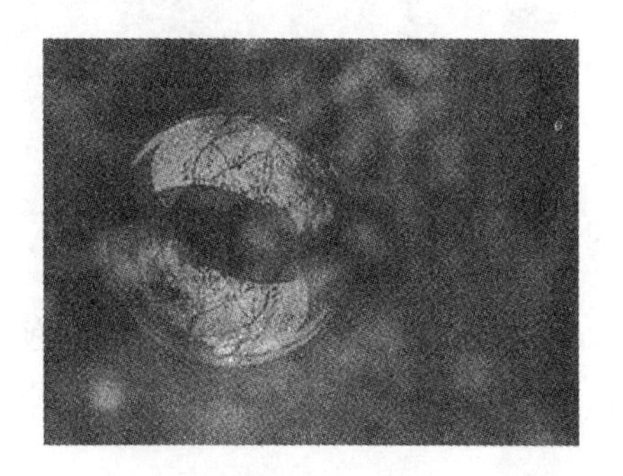

图 15.1-2　肥皂泡

读一读

油膜	yóumó	oil slick
干涉	gānshè	interference

学一学

两列光波在空间相遇时发生叠加，在某些区域总加强，在另外一些区域总减弱，从而出现明暗相间的条纹。这一现象叫做光的干涉现象（图 15.1-3）。

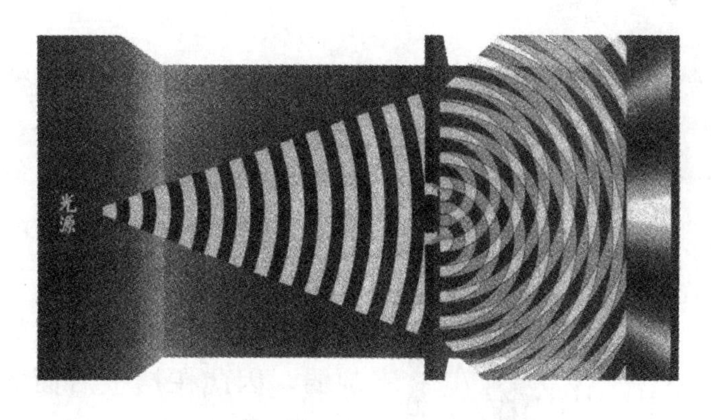

图 15.1-3　光的干涉现象

杨氏双缝干涉实验

做一做，想一想

两个大小、功率相等的直丝灯泡，放在距离屏幕相同距离的位置上，屏幕上并不能得到明暗相间的条纹。为什么？

读一读

杨氏双缝干涉	Yángshì shuāngféng gānshè	Young's Double-slit Interference
激光	jīguāng	laser
狭缝	xiáfèng	slit
波源	bōyuán	wave source
加强	jiāqiáng	strengthen
削弱	xuēruò	weaken
点/线光源	diǎn/xiàn guāngyuán	point/line source

学一学

如图 15.1-4 所示，让一束单色激光投射到一个有两条狭缝的挡板上，狭缝相距很近。如果光是一种波，狭缝就成了两个波源，它们的振动情况总是相同的。这两个波源发出的光在挡板后面的空间互相叠加，发生干涉现象：光在一些位置相互加强，在另一些位置相互削弱，因此在挡板后面的屏上得到明暗相间的条纹。

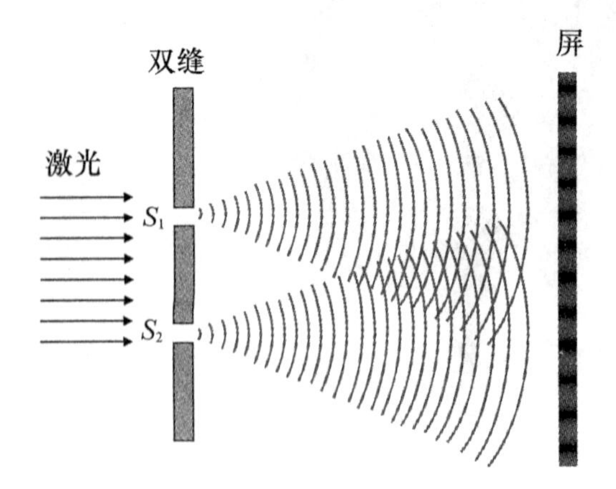

图 15.1-4 杨氏双缝干涉实验

杨氏实验证明，光是一种波。

产生干涉的条件 由振动情况完全

相同的光源发出的光互相叠加，才能产生干涉现象。双缝干涉实验中，狭缝 S_1、S_2 相当于两个振动情况总是相同的波源。两个独立光源发出的光，不可能是相干波源。必须是同一点光源（或线光源）发出的一束光分成两束，才能得到相干光。

单色光双缝干涉图样条纹的特点（图 15.1-5）：

图 15.1-5　双缝干涉（红光）条纹的特点

（1）明暗相间。

（2）条纹等宽等距。

（3）条纹亮度相同。

（4）两缝 S_1、S_2 中垂线与屏幕相交位置是亮条纹——中央亮纹。

由于从 S_1、S_2 发出的光是振动情况完全相同，又经过相同的路程到达 P 点。其中一条光传来的是波峰，另一条传来的也一定是波峰，其中一条光传来的是波谷，另一条传来的也一定是波谷，确信在 P 点激起的振动，振幅 $A=A_1+A_2$ 为最大，P 点总是振动加强的地方，故应出现亮纹。这一条亮纹叫中央亮纹（图 15.1-6）。

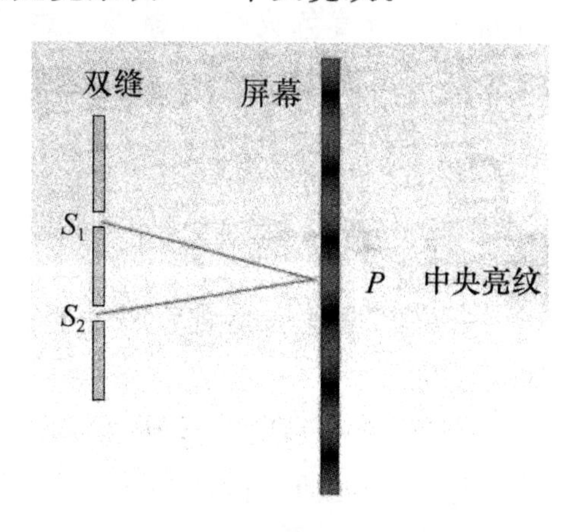

图 15.1-6　中央亮纹，P 点所在

一般情况下，我们很难观察到光的干涉现象，这是由于不同的光源发出的光的频率一般不同，即使是同一光源，它的不同部位发出的光也不一定有相同的频率和恒定的相差；且在一般情况下，很难找到那么小的缝和那些特殊的装置，故一般情况下不易观察到光的干涉现象。

动手动脑学物理

1. 由两个不同光源所发出的两束白光落在同一点上，不会产生干涉现象。这是因为（　　）。

A. 两个光源发出光的频率相同

B. 两个光源发出光的强度不同

C. 两个光源的光速不同

D. 这两个光源是彼此独立的，不是相干光源

2. 两盏普通白炽灯发出的光相遇时，我们观察不到干涉条纹，这是因为（　　）。

A. 两盏灯亮度不同　　B. 灯光的波长太短

C. 两灯光的振动情况不同　　D. 电灯发出的光不稳定

薄膜干涉

做一做，想一想

在酒精灯的灯芯上撒一些食盐，灯焰就能发出明亮的黄光。把铁丝圈在肥皂水中蘸一下，让它挂上一层薄薄的液膜，放在适当的位置。可以看到由液膜反射而生成的黄色火焰的虚像，虚像上有明暗相间的干涉条纹（见图 15.1-7）。为什么？

图 15.1-7　灯焰在肥皂膜上所成的像

学一学

灯焰的像是液膜前后两个面反射的光形成的。来自两个面的反射光相互叠加，发生干涉。

图 15.1-8 为薄膜干涉的示意图，竖直放置的肥皂薄膜受到重力的作用，下面厚、上面薄，因此在膜上不同的位置，来自前后两个面的反射光（即在图中的实线和虚线代表的两列光）所走的路程差不同。在某些位置，这两列波叠加后相互加强，出现了亮条纹；在另一些位置，叠加后相互削弱，于是出现了暗条纹。

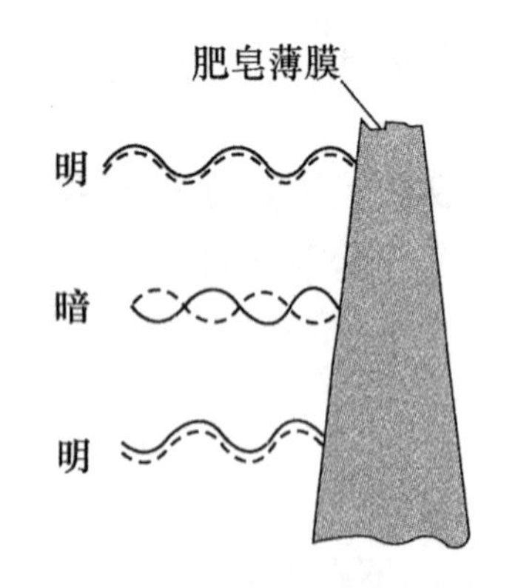

图 15.1-8　薄膜前后两个面的反射光发生干涉

如果用另一种波长的光做这个实验，由于波长不同，从肥皂膜的前后两面反射的光将在别的位置相互加强，所以从肥皂膜上看到的亮条纹的位置也会不同。

在白光下观察肥皂泡，白光中不同波长的光，也就是不同颜色的光，从肥皂泡的内外表面反射

后，在不同的位置相互加强，所以看起来肥皂泡是彩色的。

相机、望远镜的镜头，眼镜的镜片等的表面常常镀了一层透光的膜，膜的上表面与玻璃表面反射的光发生干涉（图 15.1-9）。由于只有一定波长（一定颜色）的光干涉时才会相互加强，所以镀膜镜头看起来是有颜色的。镀膜的厚度不同，镜头的颜色也不一样。

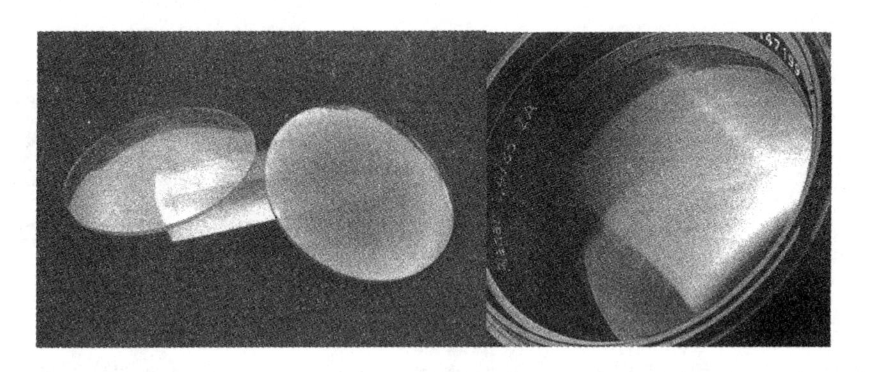

图 15.1-9　镀膜镜片、镜头的颜色是光的干涉造成的

第二节　光的衍射

光的衍射现象

看一看，想一想

透过树叶的缝隙，观看太阳呈现彩色光环，为什么？

读一读

光的衍射	guāngde yǎnshè	diffraction of light
单缝衍射	dānféng yǎnshè	single slit diffraction
圆孔衍射	yuánkǒng yǎnshè	circular hole diffraction
泊松亮斑	Bósōng liàngbān	Poisson bright spot

学一学

在不透光的挡板上安装一个宽度可调的狭缝，后面放一个光屏（图 15.2-2）。用平行单色光照射狭缝，可以看到：当缝比较宽时，光沿直线方向通过狭缝，在屏上产生一条与缝宽相当的亮线；但是当缝很窄时，尽管亮条纹的亮度有所降低，但宽度反而增大了。这表明，光没有沿直线传播，它绕过了缝的边缘，传播到了相当宽的地方。这就是光的衍射现象。

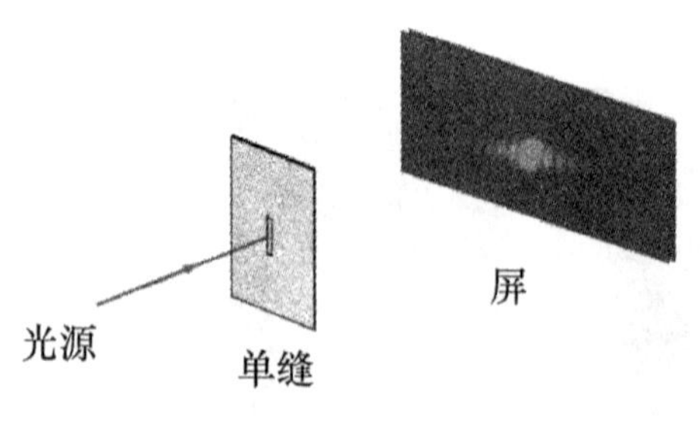

图 15.2-2　单缝衍射示意图

在单缝衍射和圆孔衍射的照片中，都有一些亮条纹和暗条纹。这是由于来自单缝或圆孔上不同位置的光，通过缝或孔之后叠加时光波加强或者削弱的结果。如果用白光做衍射实验，得到的亮条纹是彩色的，这是由于不同波长的光在不同位置得到了加强。

对衍射现象的研究表明，“光沿直线传播”只是一种特殊情况。光在没有障碍物的均匀介质中是沿直线传播的，在障碍物的尺寸比光的波长大得多的情况下，衍射现象不明显，也可以认为光是沿直线传播的。但是，在障碍物的尺寸可以跟光的波长相比，甚至比光的波长还小的时候，衍射现象十分明显，这时就不能说光沿直线传播了。

科学故事

图 17.2-3 是一个不透光的圆盘的影。要特别注意中心的亮斑，它是光绕过盘的边缘在这里叠加后形成的。这个亮斑还有一段有趣的故事。

1818 年，法国的巴黎科学院为了鼓励对衍射问题的研究，悬赏征集这方面的论文。以为年轻的物理学家菲涅尔（A. Fresnel，1788—1827）按照波动说深入研究了光的衍射，在论文中提出了严密地解决衍射问题的数学方法。

当时的另一位法国科学家泊松（S. Poisson，1781—1840）是光的波动说的反对者，他按照菲涅尔的理论计算了光在圆盘后的影的问题，发现对于一定的波长、在适当的距离上，影的中心会出现一个亮斑！

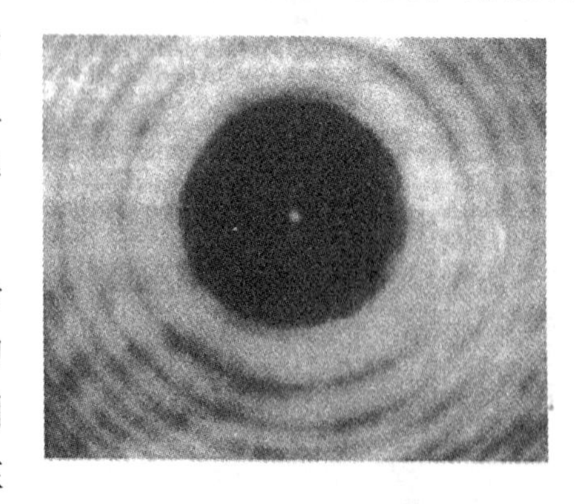
图 15.2-3　泊松亮斑

泊松认为这是非常荒谬可笑的，并认为这样就驳倒了光的波动说。

但是就在竞赛的关键时刻，评委阿拉果（D. Arago，1786—1853）在实验中观察到了这个亮斑，这样，泊松的计算反而支持了光的波动说。后人为了纪念这个有意义的事件，把这个亮斑称为泊松亮斑。

衍射光栅

看一看，想一想

为什么光盘会呈现出不同的颜色（图 15.2-4）？

图 15.2-4　光盘呈现出不同的颜色

读一读

衍射光栅	yǎnshè guāngshān	diffraction grating

学一学

单缝衍射的条纹比较宽，而且距离中央亮条纹较远的条纹，亮度也很低。因此，无论从测量的精确度，还是从可分辨的程度上说，单缝衍射都不能达到实用要求。

实验表明，如果增加狭缝的个数，衍射条纹的宽度将变窄，亮度将增加。光学仪器中用的衍射光栅就是据此制成的。它是由许多等宽的狭缝等距离地排列起来形成的光学元件。

做一做

找一根鸡翅膀上的羽毛，最好是白色的，白天隔着羽毛观看太阳，或在晚上拿羽毛去看 1 米外的白炽灯，可以观察到衍射图样。羽毛上细密的羽丝充当了衍射光栅。试试看！

动手动脑学物理

根据所学内容分析为什么光盘会呈现出不同的颜色？

第三节　光的电磁说和电磁波谱

想一想

光是什么性质的波？像声波（图 15.3-1）一样？像水波（图 15.3-2）一样？

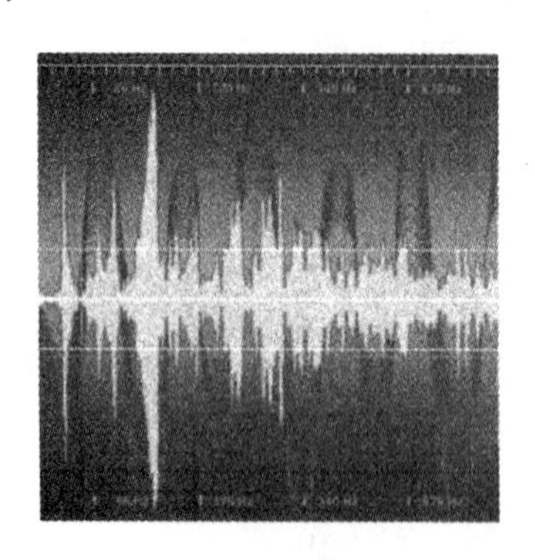

图 15.3-1　声波

图 15.3-2　水波

读一读

电磁波	diàncíbō	electromagnetic wave

无线电波	wúxiàndiànbō	radio wave
可见光	kějiànguāng	visible light
伦琴射线	Lúnqín shèxiàn	x-ray，Roentgen rays
电磁波谱	diàncí bōpǔ	spectrum of electromagnetic wave

学一学

光的干涉和衍射现象已经无可怀疑地证明了光是一种波。到 19 世纪中期，光的波动说已经得到公认。但光的本质问题一直没有得到解决。19 世纪 60 年代，麦克斯韦预言了电磁波的存在。19 世纪 80 年代，赫兹做了一系列的实验，证实了电磁波的存在。证明了光的电磁说的准确性。

无线电波、红外线、可见光、紫外线、伦琴射线等和 γ 射线合起来，构成了范围非常广的电磁波谱（图 15.3-3）。

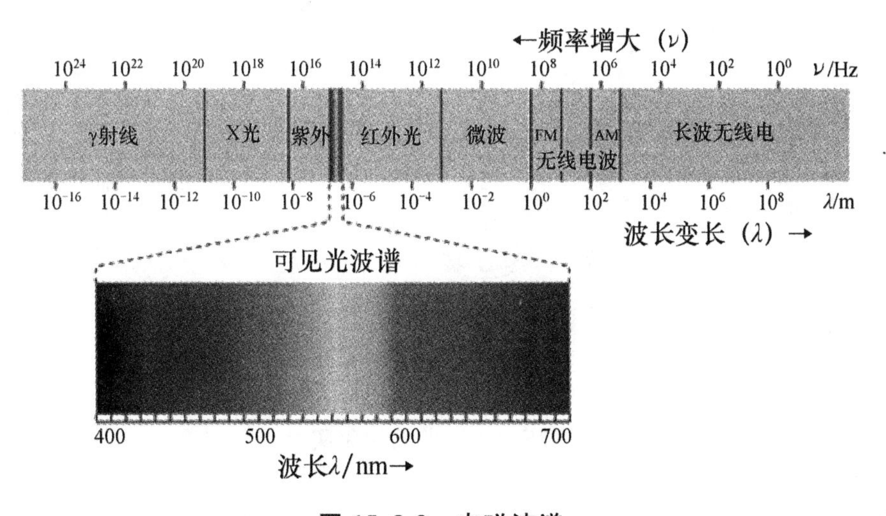

图 15.3-3　电磁波谱

不同的电磁波产生的机理不同。不同的电磁波，由于它的频率或波长不同，因而表现出不同的特性。

动手动脑学物理

1. （可多选）在电磁波谱中，红外线、可见光和伦琴射线三个波段的波长大小关系是（　　）。

A. 红外线的波长大于可见光的波长

B. 伦琴射线的波长大于可见的波长
C. 红外线的波长小于可见光的波长
D. 伦琴射线的波长小于红外线的波长

第四节　光电效应和光子

（一）光电效应

想一想

把一块擦得很亮的锌板连接到验电器上（如图 15.4-1），用弧光灯照射锌板，验电器的指针就张开了。为什么？

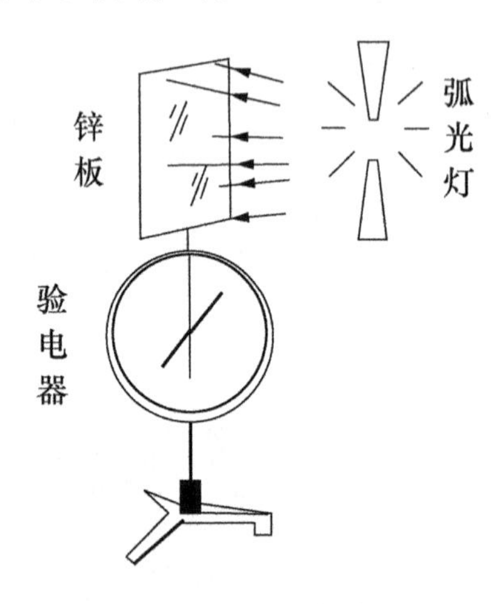

图 15.4-1　光电效应实验

读一读

光电效应	guāngdiàn xiàoyìng	photoelectric effect
光子	guāngzǐ	photon
锌板	xīnbǎn	rolled tin，sheet zinc

弧光灯	húguāngdēng	flame arc lamp
自由电子	zìyóu diànzǐ	free electron
极限频率	jíxiàn pínlǜ	limiting frequency
极限波长	jíxiàn bōcháng	limiting wave length
量子化	liàngzǐhuà	quantization
黑体	hēitǐ	black body
辐射场	fúshèchǎng	radiation field
逸出功	yìchūgōng	work function

学一学

把一块擦得很亮的锌板连接到验电器上，如图 15.4-1，用弧光灯照射锌板，验电器的指针就张开了。这表示锌板带了电。进一步的检查是锌板带了正电。这个实验说明，在弧光灯的照射下，锌板的一些自由电子从锌板打了出来，锌板少了电子，于是带正电，在光的照射下物体发射电子的现象，叫做光电效应，发射出来的电子叫做光电子。

进一步的研究发现，对各种金属都存在着极限频率和极限波长，如果入射光的频率比金属的极限频率低，那么无论光多么强，照射时间多么长，都不会发生光电效应；如果入射光的频率高于极限频率，即使光不强，当它射到金属表面时也会观察到光电子发射，这一点用光的波动性无法解释。

还有一点与光的波动性相矛盾，这就是光电效应的瞬时性。按照波动理论，如果入射光比较弱，照射的时间要长一些，金属中的电子才能积累足够的能量，飞出金属表面。可是事实是，只要光的频率高于金属的极限频率，光的亮度无论多么弱，光电子的产生几乎都是瞬时的。

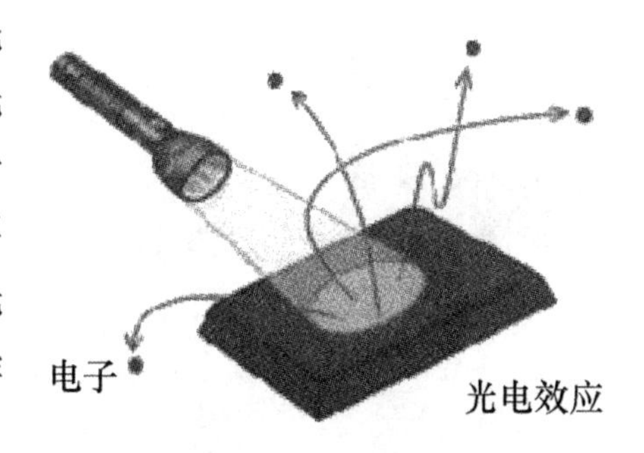

图 15.4-2　光电效应里，电子的射出方向与光照方向无关

在光电效应里，电子的射出方向不是完全定向的，只是大部分都垂直于金属表面射出，与光照方向无关。

所有这些实际上暴露出经典理论的缺陷，要想解释光电效应必须突破经典理论。

1905 年，爱因斯坦把普朗克的量子化概念进一步推广。他指出：不仅黑体和辐射场的能量交换是量子化的，而且辐射场本身是由不连续的光量子组成，每一个光量子与辐射场频率之间满足 $\epsilon = h\gamma$，即它的能量只与光量子的频率有关，而与强度（振幅）无关。

根据爱因斯坦的光量子理论，射向金属表面的光，实质上就是具有能量 $\in = h\gamma$ 的光子流。如果照射光的频率过低，即光子流中每个光子能量较小，当他照射到金属表面时，电子吸收了这一光子，它所增加的 $\epsilon = h\gamma$ 的能量仍然小于电子脱离金属表面所需要的逸出功，电子就不能脱离开金属表面，就不会产生光电效应。此时逸出电子的动能、光子能量和逸出功之间的关系可以表示成：光子能量＝逸出一个电子所需的能量（逸出功）＋被发射的电子的动能。

动手动脑学物理

某单色光照射某金属时不能产生光电效应，则下述措施中可能使该金属产生光电效应的是（　　）。

A. 延长光照时间　　B. 增大光的强度

C. 换用波长较低的光照射　　D. 换用频率较低的光照射

（二）光　子

读一读

能量子	néngliàngzǐ	energy quantum
普朗克常量	Pǔlǎngkè chángliàng	Planck constant
光量子	guāngliàngzǐ	light quantum
逃逸	táoyì	escape
光电子	guāngdiànzǐ	photoelectron
瞬时性	shùnshíxìng	instantaneity

学一学

1900 年，德国物理学家普朗克提出，电磁波的发射和吸收不是连续的，而是一份一份进行的，这样的一份能量叫做能量子。普朗克还认为，每一份能

量等于 $h\nu$，其中 ν 是辐射电磁波的频率，h 是一个常量，叫普朗克常量。实验测得，$h=6.62606896(33)\times10^{-34}\ \mathrm{J\cdot s}$。

受到普朗克的启发，爱因斯坦在 1905 年提出，在空间传播的光也不是连续的，而是一份一份的，每一份叫做一个光量子，简称光子，光子的能量 E 跟光的频率 ν 成正比，即 $E=h\nu$，其中 h 就是普朗克常量。这个学说就是光子说。

光子说认为，每个光子的能量只取决于光子的频率，例如蓝光的频率比红光高，所以蓝光光子的能量比红光光子的能量大。同样颜色的光，强弱的不同则反映了单位时间内射到单位面积的光子数的多少。

光子说能很好地解释光电效应：

1. 为什么存在极限频率

光子照到金属上时，它的能量可以被金属中的某个电子吸收。电子吸收光子后，能量增加。如果能量足够大，电子就能克服金属内正电荷对它的引力，离开金属表面，逃逸出来，称为光电子。不同金属内正电荷对电子的束缚程度不同，因而电子逃逸出来所做的功也不通过。如果光子的能量 E 小于电子逃逸出来所需功的最小值 W，那么无论光多么强，照射时间多么长，也就是说这种能量比较小的光子的数目无论多么多，也不能使电子从金属中逃逸出来。

2. 为什么光电效应是瞬时性的

金属中的电子对光子的吸收是十分迅速的。

（三）爱因斯坦光电效应方程

读一读

光电效应方程　guāngdiàn xiàoyìng fāngchéng　photoelectric equation

学一学

光电效应中，金属中的电子在飞出金属表面时要克服原子核对它的引力而做功。某种金属的不同电子，脱离这种金属所做的功不一样，使电子脱离某种金属所做功的最小值，叫做这种金属的逸出功。

如果入射光子的能量大于逸出功，那么有些光电子在脱离金属表面后有剩余的能量，也就是说有些光电子具有一定的动能。因为不同的电子脱离某种金属所需的功不一样，所以它们吸收了光子的能量并从这种金属逸出之后剩余的动能也不一样。由于逸出功 W 是使电子脱离金属所要做功的最小值，所以如果用 E_k 表示动能最大的光电子所具有的动能，那么就具有下面的关系式

$$E_k = h\nu - W$$

第五节 光的波粒二象性和物质波

（一）光的波粒二象性

读一读

波粒二象性	bōlì èrxiàngxìng	wave-particle duality
概率波	gàilǜbō	probability wave

学一学

光到底是什么？光是一种波，同时也是一种粒子，光具有波粒二象性。这就是现代物理学的解答。

光是一种粒子，它和物质的作用是一份一份进行的。光是一种波的意思是，光子在空间各点出现的可能性的大小（概率），可以用波动规律来描述，所以，物理学中也把这种光波叫做概率波。

英文备注

guāng shì yì zhǒng bō tóng shí yě shì yì zhǒng lì zǐ guāng jù yǒu bō lì èr xiàngxìng

光是一种波，同时也是一种粒子，光具有波粒二象性。（Under certain circumstances light behaves like waves, and under other circumstances light behaves like particles. This is called the wave-particle duality of light.）

（二）物质波

读一读

物质波	wùzhìbō	matter wave
场	chǎng	field
电磁场	diàncíchǎng	electromagnetic field
德布罗意波	Débùluóyìbō	de Broglie wave

学一学

物理学把物质分为两大类：一类是质子、电子等，称做实物；另一类是电场、磁场等，统称场。光是传播着的电磁场。既然光具有粒子性，那么质子、电子，以至原子、分子等实物粒子是否在一定条件下会表现出波动性？1924年法国物理学家德布罗意在他的博士论文里大胆地作了肯定的回答。德布罗意认为，任何运动着的物体，小到电子、质子，大到行星、太阳，都有一种波与它对应，

$$波长\ \lambda=\frac{h}{p}$$

式中，p 是运动物体的动量，h 是普朗克常量。人们把这种波叫做物质波，也叫德布罗意波。